站酷ZCOOL www.zcool.com.cn 推荐图书

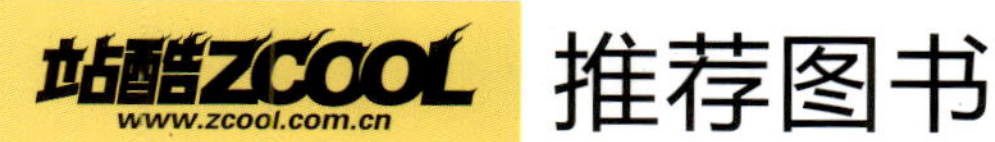

★ UI EVOLUTIONISM

UI进化论

移动设备人机交互界面设计

+ 首本移动设备UI设计专著
国内UI设计先驱的领先感悟
+ 精密阐述UI设计思维
+ 移动设备UI设计全案展示
+ GUI设计技能火速提高
+ 从需求到产品全案揭秘

DVD光盘

+ UI设计大师的操作视频
+ 本书实例素材和最终文件
+ 更多UI设计师必备资源

周 陟［Lytous Zhou］编著

清华大学出版社
北　京

内容简介

本书内容涵盖交互设计与界面设计的基本概念、设计规范和工作流程。由于这是一本以实际工作案例和工作经验为主的书，一开始着力介绍目前最新发展的交互手段和使用场所，当然是以移动手持设备为主。作为设计师，一定要关心如何将这些创意产品化。接下来介绍如何正确地将一个设计想法变成产品。产品化的过程中，用户体验设计是相当重要的，由于UCD设计思想的广泛使用，本书重点研究并分析用户体验设计的可行性和方法。视觉设计是普通大众直接接触产品设计核心的介质，本书将使用初级→高级→复合型的综合设计案例介绍如何设计出让人喜爱的视觉作品。最后，还说明了一些产品的完整设计案例，展示一个移动手持设备交互和界面设计的全过程。

本书不但有大量的文字内容，也有配套的DVD光盘，其中包含了作者录制的设计视频教学和本书操作实例素材及最终文件。

本书适合移动UI设计师迅速进入职场角色，也可供平面设计人员、交互设计人员和对UI设计感兴趣的读者阅读和参考。

图书在版编目(CIP)数据

UI进化论：移动设备人机交互界面设计 / 周陟编著——北京：清华大学出版社，2010.1（2021.8重印）

ISBN 978-7-302-21686-5

I. U… II. 周… III. 移动通信—通信设备—人机界面—系统设计 IV. TN929.5

中国版本图书馆CIP数据核字(2009)第228088号

责任编辑：栾大成
封面设计：杨玉兰
版式设计：王红芝
责任印制：朱雨萌

出版发行：清华大学出版社
网　　址：http://www.tup.com.cn，http://www.wqbook.com
地　　址：北京清华大学学研大厦A座　　邮　　编：100084
社 总 机：010-62770175　　邮　　购：010-62786544
投稿与读者服务：010-62776969，c-service@tup.tsinghua.edu.cn
质量反馈：010-62772015，zhiliang@tup.tsinghua.edu.cn
印 装 者：三河市君旺印务有限公司
经　　销：全国新华书店
开　　本：210mm×280mm　　印　　张：20.75　　字　　数：514千字
附DVD光盘1张
版　　次：2010年1月第1版　　印　　次：2021年8月第10次印刷
定　　价：88.00元

产品编号：029648-01

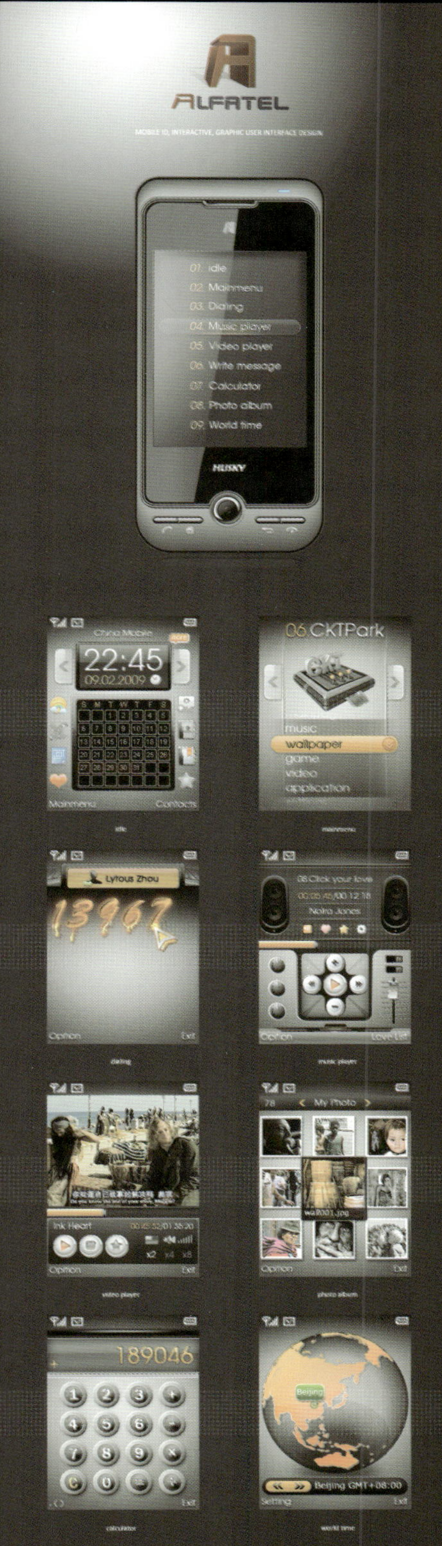

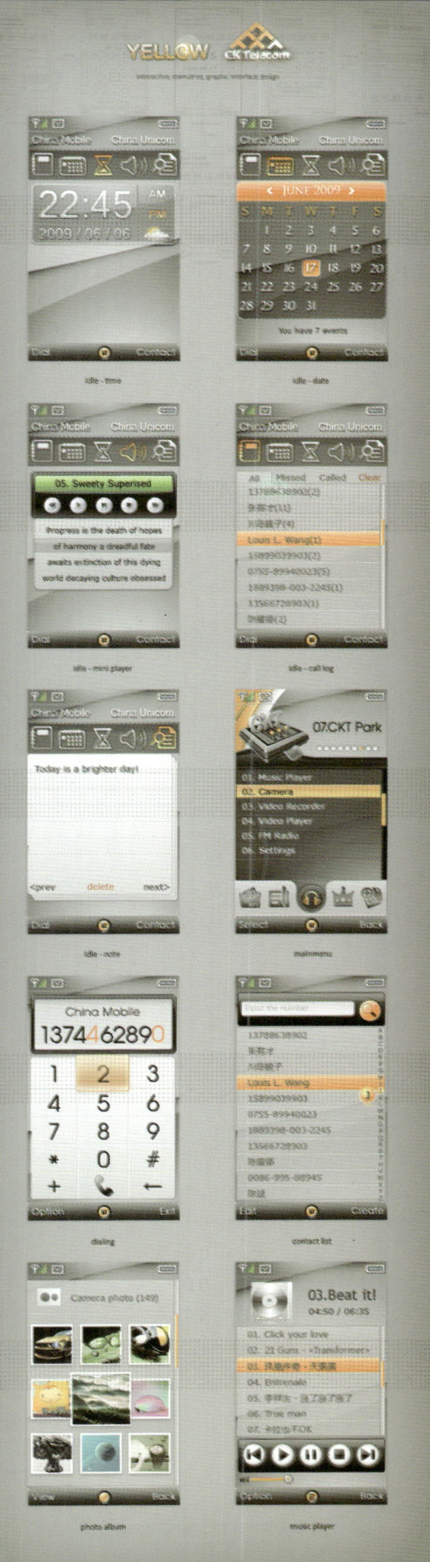

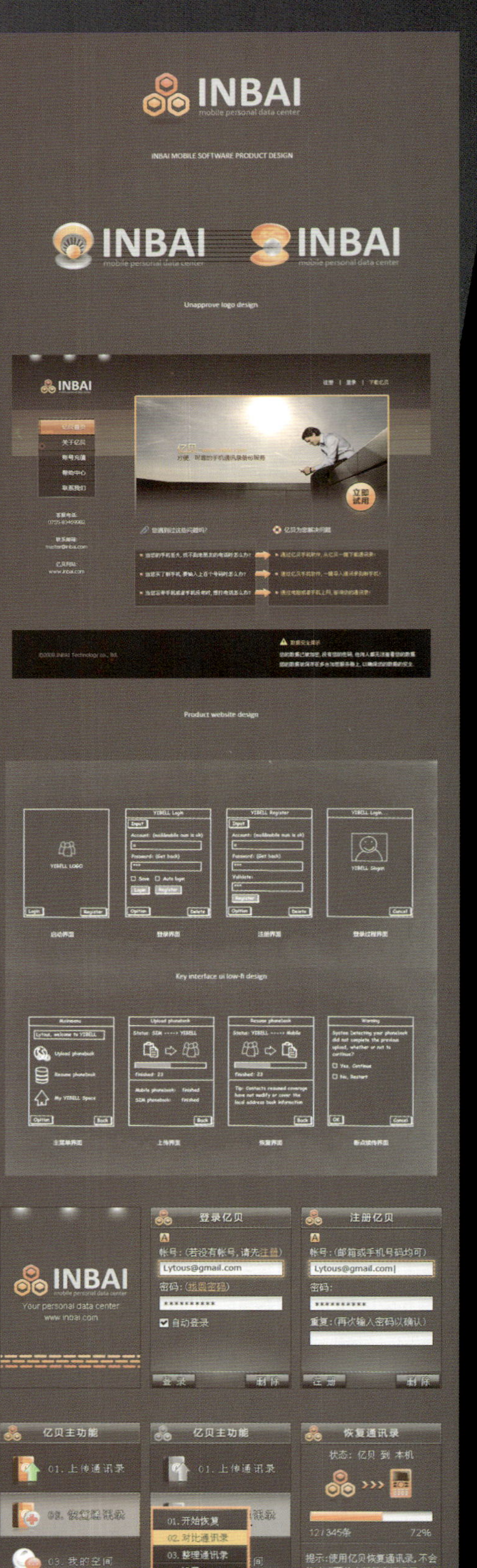

Touch flo effect intro & menutree structure design

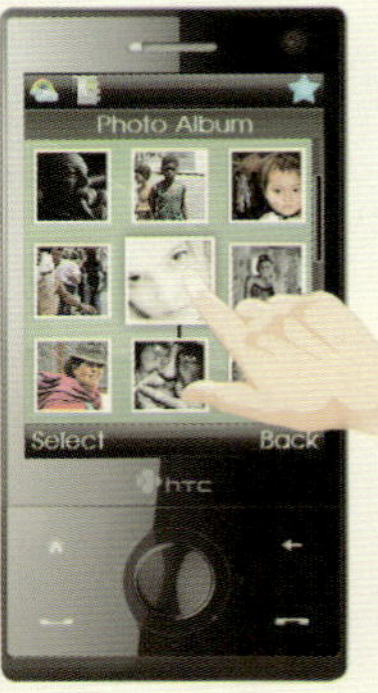

matrix thumbnails spring

image mosaic

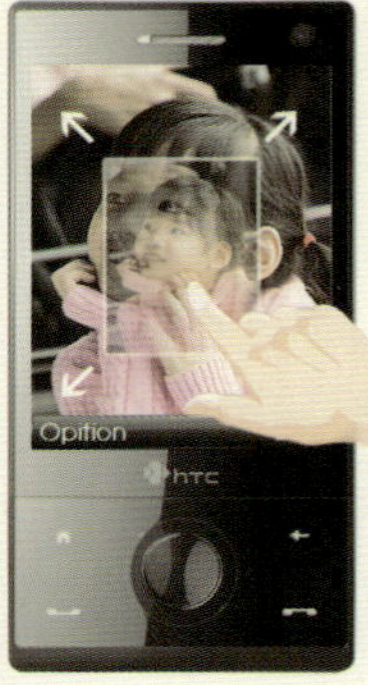

image zoom in

image slide

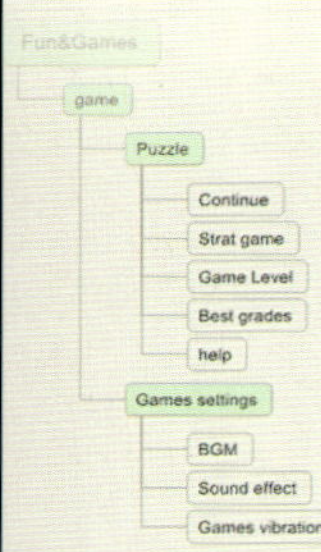

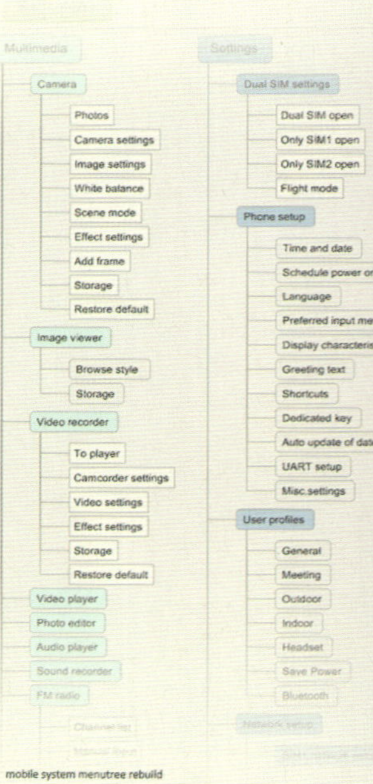

mobile system menutree rebuild

Space
Icons design
Stylish
Space
Stylish

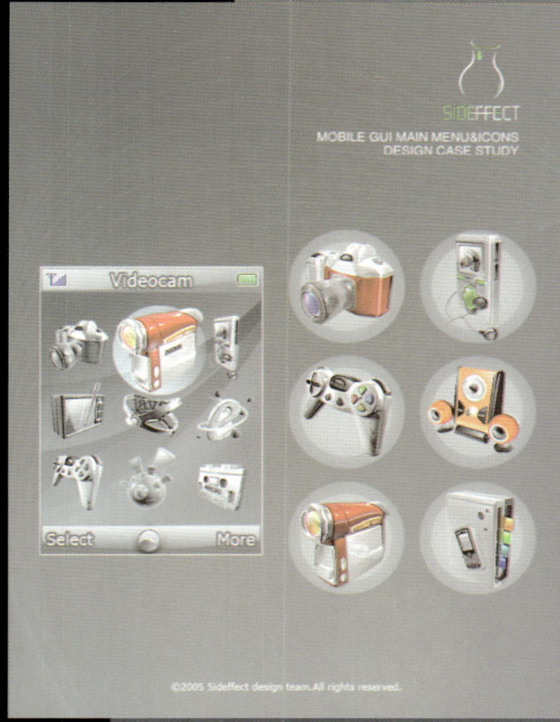
SIDEFFECT
MOBILE GUI MAIN MENU&ICONS
DESIGN CASE STUDY
Videocam
Select
More
©2005 Sideffect design team.All rights reserved.

THE HELL SPACE MEDIA PLAYER V4.3
POWER ON/OFF
RECORD DOWN
THE HELL SPACE MEDIA PLAYER V4.3

Let's Vision your life!
炫视·品质 MY PARK
CKT MOBILE
gui style concept design
Call Record
Phonebook
Application
Message
Multimedia
Setting
Game
CKT Park
Manager
Select
Back
Mainmenu
5.Multimedia
1. Camera
2. Photo Album
3. Mp3 Player
4. Video Player
5. Recorder
6. FM Radio
Select
Back
Submenu
Mp3 player
Sleepping Child - MLTR
Option
Back
Mp3 player
Icons design show

Apple iphone
Phoenix Style
China Mobile 11:45 PM
08 10 2008
戊子年壬戌月辛子日
Sunny 31°C
Today
phone
mail
web
ipod

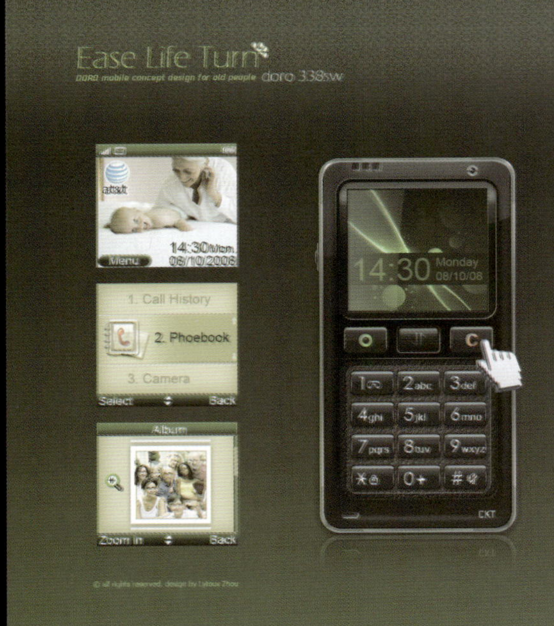
Ease Life Turn
DORO mobile concept design for old people doro 338sw
14:30 Mon.
08/10/2008
Menu
1. Call History
2. Phoebook
3. Camera
Select
Back
Album
Zoom in
Back
14:30
Monday
08/10/08

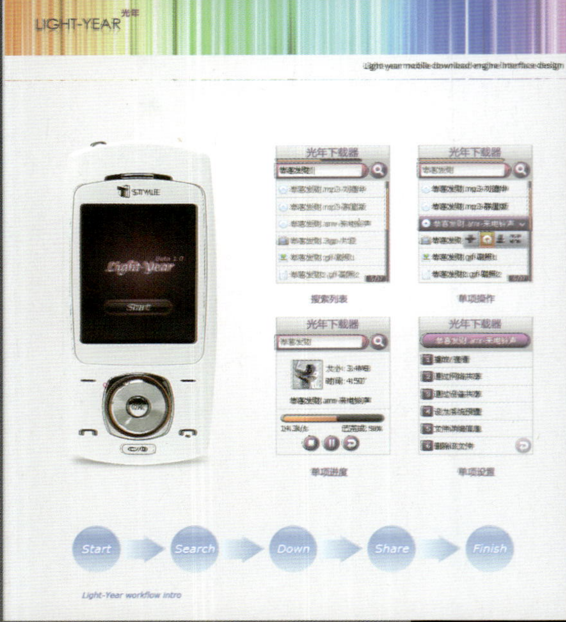
LIGHT-YEAR 光年
Light-year mobile download engine interface design
光年下载器
搜索列表
单项操作
单项进度
单项设置
Start
Search
Down
Share
Finish
Light-Year workflow intro

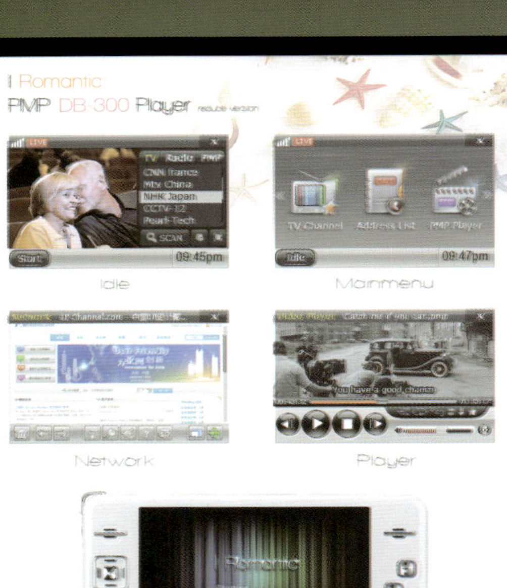
Romantic
PMP DB 300 Player
TV
Radio
PMP
CNN France
Mtv China
NHK Japan
CCTV-12
Pouch-Tech
09:45pm
Idle
TV Channel
Address List
PMP Player
09:47pm
Mainmenu
Network
Player
Romantic
userinterface showcase

GUI DESIGN SHOWCASE TEMPLATE
23:10
待机界面
IDLE PAGE
功能表界面
FUNCTION PAGE
二级菜单界面
SUB-MENU PAGE
提示菜单界面
TIPS PAGE
操作进度界面
PROGRESS PAGE
播放器界面
PLAYER PAGE

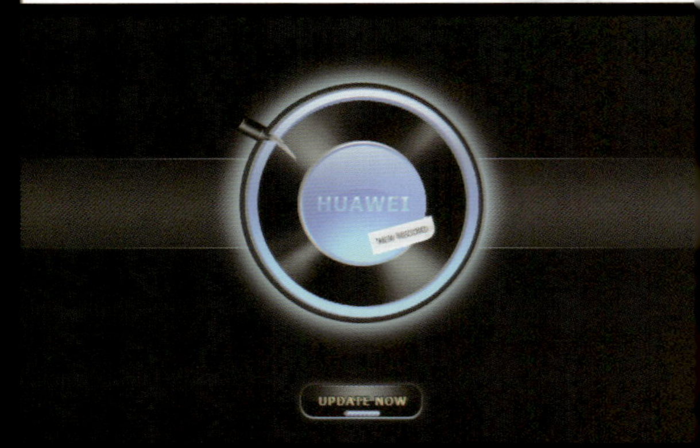
HUAWEI
UPDATE NOW

The Orange Sky style Mobile graphical user interface design concept
China Mobile
05.MailBox
04.Internet
Idle Page
Mainmenu
Sub menu
Transmiting...
Messaging
Transmiting
Mp3 player

迅雷桌面下载引擎概念设计
XUNLEI DESKTOP DOWNLOAD ENGNIEE
XUNLEI Shortcuts
Files
Video
Media
CINEFAMILY.mov
PIWI.mov
PRINTEMPS.mov
yann le coroller Showreel high.mp4
Adobe_Captivate_3_WWE.exe
globetrotter_handbuch2007.pdf
73%
youarehere60.pdf
GIORGIO.mov
Search on Gougou
Search
Go it!
68%

图标设计

MID YEAR FASHION'06
01.Call log
02.Digi camera
03.File Folder
04.Game
05.Mail box
06.Multimedia
07.Network
08.Phonebook
09.Recorder
10.Setting
11.STK storage
12.Tools pack

GUI SHOWCASE - "ABOUT THE FUTURE" THEME DESIGN 2005
CAMERA
CALL LOG
NETWORK
PHONEBOOK
MEDIA
INFO
TOOLS
SETTING
GAME
STK
2005-2006 ALL RIGHTS RESERVED.DESIGN BY CHINA WINTONE GUI DESIGN DEPT.

菊次郎の夏
My Playground
Res Explorer
Entertainment
Control Panel
Viva Firewall
Internet
My Documents
Multimedia

Simple Connection Style'06
Phonebook
Call Log
Message
Setting
Game
File Manager
Multimedia
STK
Network
Display

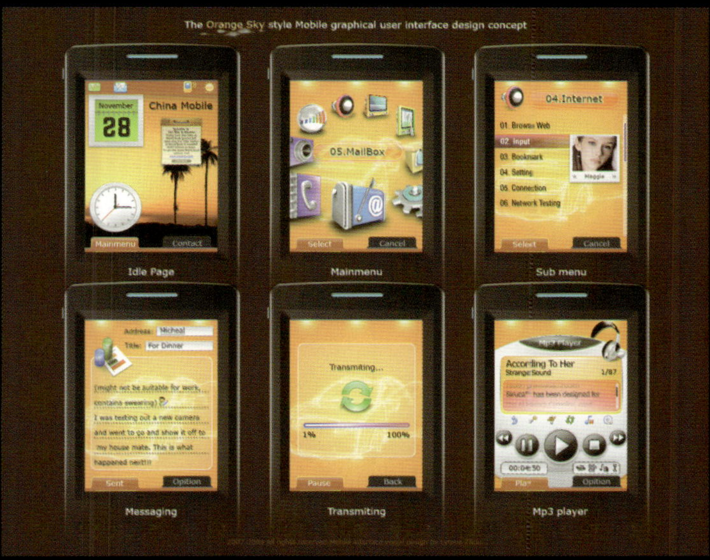

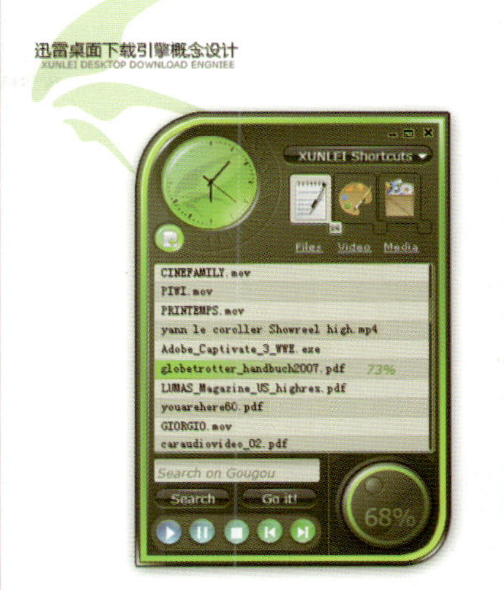

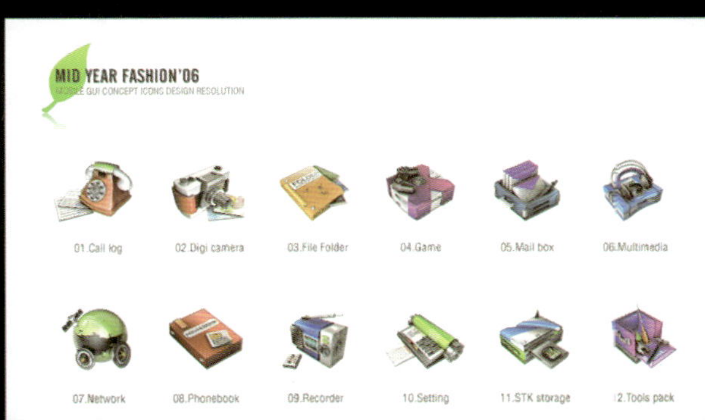

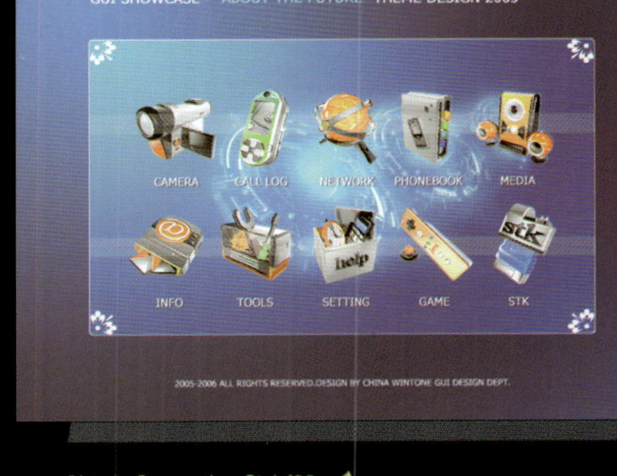

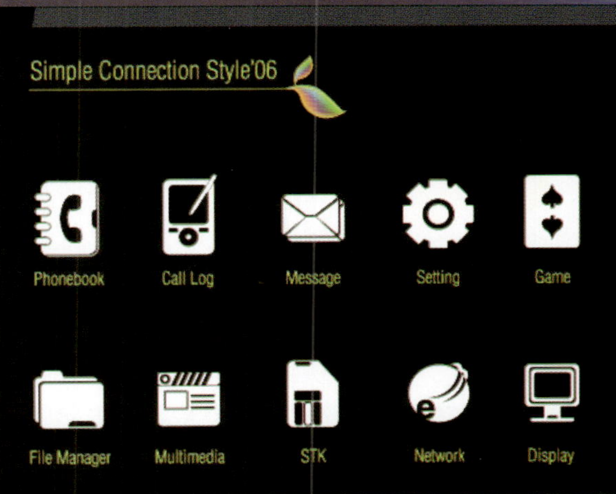

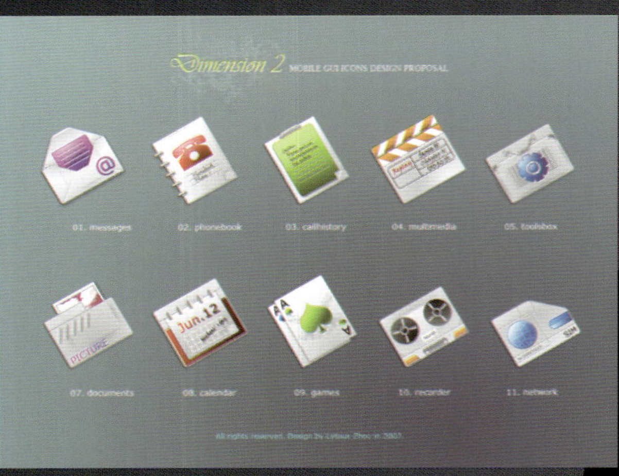
Dimension 2 MOBILE GUI ICONS DESIGN PROPOSAL
01. messages
02. phonebook
03. callhistory
04. multimedia
05. toolsbox
07. documents
08. calendar
09. games
10. recorder
11. network

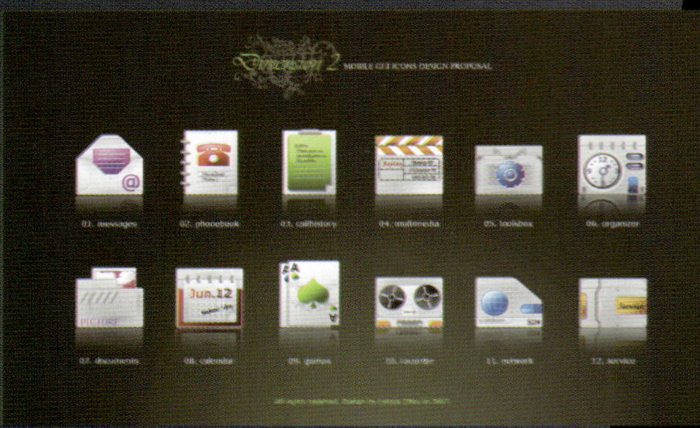
Dimension 2 MOBILE GUI ICONS DESIGN PROPOSAL
01. messages
02. phonebook
03. callhistory
04. multimedia
05. toolsbox
06. organizer
07. documents
08. calendar
09. games
10. recorder
11. network
12. service

WiFi
Call Records
Set
WIFI

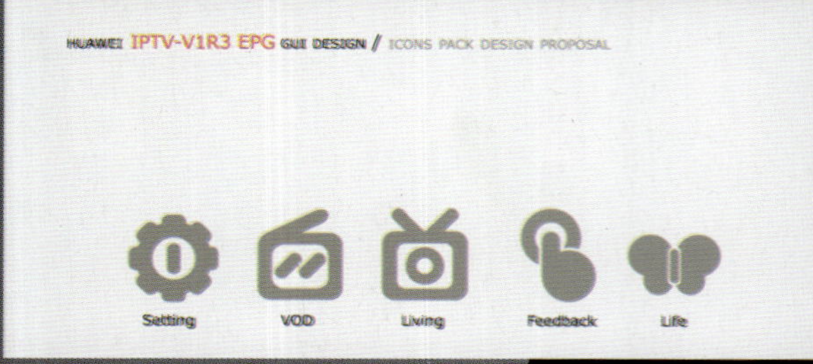
HUAWEI IPTV-V1R3 EPG GUI DESIGN / ICONS PACK DESIGN PROPOSAL
Setting
VOD
Living
Feedback
Life

WINTONE FASHION WIND
Mobile GUI design icon pack
Camomile Style

Mobile Music Portal
all about mobile music comunication
MSONG
mobile music portal
SONG

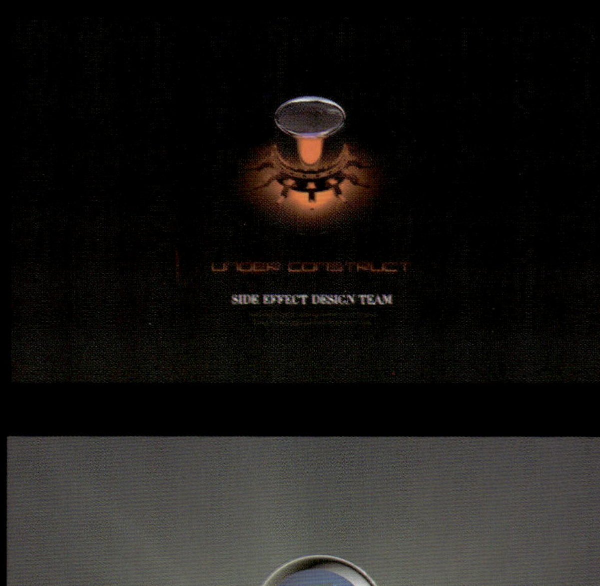
UNDER CONSTRUCT
SIDE EFFECT DESIGN TEAM

SONG

FOLDER
PHONEBOOK

界面设计

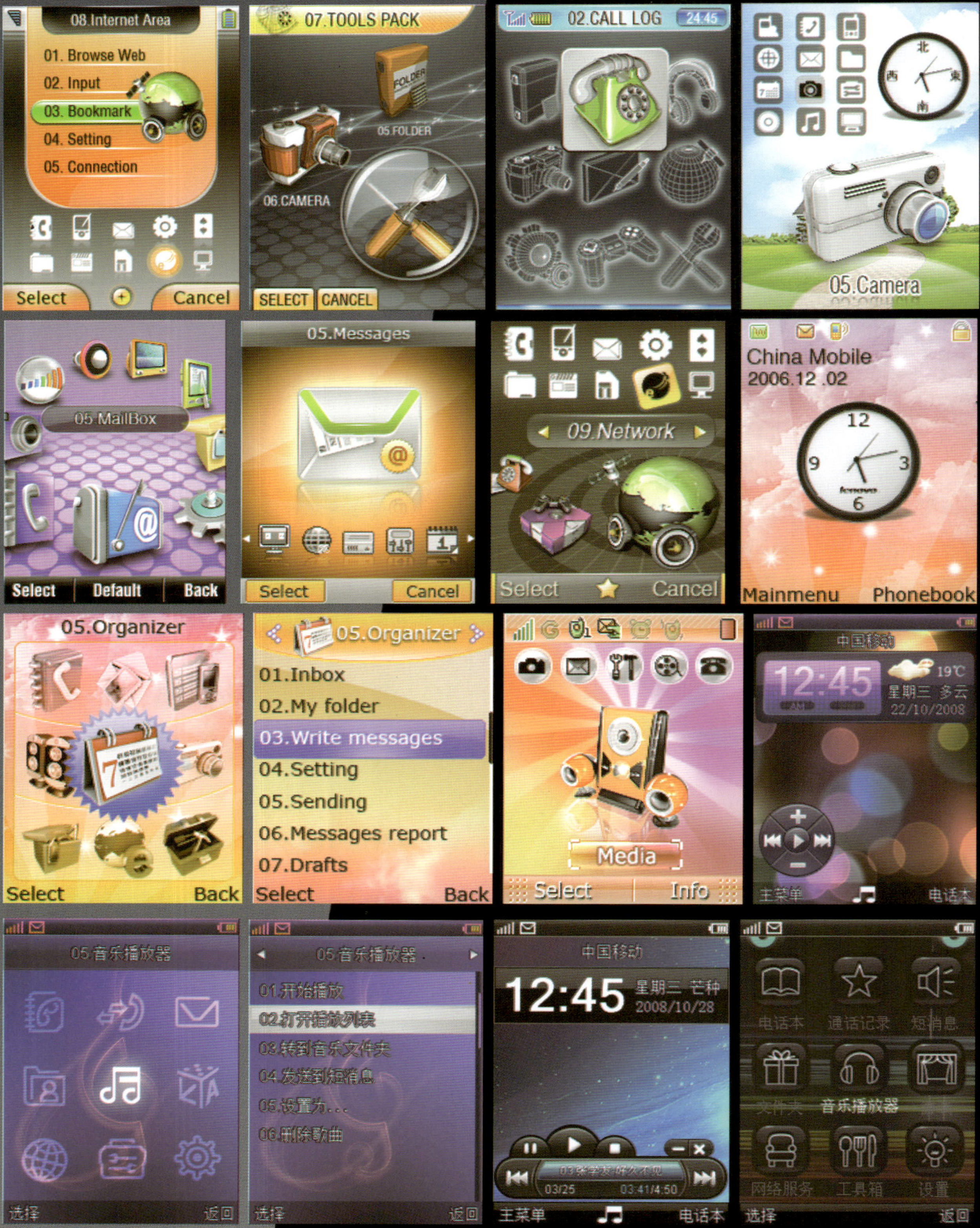

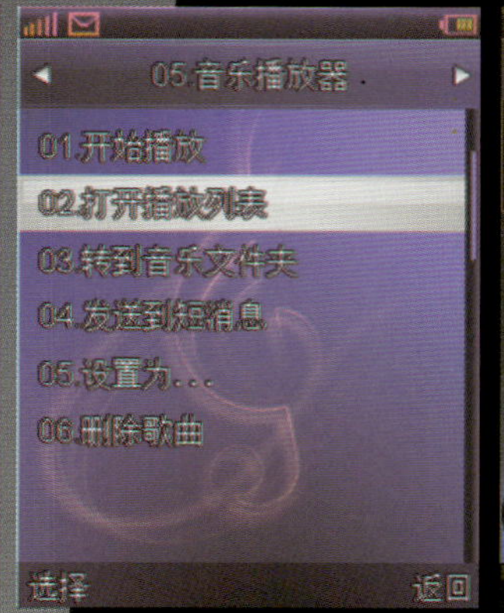

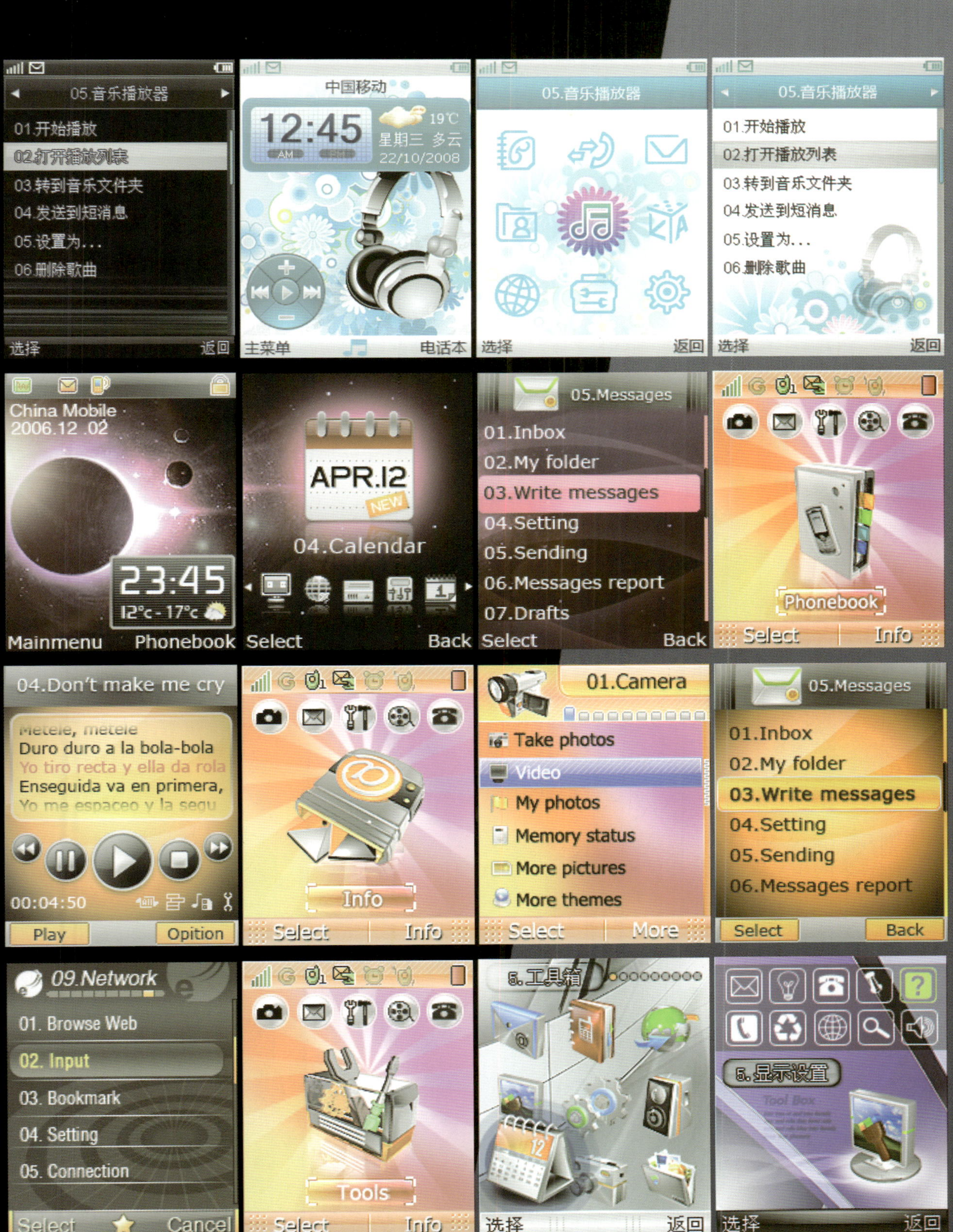
05.音乐播放器
01.开始播放
02.打开播放列表
03.转到音乐文件夹
04.发送到短消息
05.设置为...
06.删除歌曲
选择
返回
中国移动
12:45
19℃
星期三 多云
22/10/2008
主菜单
电话本
05.音乐播放器
选择
返回
05.音乐播放器
01.开始播放
02.打开播放列表
03.转到音乐文件夹
04.发送到短消息
05.设置为...
06.删除歌曲
选择
返回
China Mobile
2006.12 .02
23:45
12°c - 17°c
Mainmenu
Phonebook
APR.12
NEW
04.Calendar
Select
Back
05.Messages
01.Inbox
02.My folder
03.Write messages
04.Setting
05.Sending
06.Messages report
07.Drafts
Select
Back
Phonebook
Select
Info
04.Don't make me cry
Metele, metele
Duro duro a la bola-bola
Yo tiro recta y ella da rola
Enseguida va en primera,
Yo me espaceo y la segu
00:04:50
Play
Opition
Info
Select
Info
01.Camera
Take photos
Video
My photos
Memory status
More pictures
More themes
Select
More
05.Messages
01.Inbox
02.My folder
03.Write messages
04.Setting
05.Sending
06.Messages report
Select
Back
09.Network
01. Browse Web
02. Input
03. Bookmark
04. Setting
05. Connection
Select
Cancel
Tools
Select
Info
5.工具箱
选择
返回
5.显示设置
Tool Box
选择
返回

05. MEDIA SETTING
SELECT
BACK
Camera
Select
Info
01. 通话记录
选择
取消
05. 短消息
选择
取消
05. 短消息
写短信
收件箱
语音信箱
电子邮件
发送信息
选择
取消
13:45
China Mobile
06/09/20星期一
功能表
电话本
02.Call Log
Select
Cancel
05.Message
写短信
收件箱
语音信箱
电子邮件
发送信息
Select
Cancel
13:45
China Mobile
06/09/20
Select
Cancel
CHINA MOBILE
22:10
DEC.1. 2005
THURS.
Main menu
Phonebook
13:55
1.Tools Box
01. Calendar
02. Tasks
03. Notes
04. Applications
05. Alarms
06. Timer
2.Phonebook
3.Message
4.Multimedia
Select
Info
13:55
China Mobile
Dec.23.2005
Friday
shortcuts
Select
Info
3.game
Select
Back
Nov.22 2005
Monday
Main menu
Call out
4.Setting
Menu
More
CHINA MOBILE
TUESDAY
Menu
More

3.Email
Select
Back
China Mobile
17:25
Feb.11 2005
Friday
Menu
Call
Camera
1 Take photos
2 Video
3 My photos
4 Memory status
5 More pictures
6 More themes
Select
Info
China Mobile
2005.8.1
Tues.
Menu
Phonebook
China Mobile
2006.12.02
23:45
12°c-17°c
Mainmenu
Phonebook
22:10
China Mobile
2006/10/17
Menu
Contacts
MAIN MENU
VIDEO
OK
Cancel
Camera
OK
Cancel
Media
OK
Cancel
Phonebook
OK
Cancel
Info
OK
Cancel
Tools
08.照相机
Camera
08.照相机
1.拍照
2.摄相机
3.相机设置
4.图片文件夹
5.效果选择
选择
返回
China Mobile
22:45
2006/12/02
丙戌年九月十八日
日 一 二 三 四 五 六
01
02 03 04 05 06 07 08
09 10 11 12 13 14 15
16 17 18 19 20 21 22
23 24 25 26 27 28 29
30
功能表
联系人

Tab Query
Year
Month
Search
Page
Subscibed Program
Money(yuan)
Modern Times ￥1.00
Topics in Focus ￥1.05
World Economic Report ￥0.80
Super Variety Show ￥1.10
China Report ￥0.90
Consumed Sum in 01/2007 ￥9.28
2/3
Back
Thumb
Select
Affirm

MENU
Tab Query
Consumption
Change Password
Parental Guide
Module Switch
Indent Query
Guideline

Tab Query
Year
Month
Search
Page
Subscibed Program
Money(yuan)
Modern Times ￥1.00
Topics in Focus ￥1.05
World Economic Report ￥0.80
Super Variety Show ￥1.10
China Report ￥0.90
Consumed Sum in 01/2007 ￥9.28
Back
Thumb
Select
Affirm
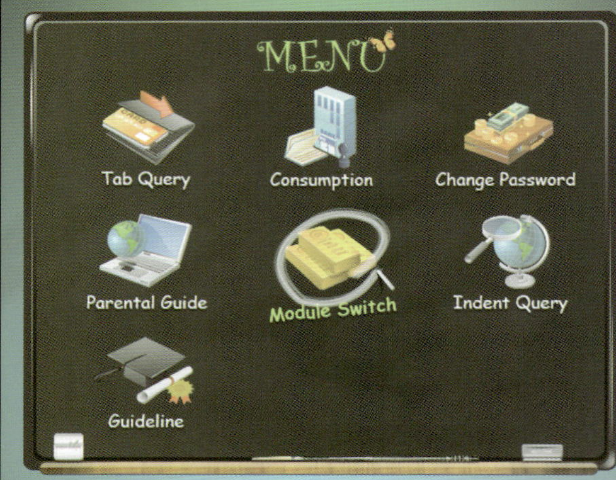
MENU
Tab Query
Consumption
Change Password
Parental Guide
Module Switch
Indent Query
Guideline
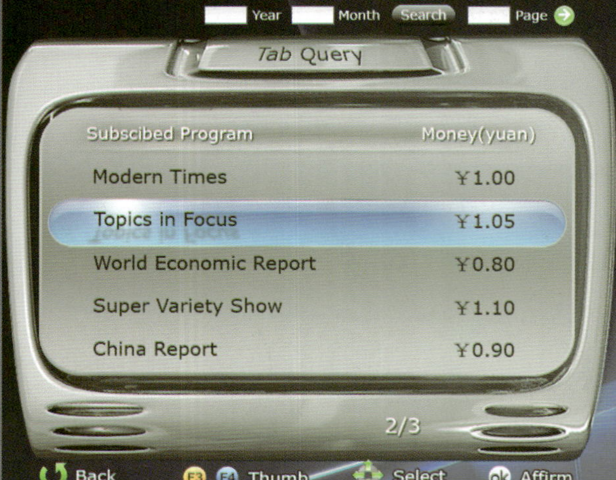
Year
Month
Search
Page
Tab Query
Subscibed Program
Money(yuan)
Modern Times ￥1.00
Topics in Focus ￥1.05
World Economic Report ￥0.80
Super Variety Show ￥1.10
China Report ￥0.90
2/3
Back
Thumb
Select
Affirm

MENU
Tab Query
Consumption
Change Password
Parental Guide
Module Switch
Indent Query
User Guideline

前　言

建议读者在阅读本书前可以先看看这个部分，很多本书的重要说明与信息都将在此呈现。本书有配套的DVD光盘，其中包含了作者录制的设计视频教学以及本书实例的素材和最终文件。（它们来自于著名视频分享网站youtube和相关产品的终端厂商官方网页）

在此感谢手持设备设计行业中从事交互界面设计的前辈与领袖，他们的专业知识和经验让作者能更好地阐述本书中的设计思想。

感谢所有在互联网上无私展示优秀作品的设计师，他们的部分作品让本书的读者更贴切地了解到何谓优秀的交互界面设计。

特别感谢CK-Telecom UI部全体工作同仁，由于他们的优秀作品才使得本书的第四部分显得更为饱满。

写作目的

对于行业

人机交互设计和界面设计从来没有今天这般兴盛，行业内各个大型协会与小型组织的交流互动，使得这个行业的上、中、下游组成部分更加了解这个学科和它能够带来的价值，而他们积极投身其中的行动和广大爱好者的激情，正是本书的创作初衷。

本书的作者同样是该行业的实践者，然而行业体系庞大，组成复杂，因此，作者只能挑选自己熟知，并在当下极具市场价值的某个环节进行阐述，以便将自己的一些经验和收获与读者分享。

选择手持设备这个领域作为本书的重点，并非偶然，首先本书作者就是该领域的资深设计师；其次，手持设备的日益发展与功能聚合，使得它在信息化的今天，成为极重要的工作、生活和娱乐设备。

本书中，作者也展示了当今行业前沿的发展动态与技术的更新交替，以行业的视角关注设计本身，使得书中的案例与流程具有更实际的意义。

对于企业

本书作者不仅拥有国内知名IT公司与通信设备公司的设计工作经验，也与很多中、小型企业有过深入的设计合作，其中的工作经验与技巧对本土企业中的工作同仁具有实际的参考价值。

中国企业本身对于交互设计与界面设计的特殊理解，团队的阶梯式发展，其中的人文因素和技术问题，作者都亲身经历，相信这些知识的分享会尽量保持客观。

在书中，作者展示了大量的实际工作操作经验，有些甚至是教训（出于隐私考虑，书中不会公布公司的名称和项目的详细情况），但我相信这些经验具有普遍性意义。

本书的分析、指导和教学，都将以实际工作为主，理论研究和晦涩难懂的专业用词尽量避免，让本书成为读者工作中的一本参考书籍或实用手册。

对于个人

交互设计和界面设计是针对人的设计（其实有哪种设计不是如此？），是研究用户和观众的设计，是大量运用心理学、市场营销学、信息处理技术、社会工程学等综合知识的设计手段。

用户如此重要，以至于我同样希望普通受众和非从事该领域工作的用户也能看懂这本书，了解一个产品的核心设计过程，提高分辨优秀产品和庸俗产品的能力，请不要害怕本书中的软件和专业词汇，书中提供了一些利于理解的案例和实际在你身边发生的故事，你会发现“交互与界面无处不在”。

正因作者不是沉醉于理论研究的“知识狂人”，也不是迷恋产品更新版本的“技术先锋”，书中提出的建议和设计逻辑，将告诉你——应该使用什么样的产品？为什么生活如此枯燥和复杂？高科技和油盐酱醋有什么关系？等等。

本书约定

为了使本书更好地达到这些目标，在每章节的正文中，有以下的补充：

【技巧】

它将告诉你，完成这个设计过程能够使用到的更简易的技术，或者更快捷的方法，它也许是一个快捷键，也许是一个配置步骤，也许是一个沟通方式。

【要点】

如果在某一个讲解中，需要专家意见的指点，那么请注意这个提示，我将在这里告之行业专家对这个问题的意见和态度，他们会从更理性的角度分析你的疑惑。有时候它只是一句话，有时候它会有一个完整的补充教程（plus tutor）。

【故事】

因为作者本人是立足于中国本土的设计师，其设计过程当中将不掺杂任何不具参考意义的理论。接下来的作者系列文章——《设计的小事》会对该部分的书籍内容（往往是某一个流程或者现象）做一个第三方分析或观点陈述。

内容概要

本书内容涵盖交互设计与界面设计的基本概念、设计规范和工作流程。由于这是一本以实际工作案例和工作经验为主的书，因此在理论和行业发展史方面会使用较小篇幅，更多的关于该行业的理论和术语解释，读者可以参考其他行业专家的知名著作。

一开始我会着力介绍目前最新发展的交互手段和使用场所，当然是以移动手持设备为主；作为设计师，一定要关心如何将这些创意产品化，接下来介绍如何正确地将一个设计想法变成产品。

产品化的过程中，用户体验设计是相当重要的，由于UCD设计思想的广泛使用，我会重点研究并分析用户体验设计的可行性和方法。

视觉设计是普通大众直接接触产品设计核心的介质，在这里我将使用初级→高级→复合型的综合设计案例介绍如何设计出让人喜爱的视觉作品。

最后，我还将说明一些产品的完整设计案例，展示一个移动手持设备交互设计和界面设计的全过程。

面向读者

一般读者

你将了解设计师这个特殊群体的工作生活方式，看到一个产品从无到有的艰辛过程，逐步了解你正在使用或即将使用的手持设备的特点与内涵。如果很幸运的，你发现了其中介绍的某位设计师是你的朋友，请不必惊讶，因为他们正是这个行业的代表，并且你也能体会到设计真的离你不远。

SOHO设计师

我将为你揭示，客户的源源不断和门可罗雀的现象，你会发现SOHO并不等于放纵，你会得到很多从事过SOHO设计的设计师的宝贵意见，也会让你学习到如何清楚地分辨“天使客户”和“魔鬼客户”。

企业或企业中的设计师

你将从本书中了解到企业的工作秘密，产品的差异化对企业的巨大影响，也能了解到在知名的设计公司当中那些“天使设计师”背后的故事，当然，最重要的是，你会发现专业设计团队的沟通是个复杂而经典的问题。

委托设计的客户

你将知道如何分辨“好的设计”与“差的设计”，学会不为夸夸其谈的设计产品买单，找到真正能为你的产品负责的设计合作伙伴。

如果幸运的话，在评判设计的过程中，你会变得更客观，从而赢得设计师的尊重与依赖。

市场或产品策划人员

如果你公司中的设计人员正在对你进行抱怨，你可以从本书中找到解决的方案，产品和策划人员的天马行空需要悬崖勒马，但伟大的想象力也需要自由驰骋，不必担心，我会提供给你一些通用的技术手段。

本书有一些实用的市场调查方法、产品策划的方案、头脑风暴会议的记录文档、产品设计流程中的原则性指导，如果它们对你有用，我将十分欣慰。

反馈方式

可以预见的是，这本书当中存在很多需要持续交流的部分，为此我们开放以下反馈沟通方式：

个人联系： 周陟： MSN：lytous@hotmail.com mail: lytous@gmail.com

网站与BLOG： 周陟作品集：lytous.com

周陟个人博客：lytous.ucdchina.com

本书优酷视频地址：

http://www.youku.com/playlist_show/id_3414545.html

PART 1 设计产品化

PART 2 产品化交互设计过程

PART I　设计产品化

作为职业设计师的我们应该很清楚一个道理，如果概念设计没有真正的产品化，那么它的价值很难得到公平的体现。正是由于设计必须面对市场，面对客户，成为一个产品，我们才需要转变过去的思维。设计不是单纯的创作，而是一个分析→解释→传达→表现的过程。

作为全书的第Ⅰ部分，我们将尽力降低它的阅读难度，首先通过介绍交互概念设计与图形界面设计的发展和应用，帮助你正确认识这个行业的重点历程，即使你的身份不是一名从业设计师，也能从中找到有趣的知识。

然后通过了解国际上最新的一些交互概念与图形界面设计新趋势，了解界面设计对于产品的重要意义。

最后，作为开篇的提示，我将简要阐述手持移动设备设计产品化的特点，以及针对手持移动设备介绍此类特殊产品的界面设计要点和工作流的关系。

第1章 交互概念设计与图形界面设计
Start
本章中你将了解到交互概念设计和图形界面设计的基本知识和一些国际上的发展运用，它们中有一些是经典的观点和定义，也有最新潮的实用案例，部分产品甚至还没有被产品化。我们希望借助这些最新的趋势告诉你设计界正在经历哪些变化。
当然，我们也会向你解释交互和界面两者之间的关系，以及如何正确地将一个概念实现为需要的设计。
不用担心，虽然本章中出现了很多专业名词，甚至有些你未曾使用过的方法，但它们都简单易懂，你仅仅需要的是尝试理解它们。
我们将在这章中明白一个概念—— 交互概念和界面设计在产品化后将具有的重大意义。
01

1.1 交互概念设计

1.1.1 交互设计从概念出发

说起交互设计，我们首先认识以下两个国际机构。

- ACM（Association for Computing Machinery，计算机教育与科技学会）：网址http://www.acm.org。
- IEEE（Institute of Electrical and Electronics Engineers，电气和电子工程师协会）：网址http://www.ieee.org。

20世纪80年代后期，这两个组织开始把"用户界面设计（User Interface Design）"作为计算机科学的正式课程，这标志着人们已经开始重视系统的"可用性"和"用户体验"。

而交互设计则由IDEO的一位创始人比尔·莫格里奇（Bill Moggridge）在1984年的一次设计会议上提出，他一开始给它命名为"软面（Soft Face）"，由于这个名字容易让人想起当时流行的玩具"椰菜娃娃（Cabbage Patch doll）"，后来他把它更名为"Interaction Design"。

作为学科上的定义，交互设计（Interaction Design）是被这样解释的："……人与设备、系统、网络等的直接和间接的通信过程，设计用于支持人们日常工作、生活的交互式产品……"

这样的定义稍显抽象，下面我们来做一个图表，解释一下交互设计工作的主要组成部分，如下图所示。

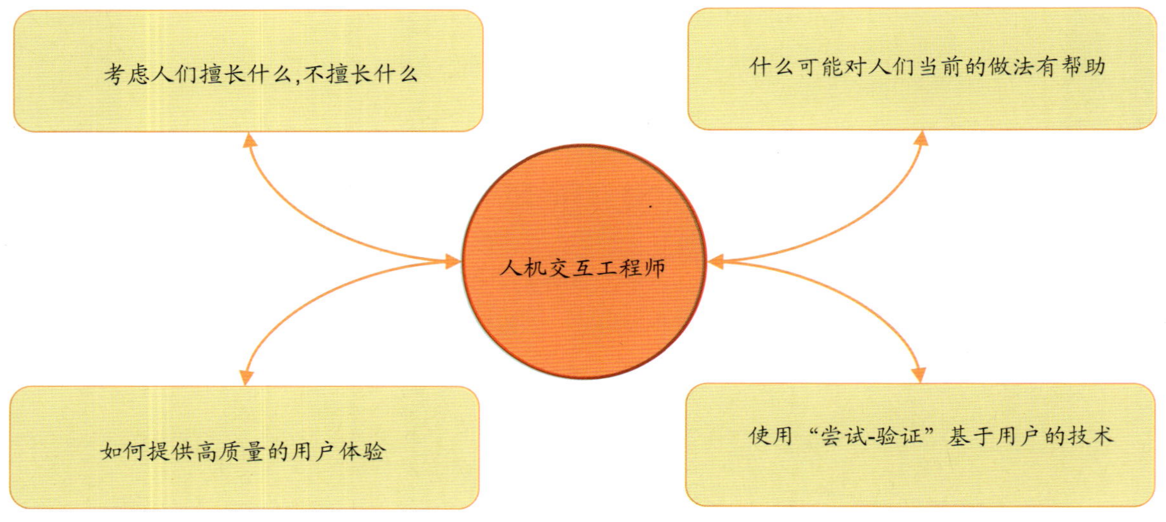

交互工作的主要组成部分

我们不难发现，交互设计的工作一切都是从交互概念出发，从研究和数据分析中获得设计依据，而交互设计的根本就是提高用户体验、使产品更好用、功能更符合人性化逻辑（请注意，是人性化逻辑，而不是计算机程序逻辑）。

优秀的交互设计产品：提出一种创新的使用方法，有效强化品牌形象，提升产品品质表现，让用户感觉到愉快、有效、舒适，最大化减少逻辑错误，让使用更简单。

未经交互设计的产品：单纯地解决难题，却创造出了一堆问题，用户感觉不到产品的"体贴"，产品给人一种模仿和跟随的感觉，没有差异化，无法给人留下深刻印象，大部分的成本花在了后期市场营销中，但由于缺乏用户体验分析，收效甚微。

我们来看一些交互概念设计，来自Kenneth W K Wu的marro 系统，marro是一个计算机系统，用来分析、组织和自定义日常的媒体活动。系统由一个静止的中央单位和一个单独的移动卫星单位组成。

【技巧】

在交互设计和界面设计中，经常把需要说明的问题以图表的形式表现出来，这样更利于直观地表达概念和进行讨论。经过很多实际工作的验证，我们坚信这样的方式更利于阐述问题的关键。

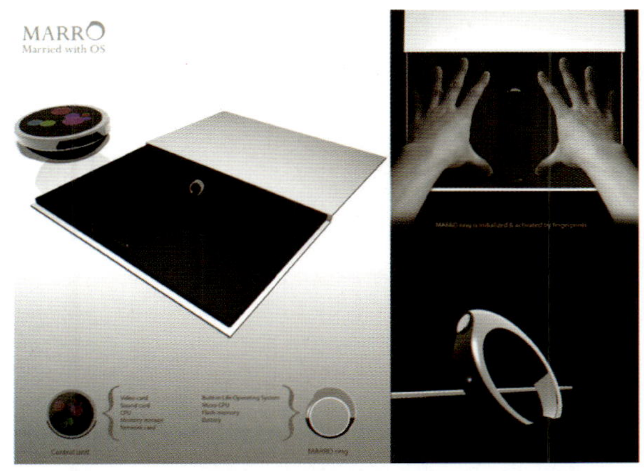

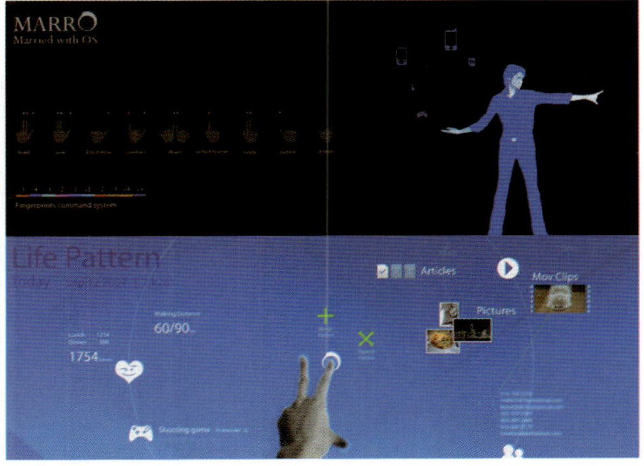

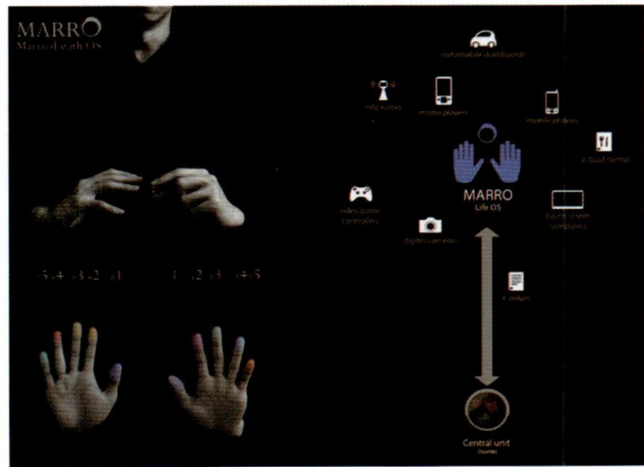

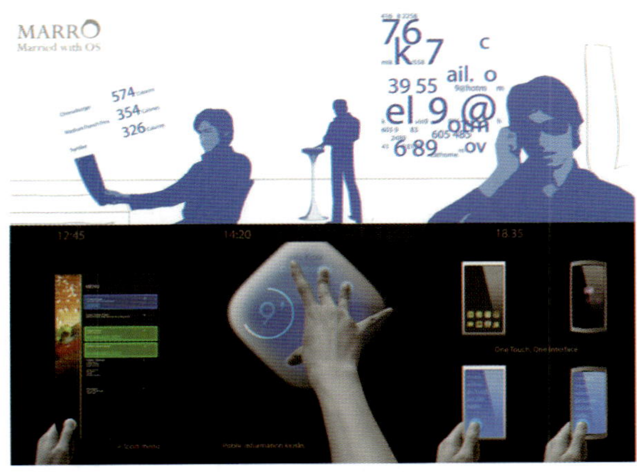

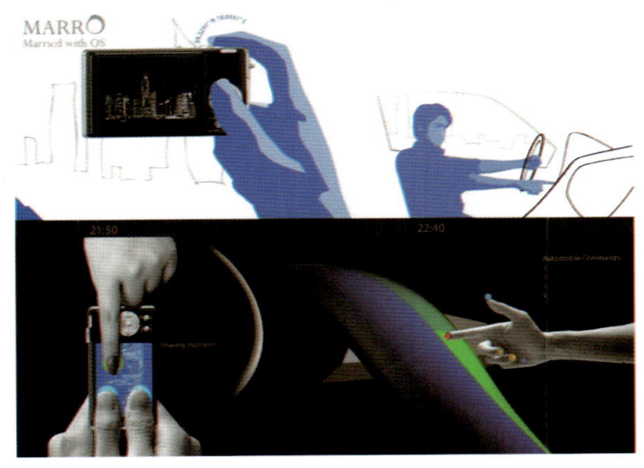

“与操作系统结婚”是它的设计关键词，人机互动的概念在这里被放大，整个操作设备被缩小到了一枚带有传感器的戒指上，通过手势的组合对所使用的所有数码产品进行统一操作。

这个系统的概念设计充分体现了“交互化空间”的伟大，通过物理跟踪与反馈使得用户可以在任意场所调用系统界面进行使用。

【要点】

交互化空间Cheoptics360：关于这个概念的演示，请查看本书优酷专区：http://www.youku.com/playlist_show/id_3414545.html

EPK_Cheoptics360_XL.wmv，其中展示了精彩的交互设计演示（多通道技术和虚拟现实技术），这体现出了交互设计在结合虚拟空间和真实空间时的魅力，虽然这只是一个娱乐系统。

我们需要了解，交互设计形成的过程是：一个产品化的需求（这个需求可能是通过市场观察得来的，可能是竞争对手的产品启发的，也可能是必需的产品升级带来的）——这个产品是否在交互上出现了问题，以便修正和实施→交互概念的形成（这个概念不是头脑风暴，而是针对问题的解决办法）。

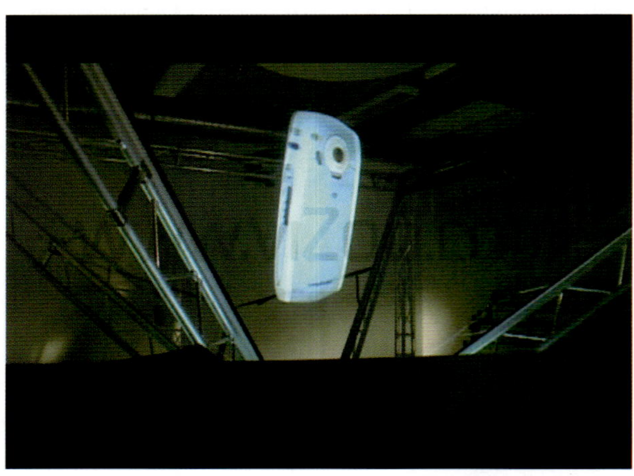

1.1.2 交互设计的发展

交互界面的发展经历了如下几个阶段。

命令语言用户界面

还记得小时候使用的DOS操作系统吗？或者任何你能够记得的那些敲入执行命令才能运作的界面系统，它们属于人机交互的较初级阶段。

这种交互手段要求惊人的记忆和大量的训练，并且容易出错，对初学者来说非常不友好，但操作过程比较灵活和高效，适合于专业人员使用。

图形用户界面

这是当前用户界面设计的主流，广泛应用于各档次计算机和携带屏幕显示功能的电子设备，其中包括大量的手持移动设备。比如我们熟知的Apple的Macintosh、IBM的PM(Presentation Manager)、Microsoft的Windows和Sony的PSP等。

广泛采用的核心技术是事件驱动(Event-Driven)技术。用户通过图形识别与控制交互元素，进行有目的性的操作，但由于文化差异和图形理解的误区，很多操作被演化为尝试，图形用户界面和人机交互过程极大地依赖于视觉和手动控制的参与。

直接操纵用户界面

这是Shneiderman 首先提出的概念，用户最终关心的是他想操作的对象，他只用关心任务语义，而不用过多地为计算机语义和句法分心。

比如Windows的桌面系统，模拟了物理环境中的桌面方式，文件夹的分类让用户了解只要操作文件夹便可找到需要的资料，而不用关心文件夹与系统直接的信息处理过程。

多媒体用户界面

多媒体技术引入了动画、音频、视频等交互媒体手段，特别是引入了音/视频媒体，极大地丰富了计算机表现信息的形式，提高了用户接受信息的效率。

在你的手机上，你能够在发送短消息的同时，听到发送成功的提示音，这样你能够在不观察屏幕的情况下，了解系统目前的任务完成情况，这使得你能从单次操作中解放出更多时间。

多通道用户界面

多通道用户界面的引入是为了消除当前WIMP/GUI以及多媒体用户界面通信带宽不平衡的瓶颈，综合采用视线、语音、手势等新的交互通道、设备和交互技术，使用户利用多个通道以自然、并行、协作的方式进行人机对话，通过整合来自多个通道的精确的和不精确的输入来捕捉用户的交互意图，提高人机交互的自然性和高效性。

国外行业中的研究涉及键盘、鼠标器之外的输入通道主要是语音和自然语言、手势、书写和眼动方面，并以具体系统研究为主。上面我们提到的marro系统正是这种交互手段的应用。

虚拟现实技术

在虚拟现实中，人是主动参与者，复杂系统中可能有许多参与者共同在以计算机网络系统为基础的虚拟环境中协同工作，虚拟现实系统的应用十分广泛，几乎可用于支持任何人类活动和任何应用领域。

虚拟现实技术比以前任何人机交互形式都有希望彻底实现和谐的、“以人为中心”的人机界面。

【故事】《设计的小事——UI的阶段》

过去我们听到的一直是复杂的人机工程学和心理学的术语，一些让人疯狂的优质客户，给你大把的钞票和时间让你提升他们的“可用性”，强调产品的核心竞争力。但是有个问题一直让我们困扰，UI究竟是给产品的，还是给用户的？UI如果是最终用户的良好体验，那么评价产品的优越性是否是UI的全部？

UI的阶段性进步也许会有以下三个部分。

1. User Interface

UI仅仅作为一个可用的界面形式而存在，突出的是界面的排布和展示，表现的仅仅是物理层的设计，涉及明确的图标、颜色、文字设计等，重点在于表意清楚的文字(如果允许的话，将使用部分图标)，用户通过它们使用系统。

UI的初级形态也是长期存在的形式，因为每一款产品或者交互形式的初级都以这种形态出现。

2. User Interactive

UI这时将开始重视界面以下的内部运行机制，用户懂得需求更多的个性化和定制化服务，他们需要产品遵守他们的使用习惯，他们排斥界面丑陋，没有快捷的操作，希望使用越来越简单，但却希望功能越来越集成。

UI需要提供的不仅仅是精美的图标和直接的文字，设计上要趋于简单、自然、达意，同时不允许为设计而设计的情况发生。

这是一种稳定的衡态，一般产品做到这个层面即被宣布它是成功的！

3. User Invisible

UI的设计师们当然愿意让自己的工作有更多的使命感，这样会有更多的价值。其实，这是一种必然的发展方向，不管你愿意还是不愿意，用户会越来越聪明，即使你试图让他们变傻。

用户开始通过智能界面获得直接的帮助，而不是被动地学习，让HELP觉得他们很低能。同时，交互方式将真正地定制化，拥有更多自由的弹性(也许这需要“信息空间”的支持，但是，谁能说这不会成为真正的生活?)，系统限制下的逻辑错误变得更少，功能将更直接，用户的理解能力将获得解放。

这个时候，社会发生了变化，我们的市场和产品也突变，所有的东西处在“交互”的世界中，用户获得体验的将不仅仅是视觉、听觉、嗅觉、味觉，而是进一步扩大到触觉(目前的触觉是单方面指定的)、下意识，甚至到无意识。

今天，当我们重新审视交互设计工作的时候，我们提出现代人机交互工程师需要掌握的技能树，如图所示：

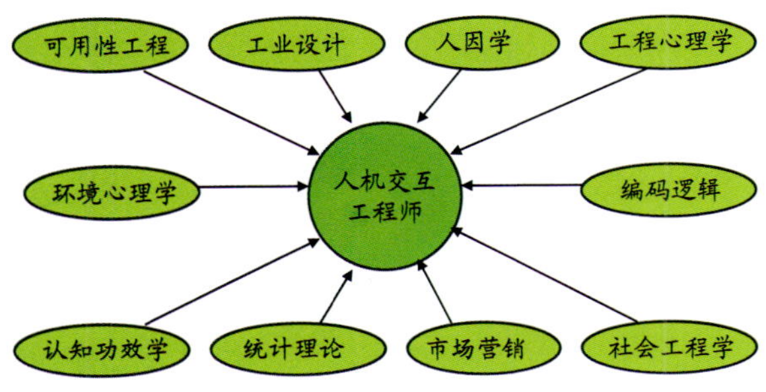

【要点】

技能树：一个RPG游戏的专用名词，是说明某个人物的成长和达到某个等级的必备条件。

不可否认，人机交互工程师需要了解的远不止这些，上面只是列举了达到该领域工作需求必须掌握的知识，如果你希望在交互设计领域得心应手的话，你应该还要了解设计史、计算机图形学、用户调查研究方法、产品策划与分析、宏观经济学、现象分析技术、数据筛选技术等。

我们不想过分夸大交互设计的能力，但是你可以从中看出，交互设计是一门综合、立体的学科，其中的运用和设计需要全方位的知识体系来支撑。

下面我们将向你介绍一些优秀的交互设计展示作品，让你体会到交互设计给社会生活带来的真实改进，请跟随我们一起解读这些美妙的设计。

【要点】

“产品不等于商品，所有好的设计都必须以经济层面与心理层面作为主要衡量标准。”

——IDEO公司产品设计原则之一

1.1.3 交互设计的应用展示

交互设计是基于最终产品的操作，而不是观看、欣赏。这里提供的是一些交互设计的概念方案，以启迪思维。

我们相信这些具有精彩创意的作品可以带来一些新的视角，从“设计”本身来讲，中国的手持设备终端厂商更需要一些突破和创造的勇气。

概念设计是在考量时间周期、生产成本、技术风险的前提下的预研性工作，它会启发下一代设计技术的革新，却不会动用太多的人力和物质资源（相比投产阶段来说）。中国的厂商除了在日常的工作中积累实际技术经验外，也需要留出一点时间给设计升级。

Vizelia

首先，我们来看一段颇有趣味的广告片，Vizelia 是世界知名的管控技术提供商，在他的广告片中你可以发现它的系统是如此简单、有效，并且在紧张和失衡状态下一样能够控制局面。

【要点】

紧张情况下的有效交互：关于这个概念的演示，请查看本书优酷专区：http://www.youku.com/playlist_show/id_3414545.html。

从这个片子中，我们想说明好的交互设计的基本原则是：

- 提供有效的达到用户目的的功能；
- 功能完成的速度非常快；
- 操作简单、直观、图形化；
- 预置状态和备选功能都服务于主要任务目标。

用户会花钱买的产品和服务一定是具备上述条件的，要知道，如果特殊情况下产品不能发挥指定作用是很尴尬的，比如，你面对一个上千人的演示会，发现投影仪无法正确校正角度，或者网络无法连接。

一句玩笑，上面的案例告诉我们：“出轨并不可怕，可怕的是被撞到。产品功能多并不重要，重要的是在关键的时候使少数的功能发挥巨大的作用。”

Airtrav

产品设计师Mason Bonar 设计的概念产品Airtrav向我们说明了“极简主义”的魅力。

这是一个手持娱乐终端，正如你看到的，它提供游戏、GPS导航和区域社交提醒等功能。

这个概念设计的主要重心在于：优雅的外观设计、符合人体工学的触摸操作，以及不多的功能（而这些功能和人们的生活息息相关）。

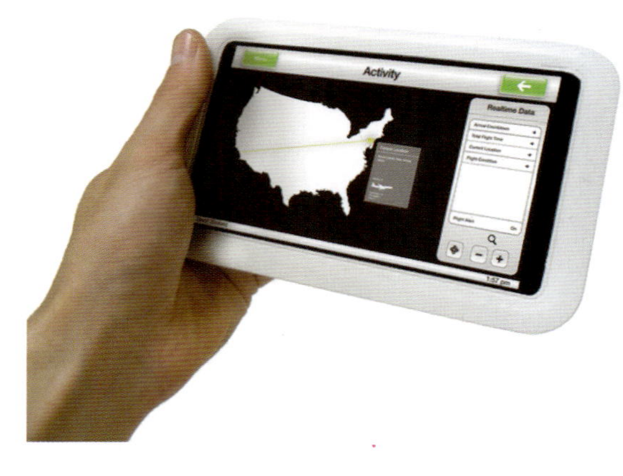

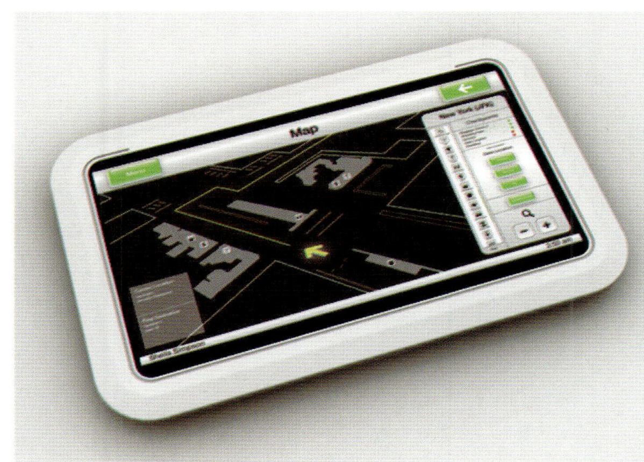

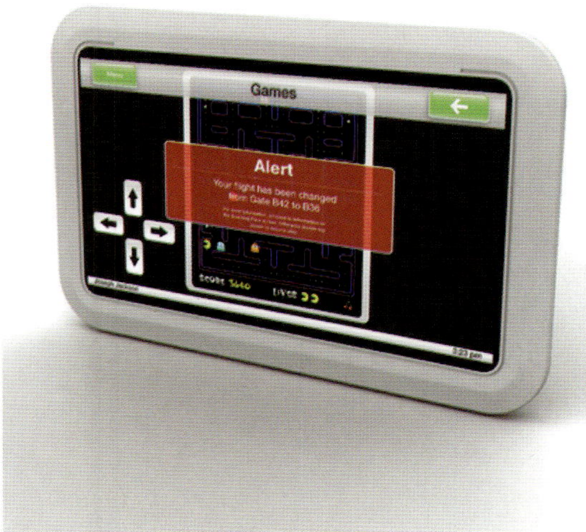

Nokia 888

手机业巨头Nokia每年都投入相当大的精力在它们的概念产品研发上，不但邀请全球范围的专业设计师，同时也举行民间的用户参与性设计调查（我们在后面的章节会详细介绍这个设计和评估方法）。

这款888就是他们的代表概念设计之一。

概念设计的要点在于：突破了传统上对于手机的材质理解，应用了新型的轻便和环保材料。

将LCD制造技术完美地嵌合到工业设计中。它很时尚，也很简单，而且非常迷人。

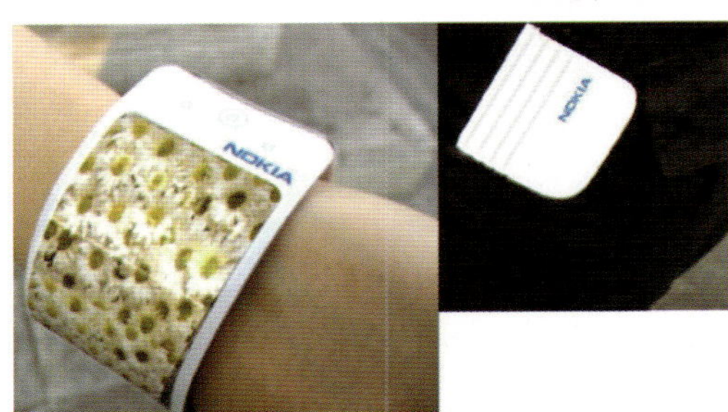

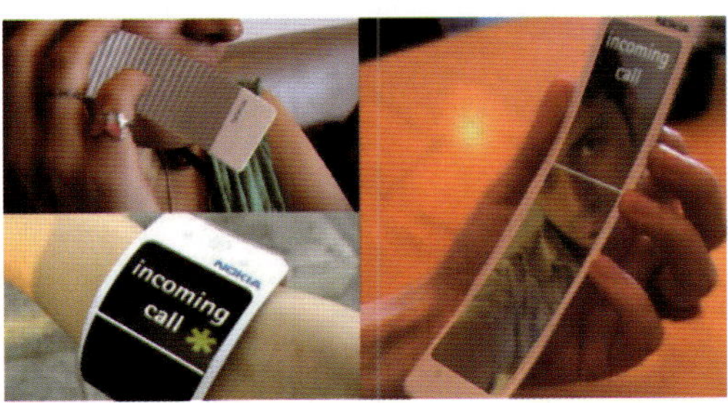

Onyx

Synaptics Products为我们带来的这款产品同样是精巧而富有科技感的。这款代号为"缟玛瑙"的产品，突出了时尚单品的概念，从消费心理学上看，这样的产品比较容易刺激消费者的兴趣（后面我们也会讨论相关的研究和设计测试）。

作为一款没有按键的手机，它的交互模型良好地结合了初级用户和专家用户的喜好。它看上去很酷，但是使用起来却很亲切。

Computer and Coffee On The Go

概念设计师 Jason Farsai 设计的超酷的Yuno PC，是一个随身PC操作系统。

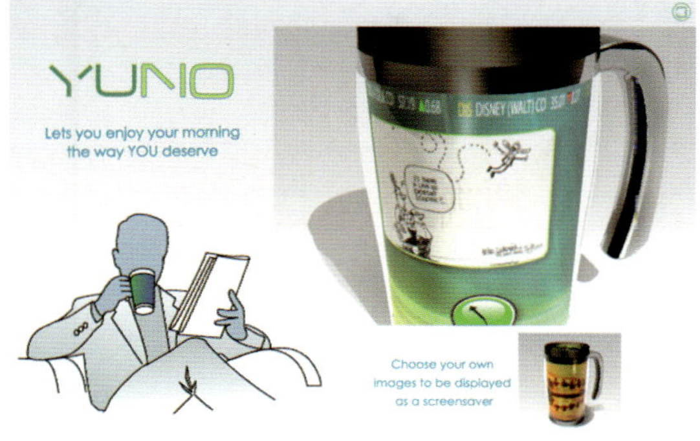

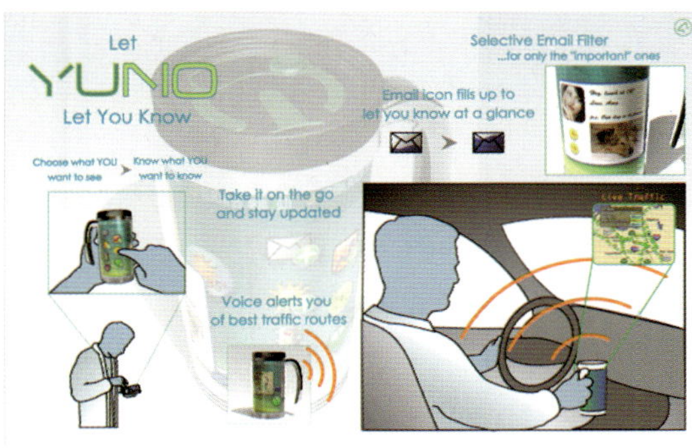

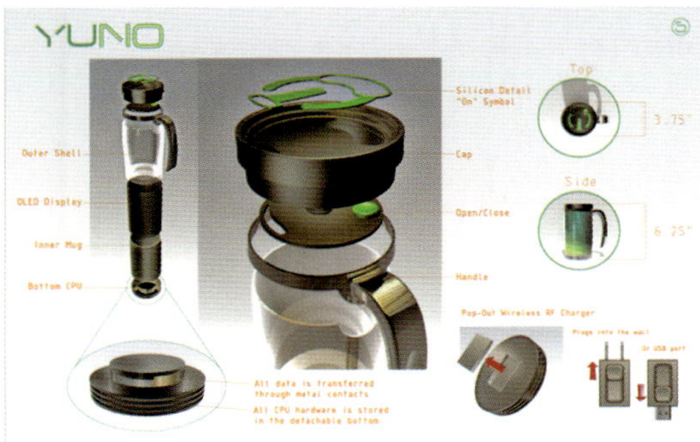

这是一个绝对随身化的产品，它的载体是一个水杯（没有人说你不可以用它装牛奶），在杯子的外围安装了LCD显示屏，并嵌入了系统。

这个系统提供日常生活的重要辅助功能，包括电子邮件查收、天气预报、交通信息、股票查询、浏览漫画、闹钟等功能。

产品的核心概念是：都市人的贴身数码伴侣，就在你吃早餐的时候，仍然可以访问所需要的资料。

如果有幸我们的网络能够达到这样的技术需求的话，这也许会成为近几年的"杀手级应用"。

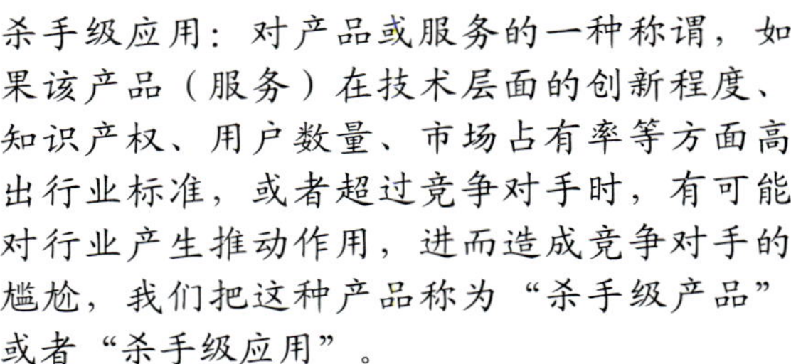

【要点】

杀手级应用：对产品或服务的一种称谓，如果该产品（服务）在技术层面的创新程度、知识产权、用户数量、市场占有率等方面高出行业标准，或者超过竞争对手时，有可能对行业产生推动作用，进而造成竞争对手的尴尬，我们把这种产品称为“杀手级产品”或者“杀手级应用”。

PS100 Photoskin Frames Fit In Your Wallet

Emtrace 的产品 PS100 Photoskin Frames，是基于商业用户需求而推出的随身行秘书工具，它的亮点是将数码化的资讯查找过程放在钱包中。

我们可以随时查询股票、家人的照片、各时区的时间、日程安排、各地区的天气预报和对比，最为重要的是设计风格简练、明朗、轻便，能够随时携带。

优秀的交互设计有时候在理解产品针对用户的同时，应该理解：

- 勇于抛弃不需要的累赘功能；
- 如果你认为你的用户需要更多的功能，那么那些人往往不是你的用户；
- 针对性的设计比普通的、无特色的设计更有效；
- 交互设计的改进空间就在你的身边，而不是在实验室里。

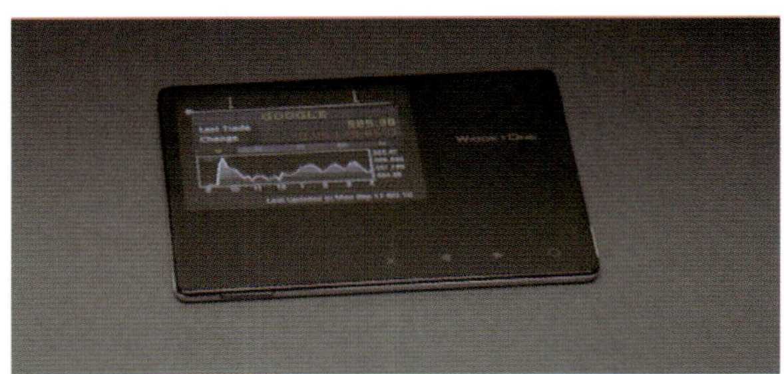

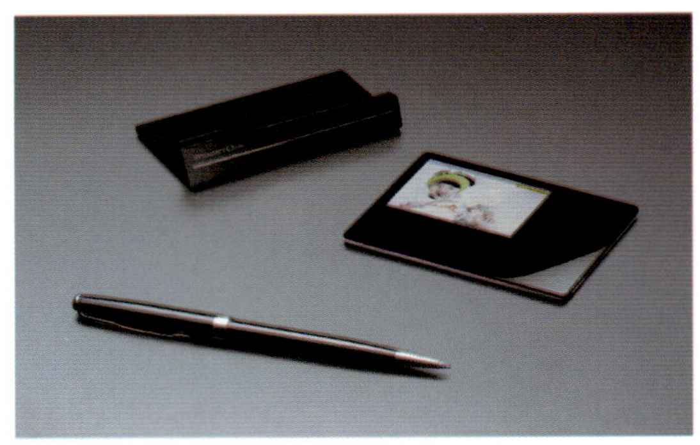

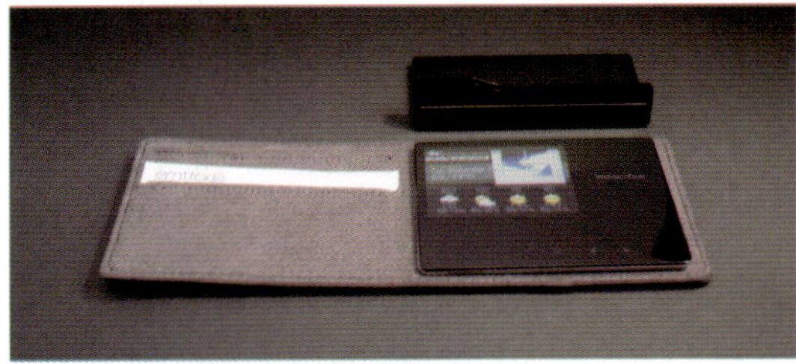

1.2 图形界面设计

图形用户界面或图形用户接口(Graphical User Interface，GUI)是指采用图形方式显示的计算机操作环境用户接口。

 1.2.1 图形界面的发展历程

图形界面的发展变迁主要集中在计算机领域。

1980年 Three Rivers公司推出Perq图形工作站。

1981年施乐公司推出了Alto的继承者Star，Alto曾首次使用了窗口设计。

1984年苹果公司推出Macintosh。

1986年首款用于UNIX的窗口系统X-Window System发布。

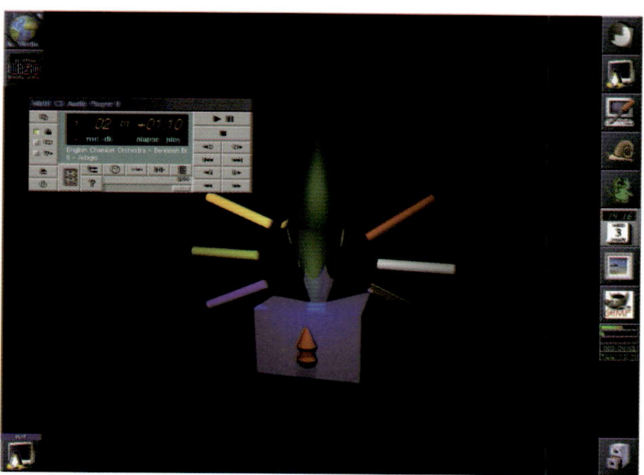

1988年IBM发布OS/2 1.10标准版演示管理器（Presentation Manager），这是第一种支持Intel计算机的稳定的图形界面。

1992年微软公司发布Windows 3.1，增加了多媒体支持。

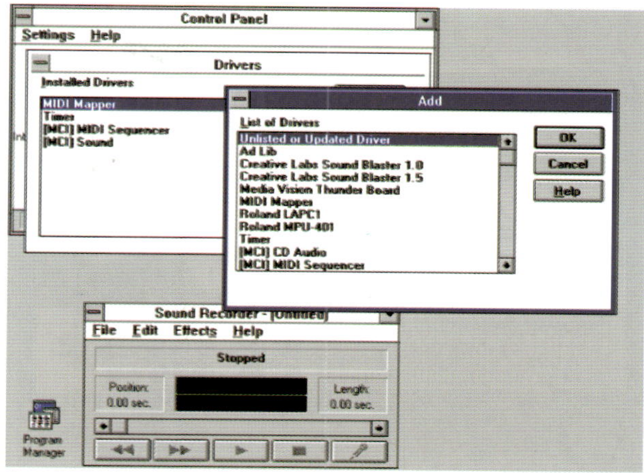

1995年微软的Windows 95发布，其视窗操作系统的外观基本定型。

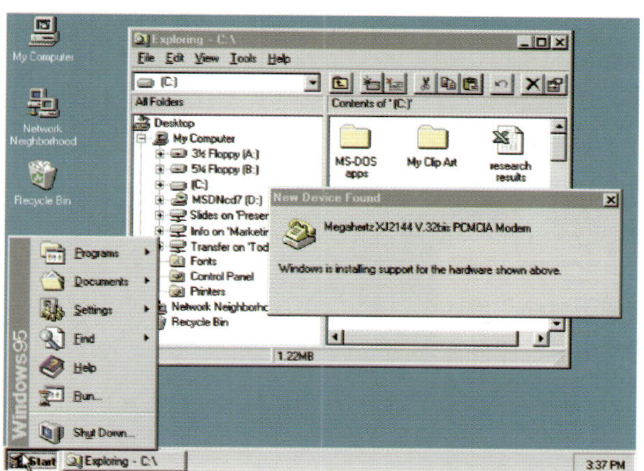

1996年微软发布Bob，此软件具有动画助手和有趣的图片。

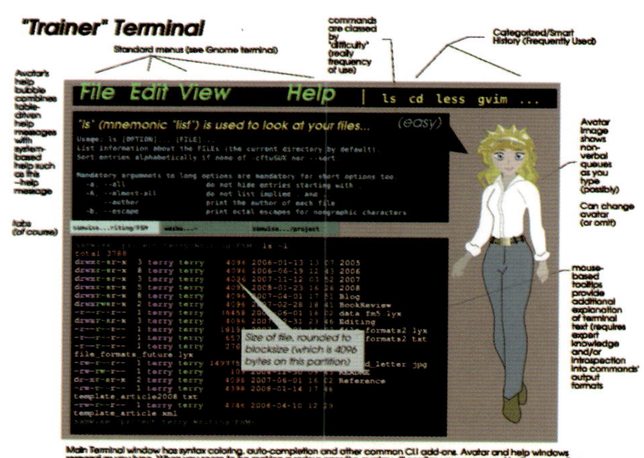

【故事】《设计的小事——设计·艺术差别论》

晚上和朋友聊天，谈到设计和艺术的区别问题，这个问题不知道一开始是谁提起来的，好像一定要搞个你死我活一样。个人认为抛开单纯的“文人相轻”的心态，设计和艺术在广泛的联系中，还是存在着一些差别的。

1. 设计有实际的物理作用，艺术有精神的心理作用

设计出来的多半是产品和某种服务形态；而艺术的创造更多的是人类内心的表达和一种观摩，欣赏。

2. 设计像哲学，艺术像宗教

设计探讨的是可能和反思，尽量简化实用，力求每次的进步；艺术则是强调唯一与崇拜，突出的是艺术风格的突破和改造，希望天才和救世主的不断出现。

3. 设计师改善生活，艺术家修炼自己

设计师观察生活，强调吸收进来，改善目前的状态；艺术家则不断修炼自己，强调表达出去，不论世俗的干扰，只求艺术境界的完美。

本人乃设计界一介武夫，草莽有余，细腻不足，只能站在巨人的肩膀上狐假虎威，因此还是与纯艺术划清一点界限。有一些朋友说我的部分作品有过多的后现代主义影子，我就很无辜，“你才是后现代，你全家都后现代……”

1.2.4 UCD的设计思想

UCD（User-Centered Design），即以用户为中心的设计。

这是说，在进行产品设计时从用户的需求和用户的感受出发，围绕用户为中心设计产品，而不是让用户去适应产品，无论产品的使用流程、产品的信息架构、人机交互方式等，都需要考虑用户的使用习惯、预期的交互方式、视觉感受等方面。

衡量一个好的以用户为中心的产品设计，可以有以下几个维度：产品在特定使用环境下为特定用户用于特定用途时所具有的有效性（effectiveness）、效率（efficiency）和用户主观满意度（satisfaction）。延伸开来还包括对特定用户而言，产品的易学程度、对用户的吸引程度、用户在体验产品前后时的整体心理感受等。

1.2.5 使用图形软件之前的准备

虽然现在提供图形界面设计技术的软件层出不穷，但是我们仍然需要对其功能和特点做研究，以便找到工作效率最高，并且在输出环节安全保证较高的软件产品。在使用图形软件之前，我们首先要明确地了解，无论你使用的软件售价多少，它并不会将你变成真正的设计师，软件只是执行命令，完成任务的一个途径，无法达到代替设计师思考的功能。

也许有很多智能化的软件中内置了一些可操作的模板和调用的数据集合，但那些只是片段工具，请不要误以为这是用于拼凑的素材。我们发现有很多设计爱好者在拥有了图形设计软件的版权后，变成了“软件版本追逐者”，而不是一名出色的设计师。

除了心理因素方面的调整，你也应该保证自己有一台可供稳定、快速执行任务的台式计算机，它可以是图形工作站，也可以是你DIY的PC终端，你要确认它的处理器速度、资料存储备份以及网络通信状态良好，而其中最重要的是显示器部分，准确校色和较大的输出范围是保证软件计算结果正确的前提。

使用图形软件的几点忠告：

- 最新的软件并不一定是最适合你的；
- 达到设计目的除了软件还有你的纸和笔；
- 不要忽视软件以外的设计基本功；
- 精通一个软件胜过泛泛地了解和安装很多无关的软件。

1.2.6 必备的软件分析

介绍一些用户界面设计的常用软件，并逐一分析，读者朋友可以根据自己的工作需要选择使用。

Adobe Photoshop CS4

Adobe Photoshop CS4是图形处理的必备软件，目前为CS4版本。在图形界面的界面元素设计和图标设计中，都可以用到它，其中的色彩定义、通道、自由选区、层模式以及智能对象是必须掌握的技巧。

针对平面化的视觉设计和多格式的输出，它无疑是最成熟的软件。

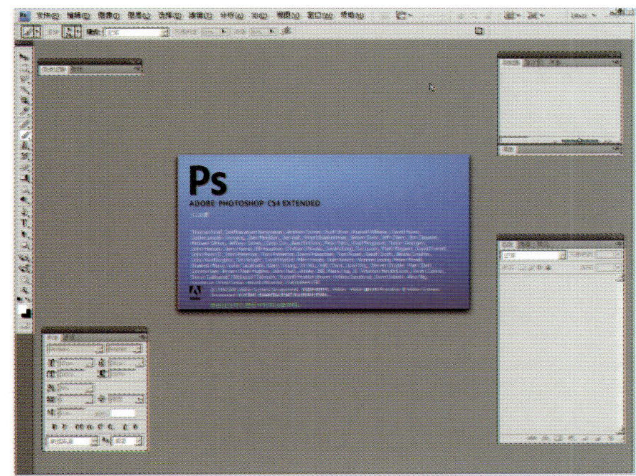

Adobe Illustrator CS4

Adobe Illustrator CS4是矢量图形设计软件，发展到CS3版本后，很多功能项已经形成了行业标准，其中的渐变网格、色彩遮罩、字符处理工具和新加入的橡皮擦工具是值得认真学习的。

作为多尺寸输出的手持移动设备，使用矢量图形作为基本设计工具能够有效地减少后期的修改工作量，同时，由于手机平台的开发升级，一些平台已经开放了SVG接口，这对使用矢量图形设计的设计师来说是一个很好的消息。

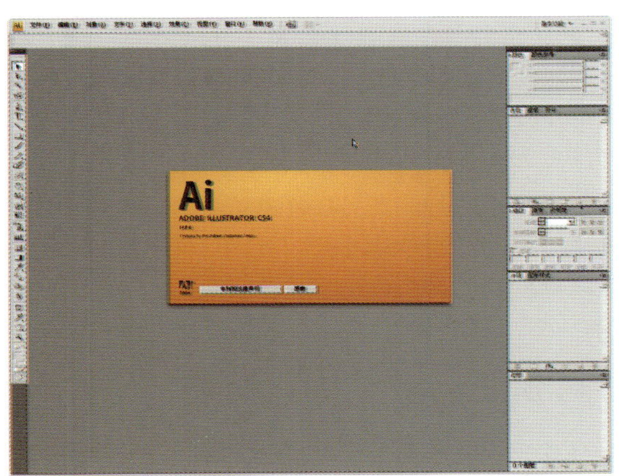

Adobe Flash CS4

Adobe Flash CS4是设计动画演示提案和高保真原型展示时的最佳工具，因为是基于矢量应用和AS语言的软件，所以由它输出的文件不会太大并且具备基本的交互特性。我们不反对使用其他开发工具来制作原型或者演示，但是Flash无疑是最快的，而且它的开放性使得其有很多组件供我们调用，这样为最终输出节约了很多时间。

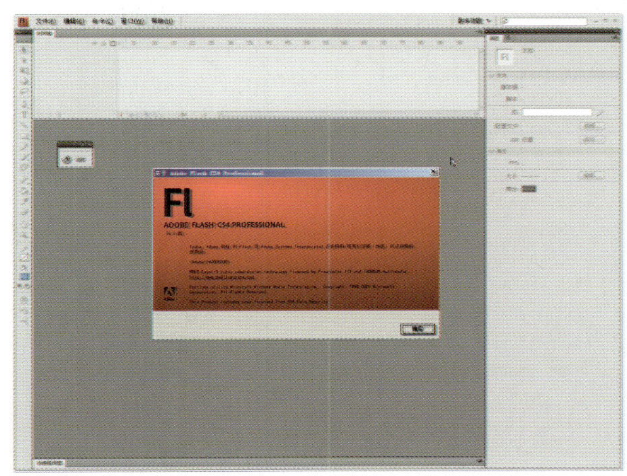

【注意】

Flash绝对不是一个单纯的动画制作软件，使用它的AS语言作为数据构建的方式会让你体验到更多的交互设计结果。

Maxon Cinema 4D R11

Maxon Cinema 4D R11是一个优秀的3D工具包，提供了建模、渲染、材质、动画、后期效果调试、毛发等模块，可以适用于不同的设计需求。其特点是逻辑结构严谨合理，渲染速度快，建模和材质编辑高效。

在手持移动设备界面设计发展的今天，越来越多的设计师开始使用3D工具进行辅助设计，以获得更加突出的光影效果和强烈质感的视觉设计。由于LCD显示屏的技术进步，也使得手持移动设备可以获得接近于计算机显示器的效果。

使用3D软件进行设计的一个极大优势是，你可以自由地设计场景动画，而不再拘泥于过去简单的GIF动画，你可以把MP4等视频文件格式安装在系统设备上。

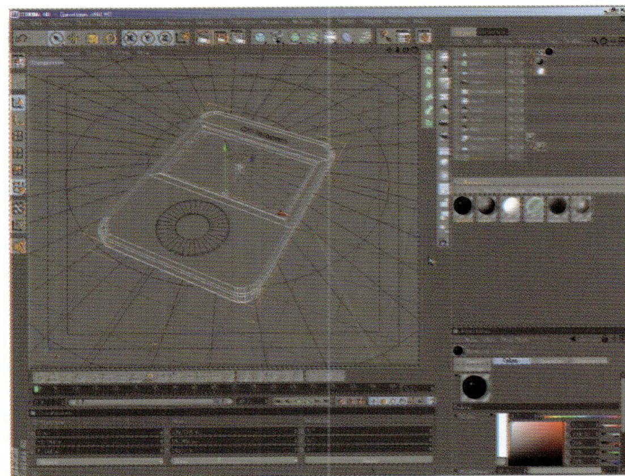

IconCool Studio v2.8

IconCool Studio v2.8是一款精巧的图标设计工具，提供了直接样式处理和内置效果，在基于Pixel的处理下融合了很多图形处理软件的基本功能，输出方面兼容PC和MAC平台的标准尺寸。

在我们为Windows Mobile等智能平台设计图标的时候，这样的软件是必不可少的。该软件的辅助功能包括直接生成GIF动画、直接打印图标、将当前图标指针化用于测试等，另外，它的在线社区也提供了大量的教程资料。

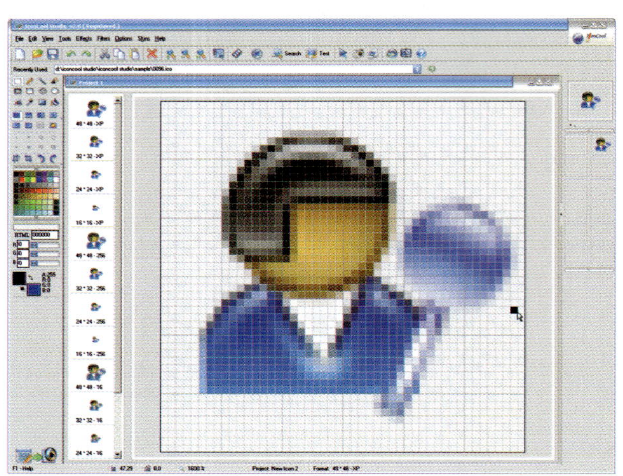

JPEG Optimizer

JPEG Optimizer是老牌的JPG图片压缩工具，它的优秀算法可以让你的JPG图片在减少大约一半的尺寸时，不损失很明显的显示质量。

由于手持设备的内存是相当有限的，所以对于图片尺寸的要求也是很苛刻的，而这个软件恰好解决了这个问题。

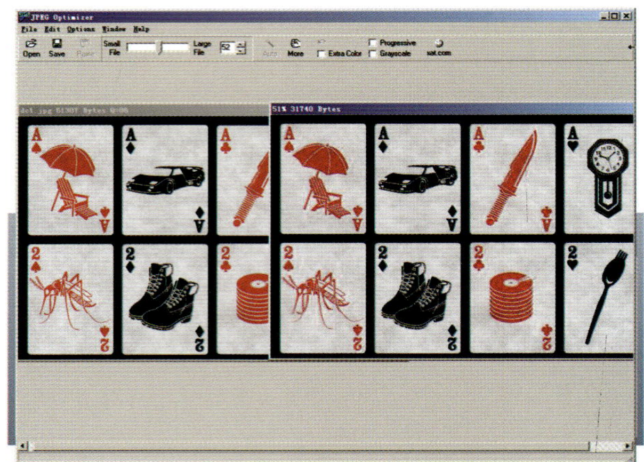

在后面的详细图形设计教程中，我们将会详细地介绍这些软件的使用方法和常规特性，当然，如果出现其他更多的辅助工具也是正常的，我们也会做详细的说明。

1.3 交互概念设计与图形界面的联系

这里作为介绍性的描述，只简单地说明一个交互设计和界面设计的流程，这个流程离最终的产品化还有一段距离，但是可以作为基本的参考。

用户需求分析 →确定产品设计概念 → 候选方案设计→原型设计 →用户测试与评估。

1.3.1 理解用户的需求和分析需求

用户需求分析的根本目的是了解用户的行为，并获得市场分析数据，用于指导这个产品的需要与价值。研究用户的行为可从4个方向出发：①它是什么产品；②看上去如何；③解决什么问题；④其他心理要求。

它是什么产品

用户在使用一个产品之前，首先要了解它是什么东西，比如，这个产品的产地、服务提供商、国家、语言版本情况、是否为知名大公司产品、周围的朋友有没有使用的……

这些因素会首先影响用户对于产品的认知程度。

看上去如何

产品的外观特征、造型如何，用户曾经高度关注的同类型产品是什么，用户为什么会喜欢这些产品的外观？

也许你会做大量的数据来分析一个用户使用某种产品和服务的动机、成因，但是现实的情况是，大概有85%以上的用户一旦认为你的产品看上去不怎么样，他们就不会去购买或使用。

这不是因为你的产品在解决问题的能力上不够好，而是有一种特殊的心理因素：“我用这样的产品，我的朋友会不会觉得我像个傻瓜，或者认为我是一个缺乏审美能力的人。”

解决什么问题

这个产品和服务能够解决的关键问题是什么?它需要一个最主要的功能，并且这个功能是大多数用户需要的。

如果一台手机无法打电话，那么没有任何用户会使用它。而由于产品同质化现象已经越来越严重，所以在设计的初期你就应该了解到这个产品的特殊之处，并且把它放大。用户关心的是如果我购买或使用这个产品，我能够做什么，做得是不是比使用其他产品更好。

 其他心理要求

“这个机器打电话声音太小”、“我觉得应该可以随机变换墙纸的才酷”、“为什么MP3没有歌词呢？”……

这些需求也许你从来没有听过，或者是看到竞争对手做了类似功能以后才想起跟进，是的，你的产品被卖到各地，你的服务被全球的用户使用，但是前端销售员和客服人员从来没有向你汇报过用户的这些需求。

因此，你认为问题出在哪儿呢？从现在开始改变这个局面。

1.3.2 设计一些候选方案和概念

有时因为项目开发和头脑风暴的要求，你需要设计一些候选方案和演示。低保真 - 高保真的设计方式仍然有它的意义，但是在中国这样的高速竞争环境中，显得比较过时。

正如你所见到的，我们经常需要在短时间内设计大量的演示方案，并且这些方案都需要达到产品级的要求，这不但是对设计师的挑战，也是一个残酷的锻炼过程。

 1.3.3 进行原型设计

如果时间和条件允许，我们建议你采用原型设计的方法，这样可以减少错误，也减少了抛弃型设计作品的数量。下面是一些原型设计的方式。

- 白纸、铅笔、橡皮，有时候还需要剪刀。
- Word，可以制作 wireframe，还可以批注或者加大段文字说明。
- PPT， 会议讨论中比较常见的形式，可以动态地表达出交互流程。
- Flash，同 PPT，更加难以使用。但非常适合制作小屏幕手持设备界面原型。
- HTML，进行 Web 界面原型设计，也可以作为理论演示型方案的描述。

1.3.4 用户测试与评估

交互概念和界面设计阶段的评估测试，主要是以演示和讨论为主，不仅仅限于设计师和团队，也可以招募一批实际用户参与，这样做可以：

- 确认交互概念和界面设计模型是否准确；
- 确认设计的原型是否能有效地完成功能；
- 评估设计的原型在技术层面和市场商业模式上的可行性（重点是概念的创意和差异化）。

【要点】 

用户测试与演示：请见本书优酷专区的surface1.flv，surface2.flv，该视频演示了如何让用户的测试和评估过程成为产品的绝佳宣传。

1.3.5 两者的关系和应用

交互设计和图形界面设计是一个完整的设计流程中不可分割的两个部分，虽然在工作细分中有流程前后差别，但是设计思想和设计目的是一致的。

通过本章的介绍，相信各位对交互和界面技术有了一个概念性的认识。在接下来的章节中，我们将详细介绍交互概念设计与图形界面设计的设计流程、设计技巧、经验方法、技术手段等。

【要点】

交互和界面的结合演示：请见本书优酷专区视频的2007_BumpTop.flv，该视频详细演示了新一代桌面交互方式的运用，这个系统采用了物理引擎的模拟化手段，使得一切文件操作如同在你的工作台上操作一般。

BUMPTOP系统不但实现了排序、翻转、惯性特征等物理反馈，而且对文件桌面的界面优化也尽量做到了真实自然。目前这个系统是可以进行预定测试的，最后的正式版效果应该比TED发布会上的还要好。

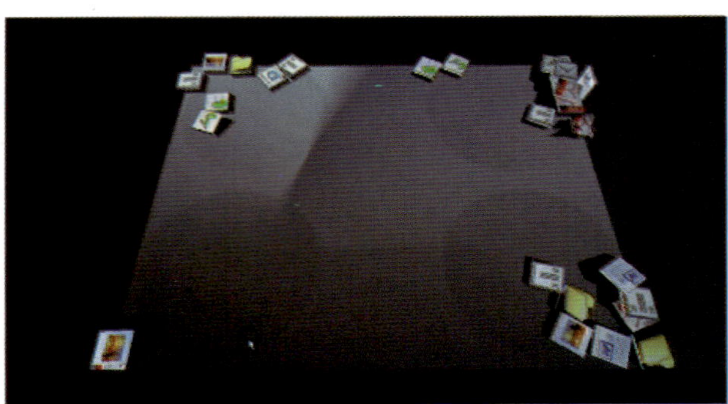

第2章 交互概念与图形界面设计新趋势
Start
本章中我们将从“感觉”和“场所”这两个对手持移动设备用户来说最关键的问题出发，揭示一些手持移动设备设计方面的经验和技巧，请不用担心，在阅读这些内容之前你不需要去看更多的心理学和社会学方面的书籍，我们尽量保持语言的简单。
当然，面对从业者来说，了解了基本的原理后，也需要很多的实际知识和行业信息来指导工作，本章中也提供了诸如手机平台、LCD显示屏技术的知识，相信它们会成为你工作中有用的参考资料。
02

2.1 手持移动设备的产品特点

 2.1.1 不同的感知和感觉

就像我们前面提到的，产品的交互与界面设计是针对用户的设计，从生理学来说，每个社会中的单个人类个体，都有共通的感觉和感知特性。我们在研究用户行为、分析交互设计的主要任务时都应该了解人类基本的感知和感觉。

这样的设计概念会让我们的产品更具有可用性和普遍性，我们不否认人文、历史、民族、宗教、社会环境、政治、经济水平等对于用户判定设计品质的作用，但一切的本质是源于人类赖以生存的基本感觉特征。所以，我们将这样的概念提出来，以便于树立一个较为客观的（保守的）标准。

感觉虽然是一种极其简单的心理过程，可是它在我们的生活实践中却具有重要的意义。有了感觉，我们就可以分辨外界各种事物的属性，因此才能分辨颜色、声音、软硬、粗细、重量、温度、味道、气味等；有了感觉，我们才能了解自身各部分的位置、运动、姿势、饥饿、心跳；有了感觉，我们才能进行其他复杂的认识过程。失去感觉，就不能分辨客观事物的属性和自身状态。因此，我们说，感觉是各种复杂的心理过程(如知觉、记忆、思维)的基础，从这个意义来说，感觉是人关于世界的一切知识的源泉。

视觉

光作用于视觉器官，使其感受细胞兴奋，其信息经视觉神经系统加工后便产生视觉（vision）。通过视觉，人和动物感知外界物体的大小、明暗、颜色、动静，获得对机体生存具有重要意义的各种信息，至少有80%以上的外界信息经视觉获得，视觉是人和动物最重要的感觉。

视觉是如此重要，以至于我们从产品的策划阶段就要开始考虑它的最终设计结果。这是一个从外观设计到界面设计的综合设计要求，Apple公司的iPhone将两者完美地结合在一起，我们看到的是线条优雅的外观，简单漂亮的界面，而且其中的交互方式也令人赏心悦目。

视觉设计中产品的要点：

- 可见性（无论是白天，还是夜晚，或者室内、室外，操作界面必须可以看到）；
- 可识别性（在不同文化和社会背景的用户看来，你的产品始终表达一个含义）；
- 美观（丑陋的产品不但不会被接受，甚至还会被用户嘲笑）；
- 提示（视觉设计中最重要的部分是引导，提示当前信息的可用性与反馈）。

听觉

声波作用于听觉器官，使其感受细胞兴奋并引起听神经的冲动，发放传入信息，经各级听觉中枢分析后引起的感觉。

听觉是作为社会性传播的最重要感觉之一，在补充视觉识别的同时，它有自成体系的人类学意义。

由于听觉能够直接反映人的情绪指标，因此，“音乐手机”被一度作为手机的重要卖点来宣传，比较突出的有Sony Ericsson（索爱）、Nokia（诺基亚）等品牌。

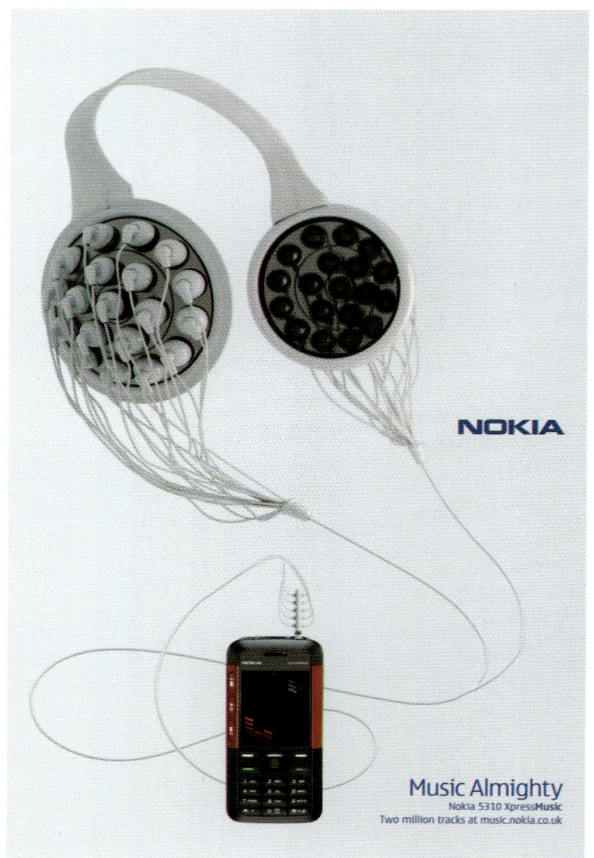

听觉设计中产品的要点：

- 音乐（悦耳的音乐和流行的歌曲会让用户在多人环境中充满自豪感）；
- 提示音（积极的、响应准确的、符合听觉识别习惯的提示音是界面元素的补充）；
- 声音长短（长短不同的声波是区别提示模式的方式）；
- 符合人耳特性（采样精度设计为44.1kHz，它是最适合人体的数值，虽然96kHz是录音界的提倡标准，但是普通用户根本无法听出它们之间的区别，这取决于音频转换器和耳机）；
- 噪音（除了在危险情况下，否则绝对不要使用噪音作为提示音规范）。

肤觉

肤觉是皮肤受到物理或化学刺激所产生的触觉、温度觉和痛觉等感觉的总称。

人们的皮肤通常可以感知室内热环境的质量；感知空气的温度和湿度的分布及流动情况；感知室内空间、家具、设备等各个界面给人体的刺激程度；感知振动大小、冷暖程度、质感强度等；感知物体的形状和大小等。

而在这些基本感觉之外，使用符合人体工程学的物理操作特征，也是善用肤觉进行用户沟通交流的手段之一。Apple公司的专利触摸技术已经实现了这些，你可以在它的著名音乐播放器iPod上体验到手指旋转操作菜单的特征，而通过不同的力度和速度，你能够获得的反馈也有所不同。

这样的设计模式，表明了Apple对于用户的关心和尊敬，利用肤觉进行的设计取得了极大的成功。

杰夫·罗宾带领着Apple的iPod固件团队。他的团队整合了来自PortalPlayer的固件核心与由Pixo开发的用户界面库（Pixo的创立者曾经为苹果电脑制造的个人数码助理AppleNewton工作）。

Pixo库提供用户界面，虽然iPodphoto结合了一些来自Mac OS X的视觉要素，例如"Aqua"款式的动画效果进程条等，但是其操作模式是独一无二的，就像你在Mac上体验到的单键鼠标操作一样。

肤觉设计中产品的要点：

- 触感（涉及产品外观使用的材质，如木料、玻璃、陶瓷，或是其他金属材料）；
- 防滑（一种基于产品安全保护模式的材料功能）；
- 防尘（用户对于优秀产品的安全性要求）；
- 无伤害（必须确保老人或者儿童在使用时没有障碍和危险）；
- 大小适中（无法一手掌握并操作的手持移动设备，用户数量会大大下降）。

嗅觉与味觉

嗅觉是一种感觉。它由两种感觉系统参与，即嗅神经系统和鼻三叉神经系统。嗅觉和味觉会整合和互相作用。嗅觉是外激素通信实现的前提。

嗅觉作用的运作情形目前还无法解释清楚，比较盛行的说法是：嗅觉细胞膜内有一些凹洞，当有物质的气味进入任何一个凹洞时，细胞膜的结构就会有所改变，此改变即为嗅觉感知的开始。每一个嗅觉细胞内都包含一种嗅觉接受器。人体的嗅觉接受器有7种类型，各自负责不同气味的感知。

古人云：入芝兰之室，久而不闻其香；入鲍鱼之肆，久而不闻其臭。当我们停留在具有特殊气味的地方一段时间之后，对此气味就会完全适应而无所感觉，这种现象叫做嗅觉器官适应。

索爱 SO703i 是一款特别的香水手机，它可以通过更换Style-Up面板的方式获得不同种类的香味，加上9款不同款式的漂亮外壳和镜面设计， SO703i在味觉和视觉上的表现都相当出色。

这也许是一种设计的趋势，我们可以试想，以后品牌形象将通过味觉和嗅觉进行传播，根据人脑的记忆，这种方式是拥有最佳记忆效果的。

嗅觉与味觉设计中产品的要点：

- 范围（正如喷洒太多香水是对别人的不礼貌一样，传递范围仍然是设计的重要解决问题）；
- 保留时间（一款手机可以用至少5年，那么香味是否能够保持这么久？替换是否方便？）；
- 变异性（香味是否有保质期？产品设计之初应该考虑这个问题）；
- 健康影响（人造香味毕竟是化学品，用户对于健康的担心也是一个关键风险点）；
- 真实性（香味毕竟只是暂时的，如果能够像alessando elli设计的巧克力手表一样，手机也是可以被吃掉的，那么是不是会更有趣？）。

2.1.2 不同的使用环境

不同的产品在不同的人手里会产生不同的用途，而不同的场所也会导致用户在选择、使用产品时的不同，这也就是我们常说的"环境影响人"的具体表现。

不同的环境会造成人们产生心理、生理、客观物理原则、气氛、团队影响、话语权、主观判断力、情绪各方面的影响，这些影响将直接反映到对待产品的态度上，因此研究不同环境下产品的被使用特性，特别是手持移动设备的"随身性"特征，有助于更好地研究设计手持移动设备的交互方式与关键点。

【要点】

随身性：由于手持移动设备广泛地提供通信、网络、娱乐方面的服务，以及体积小，易携带，供电时间较长，集成功能丰富，因此几乎可以在任何场所使用，我们把这种产品的特点称为“随身性”。

公司

公司常给人以严肃、冷静、缺乏活力的感觉，但是商业关系和人机交互没有冲突可言，相反，我们希望在任何沉闷的气氛中，找到让人惊喜的部分。

在公司环境中使用的手持移动设备的设计要点：

- 快捷的设置"会议模式"环境；
- 优雅和成熟的外观，没有多余和花俏的附件装饰；
- 商务性和职业性特征明显，能够帮助处理个人PC无法处理的部分信息；
- 日程表、备忘录、世界时间、事件提醒是必需的重要功能。

MX Air Rechargeable Cordless Air Mouse 是来自罗技科技的新产品。拥有漂亮的外观和先进的技术，无线操控和快捷键的搭配让你可以在公司内获得更多的专业肯定，也可以节约更多的办公时间。

学校

学校是重要的社会教育体系的组成部分，除了学习知识获得学位以外，一个更为重要的功能就是提供给学生进行基本的社交体验和运动锻炼的机会。

这是时尚品牌lacoste提供的一套最新的虚拟运动集成设备，它将人体全面统一到运动环境中，实时检测运动的指标和效果，提供给你准确的分析报告，当然，这个系统最大的特点是节约场地、功能丰富，并且看上去很酷，这正是年轻人热衷的部分。

在学校环境中使用的手持移动设备的设计要点：

- 外观新颖、漂亮，能够吸引异性的注意；
- 有趣的图片、音乐、视频、游戏，并且可以通过蓝牙环境共享；
- 短信息的快速和多字符处理。

【要点】

Let's reinvent the game：在本书优酷视频专区中你将找到该产品的演示视频和虚拟现实环境的screensaver作品，看看如何改变和重塑运动的概念。

为了让更多刚走出校门的设计朋友们了解这个行业的特点，我们特别准备了一篇关于学校话题的文章供大家参考。

【故事】 《设计的小事——走出校门应该做什么》

年后又是一波人才流动的高峰，那些行业里面挖与被挖，抢与被抢的故事我没有太大兴趣了，不过倒是有不少年轻的应届毕业生朋友问起："我究竟该做什么好呢？"这里面有"名牌"的科班，也有自己摸索实战的"八路"。

当然，对于这个问题，不是简单的能不能或者想不想的问题，设计的行当不像造水杯，有标准、尺寸、规格、质检，人的主观因素和行业的动态变化都造成了一波接一波的热浪和低潮。那么对于刚出校门的朋友，怀揣着一颗热情的设计之心，怎么确定自己的定位？怎么选择适合自己的平台？怎么评测自己适合做哪方面的设计？下面我们来探讨一下。

1. 教育背景

虽然说艺术需要从小培养，但在艺术积累不够的地区，高职和大学的艺术教育还是比较有用的，起码可以学习到一些基本知识。请不要在意你的专业，做传统架上的艺术并不显得比视觉传达要清高，版画和油画的同学也不是不能从事平面设计，在学校里面需要学习的是正确的艺术史观和基础知识，当然也要培养自己对于艺术和设计的热情。

可以尝试一些专业外的兼职工作，从零做起，了解设计行业的商业化用途和社会背景。教育背景和文凭的高低虽然不能帮助你的作品有多少提升，但是确实是获得社会认可的一个途径，好好珍惜这个学习的时间。

要切记两点：

a. 专业的美术院校毕业，并不证明你就是专业的设计人才，要通过你的作品和成绩去证明；

b. 良好的教育不是考试100分，而是利用学校的资源丰富自己，提高自己获取综合知识的技巧。

好好利用你的学历优势，但那不是你卖弄的资本或者思想的包袱，我发现大多数眼高手低的设计人都是从学历开始的，不要再犯这个错误了。

2. 工作经验

刚出校门的你其实还谈不上什么工作的经验，但是你仍然应该积累一些社会化的设计案例，比如：

a. 参加一些难度不高的设计比赛（最好是国际比赛，国内比赛内定现象比较严重）；

b. 进行独立艺术设计展的参展交流（现在不少高校和新锐艺术策展人都在发掘好的年轻设计人，这是最佳机会）；

c. 自己主办一些设计杂志（随着数码印刷的普及，将自己和小团队的作品做一个完整的印刷展示，会学到很多知识，同时也避免了简历不优雅的尴尬）；

d. 到某些大型的广告公司和设计公司当学徒（设计类学生们请不要浮躁，当走出校门你会发现自己的缺陷还很多，而多看、多想、多学是避免犯错的低成本途径）。

在这些的背后是你日后工作的参考，你更愿意在什么样的平台工作？我建议，刚毕业的朋友多往沿海城市和首都走动，这和国家倡导的支援西部没有关系，信息的发达程度和对人才的包容程度，决定了你能以什么样的速度进步，你接受得更多，失败得更多，才会了解自己在什么样的水平。

由于大多数毕业生喜欢固步自封和沾沾自喜，我建议刚出校门的朋友先到一个创业阶段的设计公司接受锻炼，进而到大型的集团或者企业接受职业化的教育，学习为人处世的道理。不管你是否相信，决定一个设计师地位的除了设计水平，还有他的人品和性格。

3. 使用软件

我再次强调设计新人和老鸟，不要总盯着Photoshop，虽然它很棒，但是它不能开发你的创意能力，利用一切可能的元素创作是设计师的天性。

多学习二维手绘、三维建模渲染、动画制作、电影合成、特效插件等方面的知识会让你更客观地看待行业的发展。由于人是有惰性的，因此如果你过分依赖某个软件，会导致你只能跟随软件的开发思路去决定你的设计思路，也就是常说的“技术限制了艺术”。

4. 个人爱好

大胆地说出“我喜欢……我能够”的设计人是对自己有定位的，你要善于发现自己的性格特征和视觉爱好，如果你从事的行业暂时没有市场或者不受欢迎，这并不证明它们是错误的，只是没有获得商业的认可。你要从中去发现它的特点，然后加以利用。

不爱动画的人不可能搞出好动画，就像不喜欢书的人不可能做好平面设计一样，你的热情和爱好成了你成功的一大保证。知知者不如好知者，好知者不如乐知者，如果你不爱你的设计，你会觉得它是狗屎，进而认为自己也是狗屎，最后觉得整个行业都是狗屎，然后转行。

因此从你踏出校门的第一步开始，你就要明确，我愿意为之付出10年或20年的设计是什么？是设计最漂亮的大楼，还是最美丽的床单？它们区别很大，但都很重要。

家庭

家庭是一般社会性人群最重要的生活场所之一。家庭的组成人群特殊而敏感，这些都是和你有血缘关系或者感情因素联系极其紧密的人，在使用各种设备的态度上，需要尊重、分享、讨论、决议的多个模式。

在家庭环境中使用的手持移动设备的设计要点：

- 亲友的分组和详细信息记录，并可以随时调阅；
- 对重要亲友的快速拨号，收发信息等快捷设置；
- 在从事家务时间的提醒等，如做饭、洗衣、观看电视等；
- 在从事共同娱乐活动时，提供拒绝打扰设置，比如来电转接等；
- 个性化的闹钟功能。

homehero灭火器是一个很好的集成式灭火设备，拥有烟雾和一氧化碳探测器。很多情况下，当发生火灾时，一个人通常是由于恐惧和惊慌没有找到灭火器，以致死亡的。homehero灭火器则不同，它可以放在厨房的柜台，由于它的特殊外观设计，你可以非常及时地找到它，而平时它绝对是一个非常优美的装饰。该设计荣获2007年的idsa金奖。

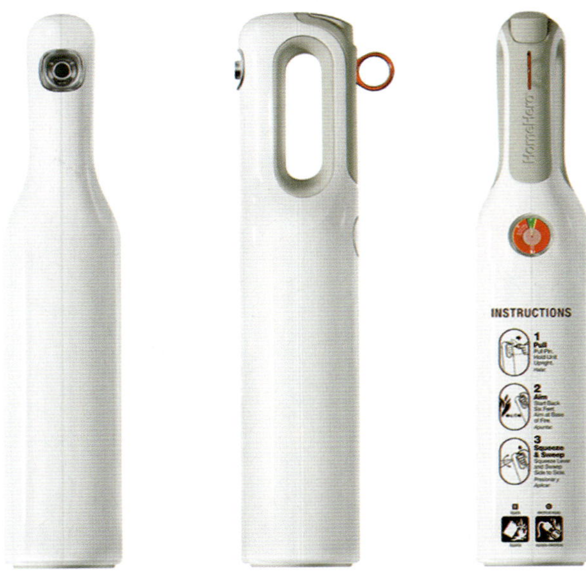

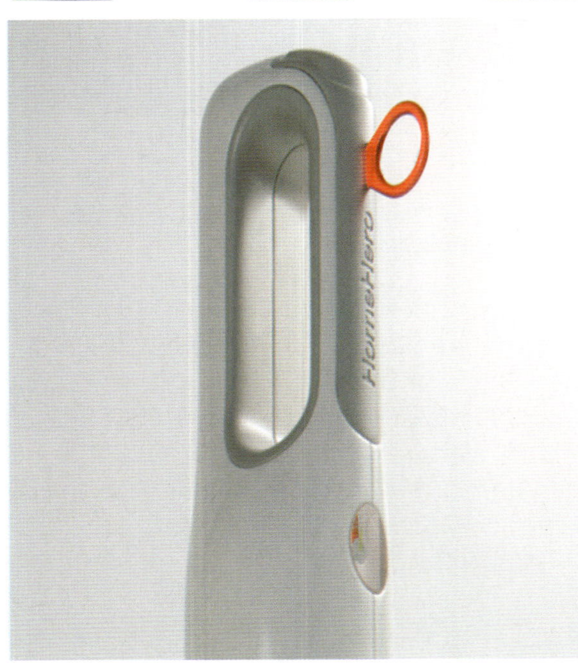

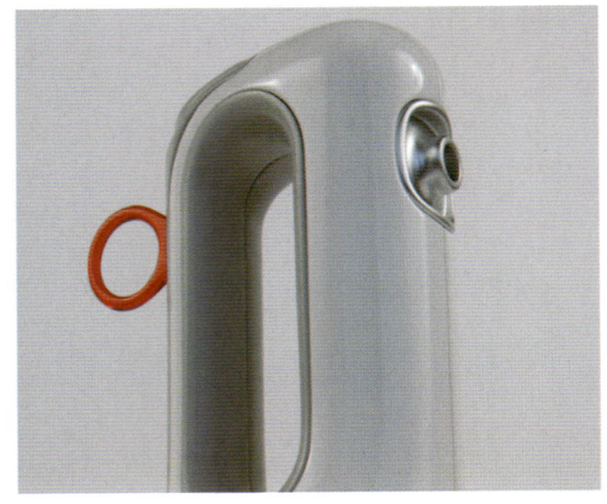

公共场所

常见的公共场所比如图书馆、快餐店等，是绝对开放和自由的环境，用户处于观察与被观察的情境中，这时候的手持设备扮演个人标签的角色，并且会成为吸引他人的有效手段。

在公共场所环境中使用的手持移动设备的设计要点：

- 需要声音比较突出的音乐提示功能；
- 通话质量的绝对保证，比如，蓝牙耳机的使用；
- 参与性突出，比如，分享文件、游戏、音乐；
- 网络功能的提供，比如，在咖啡店等待朋友时，上网获取新闻；
- 共同活动，比如，使用手机为小型聚会的朋友们拍照。

Frozen Pizza 是一个冷冻比萨的速食概念，比萨的速食化一直是很难解决的问题，这主要受限于包装材料和比萨的成分组合。在这个保证将公共空间的餐饮服务保持到私人定制的时候，也引入了大量的交互性研究和产品设计方法。

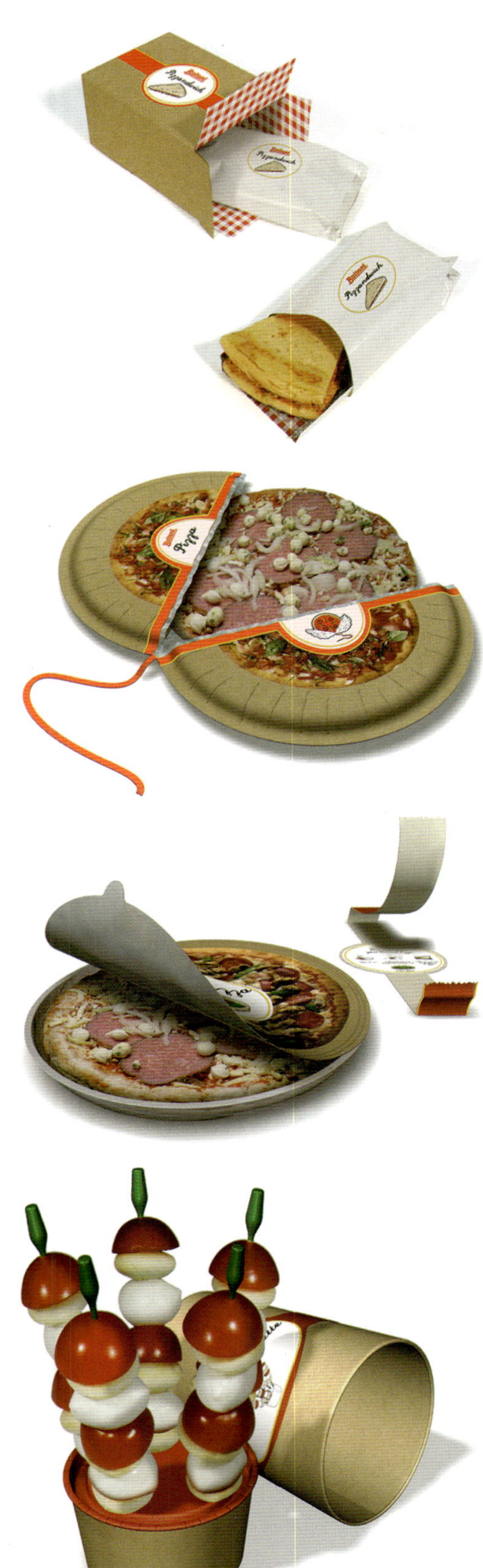

半公共场所

有一些公共场所，虽然参与的人数很多，但也有部分私密空间的保护，比如，公共厕所、电影院等。这部分强调私密性和空间开放程度的平衡，对于手持设备的个人设置要求则会更为细致。

在半公共场所环境中使用的手持移动设备的设计要点：

- 不同情景模式的快速切换，比如，电影模式、静音模式、室内模式；
- 快捷接听和取消操作设置；
- 随时记录工具，便签功能；
- 日期和时间的查看提醒，人们较容易忘记时间的周期变化，比如泡温泉的时候；
- 提供持续照明模式，比如电影播放期间空间比较黑，该设置可提供充足照明。

设计师Sherwood Forlee为我们带来的一个马桶小工具（Odorless Toilet），用户坐上去的时候，风扇自动打开，抽掉有毒气体，然后置换为新鲜空气，当然，你还可以在里面添加很多香粉的。

正如之前提到的“香味手机”，如果普及化应用，那么这个小装置就要下岗了。

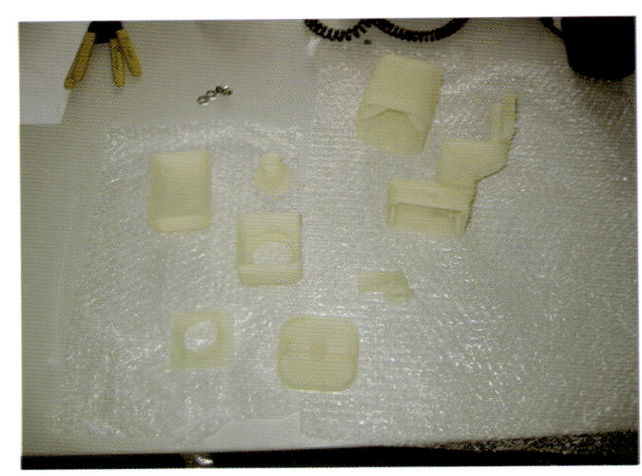

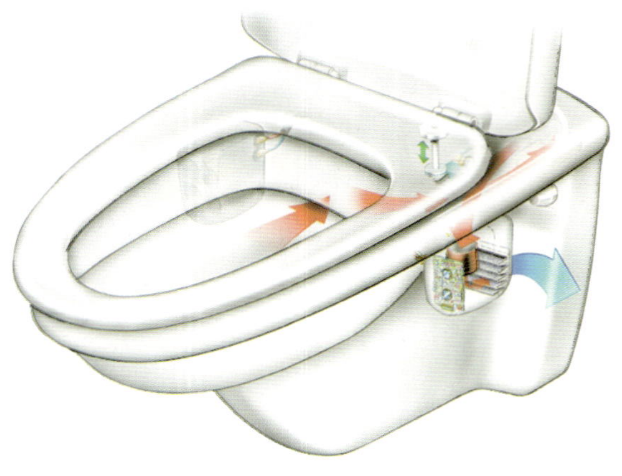

在诸多半公共场所中，医院是与用户关系极为紧密的场所，我们现在从交互设计和用户需求出发，来看看中国地区的医院存在的设计问题。

【故事】《生活中的可用性——医院》

咱先看个笑话：

住院患者：“这样劣质的饭菜，叫病人怎么吃呢？”医院炊事员：“你住医院，是来吃药的，还是来吃饭的？”

如果可以，我宁愿相信这是一个黑色幽默，或者讽刺笑话。我相信不少人从小到大看了不少的病，进了不少的医院，不管是自己还是亲人朋友，但是现在让你说出三个你最放心去的医院，你说说看？我想连一个都没有，就算有，我也知道那最多就是因为医院比较大，去那儿治病估计不容易出事。

为什么？上面这个小故事就说明了一切，我们国营单位属性的医院还停留在最初级的阶段，不具备让人喜欢的可用价值。之前我们提到可用性都是指产品方面的（当然，后面我也会说到医院的产品部分），却很少提到服务方面，今天就个人观感谈谈我们生活中重要的服务性行业医疗当中的可用性问题。我的母亲也是医生，所以从小接触医院和医生的机会较多，有个对比参考，我相信接下来的问题很多人都遇到过。

1．排队挂号

我一直搞不清楚为什么医院永远要排队，就算中国的人口再怎么膨胀，也不至于天天都在生死边缘挣扎。其实到医院看病的人中，70%都是小病小痛，重症只有15%左右，为什么就不在其他地方开设小的看病点和拿药点？比如，超市、百货公司、步行街、小区便利店，也同时能够防止一些黑诊所的泛滥。

挂号也是一个很稀奇的事情，有病去找医生，一定要开个小手册，且不论那东西的设计有多难看，功能多单一，好像是要为自己每次生病留个纪念似的。每个医院挂号本还都不一样，早间挂号和晚间挂号又不一样，如果某天忘记带了，又要挂一次……

如果尝试把每个病人的信息做成数据库，发一个和医保社保挂钩的信用卡呢？每次看医生和记录病情直接刷卡，又方便又环保，电子流办公也加快了效率，内部的金额可以直接调用信用账户。我也不知道为什么不这么做。

2. 医院布局

前两天去了一趟深圳的某某大型医院，从三楼东侧一个小门出来，按标识走，居然直接走到了五楼，而且还不只我一个人走错，因为从门口出去的时候，发现旁边站了一个护士小姐，专门为来往的病患指路……

我不知道国内的医院在开业之初有没有请过专业的标识设计公司来做过规划，我从来没在妇科门诊的门房前看到过"仅限女士入内"的提示；我也搞不懂为什么化验室和厕所要隔得这么远，无数病人以百米冲刺的速度拿着满载黄色液体的小试管奔跑；我甚至不明白为什么许多医院的厕所里面居然没有卫生纸，没有洗手液。

3. 服务

你要是稍微注意一点，就会发现，你如果打点滴，瓶子里面的药没了，护士也不会出现，一定要摁铃，那个铃的位置设计得也很是蹊跷，左手和右手都够不着，得转过身去摁。

医院的饭菜永远是固定的，从来不会考虑病人的症状是否合适吃某些东西，需要吃某些东西，反正吃不死，你就吃着。所以你能看到无数的病人家属每天的重要工作就是为病人带饭，然后还要叮嘱病人不要随便吃医院的东西，其实这是医院服务的失责。

最为可贵的是医院的保安，从来不会帮助病人上下楼梯，帮助病人询问值班医生的情况，一门心思在门口站岗，保卫医院的国有财产和财务室的大量现金。

服务质量的降低带来的只是让病患寻找更尊重自己，更关心自己的医院，而这样的医院很少，就势必导致奇货可居，使医疗本身的人性化被价格限制，要好好看病就需要交更多的钱，所以才会出现所谓的贵族医院、精品医院和私家医院。

4. 产品

医院能提供的产品无外乎这几个：对症下药、护理、专家诊断、大型检查和手术等。我从小到大总有个疑问，为什么医生开的处方，我从来看不懂，直到现在我一看到处方上的笔迹仍会怀疑我的受教育程度。我母亲这么解释："有些病人是绝症，在开处方的时候应该掩盖一些事实，以免造成病人和家属的恐慌，不利于治疗。"我就奇怪，既然不想让别人知道，为什么要写出来？不能用另外的方式传递？不能把病情记录到医疗系统，然后只对需要知道的人说？一个处方的安全性我觉得实在难以保证，而且不知道吃的什么药，我会有更大的恐慌。

护士小姐大多数情况下都是以命令口吻来让病人配合，很少有和病人交流病情、症状和起居饮食的困难的，沟通不够的结果是所有的病情只能依据处方单和医生诊断来治疗，护士的护理报告从来只有护士长能看到，病人完全不知道，那么护理的效果究竟如何体现？

小细节：护士分配药丸的时候，我极少看到有医院是将药用颜色和不同瓶子分类的，我就在想，万一分错了怎么办？而且最后吃不完的药去了哪里？

生活中的可用性讲起来，讲也讲不完，这期间少了很多用户的关注和要求，产品和服务本身也少了很多用心的细节。

无论是一个实际的产品，还是服务的本身，可用性的观念应该每时每刻存在，这是一个专业性的问题，需要我们全社会来重视，否则可用性只是一种噱头，很难为我们的设计、我们的生活服务。

2.2 手持移动设备的概念设计要素

概念设计是一个系统的综合工程，绝对不是一个人就可以完成的，我们可以看看成功的企业是如何进行概念设计的，从这些部门设置和人员分工我们能学习到合理组织架构的基本内容。

Sony工业设计中心的组成

- industrial design 外观设计部门：提供产品的外观、材料、社会学研究，以及品牌产品外观风格统一的设计依据。
- human interface design 界面设计部门：负责设计匹配外观和交互要求的产品界面与开发，将最终效果进行演示。
- graphic design 包装、网站、宣传册设计部门：负责产品包装、产品专题网站设计和产品推广使用的宣传册的设计。
- user centeric design 用户研究、易用性开发部门：用户体验研究的部门，负责调查、分析用户数据，并通过交互设计提供给以上设计部门参考数据。

对于一个卓越的产品来说，仅仅设计产品的界面是不够的，它的交互和界面应该具备可延展性和普遍性运用。Microsoft的surface告诉了我们这点。

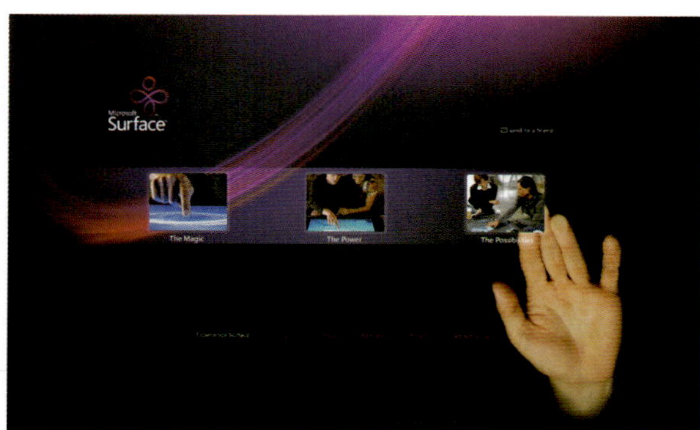

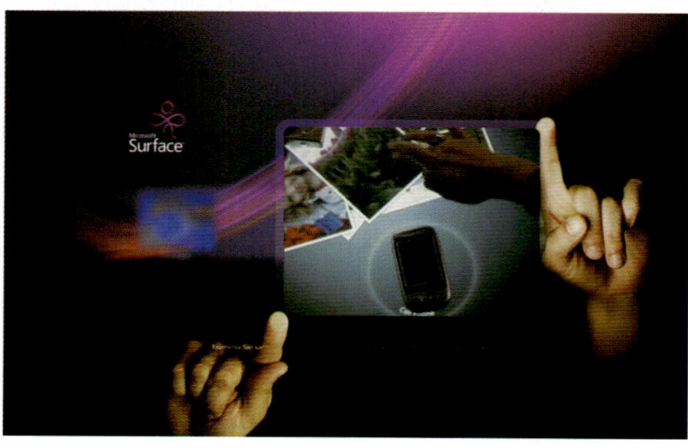

【技巧】

概念设计应该遵循KISS（Keep It Simple Stupid）原则：使你的设计“简单”和“愚蠢”。这里是指产品在概念设计阶段应该尽量做小、做精，而不是单纯做大，最后让产品变得臃肿不堪，难以使用。

敏捷设计的价值观

- 个人和交互高于过程和工具，有工具的傻子还是傻子。
- 工作成果高于详尽文档，是设计图形而不是文档开发。
- 与客户协作，高于合同谈判，与客户紧密合作，花时间发现客户的需求，并在过程中引导。
- 对变更及时做出反应高于遵循计划。

【要点】

敏捷设计：来源于软件开发的词汇，它是一个过程，不是一个事件。它是一个持续的应用原则、模式以及实践来改进软件的结构和可读性的过程。它致力于保持系统设计在任何时间都尽可能地简单、干净和富有表现力。

概念设计要素

- 外观：指产品的形状、图案、色彩或者其结合，以及色彩与形状、图案的结合所作出的富有美感并适于工业应用的造型。
- 材料：区分设计需要的材料应用，详细了解金属材料、无机非金属材料、有机高分子材料和不同类型材料所组成的复合材料之间的区别。
- 技术：对于概念设计达到最后产品化要求时的软硬件支持技术，详细分析技术的难点、风险、可控性等因素。
- 环保：对概念设计的环保评估，包括电池、包装、外壳料等。国际设计师接受的守则如下。
  - 减量：即减少产品的体积和用料，减少产品制造和使用时的能源消耗，剔除不必要的功能。
  - 再使用：设计成容易修护、可再次或重复使

用、可以部分更替的产品。

- 回收再利用：考虑到减少回收成本，尽量避免不相同的原料复合使用，以利于今后的分类处理。

- 人文：它的根本性观念是从人类的角度来思考人（Human beings considered as a group; the human race），思考人的存在根基。研究种族的特质和人类心理的差别、人和自然的关系、社会的经济行为规律、社会结构的原则、行为的规律、合理的与不合理的信仰以及现代生活中人类学的现实作用。考虑人文因素，将会使产品概念设计更符合人的需求和心理愿望。

- 品牌：设计品牌元素以及联系，可以有效地识别产品，也是质量和信誉的保证。

- 产品或服务的形象：硬性表现形象地说有价格、速度、功能、耐用性、舒适性、应用等；软性表现为青春感、高雅、体面、珍爱、豪放、高贵、魅力等。

- 话题：是对品牌塑造统一的补充，制造合理的话题与传媒效应，可以有效地测试和提高品牌的知名度、美誉度、反映度、注意度、认知度、传播度和追随度。

这是进行概念设计阶段必须重视的几个问题，后面将详细分析每个原则的遵循方法。

2.3 手持移动设备的界面设计风格

这里仅仅介绍一些新式界面设计风格的运用，后面在视觉设计部分，我们将详细介绍界面设计中不同风格的运用，以及提供界面设计的指导技术。

Ryan Han 设计的Bello Concept PMP 播放器的界面设计展示，引入了多点触摸的技术，达到界面设计和手指操作同步的效果，在类似于iPhone的操作应用上，又加入了更多的物理反馈特性，使得界面的交互层次更为丰富。

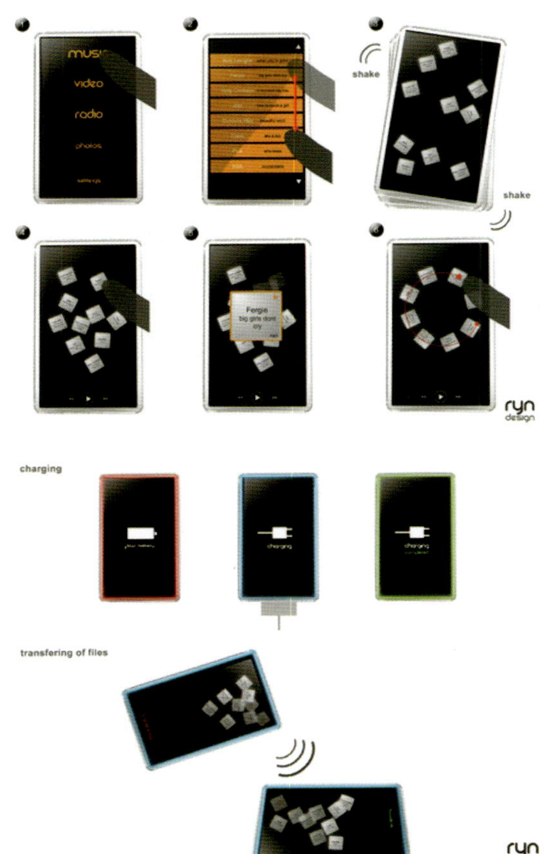

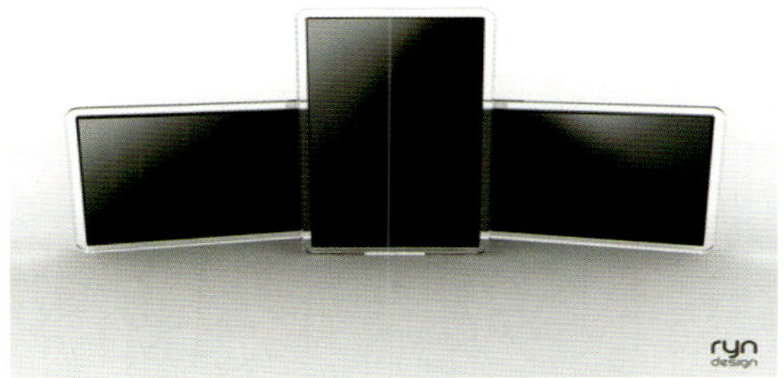

非常注目的新型手机GUI界面设计，HTC TOUCH PRO，引入了大量的触摸操作概念，并且对界面元素的挑选和安排也达到了个性化定制的程度。

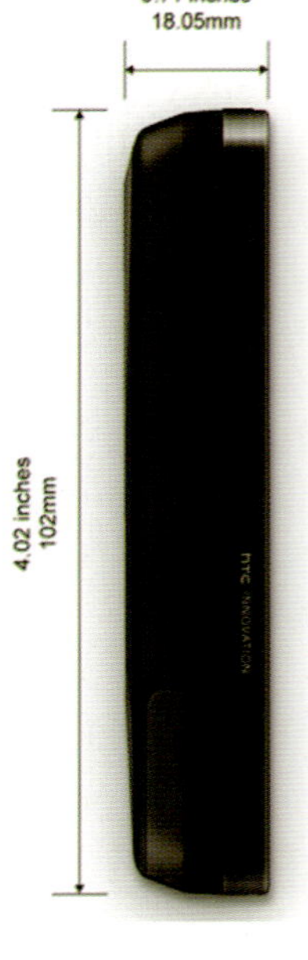

【技巧】

设计具有独特风格的界面需要注意：

1. 首先确定自己的风格是什么；
2. 评估这个风格是已经有大量设计师在使用的，还是自己独特的；
3. 界面设计要以用户需求为前提；
4. 风格不是万能的，只有易用性最重要；
5. 界面、图标要服务于设计风格样式；
6. 制作你自己的专属风格样式，并存储为模板文件；
7. 你的风格需要大量的技术支持，先确定可行性；
8. 如果用户接受，坚持自己的风格，不要随意变化；
9. 风格是一种流行趋势，一个流行的风格也是快要过时的风格。

2.4 手持移动设备的基础知识

1998年，英国创意产业特别工作组对于“创意产业”的定义如下。

源自个人创意、技巧及才华，通过知识产权的开发和运用，具有创造财富和就业潜力的行业。

显而易见，本书所关心的手持移动设备交互设计与界面设计的领域，也属于创意产业的范畴，既然是一个产业，那么不仅仅是设计师个人的创作而已，它牵涉到行业的上、中、下游厂商和供应链环节。

虽然本书不是一本行业评估报告和分析指南，但是我们也希望介绍一些有用的周边知识，因为设计师需要关注的资源很多，其中最重要的就是和设计输出相关的承载端。下面会出现一些稍显专业的工业用语，请不要担心，它们仍然是容易理解的。

下面主要介绍的是手持移动设备中的重要产品——手机的一些基础知识，本书中提到的大部分案例设计与界面演示，也是关于它的。

2.4.1 承载平台的介绍和分析

这里的承载平台指的是手机中的核心（IC）芯片、专用软件和参考设计平台。这是一台手机完成功能搭建的核心部分，不同的平台和版本将会直接影响手机的性能与搭载的功能特性。

下面只介绍部分当前市场比较热门的平台产品，当然，更多的具有研发能力的品牌厂家都在使用自己的独有知识产权的平台，由于保密性关系，我们不便透露。

Qualcomm（高通）

QUALCOMM

高通成立于1985年7月，在以技术创新推动无线通信向前发展方面扮演着重要的角色。高通十分重视研究和开发，并已经向100多位制造商提供技术使用授权，涉及世界上所有电信设备和消费电子设备的品牌。

高通以在CDMA技术方面处于领先地位而闻名，而CDMA技术已成为世界上发展最快的无线技术。通过把CDMA与其他辅助技术，如定位技术、网络支持和流媒体等相结合，高通为全球千百万无线通信用户提供了容量更大，更加方便、快捷的访问，以及更加安全的、令人振奋的新型服务。

高通公司的3G芯片组应用是值得关注的部分，跨平台性和兼容性都十分优秀。

Analog Devices Instrument（美国模拟器件）

ANALOG DEVICES

美国模拟器件公司（Analog Devices, Inc. 纽约证券交易所代码：ADI）1965年创建。经过40多年的努力，发展成全世界特许半导体行业中最卓越的供应商之一。

生产的数字信号处理芯片(DSP:Digital Singal Processor)，代表系列有 ADSP Sharc 211xx (低端领域)，ADSP TigerSharc 101，201……(高端领域)，ADSP Blackfin 系列(消费电子领域)。

ADSP与另外一个著名的德州仪器(TI: Texas Instrument)生产的芯片特点相比较，具有浮点运算强、SIMD(单指令多数据)编程的优势，比较新的Blackfin系列比同一级别TI产品功耗低。缺点是ADSP不如TI的C语言编译优化好。TI已经普及了C语言的编程，而AD芯片的性能发挥比较依赖程序员的编程水平。ADSP的Linkport数据传输能力强是一大特色，但是使用起来不够稳定，调试难度大。

TI（德州仪器）

TEXAS INSTRUMENTS

TI是全球领先的半导体公司，为现实世界的信号处理提供创新的数字信号处理(DSP)及模拟器件技术。除半导体业务外，还提供包括传感与控制、教育产品和数字光源处理解决方案。TI总部位于美国得克萨斯州的达拉斯，并在25多个国家设有制造、设计和销售 机构。

作为实时技术的领导者，TI正在快速发展，在无线与宽带接入等大型市场及数码相机和数字音频等新兴市场方面，TI凭借性能卓越的半导体解决方案不断推动着因特网时代前进的步伐！

智能手机通常采用的德州仪器芯片有OMAP710/OMAP730/OMAP733/OMAP750/OMAP850系列，由于命名数字的迷惑性，一般的理解就是后者是前者的升级，越靠后CPU性能越好、越强。其实并非完全如此。

	处理器	调制解调器	工艺	电压	主频	缓存	内存
OMAP 710	ARM7MCU ARM925	GSM/GPRS频带	150nm	1.3V 核心电压，3.3V IO	最大主频132MHz	一级缓存16KB；二级缓存8KB	最大支持64MB SDRAM 256 MB Flash
OMAP 730	ARM7MCU ARM926	GSM/GPRS频带	130nm	1.1～1.5V 核心电压，1.8 2.75V IO	最大主频200MHz	一级缓存16KB；二级缓存8KB	最大支持128MB SDRAM内存256 MB Flash
OMAP 733	ARM7MCU ARM926	GSM/GPRS频带	130nm	1.1～1.5V 核心电压，1.8～2.75V IO	最大主频200MHz	一级缓存16KB；二级缓存8KB	最大支持128MB SDRAM内存256 MB Flash
OMAP 750	ARM7MCU ARM926	GSM/GPRS频带	130nm	1.1～1.5V 核心电压，1.8～2.75V IO	最大主频200MHz	一级缓存16KB；二级缓存8KB	最大支持128MB DDRII内存256 MB Flash
OMAP 850	ARM7MCU ARM926	EDGE/GSM/GPRS频带	130nm	1.1～1.5V 核心电压，1.8～2.75V IO	最大主频200MHz	一级缓存16KB；二级缓存8KB	最大支持128MB SDRAM内存256 MB Flash

MTK（联发科）

MTK是联发科技股份有限公司的英文简称，英文全称叫MediaTek。

台湾联发科技股份有限公司创立于1997年。产品领域覆盖数码消费、数字电视、光储存、无线通信等多个系列，是亚洲唯一连续六年蝉联全球前十大IC设计公司的华人企业，被美国《福布斯》杂志评为"亚洲企业50强"。

MTK平台发展及各芯片功能介绍如下。

MT6205、MT6217、MT6218、MT6219、MT6226、MT6227、MT6228均为基带芯片，所以芯片均采用ARM7的核心。

MT6205为最早的方案，只有GSM的基本功能，不支持GPRS、WAP、MP3等功能。

MT6218为在MT6205的基础上增加GPRS、WAP、MP3功能。

MT6217为MT6218的cost down方案，与MT6218 PIN TO PIN相比，只是软件不同而已，另外，MT6217支持16位数据。

MT6219为MT6218上增加内置AIT的1.3MBcamera处理IC，增加MP4功能，8位数据。

MT6226为MT6219 cost down产品，内置0.3MB camera处理IC，支持GPRS、WAP、MP3、MP4等，内部配置比MT6219优化及改善，比如配蓝牙时可用很便宜的芯片CSR的BC03模块USD3即可支持数据传输（如听立体声MP3等）功能。

MT6226M为MT6226高配置设计，内置的是1.3MB camera处理IC。

MT6227与MT6226功能基本一样，与PIN TO PIN相比，只是内置的是2.0MB camera处理IC。

MT6228比MT6227增加TV OUT功能，内置3.0MB camera处理IC，GPRS、WAP、MP3和MP4。

从MT6226后软件均可支持网络摄像头功能，也就是说手机可以使用QQ视频。

Infineon（英飞凌）

英飞凌科技公司（Infineon Technologies）总部位于德国慕尼黑，是德国最大的半导体产品制造商。其前身是西门子集团的半导体部门，于1999年独立，2000年上市。

其中文名称为亿恒科技，2002年后更名为英飞凌科技。其主要产品为内存（内存部门已于2006年7月1日独立为奇梦达（Qimonda）公司）、通信芯片、汽车、工业芯片及智能卡。手机平台产品覆盖2GB 的EDGE / GPRS / GSM 到3GB 的 WCDMA/HSxPA Multimode TypeII。

SpreadTRUM（展讯）

展讯通信有限公司成立于2001年，总部位于中国上海张江高科技园区，在美国硅谷和中国的北京、深圳等地设有分公司和研发中心。

展讯公司自成立以来，采用独特的设计理念和方法，研制成功多款业界领先的GSM/GPRS终端通信——多媒体一体化核心芯片和 TD-SCDMA/GSM双模终端核心芯片，并同时开发出相应的软件系统和终端参考设计方案，已经为多家主流终端开发商所采用。

其最新的SC8800D TD-SCDMA/GSM/GPRS 多媒体基带芯片采用单芯片解决方案，是世界上第一款将模拟电路、数字电路、电源管理、多媒体功能于一体的TD-SCDMA/GSM/GPRS双模基带芯片。SC8800D支持TD-

SCDMA 和GSM 网络间的自动漫游和切换，支持高达384 kbps的下载传输速率，能让使用者充分体验到3G手机所带来的强大功能。

2.4.2 显示介质的介绍和分析

LCD概述

LCD是 Liquid Crystal Display 的简称，LCD 的构造是在两片平行的玻璃当中放置液晶，两片玻璃中间有许多垂直和水平的细小电线，透过通电与否来控制杆状液晶分子改变方向，将光线折射出来产生画面。比CRT要好得多，但是价钱比较贵。

常见液晶分为段式、字符型、图形点阵式三种。

- 段式液晶：常见段式液晶的每字为8段组成，即8字和一点，只能显示数字和部分字母，如果必须显示其他少量字符、汉字和其他符号，一般需要从厂家定做，可以将所要显示的字符、汉字和其他符号固化在指定的位置，比如计算器。
- 字符型液晶：是用于显示字符和数字的，对于图形和汉字的显示方式与段式液晶相同。字符型液晶一般有以下几种分辨率，8×1，16×1、16×2、16×4、20×2、20×4、40×2、40×4等，其中8(16、20、40)的意义为一行可显示的字符(数字)数，1(2、4)的意义是指显示行数。
- 图形点阵式液晶：又分为TN、STN(DSTN)、TFT、UFB、OLED等几类。这种分类需从液晶材料和液晶效应讲起。

【提示】 

如果只需要显示字符和数字，而且一屏所显示的内容不超过字符型液晶的最大限制(比如40×4)，就可选择字符型液晶，直接与MPU连接即可。如果需要动态地显示汉字和图形，那么，只能选择图形点阵式液晶。

下面来看看各种类型图形点阵式液晶的优劣。

STN屏幕

颜色以淡绿色和橘色为主。STN（Super Twisted Nematic）屏幕属于反射式LCD，好处是功耗小，但在比较暗的环境中清晰度较差。STN也是我们接触得最多的材质类型，目前主要有CSTN和DSTN之分，它属于被动矩阵式LCD器件，所以功耗小、省电，但响应时间较慢，为200毫秒。

CSTN一般采用传送式照明方式，必须使用外光源照明，称为背光，照明光源要安装在LCD的背后。

TFT屏幕

一般TFT（Thin Film Transistor）的反应时间比较快，约80毫秒，而且可视角度大，一般可达到130度左右，主要运用在高端产品。

TFT液晶显示屏的特点是亮度好、对比度高、层次感强、颜色鲜艳，但也存在比较耗电和成本较高的缺点。TFT液晶技术加快了手机彩屏的发展。目前的彩屏手机很多都支持65536色显示，部分手机还可支持16万色显示，这时TFT的高对比度、色彩丰富的优势就显现出来了。

TFT型的液晶显示器的主要构成包括：荧光管、导光板、偏光板、滤光板、玻璃基板、配向膜、液晶材料、薄膜式晶体管等。

TFD屏幕

TFD（Thin Film Diode）技术由精工和爱普生公司开发出来，专门用在手机屏幕上。它是TFT和STN的折中，比STN的亮度和色彩饱和度更好，也比TFT省电。最大特点是无论在关闭背光（反射模式）或打开背光（透射模式）的条件下都能提供高画质、易观看的显示，并具有低功耗、高画质、高反应速度等优点。

UFB屏幕

UFB（Ultra Fine Bright） 是2002年3月，三星公司发布的一款手机用新型液晶显示器件，具有超薄、高亮度的特点。UFB-LCD是专为移动电话和PDA设计的显示屏，具有超薄、高亮度的特点，可显示65536种色彩，达到128x160的分辨率，该显示屏还采用了特别的光栅设计，可减小像素间距，以获得更佳的图像质量。

UFB液晶显示屏的对比度是STN液晶显示屏的两倍，在65536色时亮度与TFT显示屏不相上下，而耗电量比TFT显示屏少，并且售价与STN显示屏差不多，可以说是结合这两种现有产品的优点于一身。

OLED屏幕

OLED （Organic Light Emitting Display）即有机发光显示器，在手机LCD上属于新型产品，被称誉为“梦幻显示器”。

OLED显示技术与传统的LCD显示方式不同，无需背光灯，采用非常薄的有机材料涂层和玻璃基板，当有电流通过时，这些有机材料就会发光。OLED显示屏幕可以做得更轻更薄、可视角度更大，并且能够显著地节省耗电量。

目前在OLED的两大技术体系中，低分子OLED技术为日本掌握，而高分子PLED(LG手机的所谓OEL就是这个体系的产品)的技术及专利则由英国的科技公司CDT所掌握，两者相比，PLED产品的彩色化上仍有一定困难。

不过，尽管将来技术更优秀的OLED可能会取代TFT等LCD，但有机发光显示技术还存在着使用寿命短、屏幕大型化难等技术瓶颈。

TAMER KOSELI 创造的概念产品Need-cell phone，正是因为显示载体的技术升级成为现实，才造就了更多设计效果的出现。

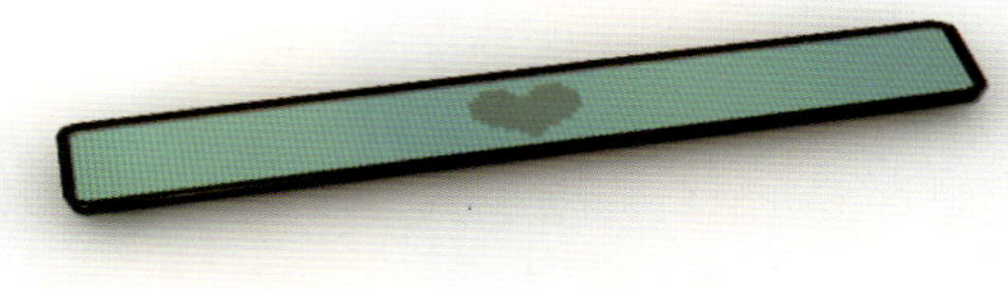

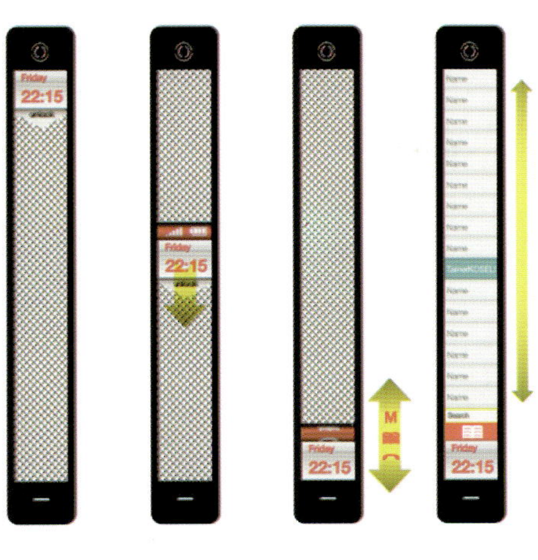

2.4.3 作者的经验

【故事】《设计的小事——全能还是专业》

设计界一直都是喜新厌旧的，在日益增多的大量人才面前，如何保证自己在行业中的价值已成为一个重要的命题。和朋友谈起以后的发展，朋友们总是显得信心百倍而又面临艰难选择，究竟是在一个领域里面扎根累积经验，还是广泛涉猎，最后达到综合提升？

首先来讲，无论是专业设计师，还是一名全能设计师，都有成功的可能，关键在于个体的差异和付出。我不否认专业设计师的努力和认真，也赞同全能设计师的开创思维和全身心投入，但其中的细节还是值得推敲。

1. 全能和专业

意大利文艺复兴时期的巨匠——达·芬奇（1452—1519）da Vinci，Leonardo 是最负盛名的美术家、雕塑家、建筑家、工程师、机械师、科学巨匠、文艺理论家、大哲学家、诗人、音乐家和发明家。而现今的设计界，也有像德国艺术家Taron这样，14岁开始进行CG创作工作，15岁就独立完成商业任务，21岁正式成为自由CG设计师，集艺术家、动画师、音效师、程序师于一身的艺术家。

其实“全能”并不是梦想，虽然上述天才是凤毛麟角，但证明了艺术领域不是高高在上，而是可以融会贯通的。随着更多的信息交流和工业化进步，人类的艺术触角会越发延伸开，我想在21世纪将会出现更多的全能艺术家。

作为全能性人才更容易获得同行的尊敬与社会的认同，拥有更强烈的成就感，但也容易招致很多嫉妒和有目的的攻击。

而反观意大利诗人但丁，虽然写了不少抒情诗和政治文，但只有《神曲》获得了广泛认同。现代的华特·迪士尼耗费一生在他的乐园上，延伸的附属娱乐品牌包含Miramax电影、好莱坞电影公司、博伟音像制品、ESPN体育、ABC电视网……同样获得了巨大的成功。

专业是目前分工细作的全球化经济时代的产物，巴菲特也说：“人一生的正确和错误有很多，但令你成功的往往只有那一两件事情”，专业同时也是降低成本，提高效率和社会沟通的重要手段。

专业人才比较符合中国儒教文化的中庸色彩，低调做人，踏实做事，但要获得进步需要更多的努力和时间。

2. 设计界的变化

“全能”需要的努力：掌握更多的行业信息，结识更多的行业精英，了解更多的设计技法，不断开阔自己的设计视角。

“专业”需要的努力：针对性的职业定位，长时间的深入研究，说服力的标志性作品（往往是持续的），认真和耐心的态度。

其实究竟做“全能”还是“专业”性人才，取决于你对设计的狂热程度以及性格，我不相信一个懒散、缺乏主动思考能力的设计人可以做到“全能”，也不看好一个性格浮躁、急功近利的设计人可以做到“专业”。

掌握更多的知识并不能帮助你成功，经验和方法非常重要。知道开水是烫手的，这个是知识，告诉你一些发生过的现象和历史；自己的手被开水烫过一下，知道那玩意不能摸，这是经验，具有深刻的记忆，但也同时给了你一个规范和警告；那么方法呢？方法就是被烫了以后，我想设计出一个装开水的容器，怎么拿都不会烫到手！我还希望它能自动报告水已经煮开了，并且提示我什么温度的水泡茶，什么温度的水泡咖啡，什么温度的水泡方便面……

设计永远存在于生活中，关键在于你自己的敏感，这个方法需要长时间的自我教育和锻炼。

3. “伪全能”与“伪专业”

这个问题很敏感，容易招致不同观点人士的批评，但是问题已经出现，我们可以客观讨论。

“伪全能”特点：空谈理论，观点不是建立在实际产品与项目上，喜欢挪用别人的经典来伪装成自己的经典，不注重实际运用，案例分析不能解决实际问题，作品不是触类旁通，而是混乱的练习，缺乏商业性思维。

“伪专业”特点：只了解某一个部分，并固执己见，在产品与项目中只会提出问题与批评，却没有改进的解决方案，推卸责任，不想了解更多的设计领域，也没有更多的设计技能，开会的时候，别人说中文，他说英文，有外籍雇员在场的时候，则说中文。

4. 价值观决定成功

当你在一群人面前批评一个人的时候，你是小人；当你在一群人面前批评整个人类的时候，你是哲学家。我不是哲学家，所以我只能说，我认为“全能”设计师更有助于设计界的快速发展和进步，加快人类生活质量的改变，“专业”是全能的奠基石，不要再听信人不可能做好很多事情的谗言，那些话是弱者自我麻痹的安慰剂。

作为中国的设计师，更有必要提醒自己进步，更多的“全能”设计师可以帮助国家的和谐形象更快提升。各位一起努力吧！

我们希望以尽量客观、实际的角度，解读手持移动设备的交互概念设计与图形界面设计的趋势、发展和我们面临的问题。

如你所想，无论是行业中的领军企业，还是刚起步的创业型公司，甚至是Design house，或者单个设计师而言，行业的发展变化、软硬件的需求更新、市场的政策变化、用户喜好的不断升级，都是充满了机会与挑战。

【要点】

Design house：独立的第三方研发设计公司。主要是为了帮助终端厂家压缩成本和缩短产品上市周期而出现的外包公司，商业模式十分灵活。一般有如下几种类型。

1. 用户只给出一个产品创意，由Design house完成从设计、测试、样片甚至生产的全过程。
2. 只做方案设计，客户出货，Design house提成（版税）。
3. 把芯片做成半成品卖给整机商，然后从芯片商的销售中获得返点。
4. 只做版图设计——客户有好创意，Design house设计成版图，由客户自己找Foundry（代工）生产。
5. 只做到网表（电路图）就交货。

从市场形势看，目前国内Design house(手机类)比较出色的有：

- 闻泰集团
- 龙旗控股有限公司
- 德信无线通信科技有限公司
- 希姆通信息技术(上海)有限公司
- 深圳市经纬科技有限公司
- 飞图科技(北京)有限公司
- 禹华通信技术有限公司
- 上海鼎为通信科技有限公司
- 上海华勤通信技术有限公司
- 上海优思通信科技有限公司

从下一章开始，我们将从关键的设计重点入手，帮助你进一步掌握手持设备(主要以手机作为分析模型)交互概念与图形设计的知识，分享我们的经验与观点，同时提供给你一些有用的设计工具，让你的学习和工作更为便利。

下面送上一篇从业观点，希望你能够更加正确地认识这个行业中的设计部分和普遍性。

【故事】《设计的小事——个人从业40句观感》

做一个总结，把自己这些年的从业经历和观感罗列一下，某些话可能触及到个人神经，但它们没有恶意。

设计师喜欢把世界想象得很美好，社会很和谐，但是这些都只是愿望，真实情况是，设计师在个人成长和职业发展中总会遇到很多客观问题，而面对问题的时候，个人的IQ和EQ就变得很重要。

和大家共享交流一些我的看法，有助于以更平和的心态继续提高自己。

关于公司：

1. 好的公司只有那几个，剩下的大多数都是不怎么样的，但好在有一些不错的人让你支持下去。

2. 在中国当今社会中，你能够从公司的设计团队中找到真正的朋友。

3. 公司的性质取决于客户的性质，客户的性质取决于市场的需求，因此设计师必须先了解市场的需求。

4. 公司中别有用心的人很多，当有人质疑你的能力的时候，你也应该有能力让他闭嘴。

5. 千里马不应该待在骡子群当中，选择最适合施展你能力的平台，而不是薪水最高的那个。

6. 千万不要相信猎头会给你介绍最好的工作，好和不好只有自己试过才知道。

7. 在别人的公司做出业绩，在自己的领域做出成就。

8. 公司里面有“人手”、“人才”、“人精”、“人渣”，站哪个队你可以自己选，只要能承担后果就行。

9. 优秀领导关注发展和利润，合格领导关注业绩和制度，无知领导关注马屁和权利，酌情处理。

10. 你的设计很棒，对于公司看来就是个美工，但是公司会虚伪地称呼你为“设计师”、“工程师”、“艺术家”。我们的期望是这个情况正在改变中，但是没有看到改变的成果。

关于个人：

1. 你是设计师，不是战斗机，需要亲和力。

2. 先立才能后破，在说别人的作品和观点不好的时候，先反省自己，多想一步。

3. 谁都是从零开始，遇到虚心求教的朋友能帮就帮，没有时间也说明一下，就算你真牛B也要尊重人。

4. 不要把个人情绪带入任何场合，那样很幼稚。

5. 设计师是做设计给人用，不是做给自己看，或者让朋友称赞。

6. 先做好设计，然后谈策划，最后谈综合能力，不要搞反了。

7. 做设计的不必显得高人一等，都是社会工种罢了。

8. 不要躺在以前的成绩上沾沾自喜，要不断学习和进步，要谦虚，因为硬盘是会坏的，网络是会断的，作品也是会被抄袭的，只有你的思想和能力别人是拿不走的。

9. 眼高手低主要是由于见识太少，声名显赫主要是由于厚积薄发，设计师切忌浮躁。

10. 就算没有设计师，社会一样会照常运转，因此你要体现出你的价值，而不是一味索取。

关于生活：

1. 无论如何，亲人和朋友是最重要的，不要因为赶项目而忽略了他（她）们。

2. 如果你觉得自己没有创意了，你可以先养条狗。

3. 周末最好不要设计，去你认为值得去的地方放松一下。

4. 身体健康是最重要的。

5. 如果你发现离开电脑什么都不会做了，那你就不是一个好的设计师。

6. 无论你是否认同，比设计更重要的是赚钱。

7. 用心爱你的女（男）朋友，她（他）会给你很多意外的灵感，还有关心。

8. 生活中最重要的是信任和沟通，设计中也一样。

9. 设计师不应该只知道和艺术有关的东西。

10. 设计师喜欢完美，喜欢挑刺，喜欢对比，请别在生活中这样。

关于行业：

1. 中国的设计领域，没有真正的行业，但是有圈子，而且这个圈子很小。

2. 进入圈子也有可能会被隔离出来，全在于你的心态和作为。

3. 设计行业一样有潜规则，别理解错了，不是娱乐圈的那种。

4. 认识行业中的领军人物，学习他们的处事方式和沟通技巧，设计要靠自己，但是成长要靠提拔。

5. 如果有一天你退步了，你会发现被行业甩得很远。

6. 在行业中建立你的口碑，这需要靠人格，设计作品只是一个认识你的渠道而已。

7. 如果你积极地参与行业的建设，行业会给你回报的，但是公司不一定。

8. 努力认识更多优秀的人，同时让他们也知道你的优秀，英雄才会识英雄。

9. 两个英雄在一起要处理好利益分配、处理好友谊关系，一群英雄在一起更是必需。

10. 你如果觉得行业对你没有帮助，同时也说明了你对行业没有作用。

笔　记

第3章 手持移动设备设计的产品化
Start
将一个设计产品化，不但是对于市场和用户细致研究的结果，也需要极大的耐心和勇气，并且能够完美地保证其中的每一个环节。我们将在本章中告诉你基本的产品化流程，让你了解到在公司、团队中多人协助和个人设计的不同。
如果你已经是该行业中的从业人员，你会发现有一些现象正是你碰到过的，或者正在发生的，我们告诉你一些方法，让你学会如何客观地看待这些现象；当这些现象转变为重大问题时，我们也希望书中提供的方法能够用得上。
03

3.1 产品设计的目的

3.1.1 产品设计的目的是为使用产品的用户

按照通常的解释和定义，设计是指对造物活动进行预先的计划，可以把任何造物活动的计划技术和计划过程理解为设计。

设计是有目标和计划的创作行为，大部分为商业性质，少部分为艺术性质。

【要点】

设计（design）是为构建有意义的秩序而付出的有意识的直觉上的努力。

——工业设计师 Victor Papanek

设计从发展至今，所面对的对象已经转变过很多次，就现今来说，无论是任何一种产品或者服务，设计者或者设计贩卖者，希望以此种产品或服务得到用户的欣赏，并自愿支付费用，就需要对用户的尊敬和关心。

产品应该成为用户的明灯，而不是暗礁

我们为什么要为使用产品的用户设计呢？

用户数量产生市场需求

市场并非只有生产者、经营者、广告机构和质量监督单位等组成，如果没有用户，这一切都变得没有意义。作为市场中最重要的买方，用户的决定将改变一个市场的方向，而当用户数量变多时，这种变化会呈数量级上升。

抢夺市场份额也就是抢夺用户数量，而市场细分的手段实际上也是对用户细分。

用户喜好直接影响产品的生命周期

如果用户认为该产品失去了使用价值，则该产品会面临淘汰，甚至彻底消失的状况。请想一想，现在还有多少人在使用传呼机进行通信呢？

原因在于，传呼机产品本身无法一次性解决信息交换的需求（收到通话请求，需要找到电话回复），显示信息有限并且有延迟（小屏幕和代码的不友好），有限的外观设计（看上去缺乏档次）。

大部分用户有挑选不同产品的能力

由于全球经济合作的影响，你目前能够看到的任何产品大概都不会只有一家生产商在设计制造，那么产品的质量、差异化、可用性、友好程度等变量就逐渐成为用户挑选产品的参考因素。

就如你所看到的，选择百事可乐的用户，同样也有接受可口可乐的机会和原因，虽然它们是如此的相像，而在手持移动设备领域，这样的案例更是不胜枚举。

现实用户将会影响潜在用户

一旦一个用户购买你的产品，并不说明你的产品已经成功，你的产品正开始接受一系列严格的测试和评估，而对于任何产品不利的观点都会被用户无情地放大。

最尴尬的情况是，产品在某些方面的不足，引起了一群用户的共鸣，常见的场景如下。

用户甲："这个手机太差了，居然没有静音模式!"

用户乙："天哪……是的，我上次在睡觉的时候也是被吓了一跳!"

这样的情况会怎么样呢？不但这两位用户对品牌产生了怀疑，而且他们周围所有听到这段对话的用户也会拒绝选择这样的产品。

一位Design house的朋友曾经对我们说："这个方案只要客户通过了就行，我们就收钱了，用户是他们负责的。"

我们的意见是，如果客户使用这个设计方案在市场上获得了较差的反馈，你认为原因和责任在哪里？到时候对于Design house的负面评估会更大。因此，在任何时候提供基于UCD设计思想的方案是必须的。

【要点】 

UCD设计思想：User-Centered Design，以用户为中心的设计。简单地说，在进行产品设计时从用户的需求和用户的感受出发，围绕用户为中心设计产品，而不是让用户去适应产品，无论产品的使用流程、产品的信息架构、人机交互方式等，都需要考虑用户的使用习惯、预期的交互方式、视觉的感受等方面。衡量一个好的以用户为中心的产品设计，可以有以下几个维度。

1. 产品在特定使用环境下为特定用户用于特定用途时所具有的有效性（effectiveness）。

2. 效率（efficiency）和用户主观满意度（satisfaction）。

3. 延伸开来还包括对特定用户而言，产品的易学程度、对用户的吸引程度、用户在体验产品前后时的整体心理感受等。

3.1.2 交互设计和界面设计不是万能的

交互设计和界面设计需要衡量尺度。

交互设计和界面设计不等于产品化设计

产品的详细设计过程是一个综合体系，其中的设计部分只是实现阶段的必须工作，设计师应该了解设计本身并不是产品化的最终目的。

产品化设计会经历以下发展过程：零散化→标准化→同质化→差异化→个性化。

每个阶段的设计手段和设计标准都不同，交互设计和界面设计的重要工作在于通过设计明确阐释产品的定义和作用，使产品的价值提升。

交互设计和界面设计仅仅是诸多手段中重要的一部分

产品化设计从论证分析阶段，到项目规划执行阶段，直到后期的效果检测和反馈阶段，都需要贯彻UCD的设计思想，做统一的部署安排，以形成协调的整合设计策略。

而具体的设计分析制作工作只是这个复杂过程中很小的一部分，它们既不是设计的全部，也是不可抛弃的一部分。

交互设计和界面设计不能替代产品策略

产品策略根据市场环境、经济局势、竞争对手态势、公司运营战略、产品系列化要求等来做具体设计。

完整的产品策略设计会形成对交互设计和界面设计的基本输入，设计的输出结果也是一个流程的阶段性成果，并不是产品策略本身。

交互设计和界面设计不是用户体验的唯一工作

用户体验对于一个企业的产品和服务来说，从用户第一眼接触这个产品或服务开始就形成了，比如，用户第一次走进你的产品专卖店，店员问候的语言、产品的陈列方式、价格的优惠措施、产品的试用等都会形成用户对产品的部分印象。

当这些部分的、零散的印象形成一个系统，与用户的心理需求指标吻合，用户便会产生购买的欲望。形成这个心理识别过程的时间越短，越容易造成购买机会的形成，也就是我们说的"冲动性消费"。

因此交互设计和界面设计并不是用户体验当中唯一的参考标准，但是它们是不可替代，也不容忽视的部分。

3.1.3 我应该使用什么样的产品

很多人在购买产品前的最重要工作就是询问身边的"懂行"的朋友，特别是选购数码产品的时候，一个原因是怀疑商家在价格上欺诈，另一个重要原因是实在难以分辨产品之间的优劣、数据、指标，它们听上去非常难以理解，并且很难做到一目了然。

从对产品的了解开始，用户已经开始了痛苦的学习过程，不但要分辨真伪，还要了解重要的参数，一些选购的技巧，买回的产品要参考说明书、演示光盘，还要上网搜索评论，然后再使用一段时间……天哪，为什么使用产品会变得这么困难重重？

眼花缭乱的产品是否让你觉得无所适从？

为了尽量节省用户的时间，让用户通过产品达到自己"简单"的目的，UCD的设计思想开始被广泛应用，这不仅仅是指导设计师的准则，同时也给用户点亮了明灯，用户开始懂得如何评估一个产品的优劣，当然，这些出发点是从人种学来看的。

因此，我们很容易分辨产品之间的差别，现在来看看我们生活中的样例：

合格的产品

在标准数值内通过检验的产品，主要集中于质量、硬件条件等硬性指标，缺乏对于用户需求、情感的评估，仅仅是可以使用的产品。

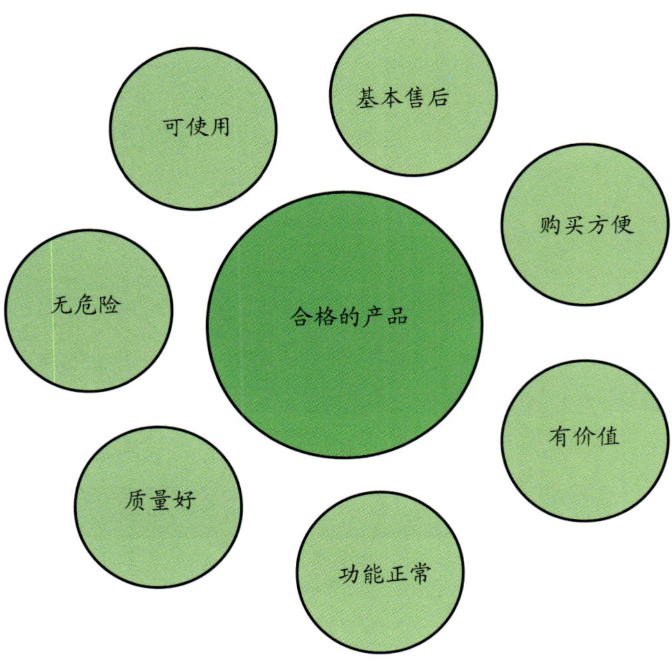

优秀的产品

在具体的数值范围以外，还提供了让用户惊喜的部分，比如售后服务、网络导购等服务手段，或者是营销环节中的礼品赠送等，体现了一定的人文素质。

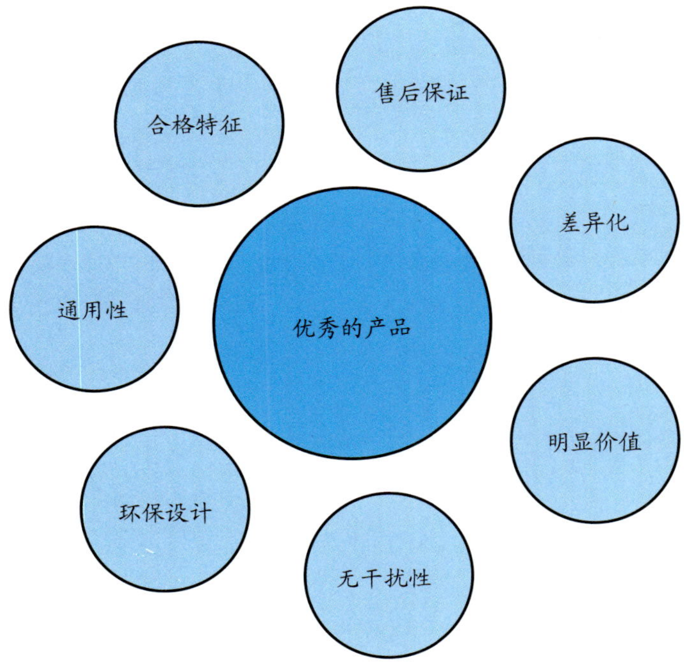

卓越的产品

一个卓越的产品有以下的特征：让用户觉得满意、让用户愉快、让用户认为有趣、让用户认为有用、对用户来说

【技巧】

市场调查和分析的常用研究手段如下。

1. 研究小组：小组座谈讨论，深入访谈。

2. 一对一谈话。

3. 调研分析：使用与态度调查，综合分析。

用户研究

针对用户的研究我们已经说了不少，虽然之前的理论和方式都是从全局看的，但是我们仍然可以找到其中更为重要的部分。出于不同公司和团队的考虑，也因为设计流程的区别，我们认为以下方面的研究是必须的。

1. 身份

用户的不同身份导致使用产品的态度和要求不同，比如，一个经常出差的商务人士和一位医生对于移动设备的要求会截然不同，商务人士需要电池续航时间、随身工具（电子备忘录等）、网络畅通无阻；而医生更希望产品环保、辐射小、按键舒适、查询资料速度快捷清晰等。

2. 场合

显而易见，在不同的场合，即使是相同的用户也会做出对产品不同的使用倾向，比如，当用户在酒吧和咖啡吧的时候，手机往往变成休闲的游戏产品，也会更容易将自己的高档手机放在桌面上，以吸引别人的注意；而在夜间睡觉的时候，手机往往被当作闹钟使用。

3. 感觉

感觉的重要性在之前的章节已经详细说明过，考虑用户的基本感觉接受程度是做好用户体验的第一步。

比如，当一个材料触感不佳的手机被用户操作时，用户会主观地认为这个产品很低劣，不论它做了多么强大的功能在其中。这听上去很残酷，但却是手持设备行业中无法改变的现实，而且感觉的影响会变得越来越明显。

4. 情感

将产品和用户之间建立起感情的联系是一个行之有效的手段，显著的案例就是手机游戏产品和社区服务。比如，用户普遍会为了一个新的娱乐功能的升级，而忘记学习的困难，操作复杂的外部设备来体验这种功能带来的愉快感受，这是情感化设计的基本原理。

情感已经变得如此重要，它能够让用户牢记你的产品的优点，如果一位母亲使用手机的时候可以为自己的孩子的号码设置一颗爱心，那得到的满足将胜于产品的优惠措施。

5. 目的

用户挑选产品的基本目的是为了满足自己所要使用的功能要求。如果某个预期的功能要求没有被满足，用户将感到十分沮丧，然后开始积累对于产品的负面评价，一旦评价达到无法忍受的程度，用户便会放弃该产品并传播该产品的诸多问题。

比如，XX手机缺少调节屏幕亮度功能，会演变成用户抱怨该手机的屏幕质量很差的局面，当然用户不会关心这是可以通过刷新系统或者升级解决的，用户只会看到眼前的事实。

下面我们通过一个电信运营服务的虚拟案例来解说用户（消费者）关键购买因素的分类。

【技巧】 

Cellularsouth的展望：移动服务提供商Cellularsouth向我们展示了无缝的用户体验方式，在各大运营商和厂商企图获得用户青睐的时候，可以适当通过媒体传播手段，制造一些基于产品品质和服务构想的案例，这样会获得更多用户的关注。请浏览本书优酷视频专区，查看此视频：bns_cell.flv。

业务种类品质
业务实用性（0.72）
种类丰富性（0.69）

网络质量
电话接通率（0.67）
话音质量（0.63）

费率/帐单满意度
帐单内容和形式（0.72）
费率满意度（0.07）

价值沟通
价值选择
价值交付

整体沟通水平
整体面貌（营业厅/人员）（0.70）
广告宣传（0.57）
人员态度（柜台/维修/投诉接待）（0.13）

售中售后服务
维修效率和质量（0.84）
申办手续效率质量（0.63）

产品设计师 Basil Tsedik 的作品，将生活中的事物做了巧妙的变形和处理，就得到了让人觉得充满幽默感的作品，并且印象深刻。

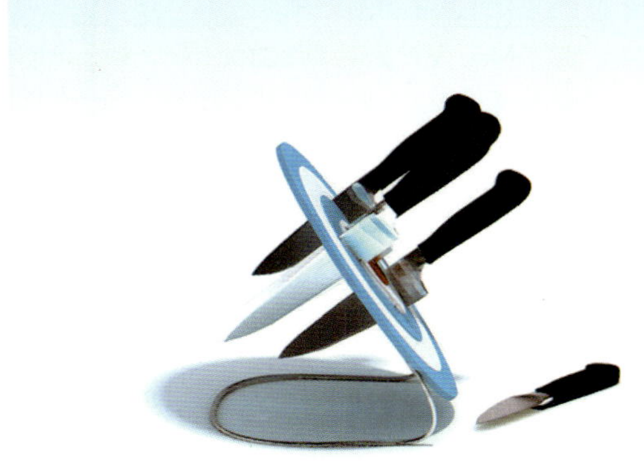

文化内涵研究

案例背景：

印度早期虽然有许多国王将佛教作为国教，后来被信奉伊斯兰教的蒙古和突厥王公所统治，近二百年来又被信仰基督教的英国作为殖民地，但每个统治者走后，印度又顽强地恢复古老的印度教传统。伊斯兰文化对印度进行了几百年强有力地冲击，只冲击下了巴基斯坦和孟加拉两块碎屑，却没有撼动印度主体文化的分毫，正是由于印度作为中流砥柱，迫使伊斯兰教的扩张大潮分为两支，使处于印度阴影下的其他国家没有受到伊斯兰教文化的影响。

印度文化的哲学观念认为时间是无限循环的，总是由一个周期转入另一个周期，无始无终，空间则是有限的。

印度文化并不是单一的宗教文化，印度早期就出现一些其他宗教，如锡克教、耆那教、佛教等，这些宗教的哲学观念实际和印度教是一致的，也吸收印度教的神灵和传说，只是反对印度教的种姓制度，和印度教一样，这些宗教都局限于印度本土，只有佛教成功地向其他民族传播，其中南传佛教国家都已经成为印度文化圈内的国家，北传佛教则吸收儒教的哲学思想，和儒教合流。印度文化不屈服于任何外来文化的压力，也不进行激烈地抵抗，始终顽强地维系自己的传统。

面向自己不熟悉的市场，设计师往往不容易理清头绪，我也一样。下面是我们实际工作中的一个面向印度市场的手机UI设计。其中有一些有可操作性的设计思考方式，当然并不一定能够形成理论，如果实用，想必还是值得的。

设计是关于人和文化的创意活动，必须在理解文化内涵的情况下进行，那么面对自己不熟悉的环境、人种、知识、语言，设计是否会受局限？经验和理论的作用又会有多大？设计是可被分析的吗？如何展开创意？

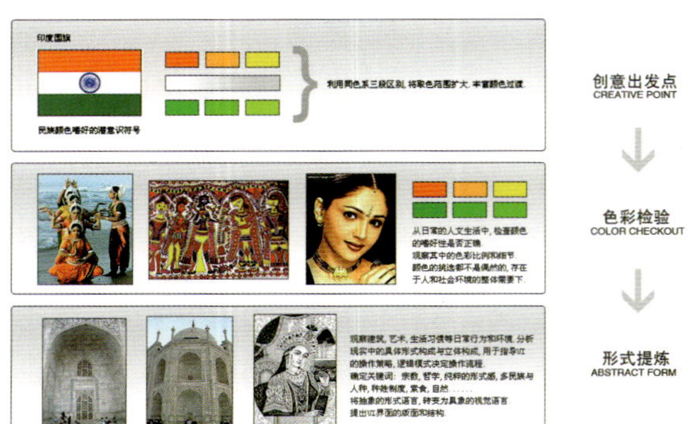

一切的基本分析，最终是为了得到可用的参考和设计方向，前期的准备工作将为正式设计中的样例和布局提供依据。

- 从已知的物质中寻找关键词，是一种从本质上解决问题的手段，任何复杂的信息设计师都需要将它转化成最普通、最简单的语言。
- 色彩构成和平面构成是UI设计中的主要逻辑，立体构成在利用空间效率方面也会有一定的帮助，不过必须首先清楚的是，UI并不是单纯的平面设计。
- 找到适合不同人群的操作需求和设计卖点很重要，可使用的手机产品和概念性产品的不同在于"它必须是可销售的"，可销售的前提是可用、易用和惯用。

做提案是设计师最兴奋的时候，很自由，也是最痛苦的时候，因为这个时候得到的帮助最少，一切要靠自己的脑和手。

而提案不可避免的问题有三个：时间，时间，时间。时间的压力会让人透不过气，这种情况下理性的分析会显得尤为重要和迫切。做好日常的分析正是用于面对这种情形的。

同样，创意提案设计进行到这里也将作为一个阶段的结束，我们从来不反对研究大量的资料和形成大量的草图设计，但是相应付出的时间成本和机会成本则是面对市场时必须考虑的。

根据用户反馈和客户的分析研究，得出了最终的界面设计方向和设计草图，最终的实现将依据软件平台特性和ID外观设计等因素做进一步优化。作为设计的原则来说，易用性和通用性是面对跨度较大的市场安全的综合方案，是有效的。从细节中表现出人文的诉求，作为UI设计来说是将产品更好地推向市场的必然途径。

提案过程必须重视的4点：

- 具有分析性的设计方向研究；
- 密切的合作伙伴沟通，尊重任何项目人员的意见；
- 公开公平的针对产品的分析；
- 将概念化引入市场。

【要点】

通用设计的七大原则如下。
原则一：公平地使用。对具有不同能力的人，产品的设计应该是可以让所有人都公平使用的。
原则二：可以灵活地使用。设计要迎合广泛的个人喜好和能力。
原则三：简单而直观。设计出来的使用方法是容易理解明白的，而不会受使用者的经验、知识、语言能力及当前的集中程度所 影响。
原则四：能感觉到的信息。无论四周的情况或使用者是否有感官上的缺陷，都应该把必要的信息传递给使用者。
原则五：容错能力。设计应该让误操作或意外动作所造成的反面结果或危险的影响减到最少。
原则六：尽可能地减少体力上的付出。设计应该尽可能得让使用者有效地和舒适地使用，而丝毫不费他们的力气。
原则七：提供足够的空间和尺寸，使使用者能够接近使用。提供适当的大小和空间，让使用者接近、够到、操作，并且不被其身形、姿势或行动障碍所影响。

项目确定

在经过以上的分析和研究后，产品终于可以落实到立项阶段了。项目确定中，需要牵涉到产品经理、设计部、结构部、硬件部、软件部、品管部、采购资源部、综合技术部、市场部，甚至到总经理的确认和签字。

项目确定阶段，每个环节都需要有负责人和主要设计师、开发工程师、评估专家的参与，这是一个复杂的沟通确认过程。（在本书的第2部分，我们将详细介绍项目会议过程中的具体状况）

在项目确定后，产品将正式走入设计研发阶段，这时候我们才真正开始了创意之旅。

【故事】《设计的小事——什么样的头衔适合你》

所有被开发人员、PM、CEO、客户、用户叫过“美工”的请举手？！我想只要在这个行业做足半年以上的，无一能够幸免。同时，我又发现一个问题，没有哪个设计师的名片上面是印了“美工”的（至少我见到过的），显然这个单词并不具有积极的意义，那么对于设计师来说什么样的头衔是适合的呢？

我这里指的是普遍意义上的级别分类，当然在某些特殊的设计行业有不同的叫法（比如，建筑设计、环境设计、电影设计等）。可以明确的是，名片上的称呼代表了你受同行和客户尊重的程度，疑问在于这个头衔是不是真实地表达了你的现有层次。在国内还没有成熟的设计行业职位评定标准面前，这个问题值得我们思考。

1. 设计助理

一般刚毕业半年到1年的毕业生，或者在校期间兼职的朋友会经常使用这个称呼，助理的工作性质一般包括设计会议的记录、送稿、会议准备、设计稿件整理、设计资料的搜集和分类等，这个阶段一般强调的是不要犯错，认真学习。而一个大型的设计集团中，也可能出现拥有3～4年经验的设计师进行2～3个月的见习助理阶段。

鉴别一个设计助理的程度，在于他所协助的设计师或者总监的水平，一个蹩脚的总监带出来的助理往往比他自己更蹩脚。

2. 设计师

经过1～2年的摸索（往往会比这个时间更长），你经手了一些实际的商业设计案例，面对老板和客户的挑剔，知道如何分析设计的方向，确定主题线索，更快地完成详细设计，幸运的是，你已经有了几件代表自己的成功作品，那么恭喜你，我们可以称你为设计师了。

请不要骄傲，这个阶段的人往往是最浮躁的，比上不足，比下有余，拿着技术当艺术，保持稳定的心态最为重要。

3. 高级设计师

4～5年的设计经验，这期间为不少大型集团或者客户的案例进行设计，并获得了客户和市场的良好反馈，行业里开始有你的位置，慢慢有一些专业的设计杂志接触你，为他们提供稿件和指导文章。在视觉的把握上明显能够处理商业与艺术的关系，有了自己特定的设计套路和软件快捷键设置，也不仅仅满足于设计单一类型的作品。

由于眼界刚刚开阔，认识的朋友开始变多，有点膨胀，这个阶段设计人的特点是，只和自己水平相当的高手交往，互相启发新的风格，开始觉得用户和客户都不懂设计。

切忌以上的性格弱点，我建议这个阶段的朋友要更多地接触用户和客户，从客观角度针对自己的作品做修正，避免走入主观的唯我独尊式设计。

4. 美术指导（总监）

在视觉表现与产品的风格上有了统一团队形象和产品差异化的能力，能够很好地协调CEO、市场、开发、运营等多方对设计的要求，在视觉表现上有能力精确地传达信息，也能够指导团队成员（平面、矢量、Flash、3D渲染、角色设计、概念设计等）在不违反个人创意的基础上进行视觉层面上的一致的输出规范。

美术指导通常是在视觉领域有过突出成绩的人，在国内外的重要媒体和刊物上发表过作品，受到过专业的美学组织的推荐和认证，并且也有实际的、代表个人风格的商业作品在应用，同时在设计展和创作人平台上也有过成绩。当然这是困难的，但如果没有这些认可，如何能够在一群实用主义的客户中获得尊重呢?

5. 创意指导（总监）

多在广告、平面等领域的大型公司中出现，往往是具有多年经验和客户资源的超级设计师，如果一个客户需要一个好的创意，或者好的产品推广的时候，他们会去找谁呢？是一个大牌的公司吗？当然不是，他们需要的是一个人，一个值得他们信赖的人，一个说出去名字用户就会信赖他的人。

而这些，都需要一个专业的、知名的创意指导来建立，作为一名创意总监的工作包括但不仅限于：设计项目的创意分析和提案报告、客户拜访沟通（公司内部为各部门的沟通和资源协调）、设计团队的日常培训和个人指导、项目优先级与周期的规划（当然需要PM的配合）、公司团队对外形象的建立、行业中自我品牌的树立、在任何场合作为公司和团队的布道者……

6. 设计主管（设计经理）

这是一个比较边缘化的头衔，往往存在于大型集团（而这个集团不是以设计作为产品的主导）或者新兴的互联网公司，日常工作往往是小型会议、中型会议、大型会议、分公司交流会议……如果没有开会的时候，往往正在准备开会的资料，处理部门中设计师的各种工作和个人的问题、上传下达公司领导的意见、争取部门的福利和个人收益（有时候不是这么顺利）、分配工作任务和进行项目的跟踪，实际上等同于一个行政+HR+PM。

那么设计经理很容易干吗？当然不是，作为劳心劳力的代表，设计经理往往需要承受更多的压力，在公司中最容易成为枪靶子。设计经理朝良性发展会演变为设计总监，朝恶性发展会演变为团队保姆。

特别注意的是，当一名设计师正面临继续走入高级设计师还是从事管理转型的时候，领导最容易抛出“经理”的绣球给你极大的诱惑，这时候需要分辨清楚自己想要什么。

任何职位都是可以成功的，任何头衔都是有针对性的，千万不要拉大旗做虎皮，随意地更改自己的头衔，那样只会引来嘲笑，但是认真的做好目前头衔下的工作是必须的，设计师需要对自己负责，因为没有人可以对你负责。

风险评估

风险评估是对产品设计中面临的威胁、存在的弱点、造成的影响，以及三者综合作用而带来风险的可能性的评估。

在风险评估过程中，有几个关键的问题需要考虑。

- 要确定保护的设计对象（或者内容）是什么？它的直接和间接价值如何？
- 该设计面市将面临哪些潜在威胁？导致威胁的问题所在？威胁发生的可能性有多大？
- 设计中存在哪些弱点可能会被威胁所利用？利用的容易程度又如何？
- 一旦威胁事件发生，组织会遭受怎样的损失或者面临怎样的负面影响？
- 组织应该采取怎样的安全措施才能将风险带来的损失降低到最低程度？

关键点路径

项目进度控制和责任检验的关键点设置有助于每个环节的设计人员、管理者充分了解周期，并检查成果。

下面是一份简单的关键点路径设置文档，仅供参考。

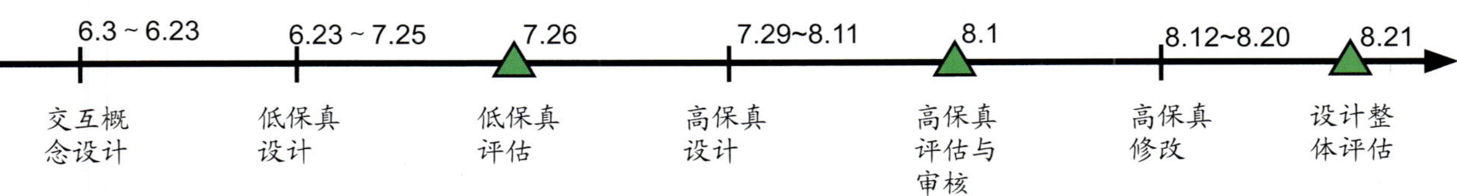

3.2.2 设计的产品化检验过程

低保真模型究竟应该做到什么程度

通常我们都会制作一些低保真模型，以保证概念设计的方案在项目中被大多数人理解，并借助低保真模型来修正设计方面的偏差。

纸质模型、图形文档、PPT交互演示、Visio流程图等都是低保真模型的形式，在项目进行中可能会穿插应用。

虽然低保真模型的快速和可视化为设计过程带来了极大的便利，但是问题随之出现，究竟低保真模型做到什么程度？我们曾经不只一次见过很多大型项目因为总是停留在低保真模型的讨论和修改中，导致项目停步不前，最终影响了整个项目的进度。

【提示】

下面介绍几个低保真模型设计过程中需要注意的问题：

1. 问题在设计初期是最多的，低保真是为暴露问题，而不是解决问题；

2. 低保真模型主要用于说明思路，而不是指导设计；

3. 低保真模型的输出量应该不高于整个项目输出文档的20%；

4. 别忘了还有后期的高保真模型输出，图形设计在这个阶段必要性不大；

5. 低保真模型要尽量清晰地展示设计要点。

【要点】

低保真模型：设计初期阶段形成的交互设计演示，无论是纸质模型还是图形文档，都不足以指导产品的进一步设计，它是交互概念设计的总结和初步规范成果。

第4章 产品策划定义

本章中你将了解到手持移动设备在产品化过程中的交互设计方法和概念，它们是一些在实际工作中被验证过的手段，并且都有具体的实例分析，而不是单纯的理论。当然某些技巧会和“权威式”的理论有所出入，但都是在基本有效范围内的调整，是针对中国设计市场和用户体验环境做出的升级。

我们希望这些知识能够让你在工作中找到实际可用的方法，而不是掌握很多把事情变得复杂的知识结构。你要相信在交互设计过程中，理解和沟通的重要性远远超过你对那些术语的理解。

这部分的知识是一个项目实际设计的阶段性解读，在后面我们会提供更为实际的设计案例。读者朋友们可在这部分了解一些基本的通用设计手段和基础知识。

04

4.1 竞争分析

4.1.1 如何分析竞争对手和产品

【要点】

“15年前，公司比的是价格，现在是质量，以后将会是设计”

——Bob hayes教授， 哈佛商学院

进行竞争对手分析时，需要对那些现在或将来对客户的战略可能产生重大影响的主要竞争对手进行认真分析。这里的竞争对手通常意味着一个比现有直接竞争对手更广的一个组织群体。在很多情况下是因为客户未能正确识别将来可能出现的竞争对手，才导致了盲点出现。需要评价的竞争对手如下。

现有直接竞争对手

客户应该密切关注主要的直接竞争对手，尤其是那些与自己同速增长或比自己增长快的竞争对手，必须注意发现任何竞争优势的来源。比如，我们不难发现在很多行业中都存在直接竞争关系的企业和产品，像麦当劳和肯德基，可口可乐和百事可乐等。

新的和潜在的进入者

现有直接竞争对手可能会因打破现有市场结构而损失惨重，因此主要的竞争威胁不一定来自它们，而可能来自于新的潜在的竞争对手。新的竞争对手包括以下几种。

- 进人壁垒低的企业： 比如像纯粹的GUI方案提供商，在国内大量个体设计师涌现的情况下，壁垒会变得非常低，尤其是在深圳这样的手机生产制造比较发达的地区。
- 有明显经验效应或协同性收益的企业：显然，一个关键器件的供应商，也有可能组织ID、MD团队进行整机方案的研发设计和销售，这是该行业的特点。
- 非相关产品收购者，进入将给其带来财务上的协同效应： 一个原本并不是直接危险的对手，通过并购等方式获得了更多的资金和研发能力，这时候就变得更有参与竞争的可能。
- 具有潜在技术竞争优势的企业：比如在已逐渐饱和的GUI设计行业中，出现的整合Flash开发平台与移植技术的设计公司就会变得更有竞争力。

竞争对手情报来源

对竞争对手的信息进行例行的、细致的、公开的收集是非常重要的基础工作。竞争信息的主要来源包括以下几部分。

- 年度报告。
- 竞争产品的文献资料。
- 内部报纸和杂志。

这些通常是非常有用的，因为它们记载了许多详细信息，如重大任命、员工背景、业务单位描述、理念和宗旨的陈述、新产品和服务以及重大战略行动等。 另外，竞争信息还可以从以下几方面获得。

- 竞争对手的历史：这对了解竞争对手文化、现有战略地位的基本原理以及内部系统和政策的详细信息是有用的。
- 广告：从此可以了解主题、媒体选择、花费水平和特定战略的时间安排。
- 行业出版物：这对于了解财务和战略公告、产品数据等诸如此类的信息是有用的。特别是像水清木华这样的专业研究机构的报告，对宏观了解整个行业的发展比较有帮助。
- 公司官员的论文和演讲：这对于获得内部程序细节、组织的高级管理理念和战略意图是有用的。每年的Apple年会上，jobs都会发布最新的产品更新与下一代技术的方向，收集这些资料将对整个Apple的动向掌握得更清晰。
- 销售人员的报告：虽然这些经常带有偏见性，但地区经理的信息报告提供了有关竞争对手、消费者、价格、产品、服务、质量、配送等此类的第一手资料。
- 顾客：来自顾客的报告可向内部积极索要获得，也可从外部市场调研专家处获得。
- 供应商：来自供应商的报告对于评价诸如竞争对手投资计划、行动水平和效率等是非常有用的。
- 专家意见：许多公司通过外部咨询来评价和改变它们的战略。对这些外部专家的了解是有用的，因为他们在解决问题时通常采用一种特定的模式。
- 证券经纪人报告：这些通常能从竞争对手简报中获得有用的操作性的细节。同样，行业研究也可能提供有关某一竞争对手在特定国家或地区的有

用信息。

- 雇用的高级顾问：可以雇用从竞争对手那里退休的管理人员作为自己的咨询人员。有关他们以前雇主的信息可以在要求他们在特定工作领域中提供帮助时起到有效的决定性作用。

产品、成本、价格是企业竞争中，也同时是制定设计策略的时候应当同时考虑的三个具有内在联系的重要因素，将这三个因素以"产品差异维"、"成本维"、"价格维"构成一个三维模型。

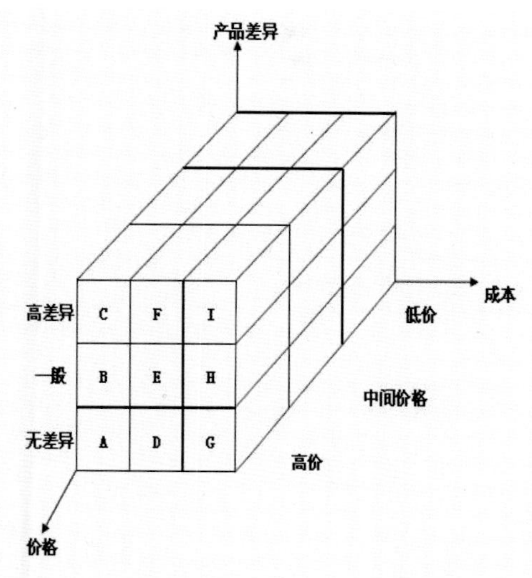

三维竞争战略模型

当市场为异质市场，即可以进行市场细分。企业有两种战略可选择：低成本战略和产品差异化战略。当市场为同质市场或虽然市场为异质市场，但产品本身受到行业整体技术水平的限制很难提高差异化水平时，企业只有一种战略选择，即低成本战略；只有产品差异技术有新的突破时，企业面对异质市场才有可能选择产品差异化战略。

因此，我们不难发现，竞争对手和竞争产品的分析是设计前期的重要输入之一，设计是一项市场化导向的活动，缺乏对于市场的理解，会导致设计方案成为"花瓶"，无法落实到真正的产品化中。

【技巧】

进行竞争对手分析的重要活动：经常到市场中观察竞争对手和产品的实际应用，推广活动也是有效了解产品差异化的方法。结合市场调查的方法，我们可以总结出很多关于竞争对手和产品的要点，供我们自己在设计过程中作为评估数据。

4.1.2 设计总监的角色

和广告行业不同的是，我们提到的设计总监并不仅仅等于美术指导，因为在手持移动设备领域，设计面对的不仅仅是客户，还有最重要的实际使用产品的用户群。面对真实接触产品的用户来说，任何广告行为的夸张、艺术化掩盖以及避重就轻的行为都会导致设计的失败。

这里我们强调，手持移动设备领域的设计师不仅仅要了解设计本质，也需要关注经济生活、社会行为、用户心理、财务预算等诸多因素，而一个产品甚至品牌的成功，往往和设计总监有着密不可分的关系。

所以在任何产品设计策划的初期，设计总监必须参与，而且总监的设计概念和意图是需要建立在对市场、竞争对手、自身优势和劣势的分析上。

就行业的经验来说，设计总监的工作应该包括：

- 充分理解团队和组织的特点、优势，产品的特征，并运用设计概念放大它们；
- 通过管理和个人魅力，形成核心组织的凝聚力，发挥团队的协作性；
- 研究与预测组织下一阶段的设计目标和展望，并提出可行性建设方案，执行落实；
- 通过组织建设、评估形成统一的设计思路与设计师培养提升计划，强化核心技术；
- 充分参与市场调查，制定产品设计策略、新型设计技术研究与团队设计理论建设。

【故事】《设计的小事——设计总监的必备素质》

今天中午有朋友在MSN上发牢骚，问道：“你说说什么样的人能够做设计总监？我们这里的这个孙子我实在受不了了。”

“你给我个标准吧，你觉得是设计能力重要还是人品重要？”

“人品当然是第一位的”……

但是一谈到标准这个事情吧，挺得罪人的，因为总有很多喜欢对号入座的粗野汉子，经常指责客观的讨论。我在这里只能说说我个人认为一个好的设计总监的素质，遇到具备这样素质的人就算不能在薪水上帮你一把，起码跟着他混心里面踏实，而且能够学到很多。

1. 诚信

现在全社会都倡导诚信，但是好像收效甚微，我见过不少拿着下属作品到老板面前邀功的狗屎了，其实人混到这份上也挺无奈的。但是干这行的，就靠着作品挣口粮，这种做法无疑是砸别人饭碗么。按刑法算，这得判三年以上。

当领导首先要诚信，自己的能力过关最好，不过关的也要保留一点人格，不要做滥竽充数的事情。

2. 自信

你喜欢成天憋憋屈屈、在公司内部没有实权、开会从来不敢发言的领导么？跟着他基本上也别指望你能在公司有什么地位了，我说的不是办公室政治，我说的是成就感的问题。

这样的总监造成的直接问题就是，你就等着天天加班应对无休止的修改和重新设计吧，有自信的领导做的是布道者的工作，对自己的工作和团队有极高的信心，而这个信心是在他的计划中一枪一炮干出来的。

3. 领袖精神

见过一只羊领着一群狮子觅食么？自然界的法则说明了领袖是需要一定的气势的，这个气势来自于自身的能力和团队对他的支持，设计团队的成功离不开团队力量，但更多层面上取决于领导者本人。

做一个好领导不但需要优秀的能力，还需要一个好脸蛋……我的意思是至少你的人需要有吸引力。我见过一些团队中，一眼望去就那个设计总监最没VI特征的，这很尴尬。

4. 社交能力

调控业界资源和把握行业脉搏是一个设计总监的必须课程，他是团队对外形象的直接代表，也是团队发展趋势的直接制定者，如果他自己都不清楚设计界的动向，怎么能带领团队杀出一条血路呢？

好的设计领导人不可能仅仅通过网络获得行业的讯息，也不可能只通过QQ联系几个业内的“名人”而感到骄傲，实干兴邦的责任会促使他将对团队有效的资源全部搜罗进来。

5. 合作能力

设计总监虽然在公司中做的更多的是“人”的工作，制定流程、控制项目质量、培训团队等，但是在重要的设计项目中，他的设计角度和方式往往是起决定作用的。

因此，能否和团队中性格各异的人良好合作考验着一个总监的实际水平，如果一名设计总监不善于合作，会出现两种结果：

- 不信任团队中的成员，所有事情亲力亲为，最后忙到过劳死；
- 放任项目的所有环节，让手下做事，自己清闲地在旁边指手画脚，甚至还有可能制造障碍。

6. 创新精神

做设计是靠创意，而不是靠投资。一般普通的设计总监，你给他5万的资源，他有可能做出10万的成绩，你给他50万的资源，他还是只做出10万的成绩。

创新不是天马行空，而是对自己和团队的完美不断追求，敢于尝试新的思路和风格，也知道如何配置人员构成，获得新的设计方向。

7. 敏锐眼光

这个问题就暂时不说了，只是一个希望，因为国内的诸多公司（特别是民营企业和大型集团）中，设计总监需要受到老板、市场总监、财务总监、运营总监、客户、产品线……多重打压，在中国要推行预研式的设计，是需要一定技巧和勇气的，前提是设计总监敏锐的眼光一定要得到认可。

可悲的是，即使他曾经有眼光，慢慢地也会消失，或者转移到其他的方向去，或者离开那个平台。

4.2 相关负责人会议

4.2.1 会议的前期准备

会议前我们需要确定会议的基本条件，包括：

- 会议的准确时间，多少小时，从几点到几点；
- 会议的地点，拥有的可使用的硬件设备（投影仪、白板、电脑、演示器材等）；
- 尽量少但是重要的与会人员；
- 会议的主要议题和希望得到的成果；
- 会议记录人与记录方式；
- 特殊情况出现的备选解决方案（比如会议室突然无法使用等）。

一个设计项目的相关负责人会议涉及的问题很多，但是最重要的是要确定会议的成果，我们建议的讨论方向和重点聚焦在：

- 确定每个设计环节的评估和确认都有谁参与；
- 确定每个设计过程的输出都有谁负责；
- 确定时间的关键路径；
- 确定准确、清晰的设计流程；
- 确定设计过程中遇到突发问题时的解决方案，可以是参考方案。

如果可能，公司应有专门的行政人员配合设计助理负责每一次的设计项目会议的前期准备，在一个不专业的公司中，我们很容易发现会议的准备工作仓促而混乱，无论是电脑无法上网，还是麦克风声音太小，都是一个职业素质的体现。

而你表现出来的职业素质往往会让用户与客户联想到你的设计专业知识水平，如果不想冒这样的风险，那么请养成良好的会议习惯。

会议组织的三大致命点：

- 与会人员迟到；
- 会议不按规定时间结束或在规定时间内无法讨论完应该讨论的问题；
- 没有专业人员评估并形成最终会议纪要，供下一次会议和会后工作参考。

【要点】

苹果（Apple）公司设计流程：
1. 高精度原型。
2. 提案筛选过程。
3. 两线会议，头脑风暴+细节实现处理。

How IT Projects Really Work

How IT Projects Really Work 是一个全球知名的项目开发过程演示，这个活动已经被广泛传播，并且有超过20种文字的版本。在一直不断的更新中，它被作为项目开发和管理的经典案例。同样，我们可以从中看到由于沟通失效和产品计划中出现的问题而导致的后果。

你的"上帝"是怎么期望的。

设计师是怎么设计的。

项目经理是如何理解的。

程序员们是如何开发的。

测试员们得到的。

项目档案是如何记录的。

你的商业顾问是怎么形容的。

它是怎么付诸于实际的。

顾客如何买你的帐。

广告是如何做的。

它是如何被支持的。

用户参与使用和评论后。

客户到底需要的是什么。

产品进行二次计划。

4.2.2 团队成员的确定

会议的首要结果是要选定由哪种团队组成来完成这个设计项目，对于设计责任制的企业和组织来说，制定可通用参考的团队组建标准是十分有益的。而对小型企业（通常在50人以下）来说，团队的成员几乎都是交叉工作，因此成员也几乎是固定的。

我们需要确定的团队成员一般来说有以下一些。

- 项目经理：负责整个项目的跟进、时间周期把握、工作任务分配和检查、工作成果检验；
- 项目设计主管： 负责设计部分的管理、监督、指导、检验和汇报；
- 项目市场主管： 负责客户信息的传达、沟通，邮件和会议组织，必要时进行客户访问安排；
- 项目开发经理：负责开发部分的管理、监督、指导、检验和汇报；
- 项目设计师： 项目的主要负责设计师，有可能是多名；
- 项目开发人员：项目的主要负责开发人员，有可能是多名；
- 项目后勤人员： 提供项目所需的软件、硬件、场地、资金的支持。

【故事】《设计的小事——团队要如何组织？》

有个朋友的公司搞了点风投没处花，想建立一个设计部门给自己的产品在市场上壮壮胆。我问他："你确定你的产品需要设计吗？"

"很需要，现在的样子我自己都不想看。"

"那当初咋做出来的？"

"赶时间啊，那时候也不知道重要性，现在不一样了。客户说带你们设计师来和我谈，我一听就蒙了。"

我确信他现在的状态不但需要一个设计师，而且需要一个专业的团队为他带领产品的视觉走向和规划视觉营销策略。这让我想到目前国内的设计圈环境，就我自己的经验来看，很多的设计团队都是在有样学样，缺乏自己的品牌策略和严谨组织，也就是没有团队自己的CIS。其实，团队的建设中"找到最好的人，针对性地做最好的事"是大家的一个共识，我们缺乏组织的合理性与沟通的有效程度。

因此，我结合欧美和韩日设计团队的特点，总结了一个比较适中的数字艺术类设计团队和沟通架构的样式，共享给大家参考，有些观点比较主观也不一定实际（主要受决策层的干扰，还有部门预算的限制），仅做交流。

下图是用 mind manager画的，一个号称帮助交互人员迅速输出交互文档的软件，居然在"主题样式"的自定义设计上这么简陋……

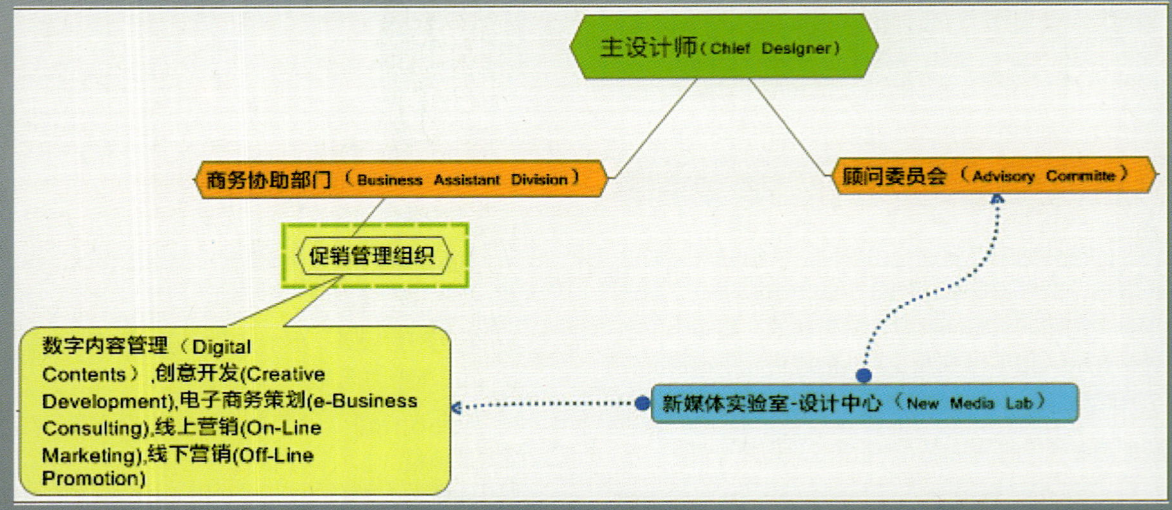

稍微解释一下：

个人认为一个优秀的设计团队必须具备4种能力：创意能力（creative），战略研究能力（strategic），技术实现能力（technical）和综合能力（synthetic）。

根据这个前提，看看上面的结构示意。

主设计师：项目的概念设计和决策人员——每个设计阶段的最终结果负责人，当然他需要和管理层、开发部门、商务部门沟通；他直接向商务部门和顾问委员会传达设计部门的工作意图和需求。我们国内一般叫创意总监，好像国内的小白们都觉得创意总监就是动脑子瞎想就好了，不用做事的，大家看清楚咯，下面对应的部门和工作，他都是应该参与的。如果不幸，你的头儿是不做事的，请把这个图给他看看。

商务部门：对产品和设计的促销进行管理。①数字内容，包括内部的数字文件存档，向外分发的数字内容资料等；②创意开发，也就是我们现在讲的商务开拓，我觉得如果和设计搭边的话，还是不要简单地进行市场开拓，那样远远不够；③电子商务策划，对实际的交互设计项目进行分析、预算和模拟；④线上营销，做互联网该做的商业行为；⑤线下营销，做传统渠道中该做的商业行为。

顾问委员会：借助大量的外部优秀人才进行内部培训、产品评估、开发测试、创意头脑风暴等。

新媒体实验室：内部的创意实验研究团队，做分析预研和新概念开发设计，当然也要配合现有项目做设计指导。

针对设计来说，这应该是一个比较高效和专业的团队配置，具体到每个公司的产品类型和产品方向会有调整，但是，罗马不是一天建成的，中国的企业和设计公司想有一天真正成为专业的团队，人才很重要，但是团队的管理和发展更重要。

4.2.3 出现的一些波动因素

无论会议过程中，气氛是如何地平静与稳定，问题的发生总是在瞬间的。而经过我们长期的观察，我们发现最容易引起会议中矛盾和争论的，往往是以下几个方面。

新的创意还是原有的升级

这是一种长期存在的矛盾，对于创意和改革是否能带来真正的价值（我们一般称为利润），中国的企业家们一直有一种怀疑的态度。虽然这是一个整体市场环境的问题，但是从哪个部分开始改善呢？创意的事情是一件既不能保证赚钱，也不会马上导致赔钱的事情（当然，我们不是说代理公司由于散播游击广告，使客户被城市管理部门罚款的事情）。

【要点】

“如果你的东西和大家都一样，那干嘛还设计它？”

——Philippe Starck

Philippe Starck’ Studio创始人，The American Academy of Hospitality Sciences年度五星钻石奖设计师

“设计不是个人的表现，设计师的任务不是保持现状，而是设法改变它。”

——亚瑟·普洛斯（ICSID前主席）

新的创意设计方案无法在初期就被采纳的原因和组织的心理活动有：

- 害怕新的创意带来的“错误”引起风险；
- 决策者无法评估新的创意究竟好在哪里，甚至设计师本人也无法说清楚；
- 如果一个东西已经被认可了，为什么要改变它呢？

新的创意如何才能被实现？

首先，抛开你对视觉和动画的无聊追求，好的创意必须是需要能够实现的，也需要用户的初步调查数据。我们不认为某个产品经理一拍脑袋的想法就能拍出一个iPhone的创意，要创造出一个新的设计创意，前提是它能够产品化。

其次，你的公司和团队是否真地鼓励设计师的想象力与开放思维？如果那些概念设计不是充门面的工具的话，我们应该投入更多的时间去制作出能够使用的原型，而不是让这些设计停留在硬盘里面。

最后，设计师本身也需要考虑成本因素和量产周期因素，毕竟设计在产品化过程中能够承担的责任是很小的，那么就需要替其他环节的部分多考虑，如果你有一份市场调查报告，会让你的设计更有说服力。

商务人员说这个设计构思肯定不会被接受

需要注意的是，商务人员在此刻提到的不会被接受，并不是用户不会接受，而是他们自己或者他们自己认为的“市场”不会接受此设计方案。商务人员最强的能力就是容易用偷换概念的数据来迷惑产品设计方向，并把自己对于营销和设计审视的无能隐藏起来。

任何缺乏用户测试报告和产品策划验证的讨论都是没有意义的，商务人员会在没有任何证据的情况下信口开河，并强力地指出设计的成本危机、信任危机和营销困难，却从来不会去分析新的设计的赢利点、潜在价值和用户的期望值。

在此，除了要求商务人员提供具备说服力的用户调查数据以外，设计师至少应该做到：

- 给出类似设计方案在行业中的成功参考案例；
- 使用数据化（货币化）的展现方式，清晰地描述

该设计的商业价值（我们必须假设商务人员是没有任何抽象概括能力的）；

- 任何情况下，你必须告诉老板和产品经理，商务人员是无法对产品负责的，因为每次产品销售的最终责任总是被推卸到产品策划、设计和开发上。

对于这种极端情况的表现，我们可以看看一些4A广告公司的"飞机稿"现象。所谓"飞机稿"是在创意团队中获得高度认可，但是最终被客户抛弃的设计作品，而当这些设计作品最后被展示在一些重要的广告节目（如one show等）上的时候，却获得了一片赞誉，当初的客户甚至是因为这样的广告被大多数用户记住的。

这很难说是一种谬论，但是情况正在不断地发生。

【故事】《设计的小事——设计PK商务》

听说某某设计公司的设计部人员又离职了，又有某某公司的商务部由于设计产品的销售策略不正确被洗白了……且不论是冤家路窄，还是打情骂俏，也许你的公司里面正存在着这样的问题，虽然我现在已经很少和商务人员正面接触，但是不能好了伤疤忘了痛。

经常有朋友问起如何与商务人员沟通，怎样建立好的设计交付流程，个人认为这是设计总监的失职。但是很不幸，国内的大多数设计公司或者团队中充斥着不少伪总监，假大空的人太多。所以，我才贡献一些曾经的经验，供各位参考交流。

1. 我们对商务要有要求

- 配合设计部的市场分析调查，了解如何推广新产品。

  如果你的公司没有人做市场调查和分析，那么请让设计部去做；如果你的公司有市场部人员在做这个工作，那么请让设计部再做一次！设计是为产品和客户服务，必须了解最新的市场动态，并且从设计的角度给出分析建议，市场部和商务部关心的是营销策略和市场占有率，真正的人本关怀做得还不够。

  每一次新的数据搜集和分析，都会带来新的亮点和设计方向，商务人员请做好准备，去推广它——用你的创意和诚意。

- 熟悉设计流程，能读懂设计规范和备案文档，并知道设计中的弹性时间比。

  我遇到过很多设计公司的商务人员，入行前有做汽车的、房产的、广告的，甚至还有做百货的——这就必须培训商务人员对于设计的基本了解。说白了做生意的都是泥腿子，讲究快、准、狠，搞设计产品是个精细活，一定要有文化气息。市场上客户的要求都是刚性的，什么数量、什么时间、如何交付，而设计本身的弹性时间很多，需要良好的把握和配比，设计营销不能装孙子。

- 了解不可妥协的关键问题。

  妥协的近义词是无限制的成本叠加，商务人员要懂得把根留住，设计的含量不是靠计算机算出来的，切记。"客户让怎么做就怎么做"这是最不负责任的话，大哥，你拿着薪水，拿着提成，当你的鞭子轻轻抽打在设计师的身上时，请想想公司和团队为此要付出多少？要不你就别在这个帐房混了。

- PM（project manager）的沟通必须按阶段执行，危机处理建立在合理流程之后。

  稍微注意看看，很多公司的PM已经变成了控制计划生育的居委会大妈了，在控制项目和设计流程的时候，几乎是一个Excel表格排版人员，很少有主动积极地和市场人员，和客户，和设计师沟通，并确定最终实现目标的，这样的现象导致项目最后因为有了PM显得更复杂，更不顺利。PM们，请把更多的精力放在防火上，而不是救火。

2. 我们对自己要有要求

- 内部有详细管理流程。

流程不是用来说的，是踏实的实践并修正，最后推广的；流程不是一拥而上跟着总监打天下，流程是在工作中降低成本、节约时间、避免危机。很多设计部门的领导者，管太多，理太少，设计流程重视抓大放小，各个击破，如果设计总监本身没有一个清晰的思路，如何在复杂的流程中理出线索，那么他只会把事情弄得更糟。

- 质量标准需要明确。

不可否认，任何设计师的作品都不愿意被太多的人评价和议论。但是作为公司的服务和产品输出，设计本身需要一个检验体系，设计总监不是体系，客户不是体系，公司领导也不是体系，行业水准和用户是检验的唯一标准。设计在带有风格和特色的前提下，如何更好地服务于用户是最重要的命题。最大的错误是，由商务人员传达客户的不满意意见，这简直是所有设计师的末日。

- 设计必须有连贯性。

缺乏逻辑和跟风的设计就像患了精神分裂症一样，偶尔给人刺激，却总是让人乏味。连贯性是一个设计团队的风格和标签，设计师必须对自己有所要求，每一次的创作都是为团队的进步服务，为产品的升级努力，它不是纯粹的自我表现。这需要一个强有力的设计总监、或者视觉指导来规划整个团队的视觉形象与视觉策略，让设计一次又一次地不断达到同一高度。

设计过程究竟需要多少时间

【要点】

“我拿出了我们完成的最大的项目之一，大概有250页，每页都不同，一些人开始惊慌，他们不知道设计师需要涉及如此复杂的项目。”

——Martin Roach，伦敦多学科信息设计顾问公司epitype创始人

由于设计过程是抽象的思维活动，因此很难以量化的数字标准去衡量工作时间。但是由于经验和项目过程中的关键路径，我们可以评估出一个大概的时间区间。

某些产品经理和开发人员会主观认为：“这个东西很简单嘛，搞一下，一两个小时就好了。”这样的轻描淡写只会得到这样的答案：“你以为这个很简单吗？起码要两天时间，要不没法做。”

设计需求与技术难点的不平衡，甚至过低和过高估计设计的工作价值，这都会造成沟通双方的尴尬。我们建议评估一个设计过程需要的时间，要有两个参考维度：

- 完成此设计参与的设计师人数以及设计师之间的配合方式（流线式或者协作式）；
- 设计过程是以何种要求为标准（最终设计质量还是项目的绝对期限）。

笔 记

第5章　用户分析与研究
Start
本章中你将更清晰地了解到如何进行针对用户的分析和研究，这其中不但有详细的案例来介绍整个过程，也有一些技巧让你懂得如何从生活中、从用户身上获得创意的灵感。
这个部分的内容包括了感性和理性的研究方式。虽然有一些方法你可能已经在熟练地运用，但是作为从全新的视角解读的时候，我们仍然可以发现它们更深层次的意义。
在技巧的讲解下，我们将更突出可用性的原则和使用过程中的要点。
Caps Shift
Ctrl
FN
SYM
SPACE
XT9
SMS
PGUP
PGDN
Enter
DEL
05

5.1 用户参与研究法

就像前面提到的，我们使用的设计思想是UCD的设计思想，那么既然我们的设计对象是用户，因此任何的研究和观察分析都应该以用户作为起点，并贯彻到设计过程中。

5.1.1 为何用户要参与研究

经过多年的实践，行业中已经拥有了一套较为成熟的用户研究的手段，它们形式丰富，互相补充，在不同的场所、地区、环境下都能无缝地嫁接使用。

那么用户参与研究的好处在哪里？

- 得到最终用户对于产品的直接感受，这种感受不会受到"专家"们的侵扰；
- 它是成本较低的研究评估方法，并且可以在多种模式下运用；
- 可以根据设计需要挑选不同的用户群进行，具有最佳的客观性。

如何控制商业层面的风险？

- 用户随意透露产品的细节——如果必要请让用户填写"保密协议"，但我们不建议这么做。
- 出于隐私，用户投诉调查结果——采用隐匿姓名和身份的方式记录调查数据。
- 用户接受调查请求，但要求付费——说明调查的预算情况，并赠送小礼品。
- 用户要求以低价订购被测试产品——说明产品属于Demo版本，并承诺推出后优先通知该用户。

5.1.2 一个典型案例

诺基亚说了科技以人为本，那么做的事情当然也是与之对应的。最近诺基亚到孟买、里约热内卢和阿克拉三个城市做了一次用户测试，诺基亚的设计团队的成员在这三个城市展开了一次行为调查和设计趋势分析，让人们描述自己梦想使用到的手机是什么样子。

诺基亚为这次活动提供了空间和绘图工具，超过220人提供了他们认为的理想手机的原型设计。诺基亚的活动原则围绕以下问题展开：

- 梦想中的手机的外观是怎么样的？
- 你要用它来干什么？
- 你将如何使用它？
- 你在何时及何地会使用它？

为了这次活动，设计小组成员收集了以下资料：参加者的品位、风格、人格、专业、宗教、意识、当地文物古迹和社区文化。

下面是一些参与者的设计方案。看过以后我们不得不承认"用户的智慧往往是伟大的"。

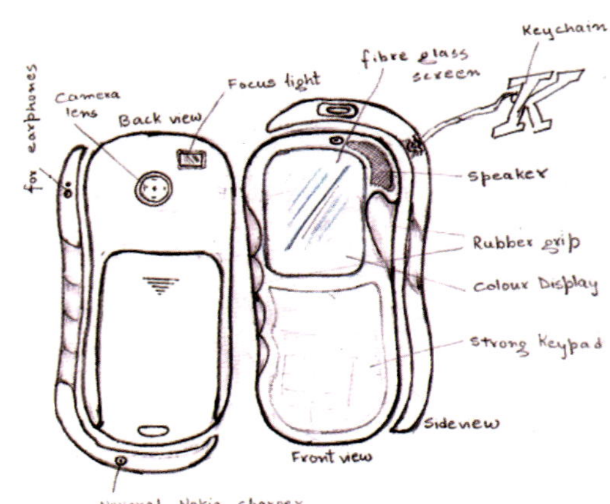

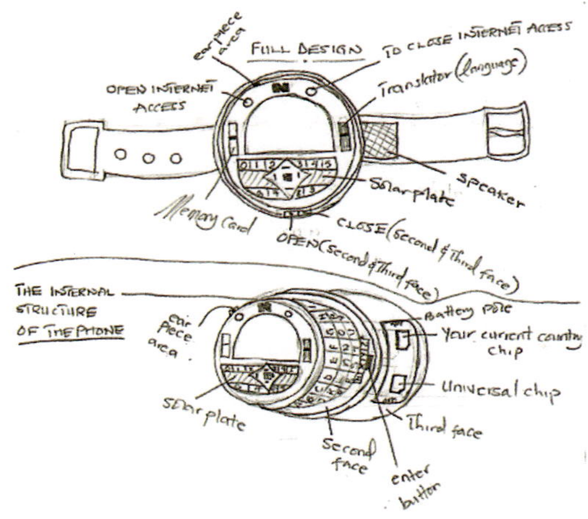

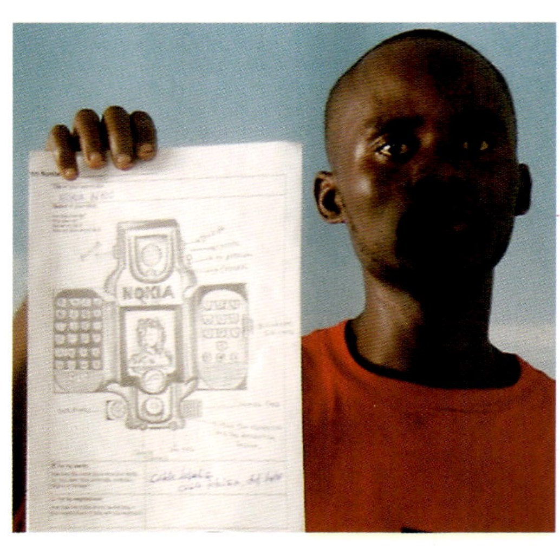

Concept:
heads
Material: Majority would be plastic to keep it light and water proof
The phone could be an attachment to different size of the bottle
speaker

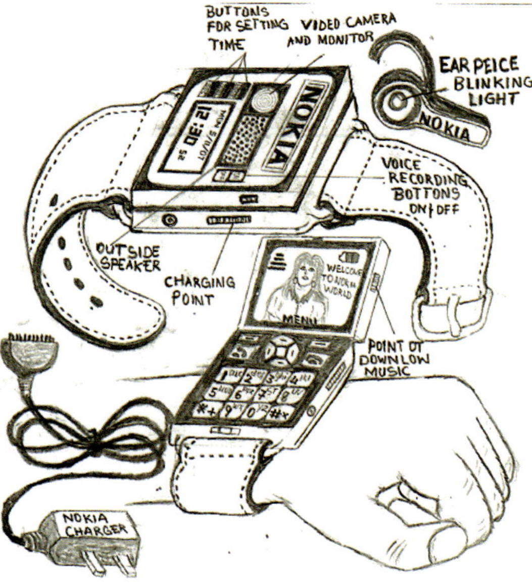
BUTTONS FOR SETTING TIME
VIDEO CAMERA AND MONITOR
EAR PEICE BLINKING LIGHT
NOKIA
VOICE RECORDING BOTTONS ON/OFF
OUTSIDE SPEAKER
CHARGING POINT
POINT OF DOWNLOW MUSIC
NOKIA CHARGER

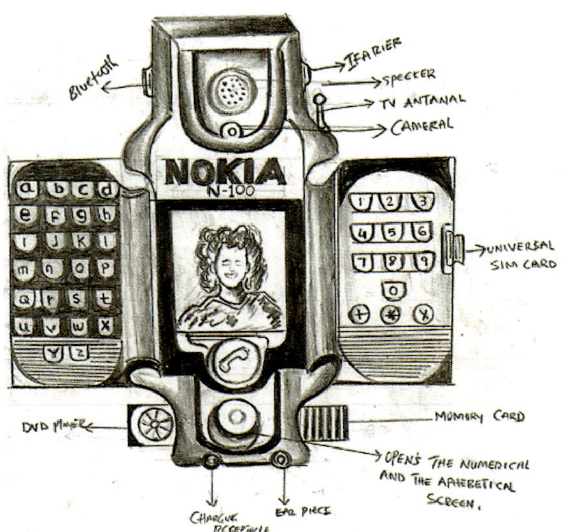
Bluetooth
IFARIER
SPEECER
TV ANTANAL
CAMERAL
NOKIA
N-100
UNIVERSAL SIM CARD
DVD PLAYER
MEMORY CARD
OPENS THE NUMERICAL AND THE APHEBETICAL SCREEN.
CHARGUE RECEPTACLE
EAR PIECE

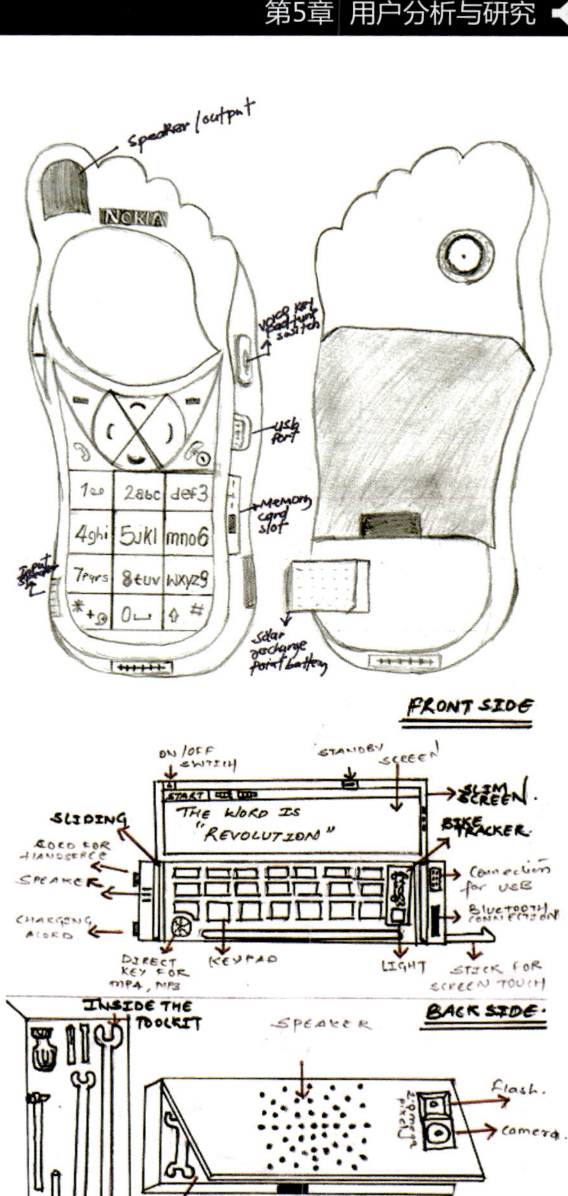
Speaker/output
NOKIA
USB port
Memory card slot
Solar recharge point battery
FRONT SIDE
ON/OFF SWITCH
STANDBY
SCREEN
SLIM SCREEN
THE WORD IS "REVOLUTION"
SLIDING
BIKE TRACKER
SPEAKER
Connection for USB
BLUETOOTH CONNECTION
CHARGING
KEYPAD
LIGHT
STICK FOR SCREEN TOUCH
DIRECT KEY FOR MP4, MP3
INSIDE THE TOOLKIT
BACK SIDE
SPEAKER
flash
camera
TOOLKIT

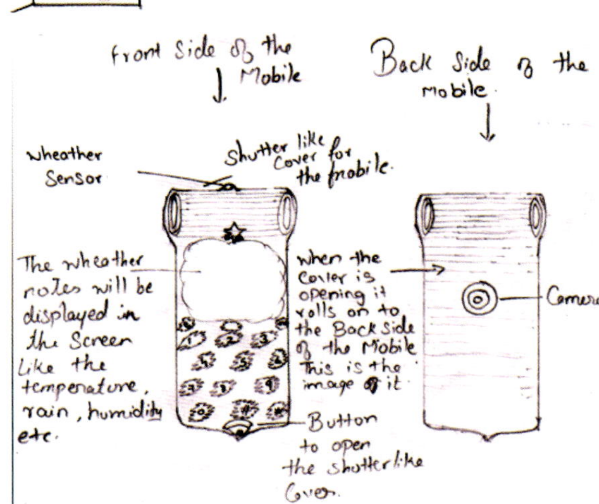
Front Side of the Mobile
Back Side of the mobile
Wheather Sensor
Shutter like Cover for the mobile
The wheather notes will be displayed in the Screen like the temperature, rain, humidity etc.
when the Cover is opening it rolls on to the Back Side of the Mobile This is the image of it
Camera
Button to open the shutterlike Cover

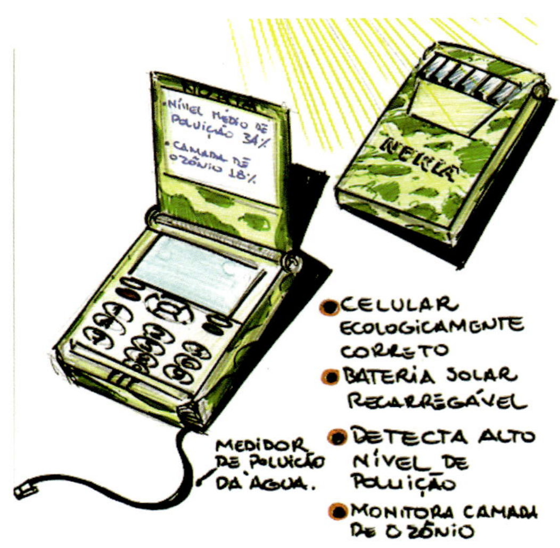

 5.1.3 创意从何而来

我们不止一次听到："创意来源于生活"，大部分人也非常赞同，我们的所看、所想、所听、所悟都在潜意识地影响着我们的思维方式。但是最大的问题在于，如何从生活中发现创意？

这里我们尝试提供一些有效的手段，或许将帮助你能够使用正确的方法。

【要点】

潜意识指的就是潜藏在我们一般意识底下的一股神秘力量，是相对于“意识”的一种思想，又称“右脑意识”、“宇宙意识”，脑内革命作者春山茂雄则称它为“祖先脑”。潜意识也就是人类原本具备却忘了使用的能力，这种能力我们称为“潜力”，也就是存在但却未被开发与利用的能力。潜能的动力深藏在我们的深层意识当中，也就是我们的潜意识。

【故事】 《设计的小事——创意的线索》

有朋友经常问起，“你设计的时候，那些图形，颜色是怎么想出来的？”——这个问题其实我很难回答，但是如果问我怎么样提高对设计的敏感，我想是可以说一说的。

现代设计发展到今天，已经从单纯的模拟，再造，到一拍脑袋，联想串接的头脑风暴，发展到了逻辑化、流程化的分析和创意提炼。设计师和一般绘图制作人员的思考方向、工作重心有所区别，这也就造成了在平时学习积累的时候不但要考虑到视觉和谐、色彩对比、造型结构、人机交互方面的规律，还要注重创意的鲜活和感染力，而在更高的层面需要考虑到设计的社会作用和经济价值。

我们经常会听到对一个作品这样的描述：“这个是挺好看，但是不灵。”——“灵”是创意的关键，是打动用户的根本，是创造更多商业价值的前提，是作为自我突破的必要条件。

那么日常工作生活中应如何积累想法，锻炼创意的头脑呢？我大概调查搜集了一下，目前比较通俗的做法如下（所有图片来自istockphoto）。

1. 参观美术馆/艺术展

这是培养艺术鉴赏力最直接的方式。随着国内专业画廊和巡回展览的层次逐渐提高，我们也能和靳埭强、马蒂亚斯、深泽直人这样的大师做近距离接触，学习他们的历程。但在此过程中应清醒地认识到大师的历程是大师自己的，与现代新一辈设计师的成长环境、教育经历、生活历练、社会背景都有很大区别，这些需客观认识，吸收改进。

2. 逛旧货市场

淘旧货市场里面的宝贝，可以找到很多过时的，但是经典的物品，像老积木，第二代阿童木玩偶、铁皮青蛙、老书，以及一些特别材质的纺织品等，这样在你设计的过程中，就拥有了很多可以挑选的素材。

3. 拍摄有趣的材质和颜色

用你的照相机记录生活中的材质纹理和有趣的颜色组合，等你在思考设计方案的时候，这会很有用。可以拍一些美女，但别太多，那会让你对女人的兴趣超过对摄影艺术本身的兴趣。每周花上两个小时用照片做记录，你会留下很多过去不曾注意到的精彩。

4. 留心身边的街头艺术

虽然国内的HIP-HOP伪文化泛滥，但是我们仍然可以看到一批年轻的艺术家在从事这些创作活动，地下通道、铁路边缘、废弃厂房周围是它们出现的最佳地点，在这些线条中你可以找到大量的灵感。

5. 去影院看电影并收集海报

一定要去影院看电影，黑暗的环境和周围人群对情节的集中关注，会让你头脑更清楚地分析镜头语言和光影，何况还有好吃的爆米花，但是更多的好电影没法上映，所以我们只能通过Apple Preview看一些预告片，它们是影片剪辑艺术的精华。

从美学角度分析电影海报，并收集你认为不错的，打印出来，每天思考它们的创作背景，会让你的排版功力大增。

6. 去唱片店选购自己喜欢的唱片，保存你喜欢的CD封面设计

虽然现在的MP3很泛滥，但是我坚持至少1个月应该逛一次唱片行，体验这个时尚产业的营销文化。音乐触动灵感是绝对的。视听艺术在大脑分工上本就是一家，融会贯通会让你的创意有更多的可能性，如果你刚好为音乐行业做设计的话，你应该更能体会到这一点。

收集好的CD封面，它们是时尚界的泛视觉载体。好的CD封面设计甚至可以影响一个乐队的兴衰。

7. 去陌生的外国餐馆吃饭

本人对吃充满了探索欲和好奇心，其实这并不仅仅是吃本身，去陌生的地方用餐，可以观察到不同的人群，体验到不同的服务，以及国外餐馆特别的餐饮包装理念，这些离人们生活最近的事物在影响着人们，使人们的生活发生改变。对设计来说，绝佳的体验学习地就是餐馆。

8. 坐一趟从来没有坐过的巴士，然后观察每个站台的标示

城市交通的核心，作为连接人们之间的纽带，它散发出的交互作用和UCD文化不可忽略，足够细心的话，你可以发现各种设计的有趣的、不可思议的、难以理解的、让人舒服的指示标志，以及海报和图形。记录下它们，这是你进一步设计的参考数据。

接下来，你会思考：为什么每天有这么多交通事故？为什么人们总是不愿意等待红灯？为什么看着标牌也会走错路？这些都是UI设计理论本身无法给你的。

5.2 观察法

观察是一个非常直接的方式。抛开设计过程，我们在日常生活中也在不断地观察他人，包括搭乘交通工具、在咖啡厅等人、排队买票等时候。

5.2.1 观察的方法

很容易发现，如果需要寻找一些参与研究的用户，我们可以挑选大街上的非针对性零散用户，公司广告针对的目标受众，现在已有的一些老客户，或者公司内部的职员，还有一些具有影响力的团体的志愿者。

我们要做的是观察用户在实际环境中对于某种特定产品或者服务的真实活动。在观察过程中，最重要的是获得更多的细节：做一些文字记录、画一些草图、拍摄一些关键的操作照片或者视频、做一些音频方面的记录。

一个观察的实例

用户打车的时候对于车型的选择，在和自己买车的时候对于车型的挑选，是完全不同的心理活动，这当中我们可以总结出用户对于车的价值判断和期望值的提升。

而对于手持移动设备也是如此，白天工作时间，手机会被用户当作办公的主要通信工具，但是到了夜晚，用户在回家的路上，会把手机作为手电使用。

5.2.2 观察的目的和分析手段

一个正确并且有效的方式会让调查研究工作者获得正确的启发和信息。

现场研究

首先研究用户群的背景，然后根据这些背景使用笔记本、照相机、摄像机、录音设备等保存现场观察的结果，也可以做一些访谈。

提供给被观察者一些记录手段

比如给被调查的用户一些记事本、便利贴，一些呼叫和留言的设备（比如耳机和对讲机等），一些普通的照相机。

采用跟踪式的研究

比较好的客观手段，但是需要在法律控制的范围内，并且如果一旦出现用户不满的情况，需要对用户做出解释，并且调查活动立刻终止。

【故事】《设计的小事——饮水思体验》

前些天陪朋友买饮水机，主要光顾了国美和顺电两个比较大的家电卖场。发现现在的饮水机设计是越来越高级，越来越科技化。多层净化、智能控制、防漏电、制冷加热，能用上的功能全给用上，大有“饮水机，不仅仅是饮水”的需求在其中。

朋友对饮水机的要求很简单，“要一个不用一直按着开关就可以接水的就好。”就是说，接水的时候操作一次开关，出水开关会卡住，水会自动流，然后接好后再按一次就可以关上。但是，仅仅是这么一个小小的要求，在我们选择的时候却出现了问题。

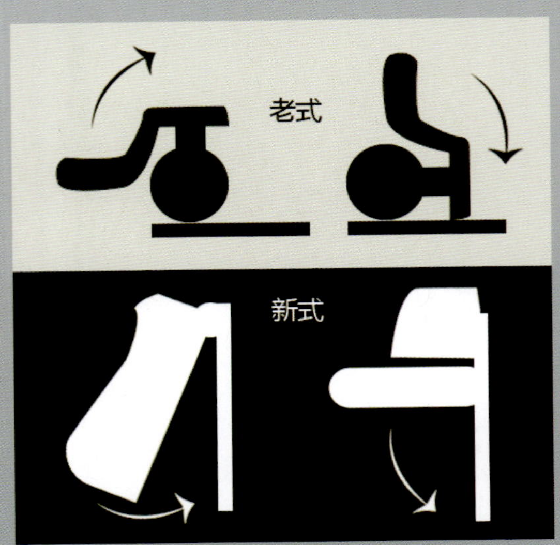

目前新式的饮水器，几乎是手必须要一直按着开关才能出水的，那么一直按着和按两次之间，哪一个交互更好？我对这个问题产生了兴趣，于是有以下思考。

1. 用户习惯

老式饮水机都是拔动式，出水开关会卡住的，这样的设计大概延续了有10年左右（10年以前有没有饮水机我不太清楚），这已经成为一个用户的必然思考模式——当然，我的朋友也是这个思考模式，所以他的需求是建立在这个模式上的。且不论这个方式是否最优，但是习惯即最佳，这个操作不会影响到喝水的正确性。

2. 新式改进

敢于破坏一个习惯，说明发明者或者生产商研究出了更好的方式，这个方式会降低使用的难度，节约使用的时间，或者减少使用的错误。我们来看看新式的方式：推进式和下压式。

这两种方式改进了向上用力的难度，但是在按下的过程中，我发现物理方向的受力不均，这个受力的不舒适程度会因人的身高和体重的不同而不同，而且个别的机体设计，居然在按下的时候能感受到饮水机的摇晃。

因此，在按键设计上，这样的方式只能算改变，不能算改进。它们唯一的优点是解决了以前老式开关有可能会因为机械问题卡住的可能——那样的问题会导致在接水的时候发生出水口关不上的情况。

3. 为何改进

厂家的每一次更新我相信都是为了更好地满足消费者的需要，因为如果产品不好卖，再多的改造都没有意义。有时候厂家的设计人员在考虑升级的时候，或许不仅仅是考虑改正以前的问题，也考虑到品牌的塑造问题——我猜测，要让客户一直保持在饮水机旁边按住开关接水，除了防止水漏出来（当然这不能成为设计理由），更多的是强化品牌影响，让客户更多时间地关注产品本身，会造成很强的品牌暗示。

要知道中国的消费者很少会对厂家提出意见，如果一旦出现问题，要么是投诉，要么是放弃这个品牌，所以改进前期应尽可能地让用户参与评测，这样后期会减少很多不必要的缺失。

4. 好的地方

热水和冷水分离的功能很好地解决了使用上的识别问题，也不会有调皮的孩子把饮水机上面标识热/冷水的红蓝色标签对换了。一些机型的热水做到了即时烧制，即时饮用，这在很大程度上提高了水的健康程度。配合的水杯有了量度和取杯的保护功能，不会让热水烫到手，也不会流入机器内部，都是很好的进步。

5. 还需改进

我仍然没有看到哪个品牌的饮水机在出水口附近加入照明灯（哪怕是很小的亮度），晚上取水你还是要打开其他辅助照明工具。

热水的定时和温度仍然不好控制。有部分机型做了等级区分，比如旋钮到3，出来的水就是95度的，但如果中途有人关了旋钮，之前烧的水如何处理？是再循环，还是排出机体？

为什么饮水机的桶一定要放在顶上？一桶水的重量，大概9岁以下儿童是很难承受的，那就是说，特殊情况下小朋友要喝水一定要等到家长回来。

干烧保护系统确实很重要。桶里如果没水了，还在继续烧水的话，非常危险，自动断电是比较好的方式。

小小饮水机也有这么多的问题，可见设计的细节多么需要注意。当可用和易用真正落到实处时，我们的生活会更健康，更美好。

5.3 用户访谈法

5.3.1 用户访谈的原则

- 不要使用诱导性的问题。如："您认为这样不错吗？"，会造成心理暗示。
- 使用开放式问题。如："能告诉我们现在您在做什么吗？"而不是"为什么您会这么做？"
- 访谈过程中请不要打断被访用户。
- 不要试图帮助被访用户。
- 不要使用专业词汇，如："这个LCD的亮度你认为合适吗？"。
- 请记住：你是徒弟，被访者是师傅。
- 学会如何来解释/了解被访用户的想法。
- 了解自己从观察中学到了什么，并锻炼清晰地向他人解释所学习到的内容。
- 访问过程可能会与你准备的问题纲要有偏差，要懂得随机应变地处理。
- 能流利地使用被访者的语言来进行沟通，如果有语言障碍，请让翻译帮忙。

5.3.2 用户访谈的记录方式

下面是一个基本的用户访谈的表格资料模板，供大家参考。

访谈的目标：确认短消息功能的使用。

正确性构想：年轻白领，有熟练的手机使用经验，较客观，探索性思维方式。

参加者：两名男性青年。

姓名	单位	职务	职责描述
张三峰	设计部	设计师	
周伯通	项目组	产品专员	

相关资料：

- 《访谈计划》，收集意见；
- 白纸，用来描述需求；

- 《访谈记录表》。

时间安排：

2008-06-18 下午 2：00 ~ 4：00

时间	活动	责任人	说明

访谈前：

发放会议相关资料。

《访谈计划》、白纸等。

访谈后：

整理《访谈记录表》。

5.4 焦点小组法

这个概念在西方新闻传播学中也是一个经典的对象研究手段，它是指从研究所确定的全部观察对象(总体)中抽取一定数量的观察对象组成样本，根据样本信息推断总体特征的一种调查方法，也是传媒研究者经常采用的一种方法。

小组（焦点）座谈（Focus Group）是由一个经过训练的主持人以一种无结构的、自然的形式与一个小组的被调查者交谈。主持人负责组织讨论。小组座谈法的主要目的，是通过倾听一组从调研者所要研究的目标市场中选择被调查者，从而获取对一些有关问题的深入了解。这种方法的价值在于常常可以从自由进行的小组讨论中得到一些意想不到的发现。

【提示】

用焦点小组讨论来评价系统是一种非常有效的办法，它可以非常有效地获取用户对于产品设计的第一时间的反馈和反应。焦点小组讨论也非常有利于及时地寻找出被测试的系统与用户期望值中存在的差异。

在我们看来，焦点小组讨论最主要的益处是：

- 相对于单个访问同等数量的被访者来说，焦点小组讨论能更加节省费用和时间。
- 整体的小组讨论更加能发现一些在个体访问中也许会忽略的问题。

在做任务分析时通常会发现，被访者会用一些习惯性思维方式来参与单人访问，而焦点小组讨论能够跳出这个模式，发现一些习惯性思维之外存在的问题。这些发现非常重要，它们是在一对一的单人访问里面不可能获取的。

焦点小组讨论的负责人将会总结整个小组的意见和印象，并统一提出需要改进的地方。

【故事】《设计的小事——时间不多，事情不少》

近日比较忙碌，个人事情和工作都不少，一天24小时，掰开来用还是不太够，我看得好好思考一下自己时间管理的效率性。

常听朋友说起设计太累，经常加班，要花时间看书、学习、开阔眼界；要花时间练习手绘和软件，掌握新的技巧；要花时间沟通，交流，获得准确的设计输入；还要花时间应付客户的无理要求……人一天的时间就这么多，那么如何管理时间？如何在相同的时间内获得比别人更快的工作和学习效率？个人觉得有几点可以注意一下。

1．充分利用时间

分散工作内容到每个不起眼的时间，比如工作汇报可以做成模板，一周内每日填写，可以把集中汇报的30～40分钟分散到每天的2～3分钟；懂得统筹规划，类似的工作和内容集中到某一个时间完成，比如3D类的一起做，平面类的一起做，这样会节省很多等待和切换软件的时间；多花时间在前期沟通上，会减少后期修改的时间。

2．安排处理工作顺序

很多工作不是都重要的，最重要的往往就那么两三个，可以先把优先级、评估会议、反馈迭代时间都预算出来，然后在预算时间上减1天，这样的时间就是你的预留时间，可以从：重要+紧急→重要+不紧急→不重要+紧急→不重要+不紧急，这样的思路来处理问题；建议只做重要的事情，很多事情不值得去花费时间，或者分派给更有时间的人做，比如把界面设计上的阿拉伯数字序列更改为中文显示序列。

个人经验来看项目设计中问题的重要程度为：客户沟通>设计概念评估>项目周期确定与评审>实际设计>片段修改与优化。

有可能很多情况下没有这么复杂，在小的设计项目中：创意 > 实现 > 修改。

3．排定个人时间表

这个问题因人而异，工作不等于生活的全部，设计师尤其如此。建议时间表内不能单纯地包含你每日的工作量输出。

时间表尽量细化会对效率提高有很大帮助，比如看多少页书、和多少个设计师交流、练习多少张画，都是可以量化的标准，这样坚持一段时间，就会看到很明显的效果。另外，做个好梦，享受美食，谈恋爱之类的浮动时间应该保证。

4．增强危机处理的能力

可以想想平时最让你头疼的事情是什么？下班之前发现还有工作没做完？突然接到领导的意外任务安排？还是客户的反复修改？其实这些问题都是因为缺乏危机处理能力造成的。

在日常的工作和学习中，尝试模拟危机发生的情况，就知道自己的能力和知识还有什么缺陷，学会提前预防。比如突然要完成一个demoreel的设计，这期间就包含了平面、多媒体、动画工具的使用、编辑、剪接、动画节奏方面的理论知识，平常应该注意到获取这些知识的办法和途径。

设计中，最害怕的不是不了解设计的目标或者不会使用软件，而是没有获取相关知识的信息渠道和工作流程。

最后，送一幅设计的练习小图，随时带闹钟，时间规律化。使用Cina ma 4D+Photoshop完成。

5.5 卡片分类法

卡片分类法（Card Sorting），是一种以用户为中心（UCD）的方法，可以观察出用户如何理解和组织信息。顾名思义，就是将信息（概念、条目、内容、小分类等）分别写在一张张的卡片上，然后归类。既可以事先提供固定的分类，也可以由志愿者自己创建分类。通过卡片分类，可以了解用户所想，然后更好地完成界面、导航、内容组织等信息架构的设计。

在以下情况下可以使用卡片分类法：

- 当有很多资讯和信息需要分类整理展示的时候；
- 信息架构需要被修改的时候；
- 需要了解用户对分类的想法时。

也许你已经认识到了，我们的生活中早已出现了类似的方法，最熟悉的莫过于扑克牌游戏，其实这就是一种卡片分类法的娱乐化方式。玩家（用户）通过挑选、重组，按照个人性格和规则的排序，分类卡片，从而获得游戏的胜利。

而卡片分类法的目标和扑克游戏是不同的，它的研究目的在于获得更为有用的数据，并且可以直接导入设计中。

以下图片来自flickr：

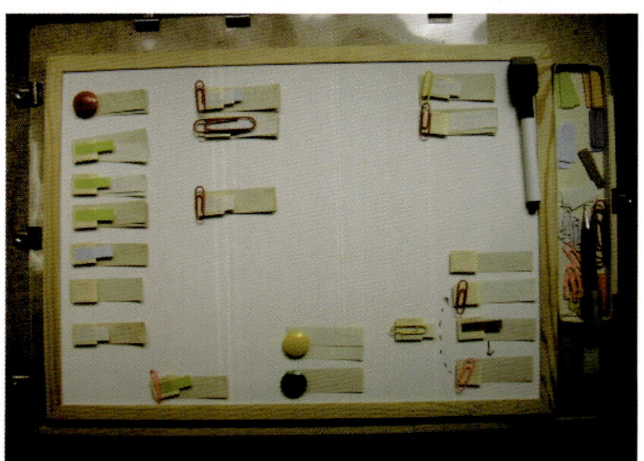

当然卡片分类不可做过多的分类处理，那样不会得到准确的分类信息，比如一个夸张的现象是……

像您熟悉的Apple Mac，在它的新系统中引入的cover flow界面特效，也是卡片分类法的视觉展示。

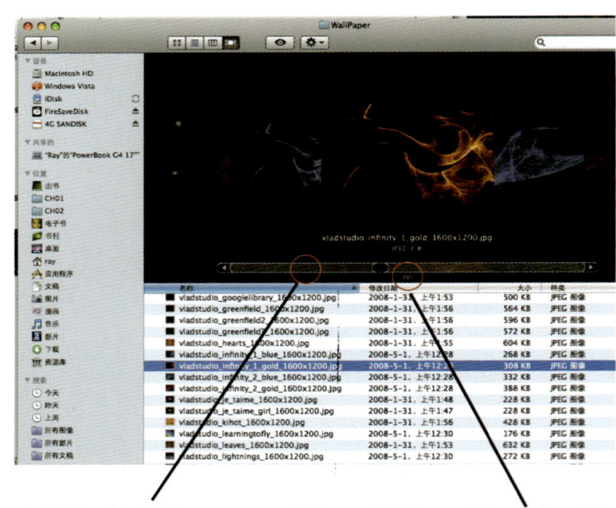

左右拖拉，筛选文件 Cover Flow模式 上下拖拉布局，缩放预览窗口大小

【提示】

“Cover Flow”原本的雏形是第三方开发用于iTunes的插件，后被苹果收购，用以快速浏览专辑封面。而Leopard将其发展为全系统文件快速预览方式。关于苹果系列产品的更多操作，请参考笔者好友所著——《苹果生存手册-Mac电脑达人速成》，清华大学出版社。

5.6 头脑风暴法

头脑风暴法(Brainstorming)的发明者是现代创造学的创始人，美国学者阿历克斯·奥斯本于1938年首次提出的。头脑风暴法原指精神病患者头脑中短时间出现的思维紊乱现象，病人会产生大量的胡思乱想。奥斯本借用这个概念来比喻思维高度活跃，打破常规的思维而产生大量创造性设想的状况。

头脑风暴的特点是让与会者敞开思想，使各种设想在相互碰撞中激起脑海的创造性风暴。其可分为直接头脑风暴法和质疑头脑风暴法。前者是在专家群体决策基础上尽可能激发创造性，产生尽可能多的设想的方法；后者则是对前者提出的设想、方案逐一质疑，发现其现实可行性的方法。这是一种集体开发创造性思维的方法。

5.6.1 头脑风暴法成功的要点

一次成功的头脑风暴法除了在程序上的要求之外，更为关键的是探讨方式、心态上的转变。概言之，即充分、非评价性的，无偏见的交流。具体而言，则可归纳为以下几点。

- 自由畅谈：参加者不应该受任何条条框框的限制，放松思想，从不同角度、不同层次、不同方位大胆地展开想象，尽可能地标新立异、与众不同，提出独创性的想法。
- 延迟评判：头脑风暴法必须坚持当场不对任何设想作出评价的原则。既不能肯定某个设想，也不能否定某个设想，更不能对某个设想发表评论性的意见。一切评价和判断都要延迟到会议结束以后才能进行。这样做一方面是为了防止评判约束与会者的积极思维，破坏自由畅谈的气氛；另一方面是为了集中精力先开发设想，避免把应该在后阶段做的工作提前进行，影响创造性设想的大量产生。
- 禁止批评：绝对禁止批评是头脑风暴法应该遵循的一个重要原则。参加头脑风暴会议的每个人都不得对别人的设想提出批评意见，因为批评对创造性思维无疑会产生抑制作用。同时，发言人的自我批评也在禁止之列。有些人习惯于用一些自谦之词，这些自我批评性质的说法同样会破坏会场气氛，影响自由畅想。
- 追求数量：头脑风暴会议的目标是获得尽可能多的设想，追求数量是它的首要任务。参加会议的每个人都要抓紧时间多思考、多提设想。至于设想的质量问题，可留到会后的设想处理阶段去解决。在某种意义上，设想的质量和数量密切相关，产生的设想越多，其中的创造性设想就可能越多。

【技巧】 

Impossible GUI design Trend ——“不可能”之GUI探索

近日与同事聊天时谈到手持设备GUI设计的趋势，如果按照“反设计”和“超设计”的观点来看，任何目前还未大量呈现的设计应该有30%的可能会在未来10年内被应用。那么大胆地设想并抛弃现有的GUI设计“原则”是否可行？

因此，我决定开始实验一下某些“不可能”的GUI设计，尝试一下以前没有做过的功课，也许会有新的思路和探索。开始探索前，要解释一下原则：

1. 任何新的尝试必然带来神经反应的不适，请谅解；
2. 文中出现的任何界面仅作实验性研究，不是真实案例；
3. 也许还有更多的表现形式，但由于时间关系，不作更深入的研究。

5.6.2 “正规”手持设备的GUI界面

我们先来看看“正规”手持设备的GUI界面是什么样子的(请勿用于学习以外的其他用途)。

正规的Matrix版式，符合常用ID造型的softkey排列方式，图标简洁、焦点明确……

Random UI（随机UI）

当用户每次开机，图标的排列顺序都会不会一样呢？进一步将博彩程序加入UI界面，如果一个月中同时出现7

次相同的排列方式，中国移动将向你赠送50元话费……这样是否会引起消费者的更大兴趣?

Imagine UI(猜测UI)

经过友好协商，我们决定图标都不让用户看了，每次开机后，图标都是问号，用户一定要点选后才知道功能是什么?为什么这样呢? 我们认为现在的客户越来越笨了，需要锻炼一下记忆力，科技不是以人为本嘛！

Shadow UI(影子UI)

听说有种美叫“朦胧美”，我们来帮你实现它，现在你要记住，手机GUI是“可看不可亵玩焉”的。

Text UI(文字UI)

图标是隐讳的、羞涩的、让人迷惑的，好吧，既然连Google的工程师都说：“我讨厌GUI设计。” 那么我们就回归自然吧，让文字的美妙重回屏幕，让你再次感受到童年的温暖……你会爱上寻找功能的快乐。

Reverse UI(反转UI)

反转的结果往往是意想不到的，就像我做之前也很难猜到“OK”反转后还是“OK”。不过我们还是发现这款设计有独到之处的，比如可以大量使用在航空领域、失重状态下，估计人们很难去想正反的问题，只关心是否能够靠近屏幕……

Mirror UI(镜像UI)

一款非常适合女性的GUI设计，她们会想起早上穿衣服时候的样子。不过面对某些排斥3D空间观感的朋友，这样的界面估计会让他们的胃部产生不良反应。大多数情况下，这样的设计是对原始状态最小的改变。

Exposure UI(Solid Color UI)(曝光UI)

今天的全场明星出现了，那就是solid color，不用担心你的屏幕坏了，也不是电池的原因，不信你可以操作看看，你仍然可以接通电话的，只是看不到数字而已。既然你的手机已经外置了很多的"一键操作"按钮了，那么看不到界面也不是很重要了，对吧?

Password UI(密码UI)

你的手机是最安全的，我可以向你保证，我们将你的每一步操作都进行了密码保护，所以你放心，而且你的每一步操作都被我们的内置芯片记录了，在你购买时，我们会发给你一个长达20000组的密码单，每次的操作都有对应的密码生成，这下你放心了吧?你的女朋友再也不会查到你的隐私了。

最后，要提醒一下，连续输入错误5次，你的话费会被扣光。

Confused UI(乱序UI)

每次单击操作的反馈结果都不是对应的功能，你疯了吧？没有？嗯，我相信你是一个坚强的人，这样好了，建议你使用固定电话。

Microstructure UI(微小GUI)

上次看一个记录片，听说有人能够在米上面刻书法，我想人的潜力真的是无穷的。好了，为了用户的未来，我们决定让用户锻炼自己的生理潜力，一款足够微小的GUI设计诞生了，请你仔细地操作，因为你很容易把一些重要的东西删除，一定要小心!

还有一个重要的好处，你一次可以操作好多个菜单。

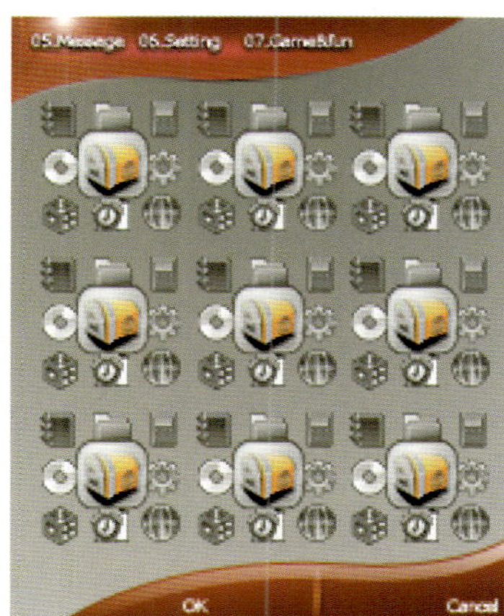

5.7 任务分析法

任务分析法（Task Analysis）是20世纪70年代首先在美国兴起的一种教学补救手段。把特定的学习任务（行为或技能）分解为几个步骤（或组成部分），按层次加以安排，从最基本的开始教，一步接一步地教智力落后儿童学习。

例如，穿衬衫技能，可以分解为：

（1）双手抓住衬衫领子；

（2）把衬衫披在肩上；

（3）右手穿进袖子里，从袖口伸出；

（4）左手穿进袖子里，从袖口伸出；

（5）把后襟拉平展；

（6）把左右门襟对齐。

一种能否教智力落后儿童学习的内容，关键要看它能否分解为适合教学的几个组成部分，而不是看它的难易程度。

而发展到今天，任务分析法已经成为一种广泛意义上的方法论，尤其是在交互设计中使用非常广泛。可以这样说，交互设计的重要内容就是对于任务的分析、调研、评估和报告，最后收集成为设计的导入数据，并提供给设计的各个环节使用。

【例】任务描述

- 背景：触摸屏的广泛使用导致拨号界面需要支持触摸操作设计。
- 使用者：所有使用触摸屏手机的用户。
- 任务拟想过程：用户待机状态触摸屏幕上拨号键→显示拨号界面→触摸号码→拨号→成功。
- 任务评估：新手和熟练用户均能顺利完成拨号操作。
- 硬件支持：触摸屏校准度，较大LCD显示范围。
- 软件支持：平台支持触摸的反馈操作，并允许调节反馈时间。
- 交互支持：一个为触摸屏设计的拨号界面原型。

顺利地为产品和用户设定一个任务（该产品完成的功能是否是用户需要完成的任务？任务的数量如何确定？有多少用户对此任务感兴趣或有需求？），并有效检验任务的完成效果，需要对用户心智模型的精确判断和观察，这有点类似CIS Profile（心理侧写）的调查和观察分析，不过目的和价值观不同。

【要点】

心智(mind)是人类全部精神活动，包括情感、意志、感觉、知觉、表象、学习、记忆、思维、直觉等，用现代科学方法来研究人类非理性心理与理性认知融合运作的形式、过程及规律。

这里列出一些心智模型：

- 物理符号系统；
- 诺尔曼模型；
- 流程型认知模理；
- SOAR模型；
- 心智的社会模型；
- 动力振荡理论模型；
- 大脑协同学。

心智模式这个名词是由苏格兰心理学家Kenneth Craik 在20世纪40 年代创造出来的，之后就被认知心理学家Johnson-Laird和认知科学家Marvin、Minsky(1975)、Seymour Papert 所采用，并逐渐成为人机交互的常用名词。

5.8 情景设定法

情景喜剧和情景对话

如果你是（或者曾经是）一位热心的电视观众，你一定不会忘记那些让人捧腹的情景喜剧或者一些优秀的情景对话教学（通常是语言方面的），这些表演让人印象深刻，甚至是观众有感同身受的感觉，通过这些我们更容易获得信息的准确描述，了解事情的经过。

一个成功的情景设定，必须包含两个方面： 角色和剧情。

它是如此的重要，也是我们日常行为的缩影，你可以注意到你使用的手机产品中，有一项功能叫做“情景模式”，它约束了一些常用的状况，让你能够更方便地设置手机的铃音和提示方式。

一个典型的情景设定

情景设定（Scenario Planning）最早出现在第二次世界大战之后不久，当时是一种军事规划方法。美国空军试图想象出它的竞争对手可能会采取哪些措施，然后准备相应的战略。在20世纪60年代，兰德公司和曾经供职于美国空军的赫尔曼•卡恩（Herman Kahn）把这种军事规划方法提炼成为一种商业预测工具。

今天我们可以使用这样的技术来为我们的交互设计服务，让我们展示一个典型的情景设定。

- 设置：2008年6月30日星期一晚，XX市区的一栋公寓中。
- 角色：普通白领小王，男性，26岁。
- 目标：小王在家中休息，通过手机在玩网络游戏，但它希望1个小时后，手机提醒他应该出去赴一个约会。
- 事件：小王首先在手机中查找“备忘录”功能，进入功能选项后，依次设置“事件内容”：为什么事情而提醒；“提醒时间”：什么时候开始提醒；“提醒次数”：如果没有回应操作需要再提醒多少次；“提醒方式”：响铃还是振动方式。然后单击“保存”，设置完毕。退出“备忘录”功能进入“游戏”，选择想玩的游戏进行。到提醒设置的时间后，系统会自动根据设置进行提醒。

在设定一个具体的情景后，我们可以非常清晰地描述我们的产品针对的用户，我们是在为他们设计出符合他们需求的产品，而不再会造成“万金油”的商业应用。

5.9 社会性研究法

【要点】

手机进化史：以近代手机发展的历史图片串联起来的进化演示，详细说明了手机设计发展的每个重要阶段，请浏览光盘中视频文件：手机进化史.flv。

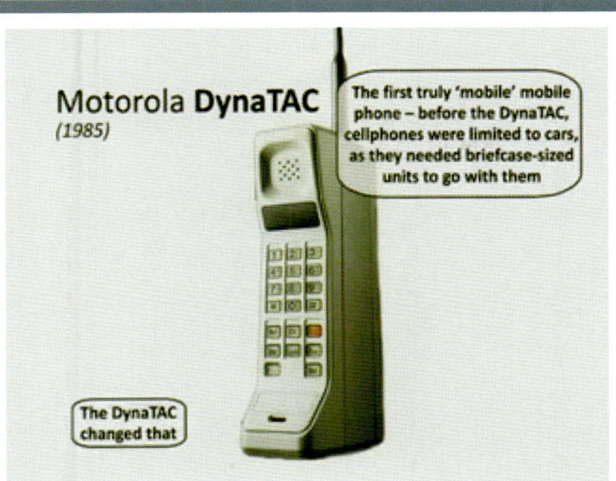

社会性是生物作为集体活动的个体，或作为社会的一员在活动时所表现出的有利于集体和社会发展的特性。

所有的个人在各种活动中表现出来的种种特性经过抽象和归纳为人的本性。为了便于研究人的本性，一般把它分成自然属性和社会属性两个方面。

人的社会属性中有一部分是对人类整体发展有利的基本性质，也有一部分是对社会不利的性质。通常把一些对人类整体运行发展有利的基本特性称为人的社会性，如利他性、服从性、依赖性，以及更加高级的自觉性等。

在社会性研究中，针对交互设计较为重要的是社会性媒体的研究。目前我们比较熟悉的社会性媒体使用的是短信息（SMS），通过来回的收发，建立起信息传播的途径，而同时正在逐渐兴起的WAP Blog、手机论坛、手机社区都可以归入这一类。

在对社会性媒体的研究中我们发现，用户经常表现出帮助他人获取信息，希望有一个组织性的发布渠道，较容易接受别人对于某产品设计的负面评价，而如果自己购买了这款产品后，情况却变得相反，诸多的现象都是我们设计中的重要参考数据。

这是一些不受交互设计手段控制的客观社会人文因素，在交互设计的过程中必须重视这些因素带来的积极或消极的因素。

社会性研究不仅仅在于主动研究，同时也接受被动性研究，比如，看到有利于设计创意的案例，社会环境的影响，参与的社交团体的影响，甚至是不同文化之间的碰撞等。

【故事】《设计的小事——创意的空间才有灵感》

朋友的公司最近在搞装修，让我给布局和色彩方面参谋参谋。作为设计公司无论大小，其实特点和风格化是必须的。这和有没有钱关系不大，设计师的特点就是花更少的成本，做出更好的效果，但是恰恰相反，我们很多设计师在碰到低预算的时候，往往不知道如何控制并合理分配。

设计公司在装修上面的"定性"和"定量"十分重要，动画公司和广告公司的性质当然是不同的，面对的客户，你的作品，你搬入进去的设备都会成为公司整体形象的一部分，确定好你需要的风格和特征是首先要做的工作。

量入而出也是装修的重要一点，这点上无论是成本控制还是材料选择都必须为设计风格服务，相信做过家装的朋友应该了解，坐到某一个空间的一批人，他们本身是和装修呼应的群体，其实空间与人的互动和匹配也是一个量体裁衣的设计过程。

设计公司装修中的几个逻辑错误，罗列一下。

1. 我们的预算不多，这个装修设计尽量从简吧

钱不是问题，问题是不会花钱。不该用钱的地方一分不要多，该花钱的地方一点不能省，有些公司墙面用了最便宜的漆，但是却用不少钱买了很花俏的地毯；买了最低档的白炽灯，却花很多钱购买老板的班台……

2. 我们做设计的，公司装修一定要特别，要另类

帮帮忙，你开的毕竟是公司，细节处的精致才是你的主要目的，强势地展示你的创意和作品，让客户最方便地了解公司的一切，懂得设计散发于生活中的魅力。切忌不要把你的公司设计成动物园、游乐场或者类似的场所。

3. 公司要有正规的样子，用最简洁的包豪斯风格设计

如果你的公司已经像coran design group或者sony design center 那样，你这么做，别人不会有意见，或者也不会注意，但是对于小型团队，团队的亲和力以及温暖是很重要的，特别是20个人以下的创业期设计公司。

安排一些桌上足球设备、一个休憩的休闲读书角、一台咖啡机，都是很好的装饰，上面充满了各种可能的展示创意空间。

4. 我们都是绘画高手，把墙面喷一下吧，hiphop我们最在行

你的品位和爱好与公司文化本身没有太多关系，如果你不能很好地处理画面与整体的关系，甚至对你的喷漆画的经典性没有太大信心的话，我还是建议你不要这么做。

大型的画面型冲击一般会产生两种困扰：①不容易替换和清理，如果哪天你需要更换，会比你绘画的时候更麻烦，这点和文身艺术类似；②如果你的客户恰巧不喜欢这种风格，它会让你有口难辩，因为通常你的装修水平代表了公司的专业程度和艺术把握力。

下面放上几个比较不错的国外公司和公共空间的创意装修图片，供交流参考。

Junior
Junior

第6章 概念原型设计
Start
本章是一个非常有趣的部分，你会进一步接触到实际的设计案例和设计过程，我们认为掌握这些知识是具有参考价值的，当然，这些有代表意义的案例和展示只是一个开始。
我们首先要重视的是，原型设计仅仅是概念的一个浓缩和展现，并不是真正的产品，它到产品化之间的距离取决于我们的产品的复杂程度和需要验证的时间。由于解决问题和展现可能性是原型设计的重要工作，所以，在可能的情况下，我们将分阶段（一般是低保真 — 高保真原型的过程）来进行。
对于较为成熟的设计师来说，高保真原型的设计有时候和最终的产品化设计方案非常相似，这是由于项目合作、客户需求和设计师能力的不同引起的。
06

6.1 纸上原型

虽然计算机工具的应用已经相当普及，但是作为原型开发领域的工作者们，我们仍然认为使用纸面介质作为传达信息的方式是最为迅速的。原型技术是一种快速找到设计中缺陷和不足的技术，通过原型的设计，我们需要得到的是设计的准则与方向是否正确，并且在最短的时间和最低成本下，提供让目标用户、测试人员、产品经理能够理解的设计方案。

作为比较便捷的方式，我们在纸上原型设计中只需要一个可供讨论的空间、纸和笔即可完成。同样带来的问题是，针对大量修改造成的浪费，因此，纸上原型的设计方法是一个最简单、最快速展现设计思想的方式，却不是最先进的。

一般来说，纸上原型是低保真原型的一种，但可能比低保真原型的要求更少，限制更少，参与人数更少。如果针对一个全新的、没有预期参考和设计要求的项目来说，我们推荐起点从纸上原型开始。

6.1.1 纸上原型的设计要点

对于纸上原型的设计，我们不推荐做大量的测试和评估，有一些要点是需要记住的：

- 尽量展现设计的原始创意和实现的过程；
- 设计尽量聚焦于一个概念；
- 确认在环保的情况下开展设计；
- 尽量多的展开设计思路和过程，并优化它们；
- 在确定的设计过程中，展现必须的功能点，这个结构对开发人员将有很大帮助；
- 纸上原型的质量取决于设计者的逻辑思维和绘图概括能力，请做好知识储备。

【技巧】

Helio Ocean海底机器人：形成一个设计概念不但可以作为设计的主要中心，也可以延展到产品的宣传中，Helio Ocean的主要设计概念就是“我们的手机是由海底机器人发明的”。这样是否会吸引更多新潮的手机玩家呢？视频中主要展示了收发短信息和音乐播放的功能描述。请浏览本书优酷视频专区中Helio Ocean下的flv文件。

6.1.2 一些案例

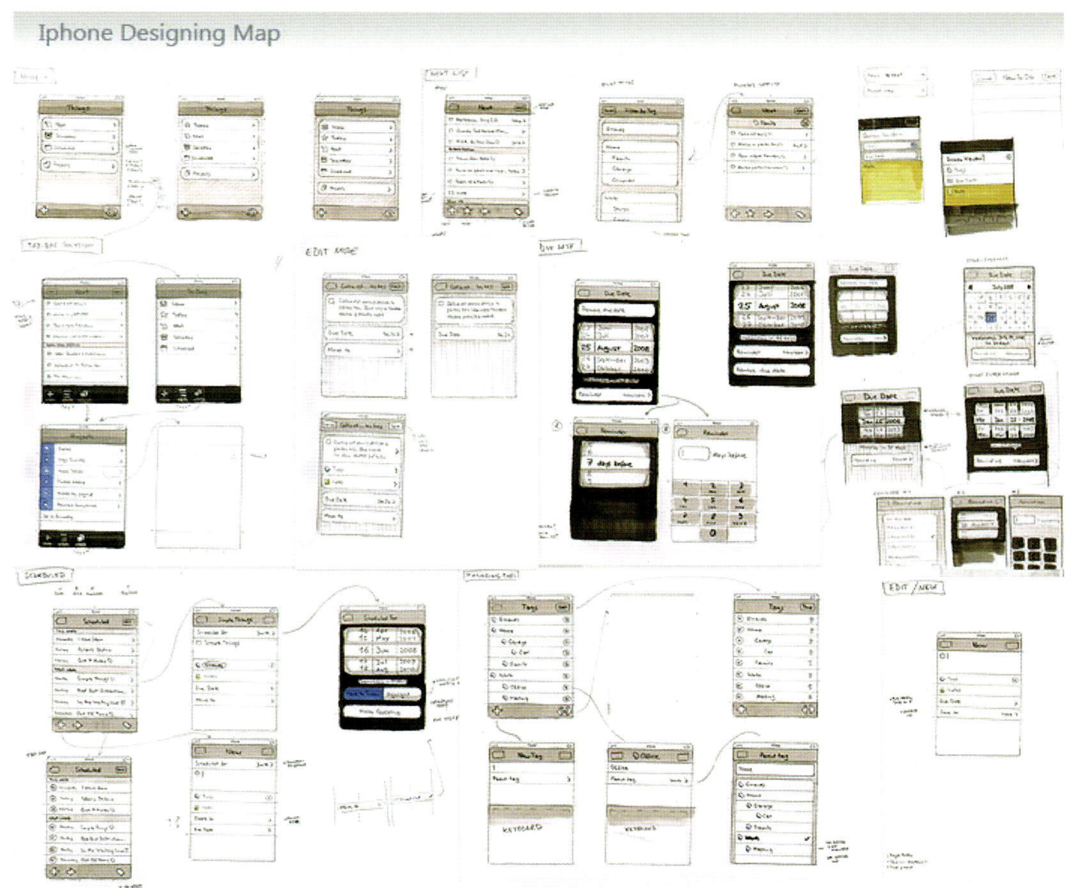

Apple 公司著名手持移动产品 iPhone 概念纸上原型图

你可以从上面的案例了解到，纸面原型的设计在多数情况下是基于"外观"的，由于基于用户分析的数据我们已经收集分析完毕，所以二叉树图的数据分析方式，我们很少将它带入原型设计的阶段。

因此，提出一种可能的外观设计模式，将更容易展现设计的想法。在本章的后半部分，我们将介绍低保真—高保真原型设计的过程。

一切设计都是从低保真开始的。在分析和评估没有开展前，我们应该保留所有设计过程的低保真原型，在后期迭代后，我们将把它逐渐转变为高保证原型。

【要点】 

低保真原型：原型设计与最终产品在外观和功能上差别较大；
高保真原型：原型设计与最终产品在外观和功能上十分相似。

6.2 设计原则

作为手持设备交互设计和界面设计的工作人员，共同都为用户体验服务，不仅仅只是完成纸面原型如此简单。

6.2.1 需要做些什么

我们日常的工作包括：

- 研究人机交互、图形化设计、界面设计和其他相关理论，进行知识梳理和分析；
- 画出不同层次的原型：纸上的、框架的、可交互的网页、Flash等；
- 到不同的部门演示概念和想法，组织反馈意见；
- 生成视觉元素，比如icon边框、用户控件、窗口规范、图形化的布局；
- 同产品设计团队合作去发展一些重要附加值的概念，还有修订产品；
- 同商业方面的专家、市场部沟通，确认设计并得到认可；
- 同开发人员沟通，提供明确的定义和执行的方向；
- 同质量控制部门沟通，提供在测试阶段需要的清晰理解；
- 同首席设计师和产品设计团队一起工作，制定符合内部规范的设计流程和标准。

6.2.2 视觉与功能平衡

在设计上保证支持ISO等国际标准（这些ISO标准中也提到了可用性原则与无障碍、非歧视等通用设计的标准），无论视觉设计还是交互设计，最终统一到手持设备产品上都必须按照最广泛的用户群范围来定义产品。因为，你能够看到，我们的手持设备产品往往是面对全球市场销售的。

比如，我们经常讨论的 ISO 9241是关于办公室环境下交互式计算机系统的人类工效学国际标准，它由17个部分组成，根据人类工效学和可用性原理，分别对各种硬件交互设备属性和软件用户界面设计问题作了详细的规定和建议。可以对一个产品设计符合该标准的程度进行评估和认证。

ISO 13407是有关交互式系统的以人为中心的国际标准设计过程，描述了在交互式计算机产品生命周期中进行以用户为中心的设计开发的总原则以及关键活动。依据该标准还可以对一个产品开发过程是否采用了以用户为中心的方法进行评估和认证。

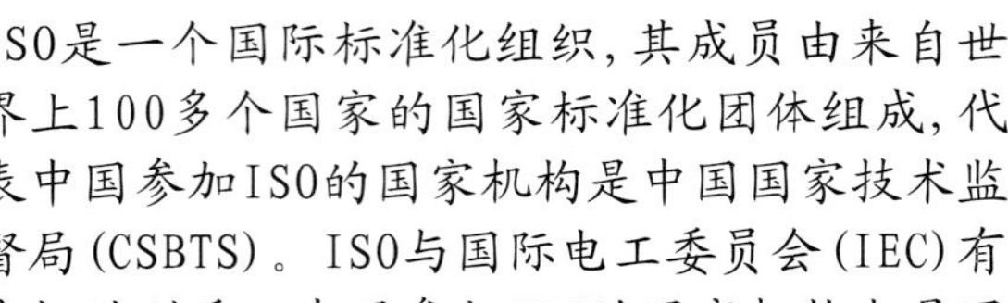

【要点】

ISO是一个国际标准化组织，其成员由来自世界上100多个国家的国家标准化团体组成，代表中国参加ISO的国家机构是中国国家技术监督局（CSBTS）。ISO与国际电工委员会（IEC）有密切的联系，中国参加IEC的国家机构也是国家技术监督局。

ISO和IEC作为一个整体担负着制定全球协商一致的国际标准的任务，ISO和IEC都是非政府机构，它们制定的标准实质上是自愿性的，这就意味着这些标准必须是优秀的标准，它们会给工业和服务业带来收益，所以他们自觉使用这些标准。ISO和IEC不是联合国机构，但他们与联合国的许多专门机构保持技术联络关系。ISO和IEC有约1000个专业技术委员会和分委员会，各会员国以国家为单位参加这些技术委员会和分委员会的活动。ISO和IEC还有约3000个工作组，ISO、IEC每年制定和修订1000个国际标准。

要达到视觉与功能的平衡，除了需要遵循一些经过验证的可用性原则外，也需要对工作中两者的比例进行确定，过分地强调交互设计、突出功能点，造成外观上的粗劣，和一味地注重视觉设计，让产品沦为华而不实的境地，都是不可取的。

交互和视觉是统一的设计过程，目前我们看到很多公司企业，正在过分地夸大交互设计的地位，也许正是由于它的流行，使它在某个环节被强调的同时，我们却不幸发现，视觉设计部分的地位正在被降低，这是一种错误的做法。

建议：在原型设计的初期就应该将功能性和视觉性同时考虑进设计方案，并加以详细地研究和分析。如果在设计成本允许的情况下（这里指的是时间上和资金上的），使用更多的设计方案来论证构建最终的原型设计是值得推荐的。

【故事】《设计的小事——视觉设计师向哪里去》

好像这个行业总是有不少人成天忧心忡忡，患得患失，经常谈起的都是“作为一个视觉设计师，我该怎么发展”、“我决定30岁前转行了”、“视觉设计不被重视，真没意思”、“你总不能一直画图画到30岁吧！”……

面对这样的抱怨和浮躁，我不知道该如何劝说，因为我也没到那个年纪，说高了人家觉得我站着说话不腰痛，说低了人家觉得其实你也就那个熊样。毕竟，视觉设计这碗饭不太好吃，我曾经告诉朋友：“程序员很拽是因为别人都不知道他在做什么，只有他自己清楚；设计师抬不起头是因为别人都知道他在干嘛，可能只有他自己不清楚。”这虽然是个玩笑话，但是也反映了视觉设计的尴尬。

随着软件的傻瓜化，技术门槛变低，随着教育门类的细分，人才越来越多，而且由于综合信息的接受范围扩大，使得很多人做出来的视觉设计都挺像那么回事。这下麻烦了，很多设计师在职业化的消磨中，发现自己的路越走越窄，既没有激情，收入也不见提高。那么，究竟什么样的设计是市场需要的？视觉设计师可以继续在哪个方面发光发热？

个人认为，在目前的市场环境中，至少以下这些设计的方向是视觉设计师应该重视的。

1. 印刷品设计（Print Design）

各种产品的手册、营销目录、平面广告、书籍包装都在影响着我们的时代文化，这一切都是综合艺术的体现，印刷品设计的悠久历史，足以让你花上一生的时间去研究。

行业关键词：醒目、传达有价值的信息、放大影响力、排版艺术、字体设计。

2. 品牌标识(Brand Identity)

商业经济社会依靠政府和企业作为连接体，每个公司都在绞尽脑汁让自己的形象和产品与众不同，设计师在当中扮演了相当重要的角色，树立一个品牌远比建立一个公司复杂得多。公司的建筑环境标识、空间标识、品牌视觉导向、VI手册、标志延展、都是可以投入精力的部分。

行业关键词：商业化、清晰、易辨识、易记忆、易延伸、强烈印象、时间考验。

3. 图形用户界面(Graphic User Interface)

用户和产品的交流，主要是和界面的交流，好的界面设计可以让用户更快地使用产品，无缝地接入使用习惯，从而让产品在用户群中留下印象。在ID设计日渐成熟的前提下，下一代产品设计的重心将逐渐转移到界面提升上，甚至外形本身是可以被忽略的（比如可以上网的手机，调制解调器的外观就已经被忽略）。

行业关键词：易用性、交互优化、UCD设计核心、视觉化经验转移、创新性。

4. 信息图形(Information Graphic)

地铁线路图、马路导航标志、城市标牌、分析报表的图形数据……这些都是信息图形设计的主要应用层面。视觉设计在生活中确实是无处不在的，特别是商业城市中出现的大量功能性图形。这些作品会让你的职业生涯找到真正的蓝海。毕竟我们目前在这个方面做得非常不够。

行业关键词：城市文化、社会学、消费心理学、统计学、信息结构设计、索引指导。

5. 音乐设计(Music Visualize System)

时尚行业的尖兵，MTV的包装，唱片封面设计，演唱会招贴与宣传设计，这些门类需要很多的时尚眼光与积累，如果你认为自己的思维够尖端，可以考虑钻研此道。不过，老实说，时尚界的朋友对这些设计费用卡得比较死。

行业关键词：音乐背景、国际化、视觉先锋性、唱片营销、音乐风格。

6. 电影美术设计(Matt Painting)

如果你没有看过dylan cole的作品，你可能无法想象Matt Painting在国外的声势和行业地位，当然，这只是电影美术设计的一部分。传统艺术中，电影美术设计往往只是story board的描绘，以及一些分镜头脚本的绘制，而随着动画预览的广泛使用（animation preview），这些工作将升级到静帧精细绘画的层面。

行业关键词：极高手绘能力、电影学科背景、从业经验、成功案例、获奖。

7. 艺术指导(Art Direction)

视觉设计的最大化体现，综合了各项技能的艺术指导能力，使得个人、工作室、设计团队，与客户、产品、用户统一到一起，在这种类型的某个团队中，总监担任的角色非常重要，可能兼备视觉语言开发、创意概念设计、计算机图形学知识、创意经济知识、市场营销与运营经验，并能够进行详细设计的规划和指导。

按照陈逸飞先生的“大设计”观点，Art Direction涉及的范围包含但不限于：城市环境、公共设施、基础建设、广告系统、产品设计、娱乐化设计、媒体传播、跨平台学习与国际视野下的视觉设计。

行业关键词：从业经验、大型案例、跨媒体设计、综合策划与运营思维、沟通技巧、信息与知识管理技能、创新流程。

8. 视觉特效(VFX Creative)

weta和工业光魔这样的公司已经做出了典范，虽然级别不同，但是stardust等工作室也开始将VFX作为公司的主要业务开展，随着现代视觉文化的快速消费概念成型，大量的充满想象力和超级视觉要求的需求越来越多，而消费者和客户愿意为这样的设计买单。

行业关键词：技术储备、极大的硬件成本投入、丰富的视觉经验、对视觉文化流行趋势的把握、泛格式输出。

视觉设计不仅仅是“好看”和“漂亮”，它需要将对人文的理解、新奇的创意、鲜活的思想、对经济和社会的观察注入色彩与造型中，形成触动大众神经的画面。

视觉设计最重要的是关注行业的发展和变化，了解人们生活中需要的视觉语言和视觉环境，紧跟时尚潮流的变化。当然，视觉设计是宽泛的概念，别墨守陈规，别只关注自己擅长的专业，否则你会发现某天周围的朋友都成为了精英，而你自己还在原地踏步。

这个行业不接受眼泪和抱怨，只有不断地学习和进步才能立足，希望各位都能坚持住。

6.3 交互原型设计

交互原型设计分为两种：低保真原型设计（Lo-Fi Design）和高保真原型设计（Hi-Fi Design）。

 6.3.1 低保真原型设计

低保真原型设计是对产品较简单的模拟，它基本停留在产品的外部特征和功能构架上，可以通过简单的设计工具迅速制作出来，用于表现最初的设计概念和思路。

在交互设计过程中，我们通常会根据"角色"和"剧情"的定义来制定低保真原型设计的详细程度，这里我们会使用故事板（storyboarding）的技术，这是一种来源于电影行业的技术。

delafuenteromani提供的一个故事板设计是一种传统的故事板设计方式，包括角色、剧情、信息传达目标的详细过程展示。

而在手持设备（或多种数码类产品和互联网产品等）的交互设计过程中，我们使用的故事板技术呈现为：

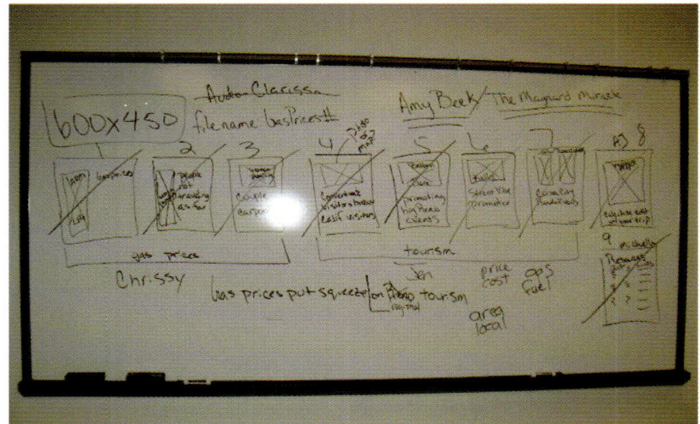

在很多情况下，低保真原型的设计并不只限制于白板的绘图上，利用Power Point设计文档也是常用的方法，由于低保真设计主要是线性的，白板或者纸面的原型设计并不能完全满足用户操作的需求，因此PPT文档的交互演示方式将显得更有用。

来自Barton Smith设计的手持设备的产品低保真原型设计，勾勒出了产品的主要功能要点，这里没有展示它的交互结构。

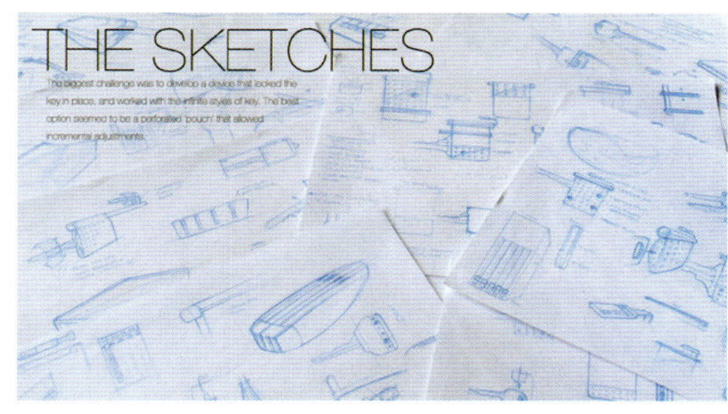

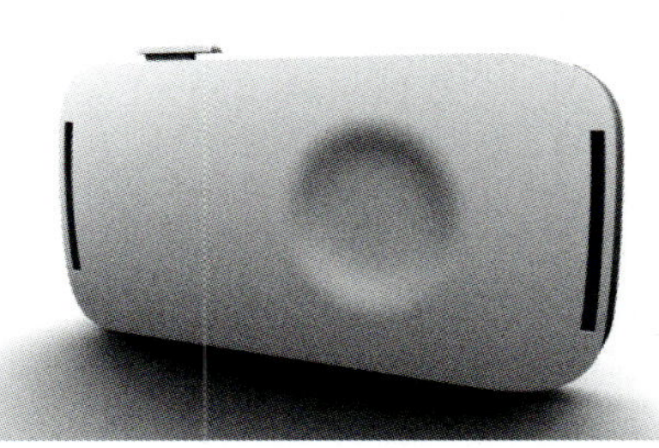

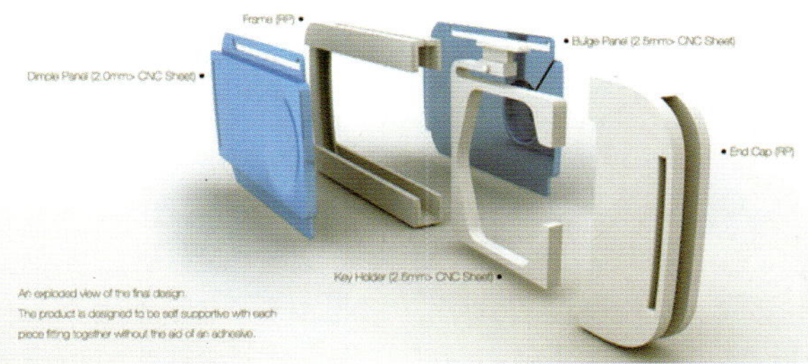

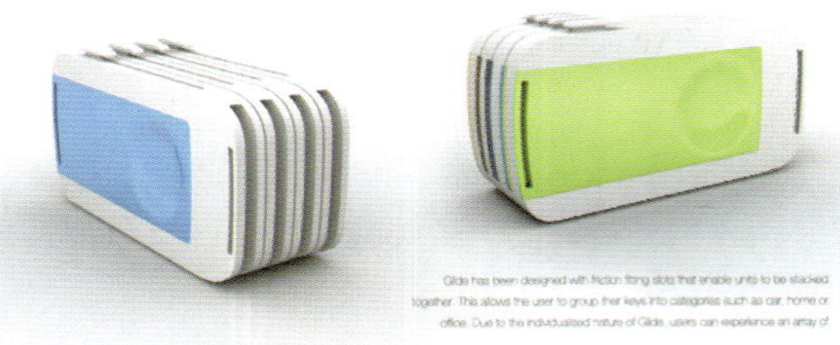

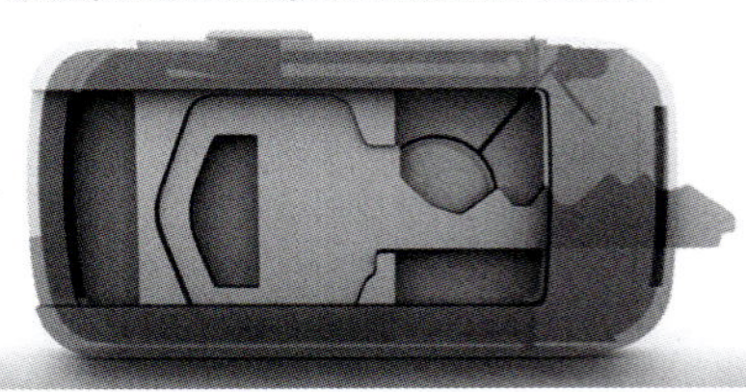

6.3.2 高保真原型设计

高保真原型设计是高功能性、高互动性的原型设计，它可以忠实地展示产品/界面主要或全部的功能和工作流程，具有完全的互动性，使用户可以像使用真实产品一样完成各种任务，例如数据的输入和输出、菜单选择、导航浏览等。

高保真原型设计大多数情况下并不只是设计部门的工作，它需要协调产品的软硬部件，你可能需要软件开发人员和硬件技术支持人员的支持，以达到需要的原型设计要求。在手持移动设备领域，你需要的部分往往是一个初始的开放了设计中调用到的大部分功能的平台，一个工程样机，一些测试的仪器，最重要的部分是——你需要把基于计算机设计的图形文件和交互原型输入到手持设备上进行模拟检验。

你可以采用一些配备较高频率芯片，较大内存的手持设备作为展示高保真原型的载体，当然这些载体本身的可扩展性要强，比如安装Java程序、导入图片、播放Flash动画等。

虽然高保真原型尽可能地达到了实际产品的"样子"，但它未必是可产品化的设计，请注意这点。

以下是周陟设计的图标作品——高保真演示时的效果。高保真演示验证时较大的尺寸是比较合适的，用于检查细节错误和整体比例关系。

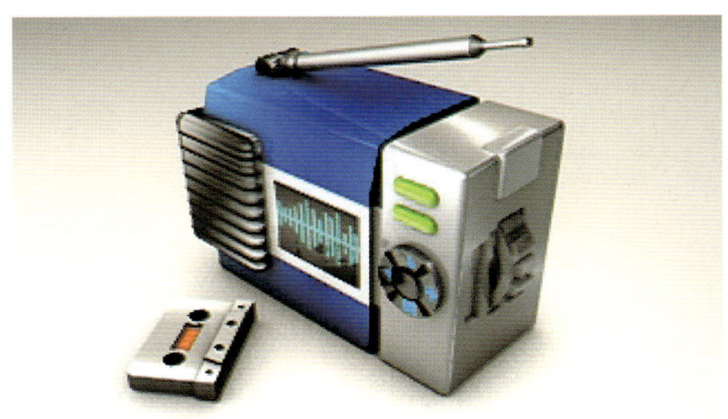

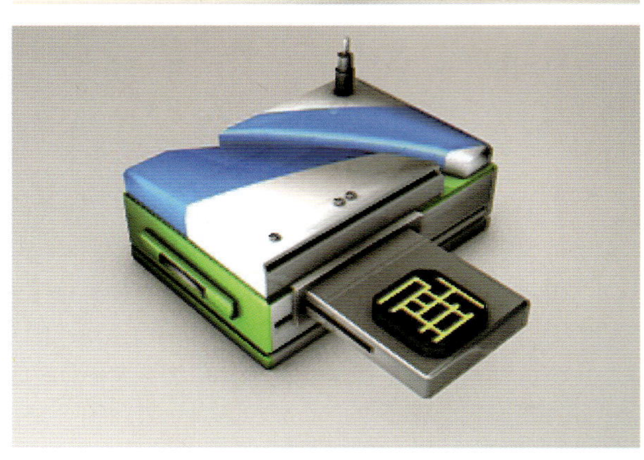

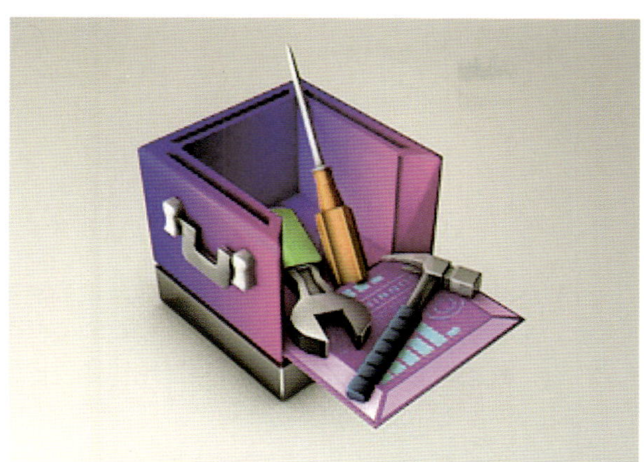

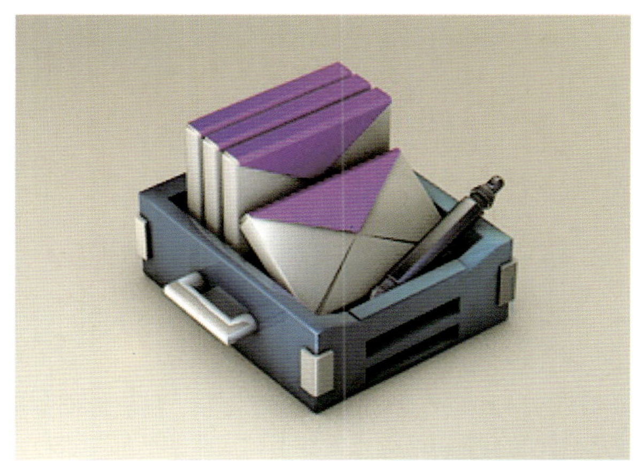

FOLDER
everything you can put in it

在客户提供产品ID设计的情况下，我们也推荐最好把设计的高保真原型方案放置到实际的产品中进行合成，这样会得到更加趋于真实的效果。如果必要的话，需要制作Flash演示原型，供客户操作，该演示原型也可以用于用户的可用性测试。

以下是来自Wintone Presentation 的一款手机GUI高保真原型设计的提案。

以下是设计师 Candy Zhou 设计的一款手机的高保真方案，主要突出了“时尚女性、绚丽、青春”的设计主题，在设计概念的演示中，突出交互设计和视觉设计的设计关键词是非常有说服力的做法。

第7章 设计验证测试
Start
设计永远不是一帆风顺的，本章将告诉你如何检验自己的设计、如何在繁杂的设计过程中快速地找到错误发生的部分。
由于用户和测试专家的介入，你会发现自己非常重视的设计出现了很多意想不到的问题。没有关系，这都是正常的，我们不想在你情绪高昂的时候破坏你的积极性，请正视问题的原因。
无论你是否了解，我们设计的大多数的产品都经历过这样的一个过程，只要结果是美好的，我们相信这些设计验证测试的工作都是有意义的。
07

7.1 可用性测试

可用性测试是让一群有代表性的用户尝试对产品进行典型操作，同时观察员和开发人员在一旁观察，聆听、做记录。该产品可能是一个手持移动设备、设备的相关软件，或者其他任何产品，它可能尚未成型。测试可以是早期的纸上原型测试，也可以是后期的高保真原型。

7.1.1 可用性测试对设计有什么帮助

在每一轮的可用性测试中，你都应该先明确具体的测试问题和目标，针对这些目标进行测试。举例来说，项目刚刚起步，你可以对定量的指标（如时间、错误率和满意度）进行测试，为日后修改界面方案提供参考。

再例如，如果你已经设定了可测量的可用性目标，你可以看看你的产品是否切合这些目标。

对于一个典型的可用性测试，你可以：

- 找出该产品的任何的可用性问题；
- 从测试参与者的表现收集定量数据；
- 确定该产品的用户满意度。

在进行可用性测试的时候，测试者必须注意以下四点：

- 你测试的是产品，而不是使用者；
- 更多地依靠用户的表现，而不是他们的偏好；
- 把你掌握的测试结果应用起来；
- 基于真实的用户体验，找出问题的最佳解决方法。

7.1.2 可用性测试的场地和费用

关于场地

无论使用正式的或非正式的设备你都可以做可用性测试，各种正式或非正式的方法都是你可以采用的手段。

使用下述任何一种设置，你都可以进行有效的可用性测试：

- 两室或三室的固定实验室，配备视听设备；
- 会议室、用户的家或工作室，配备便携式录音设备、摄像设备等；
- 会议室、用户的家或工作室，没有录音设备也可以用人眼观察和笔记记录；
- 当用户在不同地点，可以远程控制并进行屏幕录制。

因此，即使你没有一个固定的实验室，你也可以进行可用性测试。有很多设计团队和公司的设计师经常抱怨"因为我们没有一个可用性实验室，所以我们没法做可用性测试。"其实只要你有这个意识，在任何可能的条件下，可用性测试都是可以开展的。

以下是一些用于可用性测试的实验室配置，图片来源于视觉同盟网站。

一个简单的测试环境。

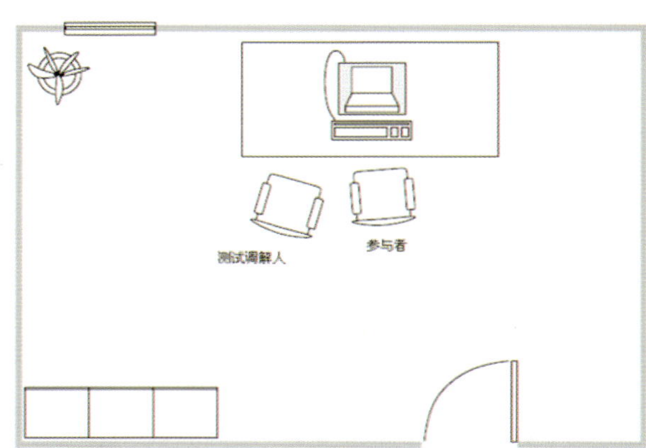

一个典型的单间测试环境。

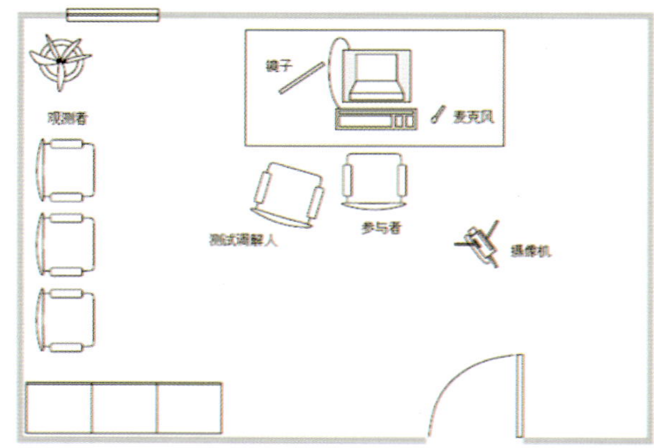

还是单间，但是测试调解人不在参与者旁边，而是通过电脑和软件来完成。

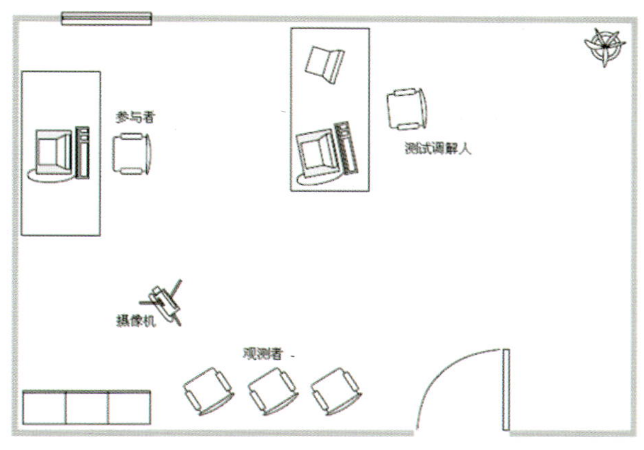

有一个单独的观测室，具有电子监控系统。

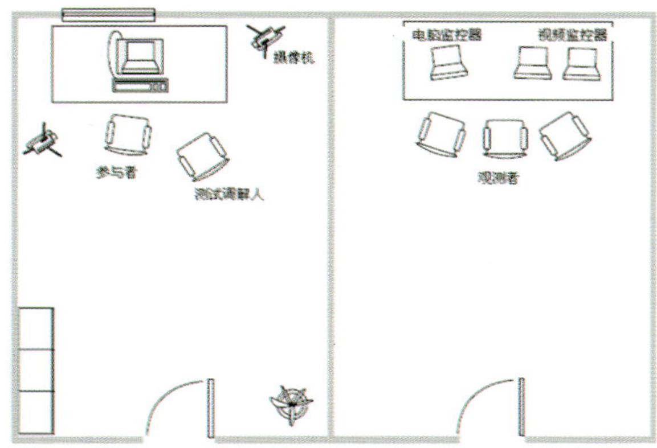

最经典的可用性测试室，单独的观测室里除有电子监控系统外，还有一面单向镜。

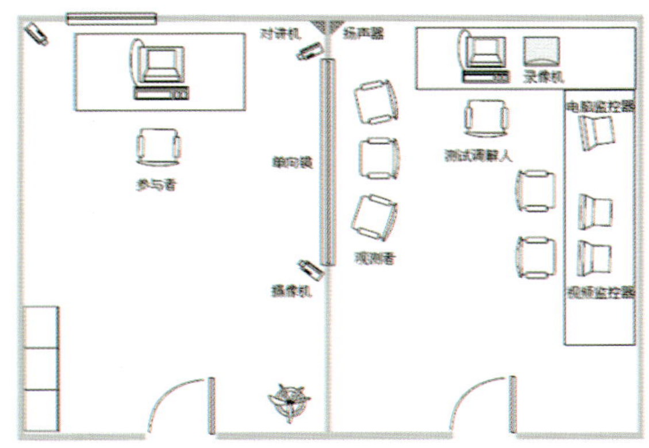

【技巧】

一个完整的交互实验室所需要的设备：

1. 单面镜；
2. 4台多角度遥控摄像机；
3. 双向对话设备；
4. 视频/音频记录和处理设备；
5. 屏幕视频转换器；
6. 空间可用性虚拟现实研究环境。

关于费用

成本要看产品的研发周期、测试工作量、预期的用户类型和数目，以及你期望这个测试正规到什么程度。

如果你已经有一个标准的测试程序和可用的材料设备，可用性测试将进行得很快、很便宜。如果你或你的用户招聘公司拥有一个用户数据库，用于招募的时间就可以大量节约，因此，花费会更少。

我们指的费用的部分不但包括资金上的，也包括时间上的。以下这些因素会对你的可用性测试的预算造成影响。

- 计划所用的时间：确定测试的主要问题、需要测试的用户类型、招聘的用户的筛选问卷以及测试场景；
- 招聘的花费：公司人员的时间、给招聘公司（通常是一个很好的选择）的花费、可用性专家需要花时间熟悉产品及其制作团队、设计相应的测试场景，如果你需要录制测试过程，还需要花费使用实验室或便携式摄录设备的租金；
- 团队观察用户（进行测试）花费的时间；
- 付给测试参与者的报酬或礼物；
- 分析视听资料，查找存在的问题以及推荐解决办法所用的时间；
- 和开发人员讨论变动和修改方案，撰写调查结果和建议报告所用的时间。

通常预算分析要包含多个可用性测试。进行一个产品设计的可用性测试是一个反复迭代的过程。你会发现，用在开发过程中几个小测试的预算比起在项目末期只做一个大型测试要经济得多，也能更早地发现问题。

7.1.3 什么时候进行？多少人参与？如何准备

进行的时机

尽可能地早做可用性测试工作，并且在有条件的情况下进行多次迭代。可用性测试可以让设计师和开发团队在产品成形之前尽早发现问题。问题越早发现和弥补，所造成的损失就越低。随着项目的进展，对设计的主要部分进行改动会变得越来越困难和昂贵。你测试得越多，并就相应测试进行改进，你就可以更加确信你的产品是符合设计目标和用户需要的。

【要点】

迭代开发过程：开发原型→测试用户→分析结果→修改原型→然后再重复测试、分析并修改周期

参与的人数

参与的人数需要根据你设定的测试的任务数量和测试环境来确定。一个典型的测试需要8~16个人（每用户组）。如果每个用户将花费一小时，就意味着每个用户组的测试需要1~2个工作日。

如果只要人帮忙找出严重问题，你可能只需要4~6人。并且选择的用户的属性也会影响到测试的有效性和真实性，包括用户的受教育水平、人种、年龄、性别、性格、使用产品的偏好等。

准备开始可用性测试

通常情况下，开始一个可用性测试，我们需要准备一份尽量可供操作的设计原型，如果是高保真原型最好。

以下是三星E758输出产品的界面，这样的界面汇合一旦程序化后将更容易展现出产品最终的样子。

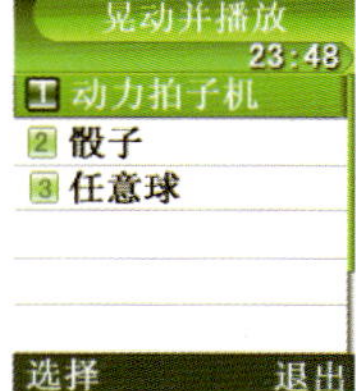

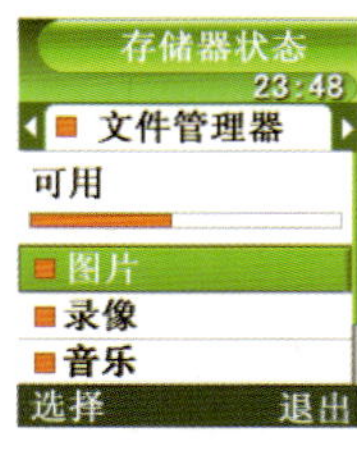

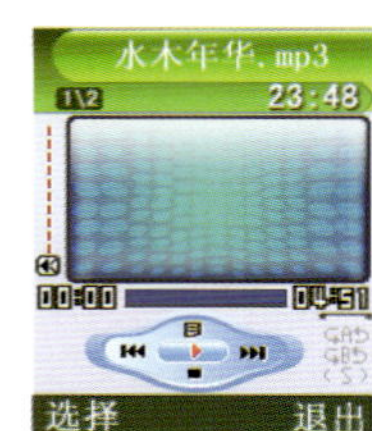

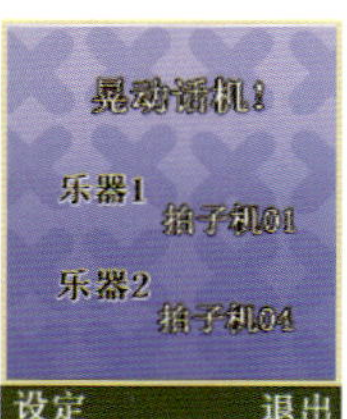

使用一个更适合测试的交互实验室也是必须的，如果条件允许，我们建议将交互实验室按照“体验中心”的方式来搭建，这样测试的过程会让用户觉得更有趣，也更轻松。

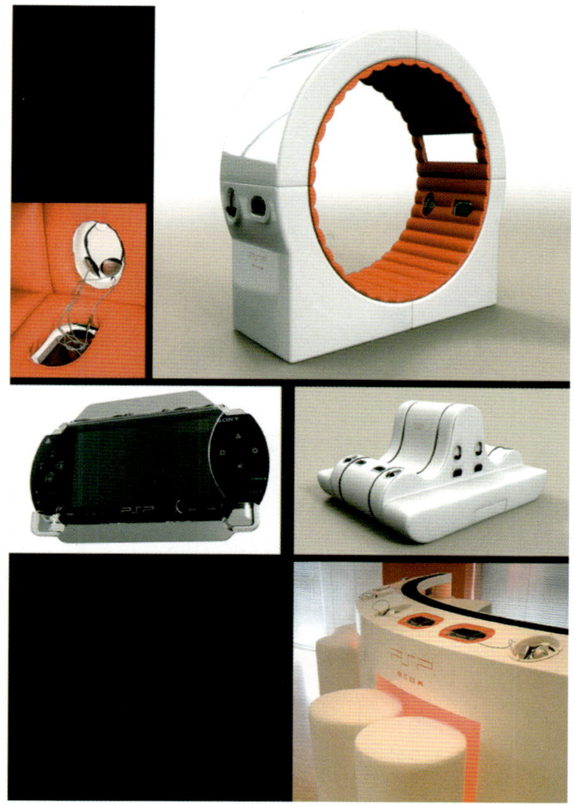

下面是来自sony PSP体验中心的图片，从这里你可以看出，“体验中心”并不仅仅是一个促销的卖场手段，也是极为重要的收集用户意见和信息的场所。

7.2 启发式评估

启发式评估（Heuristic Evaluation）是让一小批评估人员评估用户界面以及判断这些界面是否符合已经确立的可用性（Usability）规则，以便发现界面设计中的可用性问题，并把它们作为界面再设计过程中所重视问题的可用性方法。

7.2.1 如何决定将一个设计产品化

作为非常重要却又易于执行的可用性检验方法，当一个产品在被推向市场（或者量产）前，通常应该进行必要的启发式评估，这项工作根据产品的结构和复杂程度不同，有可能一次完成，也有可能需要分为多次进行。

启发式评估后输出的结果是一系列在评估人员眼里违背了可用性原则的用户界面上的可用性问题。

评估人员的工作主要集中在列出产品中出现的每个可用性问题，并且给出一定的建议。启发式评估虽然无法提供系统的方法去找到解决可用性问题的方法，也不能提供一个途径去检测任何再设计的质量。但是，因为启发式评估过程中利用已确立的原则解释了每个发现的可用性问题，而且这些可用性准则是良好的交互系统中所提取出来的，所以制定一个修正的设计方案就变得相当容易。

由于面对的是专业的评估人员，因此在产品评估原型的挑选上也同样有更高的要求，我们建议使用“原型机”的概念来进行启发式评估，这将更有效地得到评估测试的真实想法。

下面是一个社会网络型应用设备Jive的评估原型。

该设备允许你通过插卡的方式来和你的朋友沟通交流，并且它拥有非常迷人的界面。

【要点】

Jive的解说：请浏览本书优酷视频专区的Jive.flv文件，该视频向你详细解说了Jive的应用方式和工作原理，并带有评估人员的操作演示。

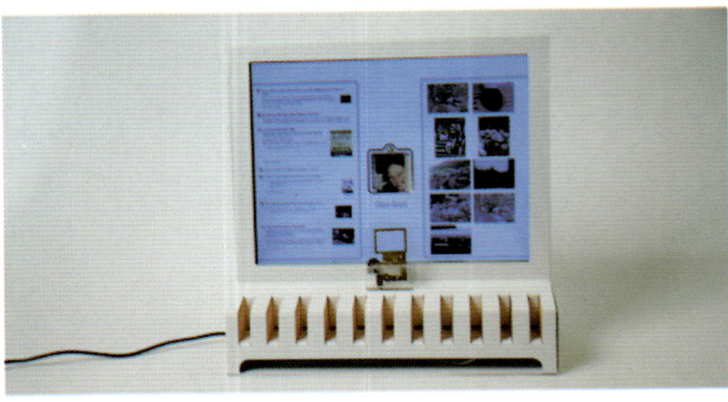

7.2.2 设计的产品化检验过程

在产品发布前做的启发式评估需要经历的过程如下图所示。

【提示】

作为一个标准化的过程，设计的产品化检验过程仅仅是一个参考，具体可以根据项目的需求不同和时间周期调整流程中各个环节的时间。

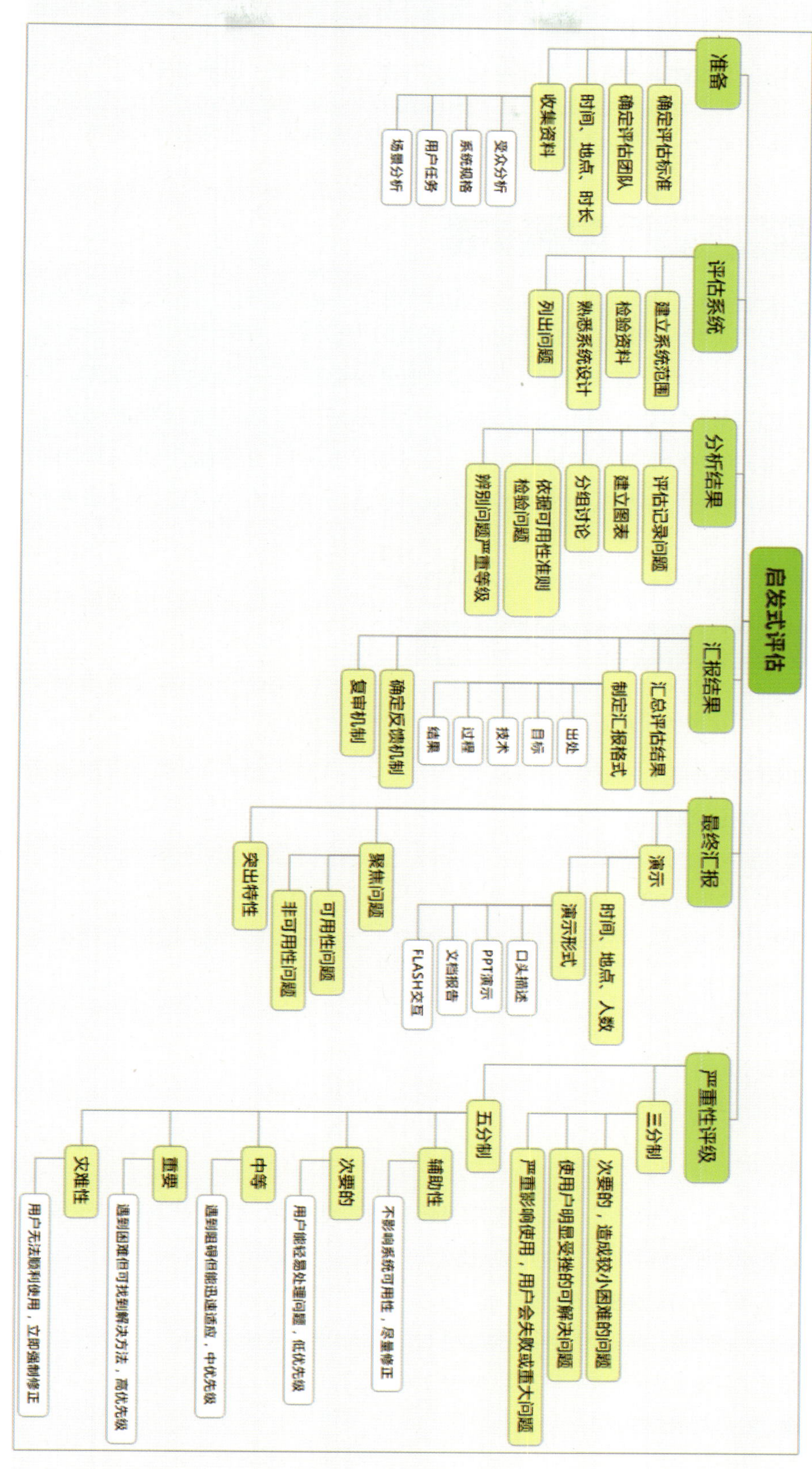
启发式评估
准备
确定评估标准
确定评估团队
时间、地点、时长
收集资料
受众分析
系统规格
用户任务
场景分析
评估系统
建立系统范围
检验资料
熟悉系统设计
列出问题
分析结果
评估记录问题
建立图表
分组讨论
依据可用性准则检验问题
辨别问题严重等级
汇报结果
汇总评估结果
制定汇报格式
出处
目标
技术
过程
结果
确定反馈机制
复审机制
最终汇报
演示
时间、地点、人数
演示形式
口头描述
PPT演示
文档报告
FLASH交互
聚焦问题
可用性问题
非可用性问题
突出特性
严重性评级
三分制
次要的，造成较小困难的问题
使用户明显受挫的可解决问题
严重影响使用，用户会失败或重大问题
五分制
辅助性
不影响系统可用性，尽量修正
次要的
用户能轻易处理问题，低优先级
中等
遇到阻碍但能迅速适应，中优先级
重要
遇到困难但可找到解决方法，高优先级
灾难性
用户无法顺利使用，立即强制修正

7.3 问卷表格

问卷表格是一种历史悠久的调查方法，并非首先出现在交互设计领域，由于它在取证上的广度，方式的简便，并且屏蔽了调查人员的主观影响（其他的很多方法，在调查过程中被调查者或多或少地会受到调查人员或评测人员的影响），这种影响来自于语言、环境、设备甚至是天气，调查者的着装等，因此在媒体、经济、政治领域已经广泛运用。

7.3.1 问卷调查法

"问卷调查法"或称"填表法"，是用书面形式间接搜集研究材料的一种调查手段。通过向调查者发出简明扼要的征询单(表)，提示填写对有关问题的意见和建议来间接获得材料和信息的一种方法。问卷一般有以下三种形式。

- 报刊问卷：在报纸或刊物上公布调查表，号召读者做出书面问答，并指定地址寄回答案。
- 邮寄问卷：把已印好的调查表寄给一定类型的对象，并请他们填写答案后提示寄回调查表。
- 发送问卷：由研究人员把调查表发给集中在一处的一群调查对象，要求他们当场填写后直接收回。

问卷调查法的发放和收集工作都是比较固定的，这种方法收集到的数据是否合理并具有参考价值，取决于问卷表格的设计是否有效。

下面我们就来看看该如何设计一份正确的、标准的问卷表格。

7.3.2 如何设计一份标准的问卷表格

设计一份标准的问卷需要了解的原则

设计一份标准问卷需要遵循以下原则。

- 编制问卷时一般使用书面语。
- 问题的语言尽量简单、通俗易懂，不要使用复杂的、抽象的概念及专业术语。
- 问题的陈述尽可能简短清晰，使回答者一目了然。
- 问题要避免带有双重含义，一是明显具有不同的理解，二是一个问题中同时询问了两件事情。
- 问题不能带有倾向性。
- 不要用否定形式提问。
- 不要问回答者不知道的问题。
- 不要直接询问敏感性问题。

关于顺序和数目的问题

一般说来问卷越短越好，根据经验以被调查者20分钟以内顺利完成最为适宜，最多不要超过30分钟。

- 把被调查者熟悉的放在前面，生疏的放在后面。
- 把简单易答的放在前面，难题放在后面。
- 把易引起兴趣的问题放在前面，把容易引起紧张或产生顾虑的问题放在后面。
- 先问行为方面的问题，后问态度、意见看法方面的问题，最后问个人的背景资料。
- 开放式问题放在问卷的最后。

问卷的提问形式

问卷最基本的元素是由问题组成的，不同形式的问题的设计和组合也会带来不同的结果，提问既然是一门艺术，那么我们就应该认真分析何种提问形式是我们应该掌握的。

1. 填空式

如：你们公司有 ______ 人正在使用2008年最新上市的国外品牌手机？（Nokia、索爱等）

2. 是否式

如： 你曾使用过手机进行网页的浏览吗？ （是/否）

3. 多项单选式

如： 你觉得手机在哪个价位最容易接受？

A. 500～1000元

B. 1000～2000元

C. 2000～3000元

4. 多项限选式

如： 你认为当前市面上的手机存在的主要问题是（3个以内）。

A. 质量良莠不齐

B. 价格过高

C. 个性化功能不多

D. 缺乏标准的售后服务

E. 增值内容不够新颖

F. 可选款式太少，产品较雷同

G. 其他

5. 多项排序式

如： 根据你自身的情况，你最常使用的手机功能是（按常用性在括号内打上1，2，3，4等序号）：

（ ）发送短信息

（ ）发送彩信

（ ）手机游戏

（ ）手机上网

（ ）日程提醒

（ ）手机拍照

6. 多项任选式

如：你家有哪些手持移动设备（请在答案题号上打√）？

① 手机　　② PDA

③ IPOD　　④ PSP游戏机

⑤ 手持GPS　　⑥ MP3/MP4播放器

⑦ 手持电脑　　⑧ 其他(请写明)______

7. 矩阵式

如：你对中国电信提供的下列服务看法如何（请在所选方框内打√）？

① 装机移机服务　很满意□　满意□　基本满意 □　不满意□　很不满意□

② 话费查询服务　很满意□　满意□　基本满意 □　不满意□　很不满意□

③ 电话障碍修复　很满意□　满意□　基本满意 □　不满意□　很不满意□

④ 公用电话服务　很满意□　满意□　基本满意 □　不满意□　很不满意□

8. 表格式

如：你对中国电信的下列服务看法如何（请在所选方框内打√）？

	很满意	满意	基本满意	不满意	很不满意
① 装机移机服务					
② 话费查询服务					
③ 电话障碍修复					
④ 公用电话服务					

下面是设计师 Urban Youth 进行的关于 Xtend 手机的问卷调研，里面展示了用户关于该款手机的意见和建议。

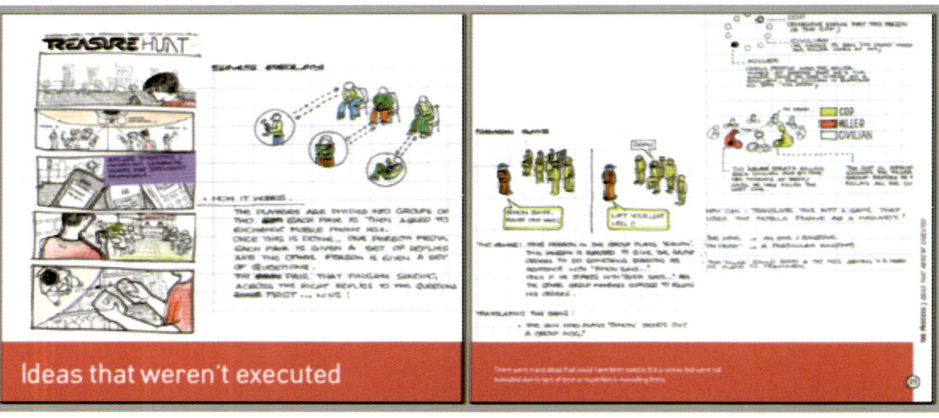

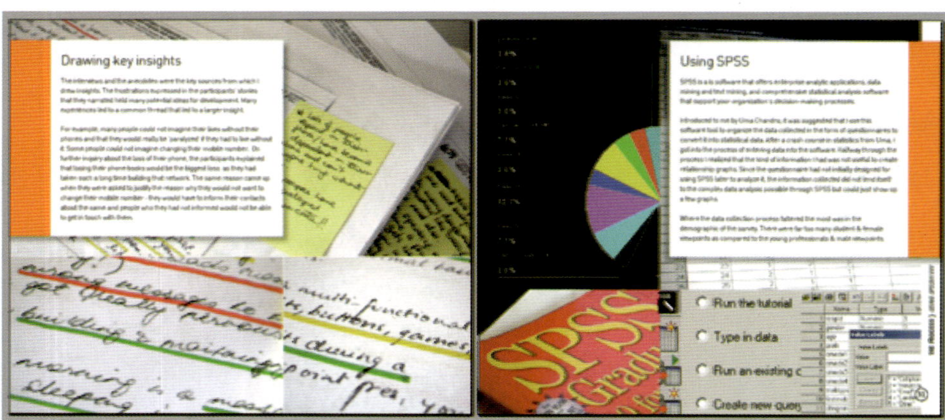

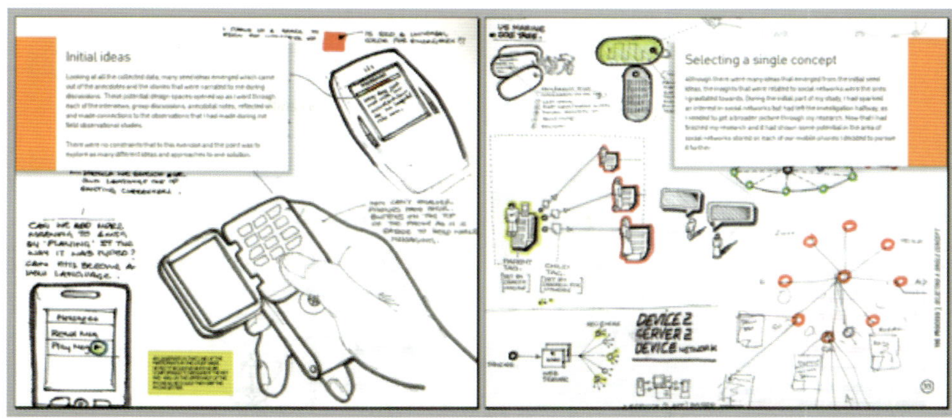
Initial ideas
Selecting a single concept
DEVICE 2
SERVER 2
DEVICE

Photography
"The situation is tempered further if the person is mobile, either walking, running or riding a bicycle. Under these circumstances, photographers anticipate that people are less likely to notice them, less likely to be sure they were the ones being photographed and less likely to interrupt."
SMS

Group Discussions / Workshops
PROJECT KEYPAD ONTO
SURFACE TO EASE IN
TYPING.

Mapping Exercises
Rachel
Radha
Rajesh

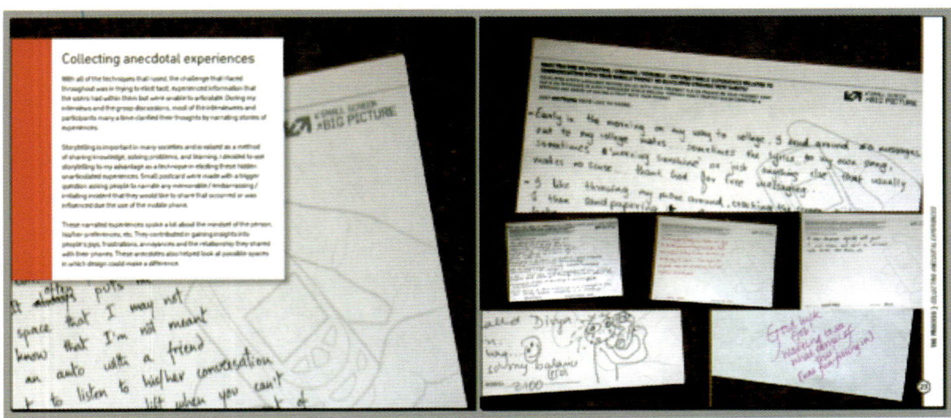
Collecting anecdotal experiences

第8章 设计规范
Start
没有规矩，不成方圆。重视设计过程中的规范和原则，不但能够让设计作品看上去更专业，也能在整个产品化流程中节约沟通和验证的时间。甚至你没有发现的是，这样的规范对于公司和产品的结构建设也有不可估量的作用。
本章正是针对“设计规范”这个话题进行的，不同的是，我们引入了更多的讨论实例，试图通过一些业界精英的观点，让这个话题变得更客观。而规范的执行是非常重要的问题，我们在本章加入了一些可用的工具来为你制定设计规范时提供帮助。
08

8.1 设计规范

最后我们要说的是，无论设计规范运用在什么形式和规模的团队中，有效的执行和不遗余力的修正升级是十分重要的。

8.1.1 设计规范的必要性

设计规范作为设计团队内部使用的参考文件，同样在部门间配合起着重要的作用，设计规范通常确定了设计的准则、要点和执行过程中的注意事项，不但是针对设计流程而言，对设计师也有着指导和规范的作用。

【故事】《设计的小事——设计规范有谱么》

从业这几年，自己写过的和帮人参谋的所谓“设计规范”不少了，这个东西大概在中国的决策层眼里是这么回事儿：帮农民在一块田里种粮食，起先天气不错，土地肥沃，但是不久天气变差了，虫子多了，土地沙化严重，还有几个缺心眼的内鬼偷粮食，这下必须立定一个规范，挑头儿的告诉他们该在哪儿种，收多少麦子算合格，哪部分的地是留到下一季种的，种出什么样的麦子给奖金，偷懒不干活的怎么处理……

但我理解的规范不是简单地把一个设计做成一个“行业套路”的量化指标，而是一个综合的品质评估的参考，甚至是一个设计能否面市的决定因素。为此，我们需要拟定一些表格、文档备案、图形参考、交互模板。

同时，设计规范还要成为设计部门或者一个公司对于设计品质的共同价值观，让大家伙都知道这样做出来的是好设计，通过这样的规范教育和交流，形成对设计品质的统一认识。设计规范不是规定要做什么，而是提出这样做是正确的，但是有更好的地方可以改进。

国外设计师管这种做法叫设计工具，是模板化应用的方法（stencil），我们称为规范，更多的偏向于规则（regulation），却只学习到了量化指标的简单部分。说得严重点吧，我们中国人向来就特别擅长给自己搞个框架（紧箍咒），来约束人的行为与想法，这可能有三个原因：①我们不太擅长找到解决问题的严谨逻辑，甚至是已有现成教训的；②我们始终缺乏对于团队成员之间的信任，哪怕是共同合作了多年的；③我们的企业无法承担某些错误带来的后果，甚至是很小风险的。

我们一开始就把一个工具性的东西变成了制度，因此问题便出来了。对于成长期的设计团队来说，建立设计规范需要的是确立一套可用工具，然后在工具的基础上发展成为部门设计品质建设的road map，如果只是弄个“导航按钮间距不得超过10px”这样的规范，就跟小时候尿尿要听到“嘘——”声一样，尿得更快。

我不是在这儿闲聊，在我看来咱们现在行业里面瞧得见摸得着的优秀的设计规范不多，下面来说说，和大家交流一下。

1. 设计规范达不到预期效果的原因

- 总是出现问题和错误后才开始拟定和修改规范，缺乏预见性；
- 规范制定出来后，执行不到位，缺乏力度和奖惩措施，监督控制节奏拖沓缓慢；
- 在产品设计过程中，不对设计规范做进一步的修订，甚至之前出现的错误也不去改正；
- 完全教条地根据设计规范设计，比如有些团队做的还是通用设计规范，很多设计师就照着里面的要求重复设计类似的页面、类似的广告、类似的动画，毫无特色，没有差异化。——用心的话，你可以看看现在各个互联网产品的相似程度有多少？我不得不说，那些恶劣的设计规范要负一定的责任。

2. 设计规范最常见的错误

- 让部门领导者制定设计规范：设计规范是共同讨论出来的，在迭代中改进修正的，由于国内设计师大多数有“领导恐惧症”，因此这样的规范就算制定出来也是空头支票，甚至有不少领导是很少参与一线工作的。
- 照搬国外成功团队的设计规范：这样的事情多半发生在喜欢“洋为中用”的设计团队中，国内外的设计环境差异很大，产品差异很大，面对的市场差异也很大，所以不要照搬，更不要直接翻译。
- 把设计规范打印出来贴在座位旁边：这是“大字报”，还是“表决心”啊？从我认识的设计师朋友来说，经常看座位旁边的东西只有两种，一是日程表，二是检查手机电池是否充满了。

3. 设计规范的本质是做好人的工作

在我看来，中国的企业只要是有设计部门的，做这个设计规范最重要的是要和企业管理-团队文化建设绑定到一起，做人的发展建设工作。我们的设计师老实说没那么成熟，也没有过多的设计锻炼，整个不良的规范在哪儿杵着只会让设计师更加不愿意沟通——“有啥好聊的？不是有规范么，照着做就行了”。

设计部门如果真的沟通紧密，在设计过程中有共同价值观，一个设计的流程是顺水推舟的，也是自然就形成的“规范”，不需要过多的文字描述。我还见过某些公司的设计规范中赫然写着：“一旦出现上述设计制作中A~C问题，设计师个人考评-5分”。

4. 优秀的设计规范要达到什么目的

- 量化指标：确定一般可用性原则和审美常识下的避免犯错的方法，以及一旦出现错误后的补救方案。规范的第一个目的是减少设计过程中出错的次数，这一般是针对新手设计师的，好的量化指标是告诉他经验，比如：建议html文件输出后在IE6, IE7, firefox, safari中做至少两次不同分辨率测试，并将结果添加到《设计规范——参考数据》中；而不是规定他方向，比如：根据产品部要求进行测试修改。
- 确认设计关键点：获得该设计规范针对范围内的关键点，包括设计方向和设计元素，以通过项目设计的过程，达到团队成员更加密切的配合效果。它是一份检验文件，记录过程中的错误，留作以后的经验。并在此可以做出项目和产品设计的里程碑。
- 规范设计原则：这个原则有可能是针对单个项目的，也有可能是整个设计团队的指导原则，这个原则要被反复强调、反复实施，团队人员要共同为这个原则负责，比如，“确保在任何项目结束前4小时，完成设计输出”、“绝不允许设计粗糙的界面方案”等。
- 设计规范本身也需要可用性：描述同一个设计要求，可以说：“S级设计师针对该项目phase1部分工作，可控时间不超过2.5循环周期，输出交付件供IS0000459号程序评审”；但这样描写：“界面设计师XXX设计该项目界面高保真原型，需在10个工作日内完成，5月22日下午14:00在5号会议室评审”能够明白的人会更多。

千万不要把事情搞复杂，能把事情做简单的人是伟大的，设计规范也是如此。

8.1.2 关于设计规范的谈话

下面是一段UCD China组织内部关于“设计规范”的邮件谈话（选取了一些关键的部分，没有发布全文），供大家参考，希望能够更为客观地解释“设计规范的作用”以及“如何制定设计规范”。

Tony Wang：

我感觉制作设计规范的过程相比执行来说要简单。尤其是有几个产品经理负责不同项目的情况下，或者你的规范不能成体系的话，说服他们是难点。

视觉规范相对好做，因为这个大家更容易相信你，而且结果是可见的。难就难在导航和架构的规范，这点想执行下去，涉及改变产品原有的架构，或者现有的用户习惯。

不过比较庆幸的是上面比较支持做规范，因为现在产品确实非常需要，现在就得看做出来的规范如何了，期待有更多人参与本期话题，传授经验。

Ami Zhang：

一个人需要规范，主要是整理归档和备忘的作用；一旦一人以上，就有协作的需要，这样自然就需要规范。不过人数少，规范的形式和内容可以灵活精简嘛。

JunChen Wu：

规范在设计领域（尤其是网站）远没有其他领域来得那么重要，我本来要阐述一下这个观点的，但太长了。另外就是规范的执行成本很高。

Sky He：

我看这就是一个规范实施的问题，规范可以做得很好，很有说服力，但是执行的时候就是不按照规范走，或者执行的力度不够，那么有规范和没有规范其实也差不多了（甚至有时候会更糟）。

所以规范不应该只是一个单纯的文本或者文档，还要有比较成熟的运作和管理体制去保证规范的实施与更新，不然规范就是个死的东西，也就只有鬼才会去看了。

JunChen Wu：

规范是双重成本的，做要成本，执行也要成本。并且在网站这个领域中，变数过多，变化过快，成本相应增加，收益相应减少。

Tony Wang：

原因很简单，因为现在公司没有专门做视觉和交互设计的人员，都是产品经理靠感觉做，但不同产品有不同的产品经理，他们对一些字体、颜色按钮、链接样式、输入框尺寸和样式这些问题，经常跑来打搅我，问我要意见。

其实还有很多开发人员，他们只注重功能的Bug，他们也懒得写CSS。

原因主要就是想提高效率，节省前端人员、UI设计师的时间。

这个事是长期的，不需要专门花两周或者一段时间来做，而是持续添加、修改、整理的过程。

好的规范不存在执行的压力，如果有这规范，产品经理和开发人员再来问我界面上的视觉和交互问题，我会给他一个链接。如果规范里面没有的，我会想能否加一条。

但现在我在工作中的问题是，豆瓣整体的信息架构需要规范，没有这个达成一致的话，各个产品经理都有理由坚持不执行交互规范，而且你很难去说服他们。视觉规范相对好整理。

Sky He：

我就是这样做的，上海书友会那天我提过，规范的内容应该涵盖界面设计本身以及上下游的接口（上：业务需求和逻辑；下：工程技术实现），不仅仅是给设计师看的。

我的做法是分成三个层面去做规划和内容组织。

- 信息层：信息架构、数据输入输出、内容组织结构。
- 交互层：Persona、可用性准测、Design Pattern Library（参考YUI）、封装好的UI组件。
- 表现层：颜色、字体、材质、尺寸与位置关系，图形元素。

这样的划分，首先是出于规范的灵活性考虑（分离表现层和结构层的好处，相信做过前端的人都有所认识），其次可以便于团队中不同的角色在长期工作中可以落实到责任制地对规范进行持续的建设。

为了更加灵活地推广和使用，在规范中可以引入优先级的权重概念，我划分了三个级别，标准（必须遵循，比如公司/产品VI相关的规定），推荐使用（一些久经考验的解决方案），参考资料（在新产品的设计中仅供参考）。

另外关于流程和管理，我觉得必须是强制规定，并且要注重规范的与时俱进。

Lytous Zhou：

中国的产品经理最大的特点就是人浮于事，你搞出来的东西一旦和他的想法有出入，一则拒绝执行，二则磨洋工。

要搞规范，不但要决策层下力度支持，也要下面具体执行的人积极配合，但是这个很难办。如果你的CEO（或者对整个产品负责的大PM）开个全体会议说："这个规范我和设计部XXX讨论过了，决定在全公司范围执行，谁不执行就是不给我面子，后果自负，下午3点前大家会收到公司发文邮件。"那力度肯定够了，但是会这样么？一般来说不会，除非你的规范有保证说，对效益、对控制成本，对用户满意度有绝对的数据支撑。

再说下面执行的人，我就喜欢拿FW做图，存成PNG，你非要规定我PS做图存成PSD，是我设计还是你设计啊？设计师很容易有抵触情绪，在半瓶水的设计师中间更是如此，总觉得除了他自己谁都不懂设计，谁都是SB，这样就麻烦了。团队当中有朵花，香味只有领导知道，团队当中有堆屎，那就是遗臭万年，会影响甚广，所以我说，搞规范最重要的还是先把人搞好。

我们原来8个人小团队做手机方案设计的时候，根本不要什么"规范"，我就做一套输出模板，交下去大家伙用，用得不爽了，觉得有问题了直接找我。我不规定你什么风格，个性化，色彩取向，你就给我记住四个字"漂亮、好用"。

要不搞个规范就搞个半年，黄花菜都凉了，弄得不好，上下受夹板气，索性你也皮实了，这规范爱谁谁做，我不做了，你们自己泥腿子去吧。

Lytous Zhou：

我觉着吧，要认真搞规范，这个顺序做比较实在，产品设计责任制—产品设计原则—设计评估手段—设计规范。

一开始就操家伙整规范不太好，规定的任何元素都是有修改的可能的，因为连产品方向都是可以更换的，中国公司搞游击战搞惯了，市场压力和客户压力都大，不是哪个公司都敢像西门子一样，花6年开发一个产品。

Ami Zhang：

为什么很容易就成了只一个人在制定规范，并且督促规范的实施？

我让设计师设计的时候注意规范(比如图片尺寸、"确定"还是"提交")，然后让他们自己去盯前台开发保证实施；我们的前台开发比较自觉，注意浏览器兼容问题，还做CSS框架；视觉元素和文字规范交给一个细心的MM设计师去统一。其他的，我来盯。

我们这次投稿的文章不是说么，规范的建立是团队作品。

一个人定，一个人盯，没那么多精力，而且靠权力来负责执行很难完全落实。

Sky He ：

一个人建设规范那就成独裁了，规范这种东西要结合团队现有的构成人员去做的，这样才能有的放矢。

Lytous Zhou：

上面我那个案例要修正一下，那个是在团队搭配不平均的时候运用的，如果大家都不了解这个东西如何设计执行，那么这个时候需要一个人来挑头做，但是做出来的东西必须经过团队讨论认可和落实执行，同时要报决策层批准。

一个人独裁式的建设规范是大忌，因为最容易出现的情况是，你会发现规范中的内容和他自己没关系，他根本不参与其中，是推卸责任的做法。

子条：

视觉规范确实比交互规范相对好整理，因为前人有很多可以借鉴的经验。但是如果一个公司有多线产品的应用，如新闻资讯、SNS、IM···其实就视觉规范这种表现层的在后期推行起来也很难。

特别是遇到没规范就上线已经赚钱的产品，只能折中地推每个产品实际的应用规范。而由于这些产品，设计的时候就严重没按照规范走，现在要改，"这些人"会觉得在给他们找麻烦，增加工作量，还不能保证赚钱效果。连根拔起几乎不现实，也不可能。

没上线的产品我觉得强制起来比较容易。权力够大的话不规范不让上线。

上线了但是很烂没赚钱的产品，也麻烦。做产品的这些人都在混，不专业你咋还能有效地去推行规范哦。要么强制扣钱、开除几个人。但是一段时间内有人反抗了，有人工作没人做了……然后又要招新人，时间一秒一秒地过去了。在这个过程里一些小公司慢慢消失了。

Sky He：

嗯，要以德服人。

规范建立的目的在于：

- 设计与设计实现的平衡；
- 设计工作的基准和参考；
- 有效的沟通；
- 成本控制；
- 良好用例的重用。

如果花时间去建立一个规范，而不能达到这些目的，不如不建立。

每个公司和团队在设计和研发上都应该去找适合自己的流程和管理，并不是仅仅设计规范这一种方法。

【要点】

UCD China: http://ucdchina.com/ 中国专业的UI类原创BLOG聚合。UCDChina.com/blog以“话题”为单位，通过博客的形式展开讨论。话题围绕用户体验设计(用户研究、内容设计、信息架构、交互设计、视觉设计、可用性、界面制作、情感化研究等)、用户体验团队(团队建设、团队分工、工作流程等)、用户体验咨询和评测等。

8.2 设计的执行

制定设计执行文档的方式：使用PPT和图形说明的方式，远远胜过文档的长篇描述，你要清楚地告诉总经理、产品经理、开发部经理和各个环节的工作伙伴，详细的设计过程是如何被提出、执行、检验、修正的，所以在阐述方式上应该尽量简单，并且只保留有用的信息。

8.2.1 设计执行说明书

这是一份我们制定的关于GUI部门内部的设计执行过程说明（抽取部分大纲式文件，详细文字说明已删去），供大家参考。

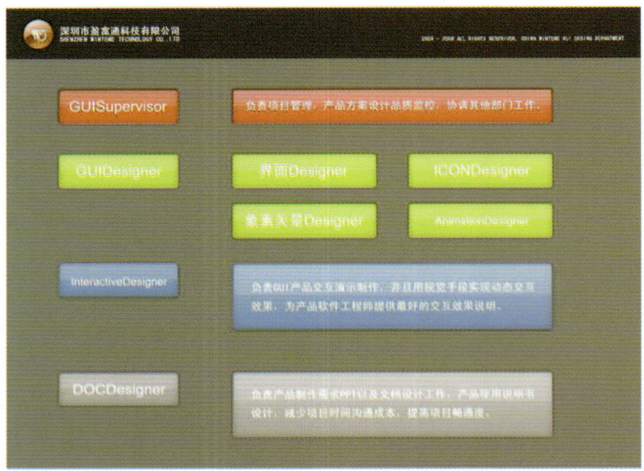

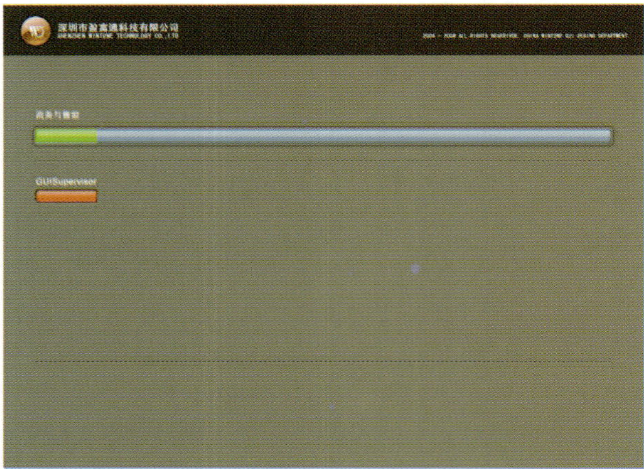

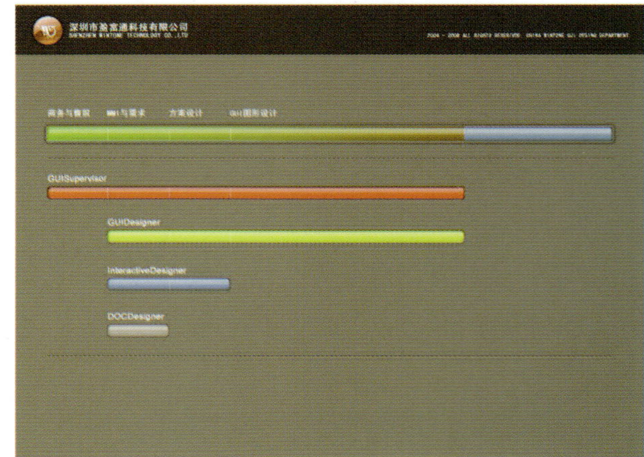

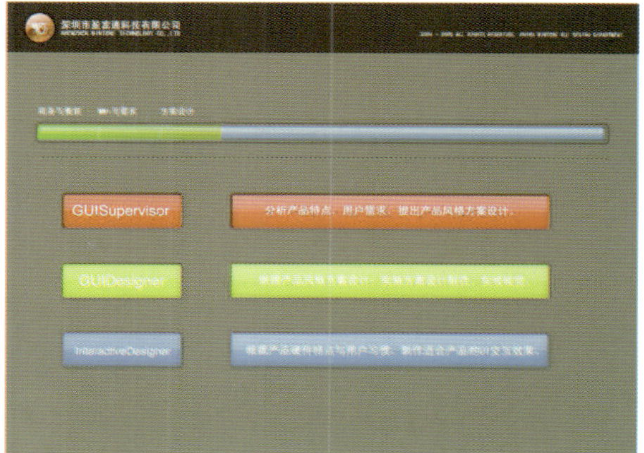
GUISupervisor
GUIDesigner
InteractiveDesigner

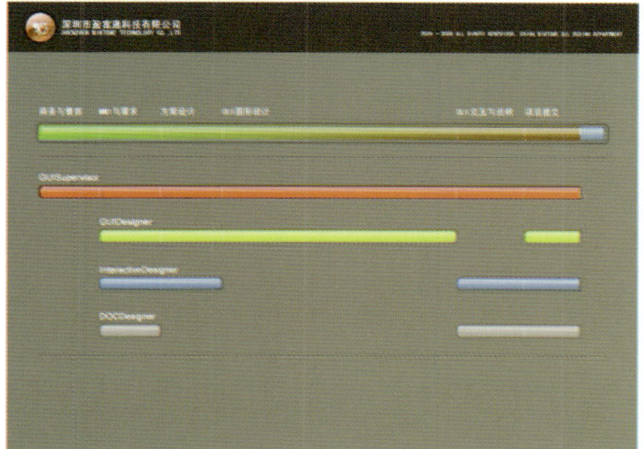

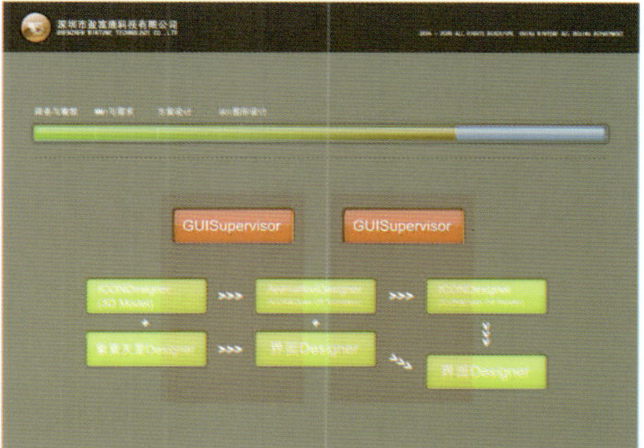
GUISupervisor
GUISupervisor

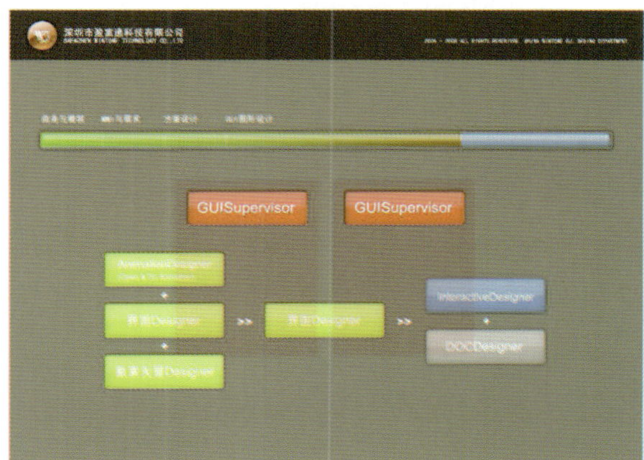
GUISupervisor
GUISupervisor
InteractiveDesigner
DOCDesigner

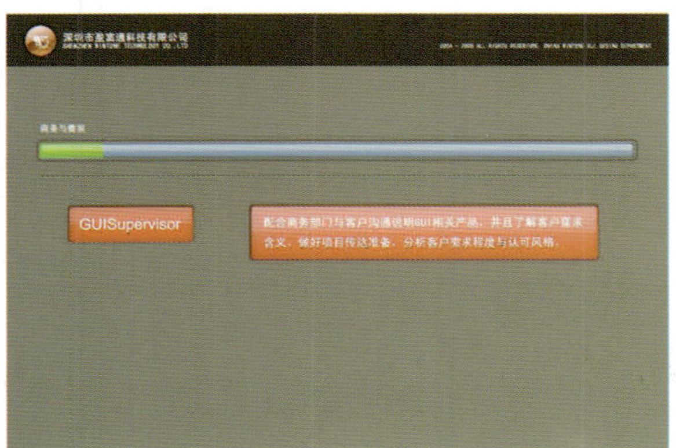
GUISupervisor

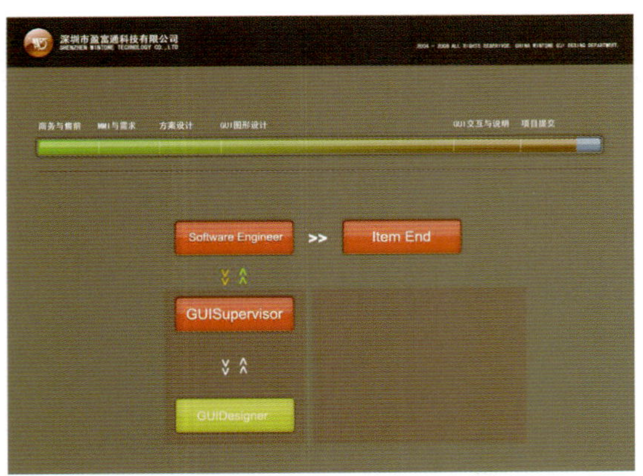

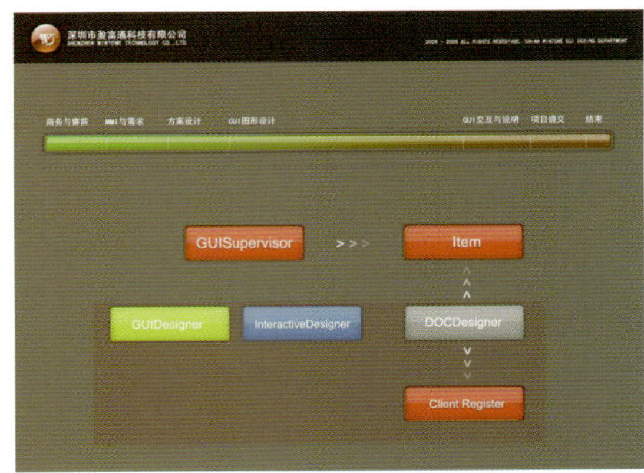

8.2.2 编写要点

虽然执行说明书是一份针对性很强的文件，但是由于它必须基于准确的设计规范，在得到可用性资源的支撑上提出，所以它需要考虑更多设计以外的问题：

- 根据公司和部门的特性，从现有人员配备出发，因地制宜地进行；
- 掌握执行程序中的优先级关系，确定谁负责、谁报告、谁检验、谁修正问题；
- 执行程序不是死板的流程，而是机动性很强的参考文件，需要根据特殊情况制定临时措施；
- 保留执行过程中有可能增减的人员配置，并留出工作的空间；
- 说明书中也有可能针对部分产品的重大设计问题做出专门的检验说明，以确认该问题由谁负责，如何处理，比如，产品如何为用户提供帮助等；
- 执行说明书必须和设计规范、可用性评估报告、设计分析数据等配合使用，不可作为最终的检验参考文件。

【故事】《设计的小事——排序的人文魅力》

1. 排序有什么用

“排序”这个专业名词原本是来源于计算机程序操作中的，是一种很常见的算法设计，当然，对交互设计来说，探讨冒泡排序和堆排序之间的效率是没有实际意义的，我们今天从用户日常使用的产品来入手，分析一下排序的交互价值。

一般来说，排序的重设计有两个作用：①使信息有序化，符合逻辑思考，更易读；②调整数据集合的关系，易记易操作，提高工作效率。

我们生活中经常会遇到排序的情况。

主动型：宴请客人，主人做上位，从左至右按在座人员的重要性分散，这是基本的生活情形。

被动型：你到超市购物排队，为了提高效率，超市决定将购物多的顾客和购物少的顾客分开进行收银处理，这也是一种常见的排序处理。

但是根据设计师出发点的不同，我们见到的很多产品中的排序并不是很好的，这主要是由于产品指导方向和设计策略的不同引起的。

2. 技术性排序解决问题

上述提到的第二个例子属于技术性排序的问题，解决问题是此类排序设计的最终目的。优秀的产品设计可以通过排序高效率地解决问题，比如，Picasa的相册软件，在排序的属性分类上做了很好的频度调整，解决了很多图片管理软件无法建立大量图片之间的关联和智能查找的问题。但有个问题，它把我不想显示给别人的隐藏图片也找出来了。

而普通的产品设计也能解决问题，但效率不高，比如，Windows的目录结构，当我操作一个文件的时候经常就是不断地打开文件夹—打开—打开—复制，再打开—打开—打开—粘贴，然后某些情况下还要返回—返回—返回…… 每个用户对于常用的文件夹操作是固定的，为什么不加入一个“转到”命令呢？然后把经常访问的文件夹地址做个列表。

当然，某些看上去卓越的产品也会产生排序的困扰，比如，iPod的歌曲选择列表，你可以尝试一下在iPod中放入7000首歌曲，然后选择，虽然它提供了很多维度来控制排序的范围，但是一旦出现歌曲信息不完整和错误的话……这点在中国地区使用的时候尤为明显。

3. 情感化排序体现创意

排序仅仅是提高工作效率吗？不是的，排序是一个技术基础，如何运用它得看谁来做，我相信游戏设计师是伟大的。通过排序算法的设计，他们设计出了拼图，俄罗斯方块，空当接龙等经典游戏，虽然动用了一些数学技巧，但是游戏的结构是简单的，就是通过满足排序规则，得到积分，并获得最终胜利。

大量的软件、Web、电子产品的排序都以“按时间”、“按日期”、“按名称”……. 虽然给了用户一定的自定义空间，但是仍然感觉它们是冰冷的，它们仅仅提供了简单的查询功能，如果加入“按我的使用习惯”、“按口碑”、“按推荐次数”呢？感觉到了交流才能感觉到实在的心理享受。

创意是在功能化的基础上更好地引起用户的兴趣，更好地带领用户跟随产品一起发展，在这一点上，很多产品和服务做得不够。

4. 排序的人文情境

我前面举的那个吃饭的例子就是典型的人文情境的影响，还有一个比较有趣的事例如下。

中国很多研发型公司的项目确认文档，我相信大家都见过，一般来说CEO是在第一位的，接下来是市场总监、财务总监、研发总监、产品总监、研发1组leader……

但是签字确认的时候却是从下至上，研发1组leader、产品总监、研发总监……CEO，这样就导致最终对产品设计有发言权的人是最后才看到产品设计的。

为什么会这样呢？因为在中国人的文化中，CEO（老板）的名字应该是在第一位的，以表示公司全体成员对他的尊敬。

我们按照理性因素设计出来的流程却按照感性因素来实施，这是排序本身无法解决的问题。还有一个事例：

目前义务教育中对学生的评估方式已经由“第一名、……、最后一名”转移到了“优—良—中—差”，这是一个排序参考维度的改变，但带来的是教育评估系统的改革，至少现在没有看到多少学生为了单纯的排名去自杀了。

5. 排序最优论

通过上面的分析，确定一个排序方式和算法（这里指信息架构中的设计方式，而不是代码公式）是否最优有几个评估维度：①技术是否达标；②是否和使用者建立情感联系；③是否考虑到使用情境的人文环境；④是否经过一段时间的临床检验。

是否有最优的排序？我想这和使用排序的针对人群有关，首先固化你的对象，然后挑选平均的参考数据，设计出来的排序规则必须坚持公平、公正、有效、容错的原则。

一个排序方式不可能适合所有的环境和用户，在技术型难题解决的前提下，请更多地考虑人文因素的影响。

【故事】《设计的小事——帮助的乌托邦》

最近在学习几个CG新软件，按常规先看看帮助，刚好UCD团伙正在讨论这个问题，我也想说几句。有人说："最好的产品设计就是没有帮助"，部分认同，但是那不一定是最好的产品，充其量可以算是简单有效的产品，就像我们不能说"最漂亮的衣服就是没有衣服"……，有设计必然就会有问题，帮助的形式、特征、发展同样如此，我们慢慢来看。

在我做一些分析之前，我要认同帮助的实用性和必要性，因为我估计下面的一些文字会引起软件和品牌捍卫者的不满，所以先拉个近乎。

1. 为啥要帮助

首先，你是一个一清二白的用户，在使用某种工具、软件、服务之前，需要有一个概念的认识和功能的确定，帮助给你两个答案：①该产品（这里的产品包括：网站、软件、手机、互联网服务等，以下统称产品）是干嘛的；②如何使用该产品。

其次，详细了解产品的每个细节特征与结构，因为产品是多种功能的组合，正确的组合方式将有效提高使用效率。

最后，帮助本身是一本工具书手册，在遗忘产品功能点的时候给予提示，并且对产品版本负责。

2. 帮助的真实含义

HELP的含义有"帮助、促进、办法"的意思，延伸开来，刚好是UCD设计思想中的一个阶段发展：提示→明确→反馈→改进→提升。

帮助分为有效的和无效的，有效的帮助可以降低难度、节省时间、减少负担、提高效率；无效的帮助只能让人感到累赘、多余、无聊甚至讨厌。

比如，你看到一位女士想搬很重的东西上楼，你过去微笑并友好地表示要帮助她搬，这马上给你的形象加分，而且很和谐（当然也有尴尬情况，我后面说）。

或者：你在厕所里面，很多人一起方便，完事后，你对旁边的哥们说，来，我帮你冲洗……（当然，这很极端，但是实际上某种产品中出现的情况比这还糟）。

因此，帮助的准确定义是：在不影响被帮助者隐私和心理接受范围内，运用有效的形式提供最多的服务，以协助被帮助者达到某个目标。

3. 帮助的形式由什么决定

帮助的形式由性质确定，如：网站的帮助有可能是一个交互式的指引页面，软件的帮助有可能是一个"智能精灵"，手机的帮助有可能仅仅是一个提示音，商场中的购物帮助有可能是一个真正的导购员……

无论你采用何种形式，帮助必须在时间、地点、方式、载体、有效范围等诸多心理和生理因素的共同协调下完成。否则，"帮助"本身会演变成扯犊子，或者不靠谱，我不是在说相声，我们来看看实际情况中发生了什么。

4. 关于帮助的疑惑

这里列举一些常见的例子，或者我个人经历过的帮助的问题，供下面的建议解决方案参考，我不提及产品的名称，但是细心的朋友肯定都知道。

- 在很多软件产品中，"帮助"选项都是放在菜单最后的，无可厚非，但是为什么快捷键一般设置为F1呢？仅仅是因为Windows这么做么？Windows做得更多，它还支持Alt+H组合键……如果按照键盘的布局来映射到屏幕，F12键显然更准确……（这点还需要更多地讨论，但我坚持F1键不是最好的）

- 我不清楚很多的产品里面，为什么在“帮助”中还要加入关于、向导、更新、赞助、链接、甚至是广告。
- 满心欢喜地打开帮助，在搜索栏中输入内容，最后得到的结果是“该项没有记录，未找到”，这就像上面的“搬东西”的例子，你过去帮助女士的同时发现那个东西自己也搬不动。
- 产品提供的搜索居然是文档内搜索，而不是基于互联网的。
- 某些产品的帮助提示，弹出的popup居然遮挡了屏幕的1/3。
- 没有给用户提供专家级模式（屏蔽帮助提示和无用信息）的选择。
- 帮助设计过于结构化，没有针对低、中、高级用户的自定义。
- 大部分产品的帮助无法卸载……同时帮助文件大得惊人（同样的情况出现在语言包中）。

5. 帮助的乌托邦

列一些个人认为的“理想”帮助方案，仅供参考。

- 智能分析技术

  系统自动记录你的操作方式（历史），将常用的功能默认为“熟悉型使用”，在帮助档案中将它们的位置向后调整，着重突出没有使用过或很少使用的功能。

- 搜索绑定

  对搜索内容进行相关字段绑定，比如，你搜索“modeling”，自动绑定到建模方式的内容，并提供建模相关的工具解释和要点提示，而不是出现一个modeling的全文识别，让用户自己去区分。

- 即时提醒

  这个功能现在只做到了status部分的提示和popup关键字提醒，出现错误和操作不清晰的提示却很少，这点上maya做得比较好，但是即时分析库不够强大。

- 人工服务

  无论是什么产品，只要是商用环境下的，应该在计算机帮助方式以外，额外提供人工服务和技术支持。当然，前提是你购买的产品是正版。

- 语言

  对应系统和平台语言，自动搜索语言包，并进行替换，同时留出用户自定义的空间。

- 组织性

  帮助更多的不是依赖于打包的PDF，而是沟通交流的P2P互助方式，开放一个新闻组或者爱好者圈子，提供线上交流。

- 更新

  拜托每次新产品发布的时候即时更新你们的帮助库文件和服务热线。

- 多媒体

  21世纪了，我们的帮助系统是不是可以来点语音和视频结合的方式？PDF虽然详细，但始终不直观，而且太累。（已经有一些新兴的产品开始这么做了）

先说这些，未必全面，仅作为自己从一个用户角度出发，希望拥有的帮助形式，如果产品的设计者们尽快达到这些可用性要求，用户将十分欣慰。

8.3 输出标准化

作为设计最终的交付件，详细的文档说明和符合开发调用的文件包是必不可少的，由于手持设备是基于平台开发的，所以设计的输出文件也要符合平台规范。

这就像在Web设计中，虽然设计出了网站结构和平面效果图，但是也需要转换成HTML等文档供网络协议调用。幸运的是，在手持设备产品领域，我们有效地将开发和图形进行了分离，这是一个线性的工作模式。

8.3.1 设计说明

设计说明的主要作用是为了阐述设计思想，展示主要的设计内容。在输出阶段的时候，它的主要描述范围是控制输出图形的标准，包括尺寸、格式、贴图顺序和数量、图片含义和使用方法。

设计说明是对设计输出的主要概括，开发人员和产品经理等将依据这个文件检验主要的设计关键点，并确定是否为最终设计文档。

设计说明的容量根据设计内容的数量不同而有所变化，如果有足够的时间，可以将输出的所有文件都写入设计说明中，如果项目时间有限，可以只记录关键的部分，并保持和开发人员（也有可能是其他使用设计图片的人员）的充分沟通。

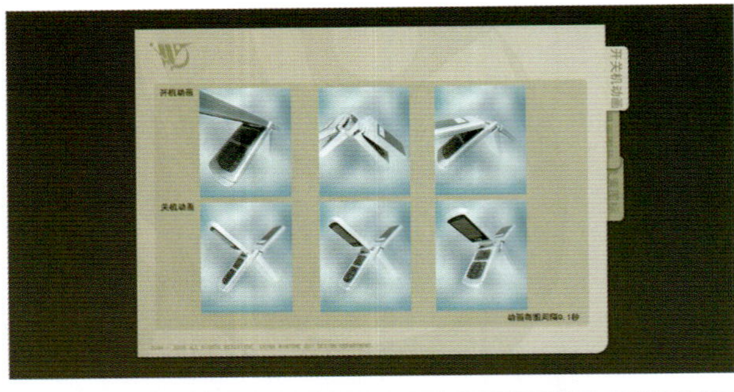

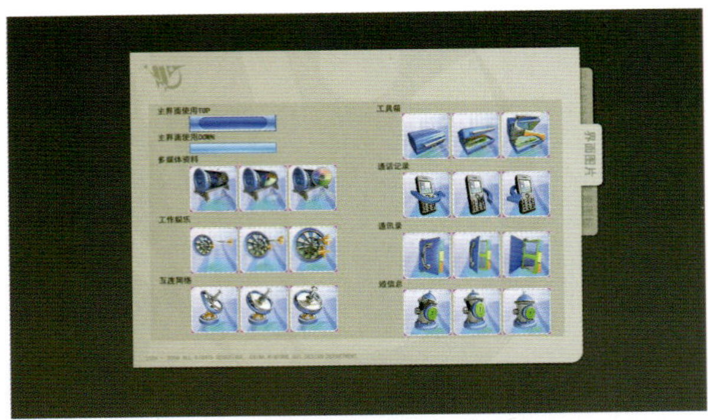

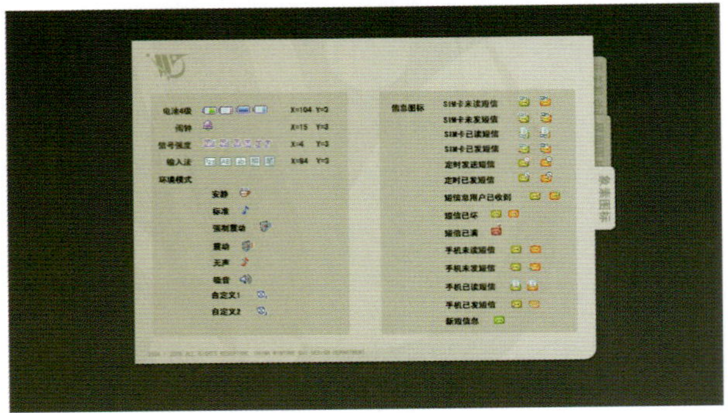

8.3.2 菜单树结构

除了交互概念设计、用户评测数据、低保真 - 高保真原型设计等文件外，在输出过程中对于开发人员来说，最为重要的就是菜单树的结构。我们要有一个清晰的概念，即手持移动设备中的任何设计交付最终都需要由开发完成，它是基于功能和软硬件支撑的。

而菜单树的作用正是说明功能之间的交互关系、逻辑顺序和反馈情况。

下面列举一个基本的菜单树结构供大家参考，制作方面可以使用流程图工具或者Photoshop。

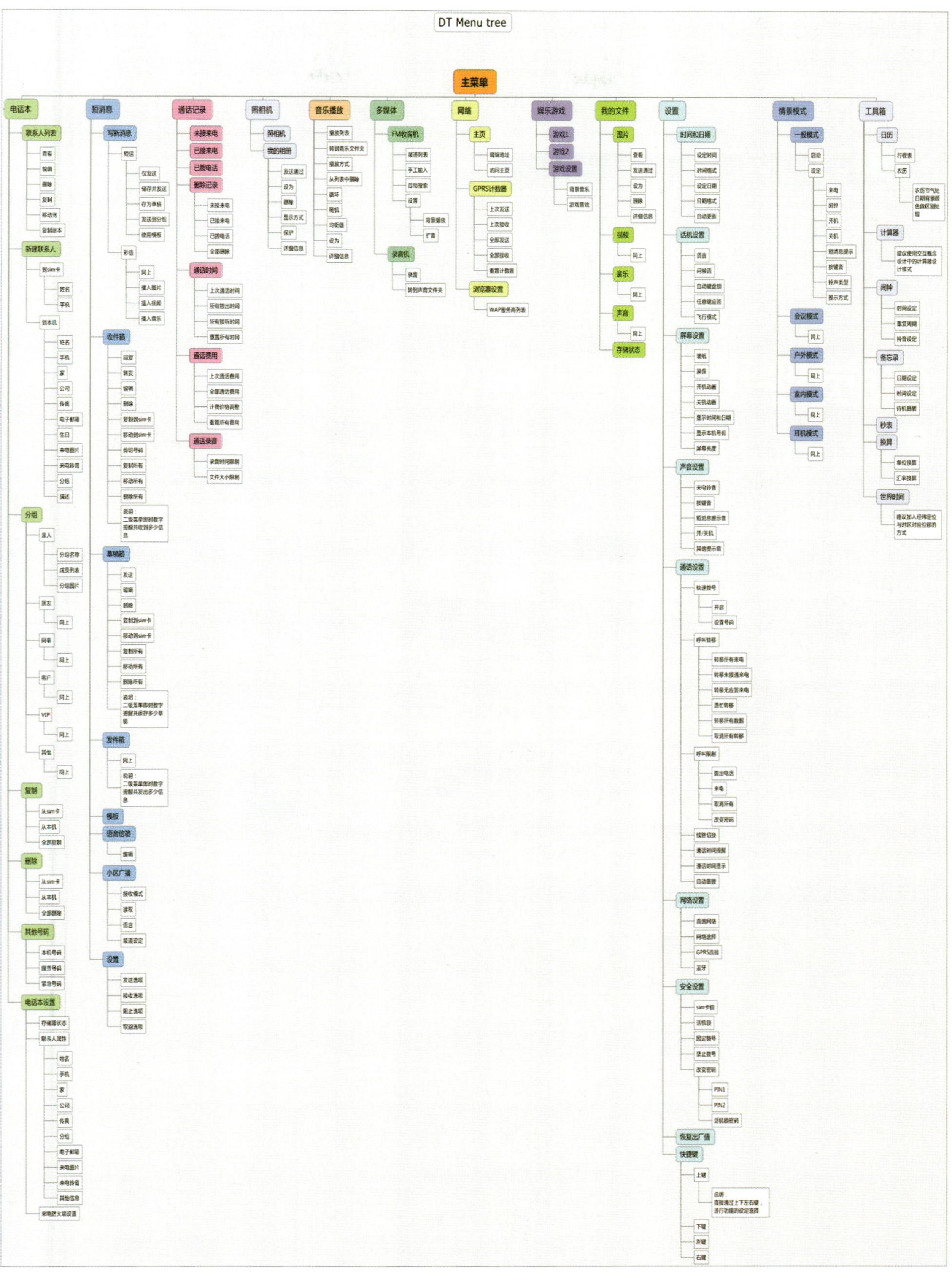
DT Menu tree
主菜单
电话本
联系人列表
新建联系人
分组
复制
删除
其他号码
电话本设置
短消息
写新消息
收件箱
草稿箱
发件箱
模板
语音信箱
小区广播
设置
通话记录
未接来电
已接来电
已拨电话
删除记录
通话时间
通话费用
通话录音
照相机
照相机
我的相册
音乐播放
多媒体
FM收音机
录音机
网络
主页
GPRS计数器
浏览器设置
娱乐游戏
游戏1
游戏2
游戏设置
我的文件
图片
视频
音乐
声音
存储状态
设置
时间和日期
话机设置
屏幕设置
声音设置
通话设置
网络设置
安全设置
恢复出厂值
快捷键
情景模式
一般模式
会议模式
户外模式
室内模式
耳机模式
工具箱
日历
计算器
闹钟
备忘录
秒表
换算
世界时间

从本章开始，我们越来越靠近实际的产品了，在经过了一些理论和研究方法的学习后，需要把设计的思想、统计的数据、研究的结果反映到我们的产品中去。

而视觉设计是连接设计师和用户的最后一步，我们将设计的概念、数据、交互逻辑通过美学的组织形式，让它呈现在每个用户面前，除了让用户更直观地看到我们的设计以外，也能够验证和迭代之前设计过程中抽象的部分，毕竟视觉设计是最为重要的沟通环节。

这里我们会介绍手持设备界面设计中最为重要的三个因素：图标（icon）、界面（interface）和交互特效（interactive effect）。

为了不让各位朋友迷惑，也为了让实例的展示更为清晰，整个视觉设计部分，我们将使用手机这个电子产品作为案例的载体，因为它在手持设备领域不但拥有最多的用户数量，而且也拥有最为丰富的功能和外观，同时它也是我们生活中不可缺少的工具之一。

09

9.1 图标的故事

谈到图标的使用和发展过程，我们可以追溯到符号学的创建初期，图标的广义概念可以说是研究人类如何使用符号来传达意义的，包括文字、讯号、密码、文明符号、图腾、手语等，我们称为"符号"（symbol），而我们这里说的是狭义的图标概念，指计算机屏幕上表示命令、程序的符号、图像，我们称为"图标"（icon）。

9.1.1 图标设计的意义

日常生活中常见的符号

图标设计反映了人们对于事物的普遍理解，也同时展示了社会性、人文性等多重概念。今天我们的社会已经是一个高度视觉化的社会，图形的语言在很大程度上替代了传统的语言，使我们可以快速地进行视觉交流。对我们来说，深入的图标设计，已经不仅仅是一个简单表达含义的设计过程，它在现代的发展过程中有着重要的参考价值。

上图简单地揭示了"符号"与"图标"的区别，作为现代化的工具之一，计算器仍然在使用着传统符号领域的单纯字符显示方式，简便有效，而没有使用我们通常认为的图标方式。

那么是不是说其实简单的文字显示就能满足我们所有的设计呢？图标究竟是不是必要的呢？

上图是Yahoo Messenger在iPhone上的一个应用，如果这里完全不使用图标设计，那么我们有可能会认为这是一个表格、一篇文档，或者一条信息。

根据我们的观察，图标设计的应用价值有以下几个方面。

视觉设计的重要组成部分，用于提示与强调

设计师Benstyle 的图标作品

图标的基本功能在于提示信息与强调产品的重点特征，以醒目的信息传达让用户知道操作的重点。

使产品的功能具象化，更容易理解

Icondrawer工作室的图标作品

不难发现很多的图标设计，其元素本身在生活中就是随处可见的，为什么要这样？因为图标设计的根本是需要减轻认知负担，特别是对于抽象的产品功能来说，图标要便于理解其作用。

使产品的人机界面更有吸引力，富含娱乐性

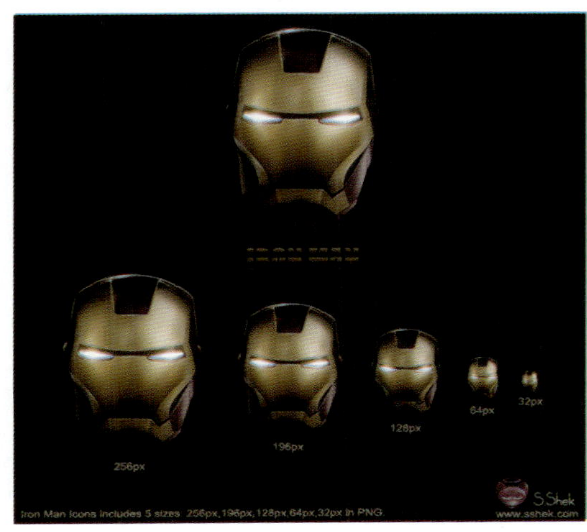

设计师S.Shek的图标设计作品

我们发现图标设计并不是只有功能的描述，还可以反映出设计者和使用者的情感共鸣，图标设计的领域并非只有计算机和IT科技，也可以加入个人钟爱的识别特征，这样的设计会有更多的娱乐性。

某些特征化、娱乐化的图标设计往往会给用户留下深刻的印象，同时对产品本身也是一个很好的推广手段。

俄罗斯的Indestudio工作室的图标作品

形成产品的统一特征，给用户以信赖感，便于功能的记忆

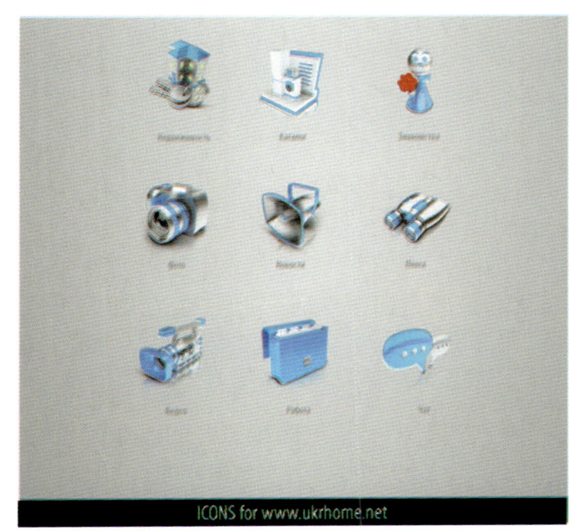

设计师Alexey的图标设计作品

统一的图标设计风格，代表了产品的基本功能特征，在视觉上的统一很容易暗示用户产品的整体性和整合程度。

创造差异化、个性化的美，强化装饰性作用

席勒曾说："野蛮人以什么现象来宣布他达到人性呢？不论我们深入多么远，这种现象在摆脱了动物状态的奴役作用的一切民族中间总是一样的：对外观的喜悦，对装饰和游戏的爱好。"

Online translator

Russian decoder

Virtual keyboard

Dictionaries

Mailer

Sound

Teaching programs

Register

FAQ

News

Submit a ticket

Troubleshooter

Live support offline/online

Iconka的图标设计作品

因此，无论是何种行业，它的产品在功能和外观上达到美的标准，这个产品就会为用户留下很好的第一印象。

而电子产品中，与用户接触最多的即为产品的操作界面，图标在其中扮演了非常重要的角色。

图标设计是一种艺术创作，能提高产品的品位

Dellustrations Creative工作室的图标设计作品

目前不少设计工作室已经将图标设计提高到了一个前所未有的高度，不但强调示意性，还强调主题文化和品牌识别，最有创造性的说法是II(Icon Identity)，图标识别作为CSI当中的一部分，也成为现代标识设计中的新的分支。

图标设计的表现方式灵活自由，可以传达不同的产品理念

无论如何，我们都要知道文字是抽象并且难以理解的（受限于多种语言的原因），那么图标作为视觉化的表达，它就有特殊的天生优势。

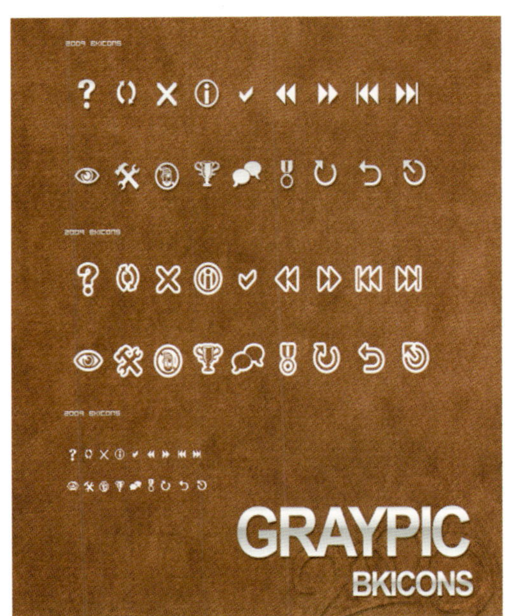

设计师Bottlebaby的图标设计作品

我们既可以选择使用线条的方式来表达简洁、优雅的产品概念，也可以使用这种质感较强的图标风格，让产品呈现出科技感、未来感较强的面貌。这就是图标设计带给产品的无限的可能。

KIDAUBIS的主题图标作品

图标设计是在屏幕上展现产品的最佳方式

如果你是一个传统企业，那么物理存在的产品是你的最佳宣传手段，观感和触感可以让用户直接为你的产品打分，但是这样的宣传受限于时间、地域等各种因素。

因此，你需要通过其他方式，包括电子屏幕、互联网、手持设备的信息等，这个时候直观展现产品和公司的任务就落到了界面设计上，而图标作为一个单独的个体元素，用它来展示产品是最好不过的。

KIDAUBIS的NIKE AF1鞋的图标

重新绘制过的图标，让产品的细节更为突出，而且由于是基于矢量技术的，因此避免了照片的位图文件在不同分辨率下失真的情况出现。

9.1.2 好的图标设计有什么特点

有不少朋友问起，如何设计出好的图标？这当中大部分的问题是，如何设计出视觉上漂亮的图标，其实图标设计在思考过程中，视觉设计只是其中的一个部分，在不同文化、不同显示载体、不同产品要求的前提下，图标的设计方式是不同的，呈现出来的最终样式也有所不同。

但是好的图标设计总有它们的共同点，我们尝试来理解如何思考图标设计的要点，掌握这些原则，你的图标设计水平将会有一定程度的提高。

视觉感受精美、细腻、结构合理

比如下面这款针对Windows Vista系统的图标设计，采用了写实的表现方式，使用了大量生活中可见的元素来表达功能对应的含义。

设计师Treetog关于Vista的控制面板图标设计

在使用写实风格创作图标的过程中，最为重要的就是元素的设计是否符合真实生活中的情况，包括外形（照相机和摄像机要能区分开）、材料（我们几乎不使用玻璃材料的垃圾桶）、角度（看得出来这是个什么，文件夹用侧面表现就比用正面表现容易理解）、大小比例（笔应该不能比文件夹还大）、色彩（地球表面没有大面积的红色）等因素。

如果脱离了这些条件，会导致某些东西看上去不像那么回事。用户在使用这类图标的时候，反映出的操作诉求是"这个图标是打印机，那么我点击后它就应该可以打印"。

兼容各种应用尺寸，主体与细节对比合适

前面提到过，我们如果针对手持设备进行设计，屏幕的大小是一个挑战，而这个挑战仅仅是开始，如果一个界面产品或者网站需要兼容多个平台的话，那么图标的兼容性会是我们第一个要考虑的问题。

类似风格的图标，我们常见于PC游戏、TV游戏、电影网站等娱乐型产品中，独特的风格以及直观的主题文化的宣扬是其成功的法宝。

【技巧】

多涉猎其他领域，比如音乐、电影、绘画流派、建筑等，可以找到很多主题的灵感；看一些宗教、物理、数学的著作，有助于提炼逻辑能力和象征归纳的能力。

主题性的设计有时候更多的是对某一种文化，或者某一种现象的致敬，其中会出现大量复现的元素，当然也有你自己钟爱的元素在其中。

不同的文化背景和社会背景的用户均可理解

针对重要的文化事件，采用一个重要的社会现象作为图标设计的背景也是一个引起关注的好方法，其中的难度在于事件本身的把握程度。

特定的文化事件有其特殊性存在，虽然奥运会是一个全人类的盛事，但是在中国举办却是全新的体验，这其中不但要融入奥林匹克的精神，也需要体现东方气韵和中华民族的特点。

采用符号性的装饰线条，重要的场馆设备以及鲜明的色彩是非常有效的做法。在不同的文化背景与社会背景中，做到图标设计意义传达的准确，需要将抽象的内容进一步具象化，而这些具象的元素必须简单，容易识别，容易引起联想。

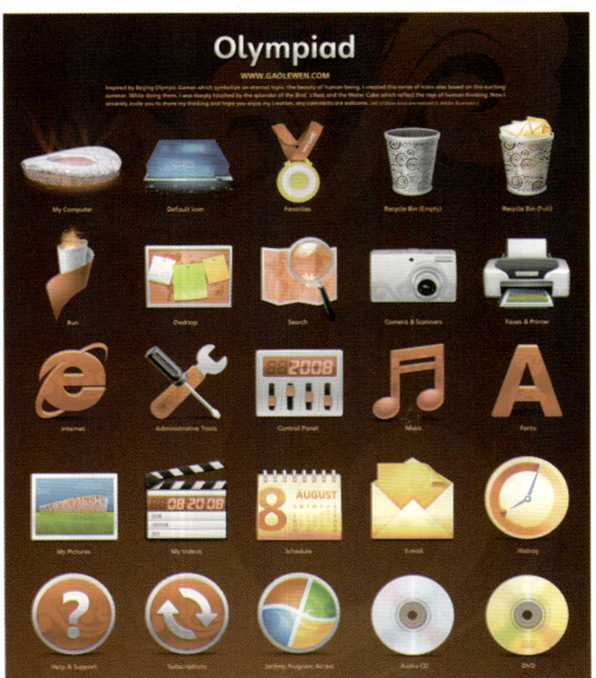

设计师Gaolewen关于2008年奥运会的主题图标设计

一些国际知名的图标设计师与设计团队介绍如下。

- Artua Design Studios（ http://www.artua.com/ ）：一个来自乌克兰的设计工作室，成立于2002年，在美国也有分部，以图标设计、界面设计、网站设计为主要业务。

- SoftFacade（http://www.softfacade.com/）：以图形界面和图标设计为主的设计工作室，位于俄罗斯圣彼得堡。

- Iconka.com（http://iconka.com/）：专注于图标设计的俄罗斯工作室，它出品的一些图标设计视频教程已被业界传为佳话。超强的写实手法是他们的秘诀。

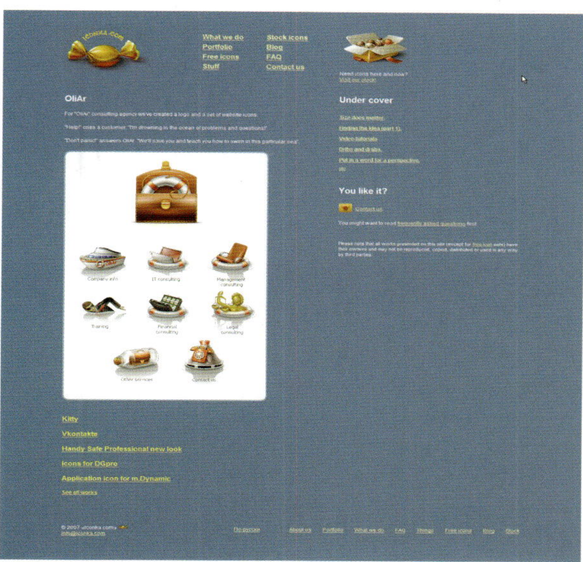

- David Lanham（http://dlanham.com/）：著名的IconFactory的设计师，美国人，图标设计作品被业内设计师奉为入门读物。

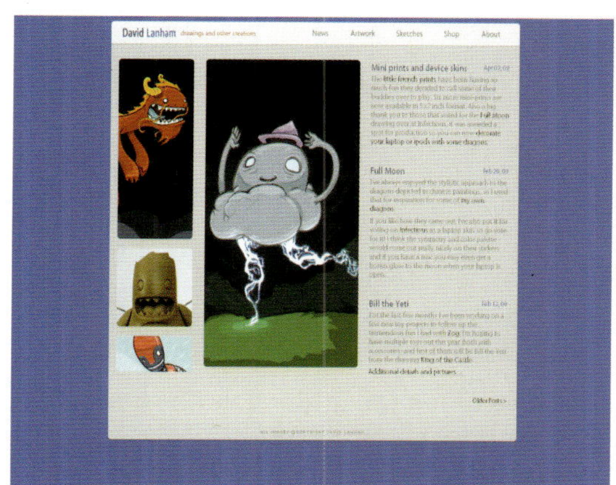

- Jasper Hauser（http://www.jasperhauser.nl/icon/）：来自荷兰阿姆斯特丹的平面及图标设计师，从2004年开始就从事图标设计工作。

- Martin Laksman（http://www.laksman.com.ar/）：来自阿根廷的设计师，作品涉及卡通形象设计、插画、图标领域，极简的风格为人称道。

- Turbomilk（http://turbomilk.com/）：又一家来自俄罗斯的图标与界面设计工作室，成立于2002年，精细的画风一直被客户大加赞赏。

- HYBRIDWORKS（http://www.hybridworks.jp/）：位于东京的个人设计工作室，由插画及网页设计师Masaki Hoshino创办于2002年。

- Icoeye（http://www.icoeye.com/）：位于俄罗斯的图形界面设计工作室，成立于2002年。曾经参与设计卡巴斯基6的主界面及所有图标。

9.2 手持设备的图标设计

就像你看到的一样，手持设备是非常特殊的产品，它不但出现在任意的场所、时间、环境，也可能被用于做不同的事情，完成不同的任务。

9.2.1 手持设备的图标设计有何不同？

手持设备的图标设计因受限于产品大小、LCD大小等情况，也就有了不同于PC端产品或者大型户外广告LCD的特点。我们来看看手持设备的图标设计在设计的过程中需要注意哪些问题。

认识到不同图标展现方式的区别

由于设计传达是以实用价值为主、象征价值为辅的活动，因此在设计过程中，选择合适的设计元素成了设计是否合理的依据。

而受限于LCD的分辨率尺寸，一般我们从600px X 480px 的屏幕，到108px X 96px 的屏幕，都有可能需要兼容。问题出现了，这么多复杂的尺寸，该用多大的图标来配合呢？

我们的经验是，图标应该不超过256px X 256px，在240px 宽度以上的屏幕上，我们可以使用3D技术来实现图标，并赋予较为精细的细节，这样有助于提高界面的视觉好感。

韩国设计师的3D图标设计作品

通常情况下我们设计的图标都保持在64px X 64px～96px X 96px 之间，这取决于界面设计布局（layout）如何处理，由于触摸屏技术的引进，我们还需要考虑图标在点击和未点击情况下的不同大小的比例关系。所以，在图标设计过程中，我们最好采用矢量技术，比如使用Adobe Illustrator来配合弹性的尺寸要求。

海边旅游主题矢量图标

而低于128px的屏幕（现在应该非常少见了），我们的图标会采用像素级的技术来绘制，有很多软件支持快速的绘制和转化像素级别的图标，比如Axialis IconWorkshop。

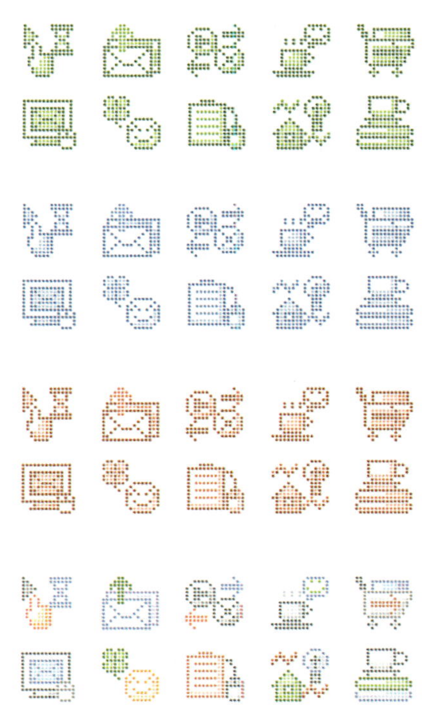

简约像素图标素材（来自站酷网站）

【要点】

图标设计专家的建议是：在合理的地方出现合理的图标才是图标设计的真正价值。

显示载体的瓶颈

前面我们曾谈到过不同类型的LCD屏幕分析，无论我们的理想如何，目前情况下，手持移动设备的LCD使用仍然达不到电脑显示屏的效果，无论从颜色显示或者分辨率来说，手持移动设备的显示载体仍然显得较为落后。

由于手持设备显示有ID尺寸的严格要求和软件驱动的限制，因此在进行设计的过程中，我们需要考虑到颜色显示的难度。不同厂家的LCD在技术规格上都有所不同，而驱动版本的不断变化更增加了我们判断的难度。

无论你使用的是什么样的手持设备，目前常见的LCD显示屏对于颜色的支持，一般仅为16位色（65536色），而大型LCD显示器通常可以显示几百万种颜色。我们建议尽量在图标设计过程中保持简单、干净的外观。在颜色（特别是渐变色）的选择上，尽量使用安全色域内的颜色，并且少用对比色的渐变设计。

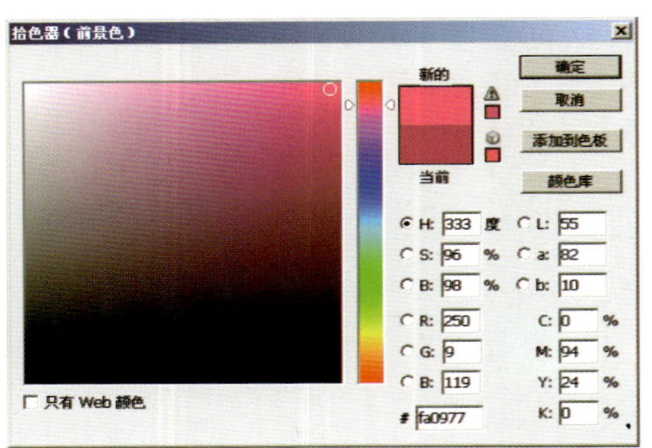

Photoshop中的拾色器

当我们挑选颜色的时候，应该注意拾色器中的色域警告符号，以便防止使用标准以外的颜色。特殊的情况是，我们的图片需要输出为GIF格式，而这个格式只支持256色的显示，因此安全颜色的控制显得更为重要。

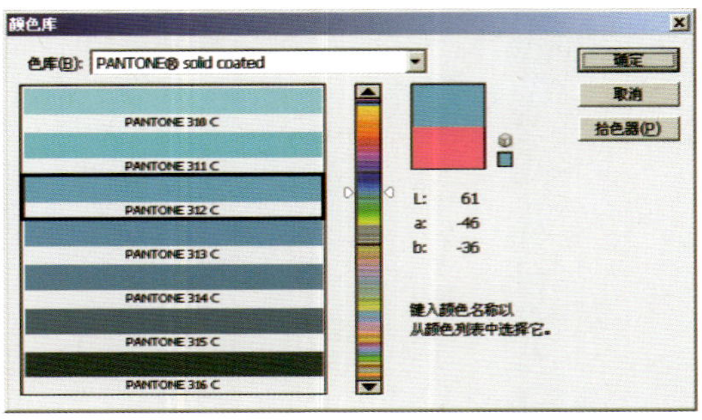

Photoshop中的颜色库

一个比较简单的方式是，我们可以使用标准色标中的颜色，这些颜色是绝对安全的，可以在任何满足国际通用颜色配置文件(color profile)的显示介质上正确地显示。

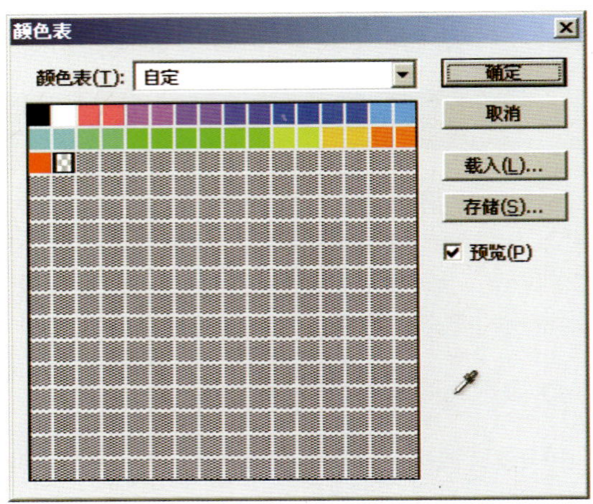

索引文件格式下的颜色表

当你的文件转化为索引文件时（这种情况通常出现在系统平台要求，或者要减低文件容量的时候），我们可以通过查看该文件的颜色表来确定哪些颜色是可以使用的，哪些颜色用于Alpha处理，这是手持设备设计中很重要的一个部分。

【要点】 

本书附录中加入了电子色谱，用于提高设计师在设计过程中选择颜色的效率。请查看光盘中的“附录”文件夹。

9.2.2 设计一个手持设备的图标

这个部分我们开始从无到有设计一个手持设备的图标，为了更好地解释图标设计过程中使用到的技术，我们挑选的案例将经由概念设计→3D设计→平面处理几个设计步骤来完成。

希望以这样一个案例解释设计一个手持设备的图标过程。当然这并不是图标设计的唯一方法，你可以直接使用 Adobe Illustrator 来绘制矢量的图标，也可以直接使用 Adobe Photoshop来绘制位图图标（包括像素的部分），甚至直接手绘图标外观并用Adobe Photoshop来处理色彩。

【提示】 

本案例所有源文件请查看光盘中第9章的“iconsdesign”文件夹。

概念设计

在进行图标设计的时候（随着教学的深入，你会发现整个GUI设计的流程都是以此为基本框架的），首先我们就应该确定一个图标的主题和元素关系，即它需要反映的是什么含义？什么文化内涵？如果它需要传达设计师的某种观念，它应该呈现出何种形态？

最终完成的图标效果图

我们的概念是希望设计一款怀旧风格的图标，通过对老旧事物的再现，表达出产品的人文特色与关怀（比如老人手机等）。由于设计师可能没有经历过那个年代，因此我们需要一些图片的参考，以研究当时物品的特色。

我们选择了一个老式电话来表示“电话本”的概念，下面是搜索到的参考图：

【技巧】

我们使用参考图片的原因是帮助我们找到有用的元素和看上去让人信赖的外观，而不是完全1:1地复制模型。由于手持设备屏幕的尺寸关系，我们不可能把一个物理元素的所有细节都表现出来，因此我们选取其中重要的结构和比较有象征性的元素就已经足够。而在材质的选择上，我们可以尽量保持原有风貌。

从这些参考图中，我们可以找到一些关键词：体型较大，直接在表面使用金属，木材则作为造型需要的主要材料，圆形的拨号盘是固定的。

从关键词中，我们很容易得到大致的外观结构了。

10.1 图形界面设计的创意

在了解如何设计图形界面之前，我们有必要了解一下目前行业中的发展情况。让我们直观地对目前中国图形界面设计行业有一个初步的了解，看一看优秀的界面设计以及背后的团队。

10.1.1 优秀图形界面赏析

以下介绍的团队都是中国目前顶尖的GUI设计团队（当然他们的业务范围可能不仅仅只是图形界面），其中的不少设计师是笔者的朋友，这里出现的任何作品，原作者都享有绝对版权。这里仅提供给读者朋友们学习，介绍顺序不分排名先后。

eico design（中国北京）：http://www.eicodesign.com/

作为中国最早成立的专业UI设计团队，eico design 成立于 2004 年，聚集了众多从事软件界面设计及互动设计领域的专业设计师，拥有多年与国内外知名企业及厂商合作的经验。主要服务提供软硬件厂商品牌界面视觉设计的规范定义，包括便携移动设备的界面设计、Windows 和 Mac OS X桌面平台软件界面设计、网站整体视觉风格设计、多媒体互动触摸界面设计……

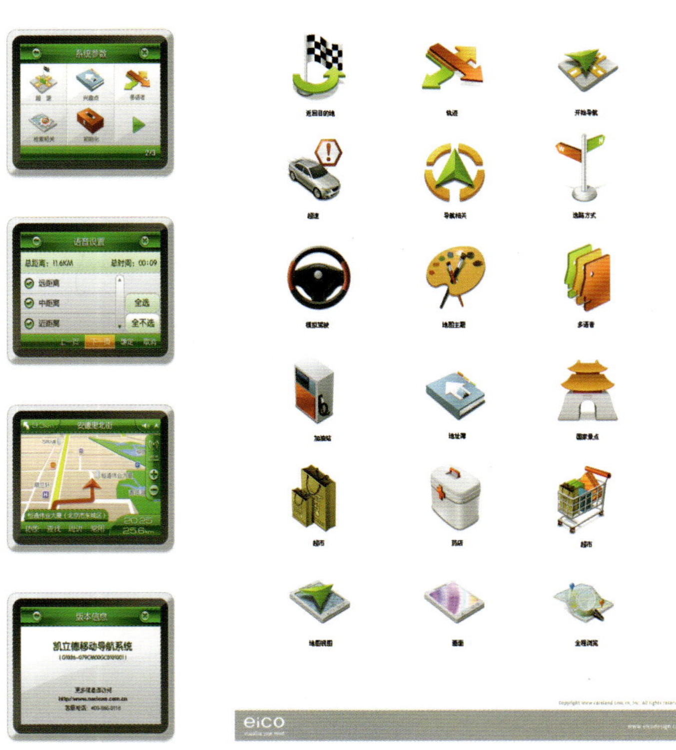

凯立德 GPS C系列操作系统

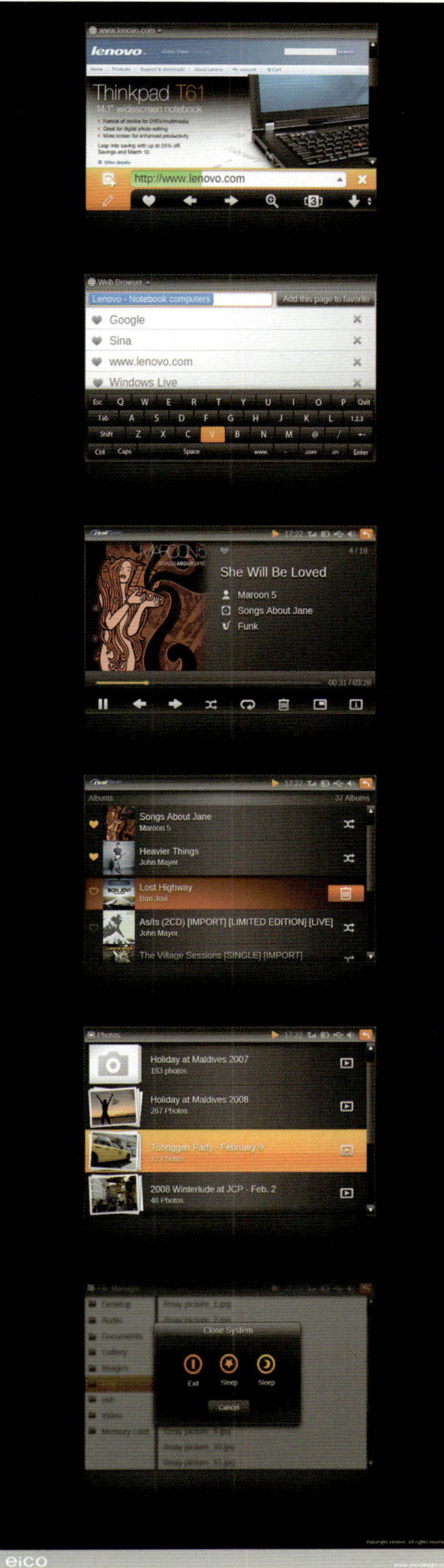

Lenovo Ideapad U8

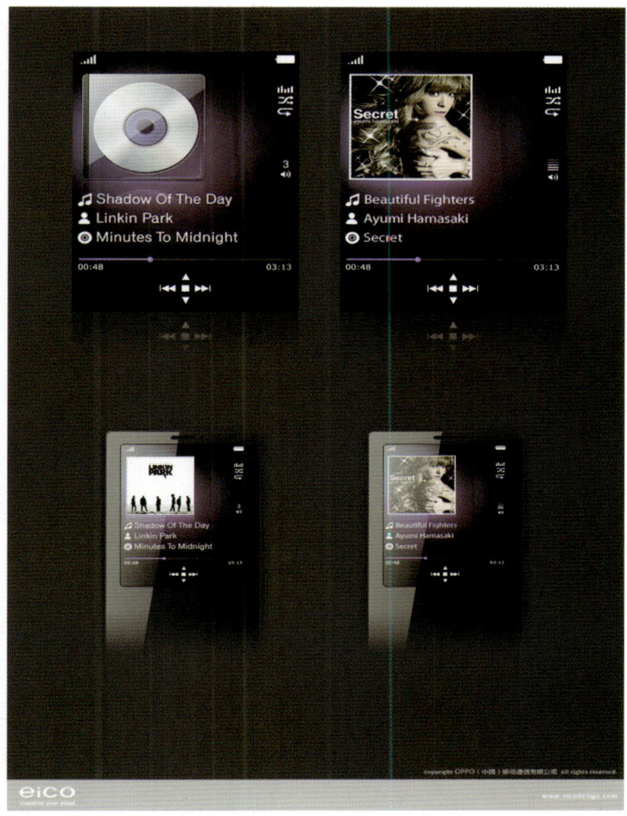

Oppo Mobile Music Player

2s-space studio（中国厦门）：http://www.2s-space.com/studiov2/

作为国内专业 UI 界面设计工作室，2S_SPACE .STUDIO 成立于2004年，是一支融策划、创意、设计、制作于一体的专业团队，是一支年轻有朝气、拥有与国内外各企业成功合作的经验 、富有创造力的团队。他们的宗旨是：力求为客户提供最高品质的服务。并愿以专业的素养、敬业的态度、科学的流程，为客户提供及时、准确、完善的设计服务客户认知其品牌以及产品的价值和潜力，在市场上获得成功。

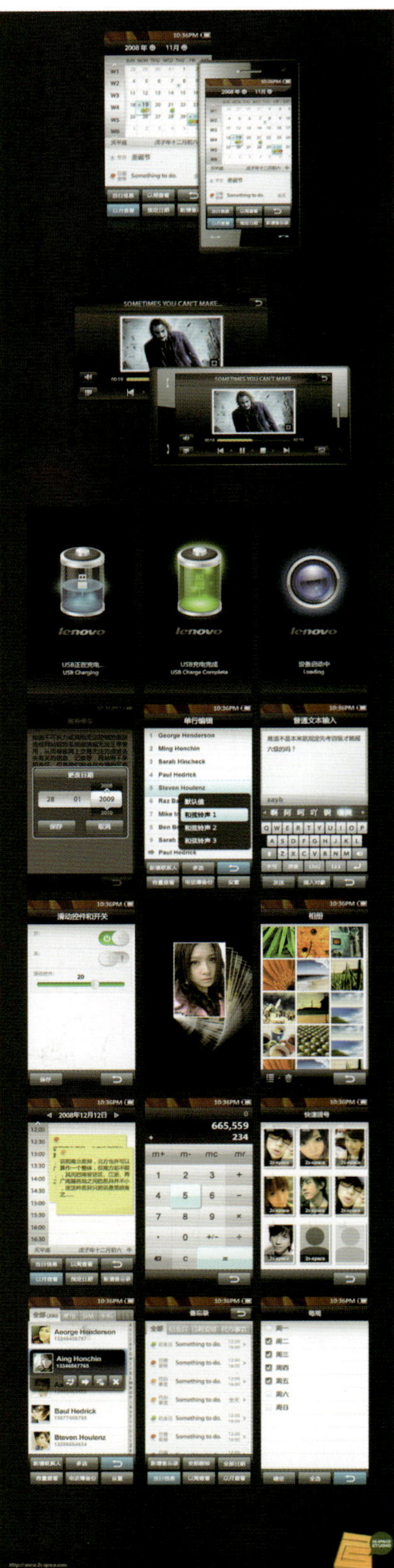

Lenovo X1 手机界面设计

ROEWE GPS界面设计

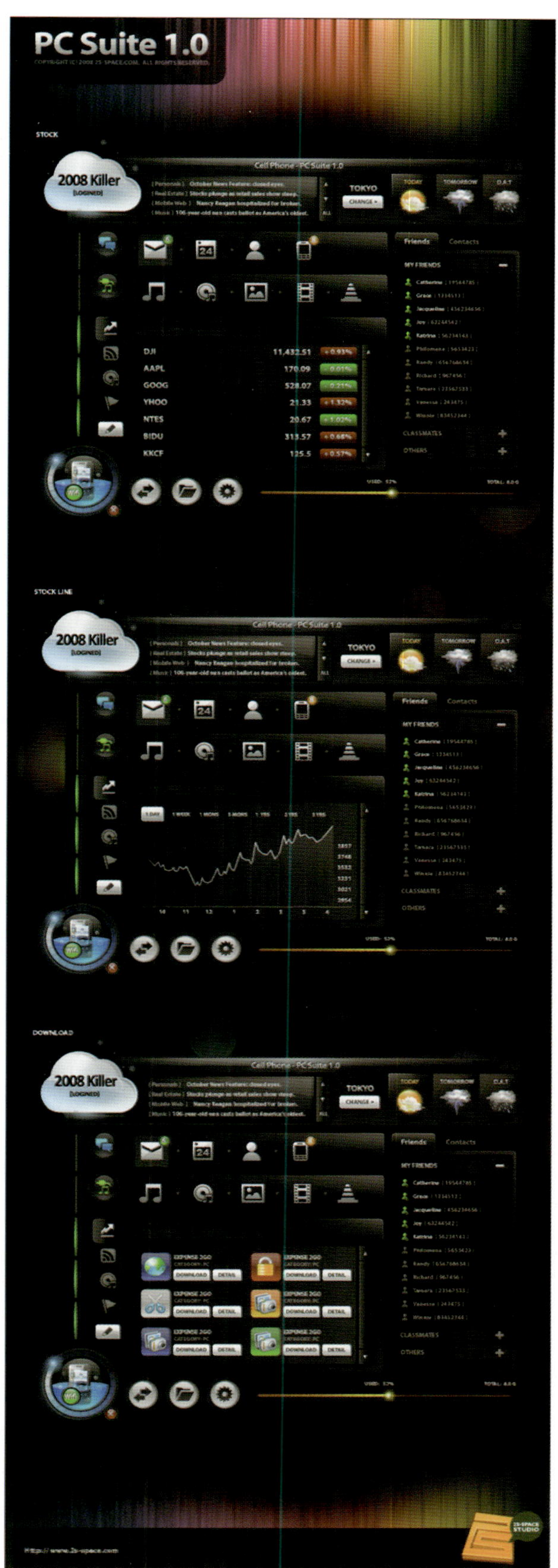

中国移动PC Suite界面设计

SkyUI（中国西安）：http://www.skyui.net/

西安超人科技有限公司（SkyUI）成立于2003年，是一家提供企业整体美术包装、软件GUI界面设计、手机及手持设备界面设计、网络游戏美工、Flash创意制作、插画设计、动漫设计等专业设计服务的高端美术设计机构。

联想Pocket PC手机的设计界面

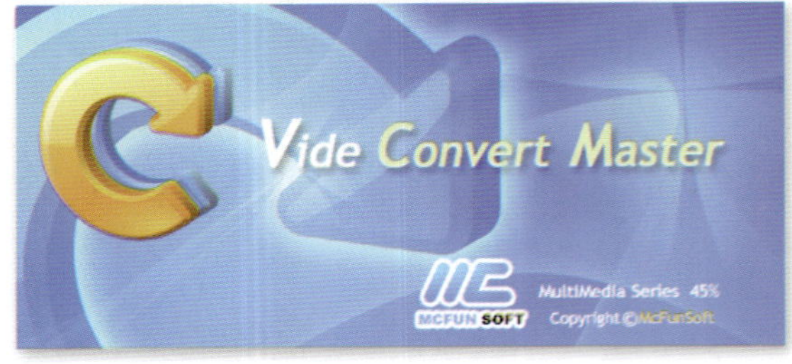

数字麦田多媒体格式转换工具VCM的界面设计

MetalStone的桌面主题

Reooo（中国武汉）：http://reooo.com/

Reooo的设计服务范围包括：CS/BS软件界面设计、网站界面设计、软件Logo和图标设计、播放器皮肤定制。具备多年GUI方面的实践经验。对于交互和图形的结合有自己独到的理念，并持续钻研业界领先的图形表现手法和人机对话概念，坚持用出色的作品说话！

Milledock工具软件

变形金刚主题播放器皮肤设计

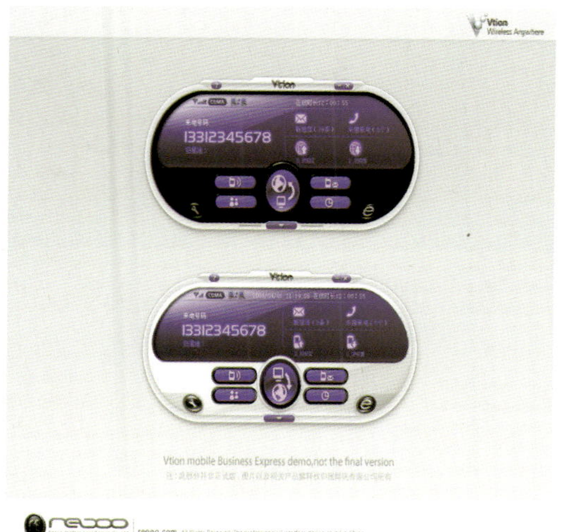

Vtion无线网卡软件DEMO

EIDCENTER（中国广州）：http://www.eidcenter.com/

EID正式成立于2007年6月，是一个聚集国内数名顶尖设计师，具备综合设计能力的设计团队，拥有多年与国内外知名公司丰富的成功合作经验。该设计团队以提升客户品牌竞争力为导向，通过高质量的设计和周到的服务满足客户需求。EID充满活力和创造力，其目标是为客户提供独一无二的视觉体验、树立品牌形象。EID凭借自身的丰富经验在业界获得了良好的信誉。

iPhone life style

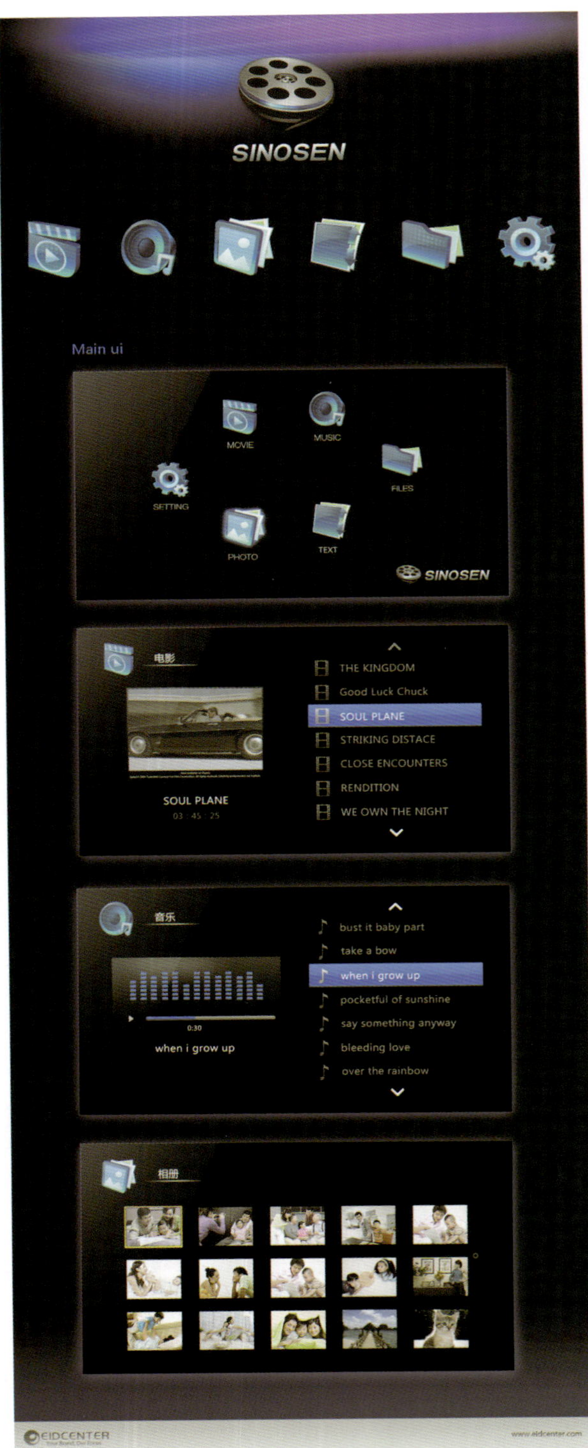

SINOSEN公司电视界面设计

Watch Phone手机界面设计

【故事】《手持移动设备交互与界面设计精要》

1. 什么样的手持移动产品需要界面设计

目前的社会生活中，我们最为重要的生活化手持设备有：手机、GPS、MP3、MP4和掌上游戏机（PSP、NDSL等）。

另外还有一些手持移动设备在特定情况下有较为重要的作用：如手表、指南针、遥控器、对讲机等。

我们现在能够看到的经过“设计”（大部分也许称为美化更合适）的手持移动设备的界面主要集中于手机和GPS，以及一些娱乐产品，这有以下几点原因。

（1）产品的快速消费性质和娱乐化的需求，导致产品的更新非常快，而且每个品牌间需要明显的差异化识别。

（2）用户的个性化需要，由于这种产品除了满足个人的娱乐需求，还要承担一部分用户的虚荣心展现的要求，所以个性差异是直接推动设计需求的重点。

（3）都有合适的界面承载端，也就是展现交互界面所需的LCD等硬件环境，并且这些产品主要是由软件驱动的，因此合理的界面成为用户的唯一操作入口。

那么是不是其他的手持移动产品就不需要界面了呢？其实不然，在产品进入三网（互联网、无线网、电视网）合一，并且强调数码化的今天，越来越多的产品在将自己的功效边际模糊，我们的手表也能发送短信，我们的手机也可以遥控电视……

因此，广义来说，任何的手持移动设备都是需要界面设计的，而这样的情况使得我们的设计可以更加开放和自由，也给这个领域的UI设计师带来了更多的展现空间。

2. 手持移动产品界面设计的挑战在哪里

首先，手持移动设备受限于尺寸的因素，大部分都是小屏幕，无论是在物理尺寸还是在分辨率方面，都无法和大型的娱乐设备抗衡，但也因为如此，它的灵活性与传播性是其他产品无可比拟的。

我们的第一个挑战来自显示空间的有限，设计师应该尽量保证文字和图片的易读，无论是否较大尺寸屏幕（2.8寸以上），建议字体的大小不要小于14px（中文）和12px（英文），特别是在一些文字内容为主的操作界面上，比如收发短信等。而间距和行距也是影响整体易读的重要方面。

手持移动设备的特性是它会出现在任何地方，这将使得我们必须考虑光线、声音、气味、社会场所的道德规范等问题。我们的界面设计中应该包含对于这些因素的关怀，比如夜晚中，我们的图片和字体是否依然可以识别；在嘈杂的环境中，我们的提示音是否可以突出而有差异性；在电影院中，我们的界面是否可以调节背景光的亮度？

设计区别于其他特征的改造在于是否美观，我坚持认为设计必须是美观的，当一个界面被呈现的时候，它是最先打动用户的产品特征之一。而过小的屏幕和有限的发光强度，让我们的设计变得更加困难。在一个有限的屏幕内合理地分配文字和图片的信息量被认为是一切设计任务的开始，我们需要精确到1px的大小来考查设计元素。颜色方面使用较明亮的色彩，一般是为大多数用户接受的，当然黑色会看起来很酷，不过你要保证需要操作到的图标和提示的文字有足够的对比。

个性化的真正指导意义在于它是可以被替换的，因此对于系统中不可替换的部分，我们在设计界面的时候要给予充分的考虑。用户会定制自己的壁纸，动画，甚至是图标，那么如何将这些定制化的内容整合到我们的原始设计中呢？给予设计足够的兼容性是非常大的困难，这就需要设计师做通用化的设计。

优秀的界面设计的价值远远超过了基本的应用和美观，在手持移动产品中，一个重要的用户行为是分享。比如，一个手机上好的音乐、好的图片、好的主题……这些都是在社交活动中可以传播和分享的资源，而一个好的界面设计可以融合这些内容，作为一个打包方式在用户群中广泛流传，并取得很好的口碑。目前有一些国外的品牌已经在持续做这样的“设计包装”的动作。

3. 手持移动产品界面设计的限制来自哪里

对于用户界面的设计，最大的限制来源于两个方面：硬件和软件。

由于受到供应商合作、成品品质、成本控制、市场周期等多方面原因的制约，大部分的配件在搭建产品硬件环境时，未必能够很好地体现界面设计的效果，其中芯片速度和LCD的显示质量尤为突出，由于芯片处理速度和LCD刷新率、分辨率硬指标的问题，我们现在仍然会在大量的产品上（尤其是国产的很多手持移动设备产品）看到拖尾、水纹、抖动、动画帧频不一致等现象，而这样的品质给用户的感受就是产品本身的缺陷。

软件方面的限制来源于嵌入式平台、版权协议和不开放代码的限制，比如国内使用最多的MTK平台，虽然便宜、更新效率高，但是由于接口的封闭和不够开放，导致过多的厂家被限制在其平台上，无法提高自身的设计水准，而高额的版权技术使用费，导致现在我们仍然无法在各产品上兼容播放Flash等文件。

设计师本身的问题也逐渐在手持移动设备行业暴露出来，由于客户与厂商本身的不重视，加之技术门槛较低，使得大量的传统设计行业转型过来的设计师加入其中，而其中不少设计师缺乏对于数字产品的理解、行业的经验以及硬件环境的了解，使得设计出来的作品让产品的最终实现环节雪上加霜，久而久之，厂商将更多的关注放在了外观和硬件这些可以快速见到收益的部分，导致国内的“山寨机”横行。这不但是设计缺位引起的意识缺位，也是这个设计领域不规范、不成熟的结果。作为职业设计师，应当承担起教育老板和客户的责任，将用户界面设计的人文价值和经济价值提升。

用户群本地化的问题也是手持移动设备界面设计的重要环节，考虑到各国语言和文化的不同，在针对不同市场环境中，设计师对于该市场的研究和用户的分析是极其重要的。在这个用户研究的环节上，我们国内的设计师做得尤其不够。我们会看到很多拿着低薪的设计师在设计着号称“奢华”的手持移动设备，很多连外省都没有到过的设计师设计的产品远销到欧美，这样的产品势必是经不起推销的，缺乏对于当地用户和市场的了解，对于各个消费层面的观察和研究，产品的设计也只能是老板和设计师的一厢情愿，导致最后出了什么问题还不自知，只有降价抛货了事。

是花费一些预算来解决这些问题的限制，还是坐观问题的蔓延和反复导致产品最后的失败，我想哪种方式更加的节省成本，不言自明。

10.1.2 开始设计手持设备的图形界面

下面我们开始动手设计手持设备的图形界面，在设计之初我们还需要了解以下一些事情。

理解不同地域、文化背景、社会环境中的界面风格

亚洲市场讲究的是时尚设计，甚至是有情感因素的手机；欧洲市场对设计的要求一向都是简单洁净；美国则注重实用性。这样的风格特征是受到文化背景影响的，不但是在手机，在其他的移动设备和电子消费类产品中，我们也很容易感受到这点。

欧洲手机：界面设计的延续性很强，变化比较少，以诺基亚等品牌为代表。

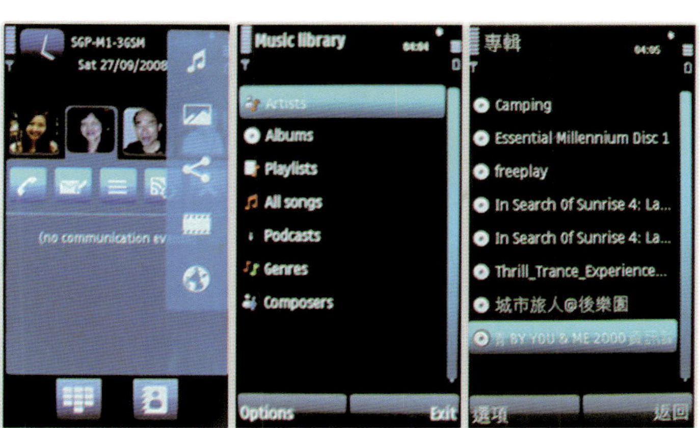

诺基亚 5800XM 界面

韩国手机：界面设计风格大胆，对图标和图形的表现使用多种手法。

다운로드 대기화면이 필요없는 기본 대기화면

三星SCH-W750界面（韩国版）

日本手机：在外观、图形、技术、交互方式上较有新意，界面设计清新、简洁。

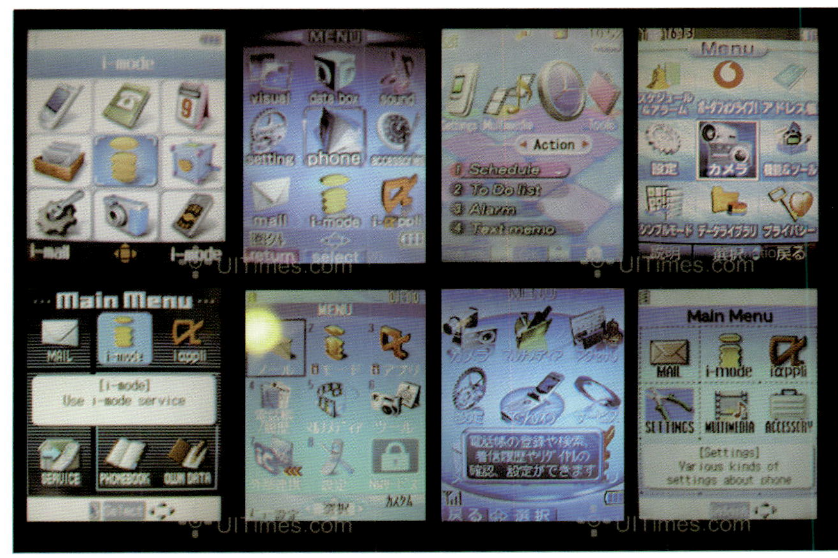

日本手机界面收集（来自uitimes.com）

界面设计应清晰、简明地解释功能

KTF ever手机界面演示

界面设计的基本作用就是通过图形化的语言告诉用户如何使用这个功能，用户能直观地判断这个功能可以完成什么任务。

比如，一个日历功能对应的界面应该是我们日常生活中熟悉的日历的样式，这样用户就很容易了解这个功能的具体作用。MP3播放器应设计成普通的音乐播放器的样式，包括按钮的对应，这样用户打开界面后就知道如何播放。

在手机功能日趋复杂的今天，我们的界面设计更应该非常明确地指示出对应功能的具体作用，这样用户能够在操作切换中，节约出更多的时间，降低学习的难度。

界面尺寸的趋势

随着显示技术和显示载体的不断发展，我们的界面设计也需要跟随硬件的发展来迁移，以便获得更好的设计效果，满足用户更高层次的视觉需求。

根据Mbricks数据分析平台显示的数据，以2009年来说，LCD的分辨率显示向240px X 320px 大小或更高的数值发展，而之前的128px 和 176px 宽度的屏幕会逐渐被淘汰。

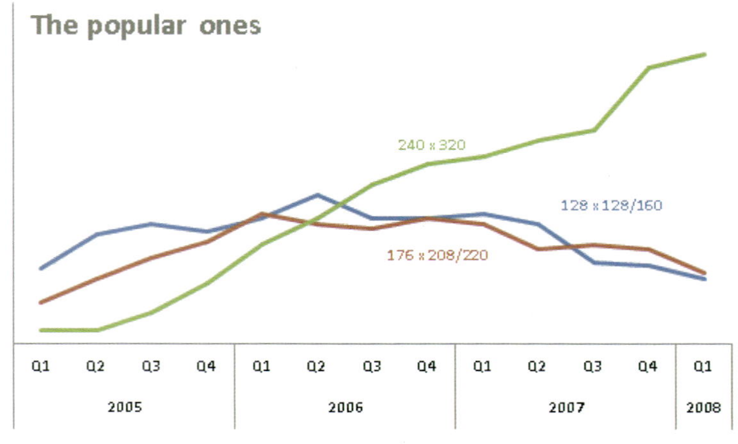

流行LCD分辨率变化

我们预测在未来2～3年内，宽屏的LCD显示，以及兼容横向和纵向显示的方式会快速占领手持移动设备领域，最大的分辨率显示有望达到800px X 480px。但这样的分辨率要成为主流，还需要突破LCD尺寸的问题，因为LCD的尺寸会直接影响到产品的尺寸。

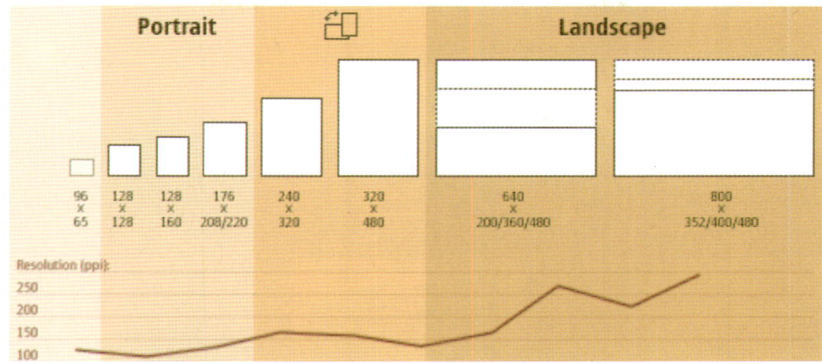

流行LCD分辨率变化

在LCD物理尺寸上，Nokia、 LG、Samsung、Sony Ericssion等品牌最新推出的产品中，普遍使用了3寸或3寸以上的屏幕，获取更大的操作空间和可视面积已经成为下一代手持移动设备的主流方向。

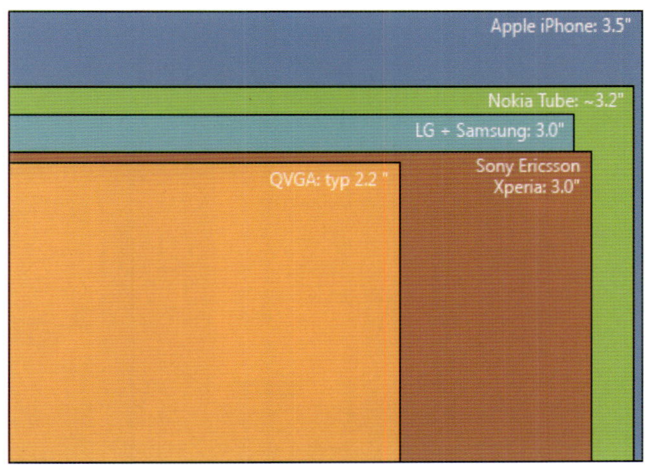

屏幕物理尺寸的变化

而在屏幕比例方面，因为强调智能平台的使用，多种第三方软件、游戏和强大的影音功能成为了消费者热衷的产品特点，因此在LCD的选择上，支持宽屏比例的分辨率模式获得了青睐。

其中16：9的比例模式是目前流行的趋势，我们相信近两年的产品中，这样的比例会越来越多地被应用。

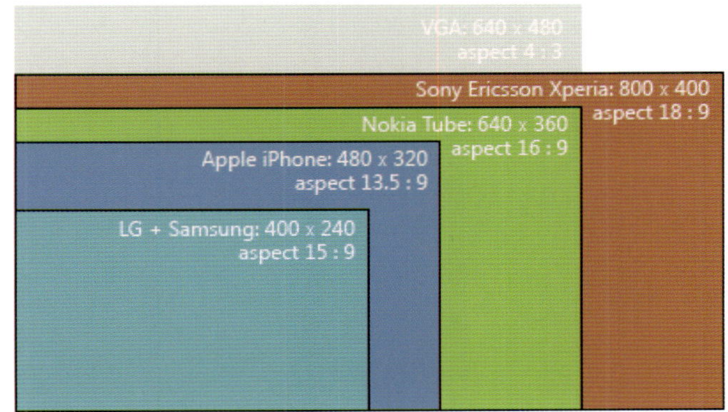

屏幕比例的变化

风格一致性是成功的关键

无论是针对什么品牌的设计，界面的统一性总会给用户值得信赖的印象，而使用相同风格的界面设计，使得用户对界面的理解也更容易，减少视觉的过度跳转，界面之间的切换会降低用户的焦虑。

一致性包括使用规范的界面元素，也指使用相同的信息表现方式，如在字体、标签风格、颜色、术语、显示提示信息等方面。

Lytous设计作品：Orange Sky主题界面

注意与ID设计的匹配

- 产品按键的字体应与界面内出现的字体（尤其是拨号等模拟键盘外观的界面）一致；
- 产品的质感应该延伸到界面的质感中；
- 产品的颜色和界面的颜色需有一定的联系。

我们来看看索尼爱立信的XPERIA手机是如何做的？在待机界面的颜色显示中，机身侧边的LED循环闪光和界面的色彩进行了统一。

索尼爱立信品牌手机—— XPERIA

让界面设计更易懂、易用

坚持让你的界面易懂、易用，不但是UCD设计思想的建议，也同样能帮助你使设计项目的推进更为顺利。一个简单易懂、便于使用的界面，会节约大量的沟通成本，软件开发人员会更清楚你的设计需求，用户也减少了学习的时间。

Anycall SPH-W7900 的 Haptic UI

界面应有吸引力，愉悦身心

在这点上，一些韩国的厂家对其产品的界面设计做得非常到位。我们来看看韩国i-station品牌在界面设计方面是如何要求的。

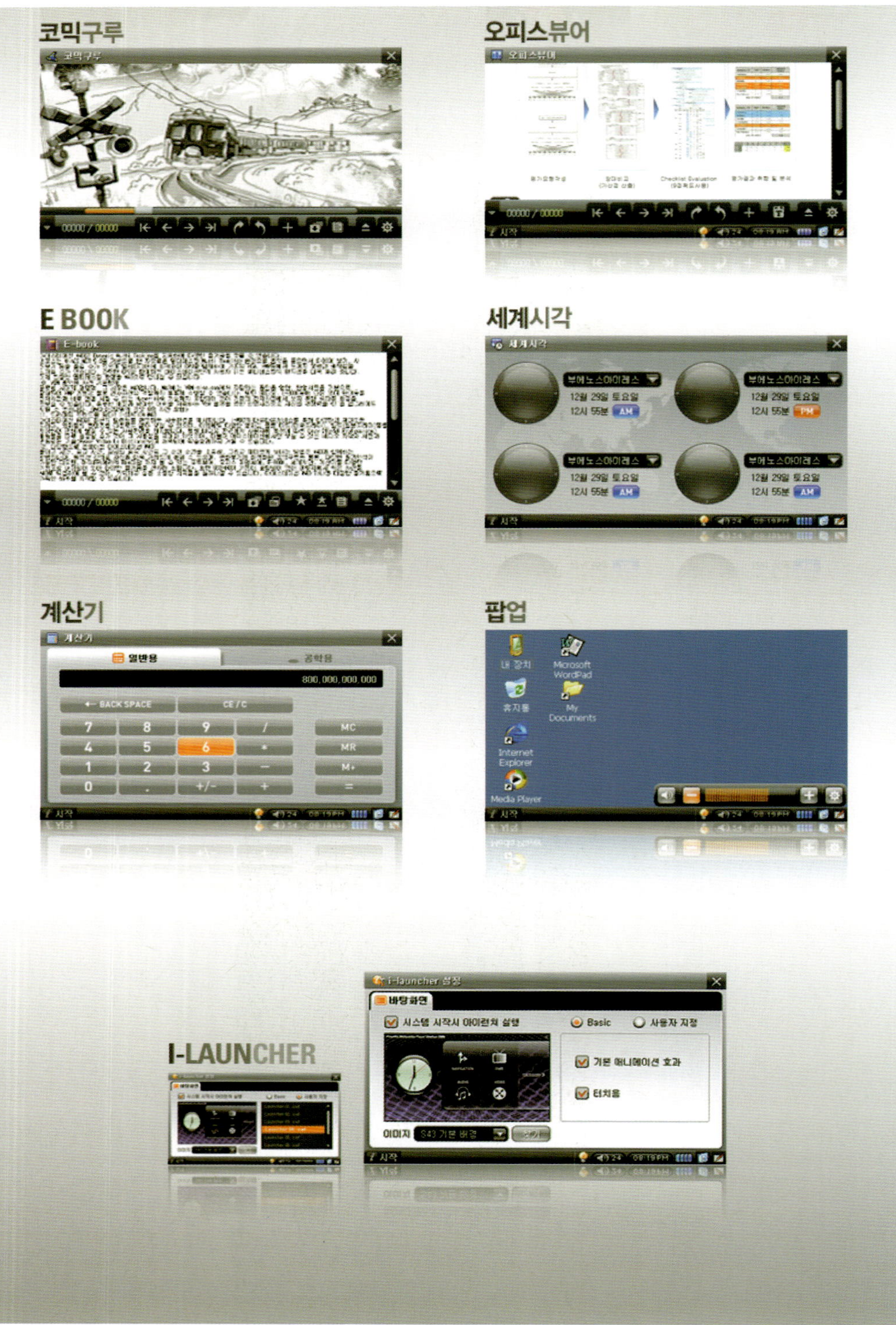

I-LAUNCHER 界面设计

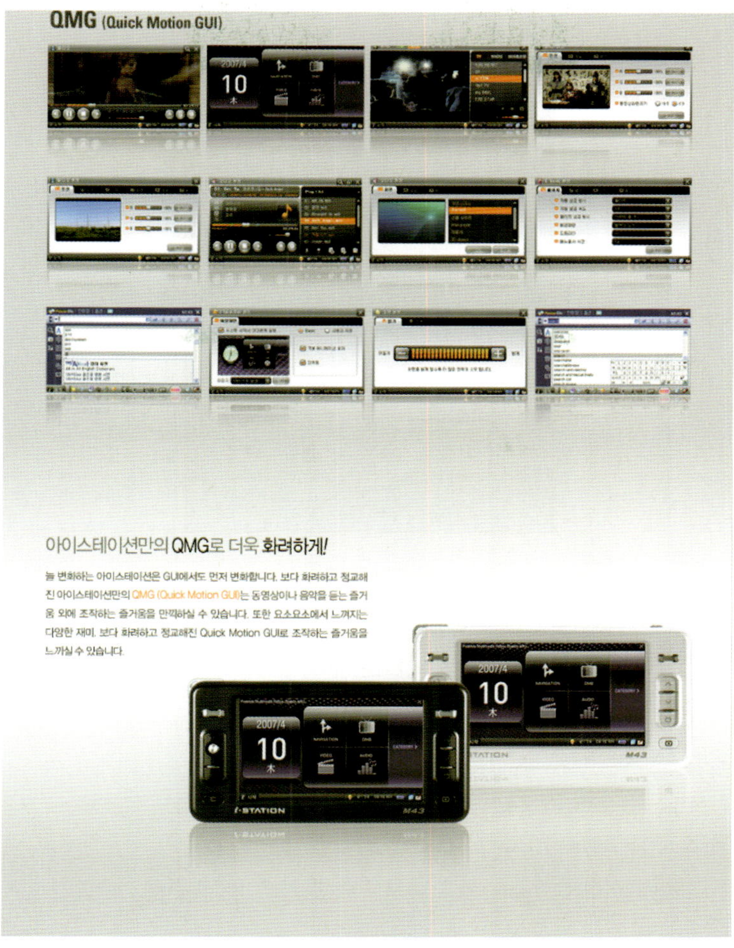

Quick Motion GUI界面示意

【要点】

笔者收集了i-station品牌目前为止所有上市的移动设备的界面设计，请浏览光盘中相关章节的“i-station”文件夹进行查看。

10.2 【案例】手机MP3播放器的界面设计

相信在了解了以上的这些设计建议后，你在界面设计过程中应该有了比较清晰的思路。下面我们以一个界面的设计过程为案例，来解读设计流程。

【要点】

下面这个手机MP3播放器的界面设计教程，包括功能的定义、交互设计与界面设计的流程，由于篇幅的原因，这里只介绍了比较重要的阶段性关键过程，适合有一定界面设计经验的设计师阅读。

【声明】

该播放器为商用的版本，这里只做解说，CK-telecom集团保留所有的版权和产品拥有权，请不要使用该教程的任何元素，以及自己制作类似的界面应用到其他产品中。

我们先看一下最终的产品效果：

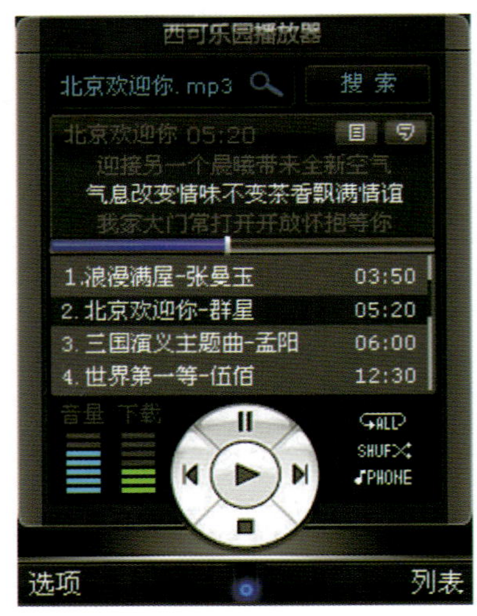

界面完成效果

10.2.1 产品定义

定义一个已经拥有基础功能的产品是不容易的，因为要平衡到老用户的使用习惯与新用户的功能需求，所以定义产品的基本功能和功能限制是首先要做的事情。

笔者对这个产品的定义是："一款可以下载、自定义并兼容互动功能的音乐播放器。"当然在手机网络时代，兼容交流需求也是必需的，但不是主要功能，所以只留下功能入口。

产品的关键词： 音乐、播放器、下载功能、歌词显示、音乐搜索、歌曲识别、讨论社区入口。

看看，这么多的功能，需要在一个仅有 240 x 320的空间内提供解决方案，我们的挑战是很明显的。但是只要我们思路清晰，并且合理地构建产品的结构，这些都不是问题。

基于以上的分析，我们得到了以下的功能定义图，它是我们设计的依据。

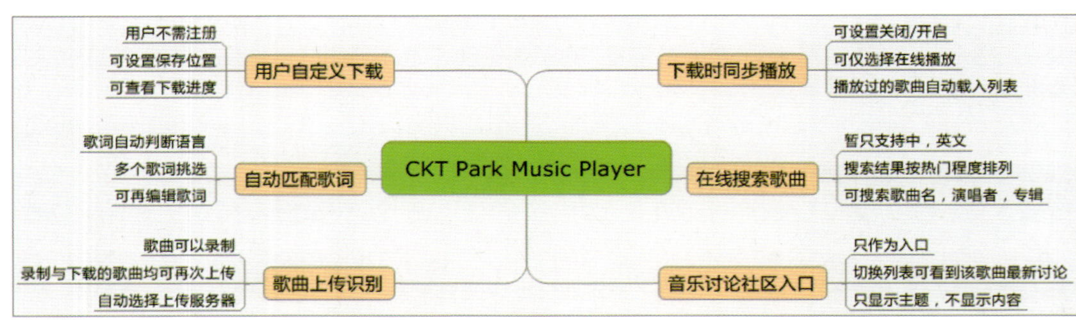

功能定义

10.2.2 交互设计

现在我们知道，这个产品有6个大的任务需要处理：搜索、下载、播放、歌词、上传识别、讨论入口。

在多任务的环境中，我们需要注意的一个区别于PC端的特点是，承载这款产品的手机是不是带touch lens（触摸屏）的，由于屏幕和导航方式的单一，造成我们不能自由切换所有的焦点，这也许会和你的想法冲突。

由于带有touch lens，所以我们的布局可以进行开放式的设计。下面列举其中一个功能点的交互流程，便于说明设计思路。

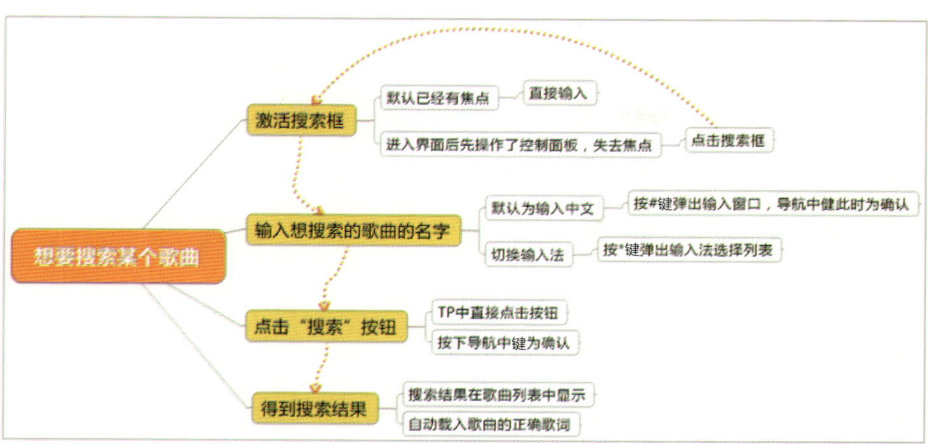

交互流程设计

10.2.3 界面原型

绘制界面原型是进行视觉设计之前的工作，我们先确定页面的结构和比例。

首先我们把默认的 title bar 和 softkey 区域留出来，这个是手机平台的特性，就像我们在PC平台上的窗口栏与状态栏一样，不可变化，是必需的显示操作区。

然后我们按照交互设计的逻辑重要性布局界面。

搜索→歌词→进度条→歌曲列表→控制面板

在确定了大范围的框架后，我们还需要对各个部分的尺寸和比例进行定义。如果有经验的话，可以不用标准坐标尺寸。当然在最后输出为软件使用的图片包的时候，你应该知道既定的软件尺寸规范。

【提醒】

参考线的建立必须是基于pixel的，这一点请注意。

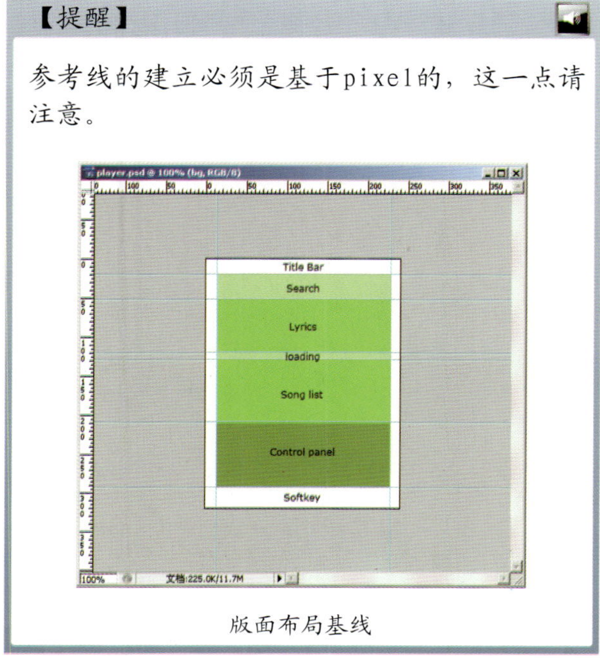

版面布局基线

10.2.4 视觉设计

色彩设定

首先我们要做的是设定界面的色彩风格，希望这个产品是时尚的，而且很酷的，因为我们的用户都是年轻人，喜欢音乐和旋律、喜欢分享、喜欢视觉的冲击……

仔细研究目前市场上的手机，先锋性和音乐性为主的手机60%以上都是黑色的ID外观，无论是采用金属材质还是塑材，无一例外。因此黑色的界面更加让整个手机看上去协调。

设定色彩我们主要分为：主色、辅色和操作提示色三个部分，使用十六进制的代码便于图片在软件中的提取应用，可以方便地转化为RGB对应值。

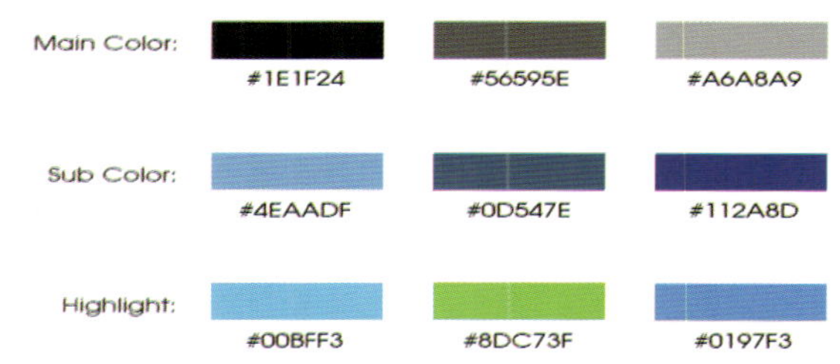

色彩设定

绘制界面细节

界面细节的绘制体现整体的质感和界面最后的视觉品质，建议界面的质感尽量简单而突出，设计的一些亮点来源于一些想法，这个界面的原始想法是一个音箱的箱体内部。

有很多朋友问我，一些精确的质感效果如何描绘？其实当你把它放大到800%的时候，一切都不是秘密了。对了，如果你希望更方便的话，可以把它定制为样式，下面是一些界面的重要细节的放大图。

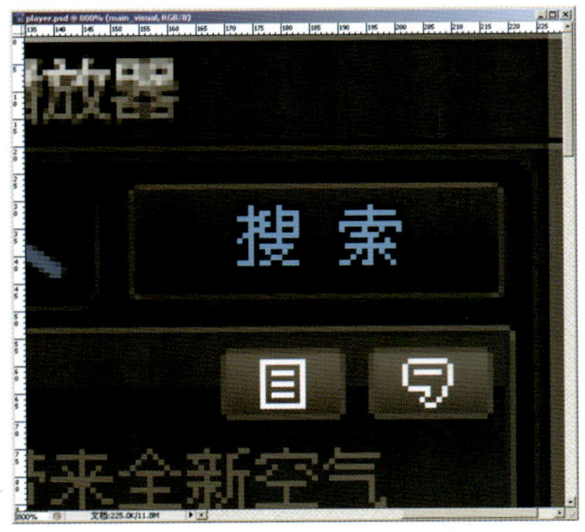

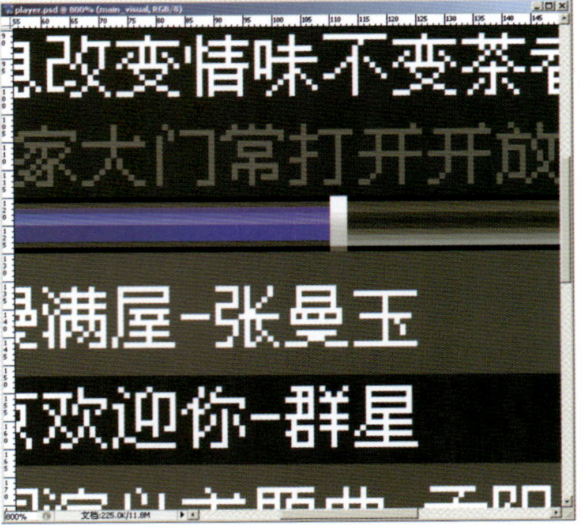

按钮使用描边和填充透明色可完成，右边的面板背景使用了自己绘制的像素线条，然后做pattern tile 处理。

进度条的部分仅使用了带颜色的反向渐变，而softkey的背景是直接绘制的元素，然后使用了glow效果。

10.3 【案例】移动设备主题界面设计

下面我们通过设计一个主题界面的演示，来进一步了解手持设备界面设计的细节问题。

CKT theme 界面设计完成稿

【要点】

该案例的源文件请查看第10章“CKT interface”文件夹中的文件。

通常我们在进行界面设计展示的时候有两种方式。

- 简易罗列（simple list）：将设计好的界面以文件夹打包的方式进行命名，或者写入PPT进行幻灯演示。
- 演示型（presentation）：为你的界面设计一个整体的视觉提案，这既有可能是一个演示界面，也有可能是一个Flash的互动演示文档。

这里的案例我选择了更好的界面展示方法——演示型（presentation）作为讲解，我们会从零开始完成一个主题界面的设计演示。

01 在Photoshop CS4中，建立一个演示的背景，演示的背景选择特别的纹理，有助于画面的节奏，不会显得过于单调。当然，这和界面本身的风格也有关系，如果你的界面设计比较精致、复杂，则背景可以选择比较简单的线条或色块。

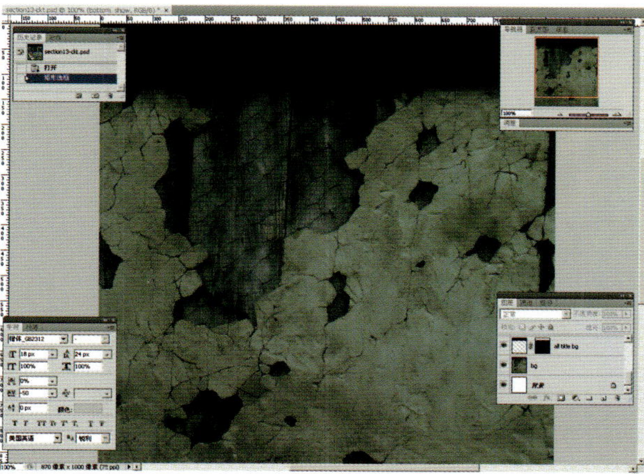

背景材质

02 放入我们产品的Logo识别特征和产品宣传口号（slogan）。一般我们选择在顶部放入这些信息，主要是起到说明的作用。为了整体的界面效果，可以在细节处修改显示方式，比如排列和文字颜色等。

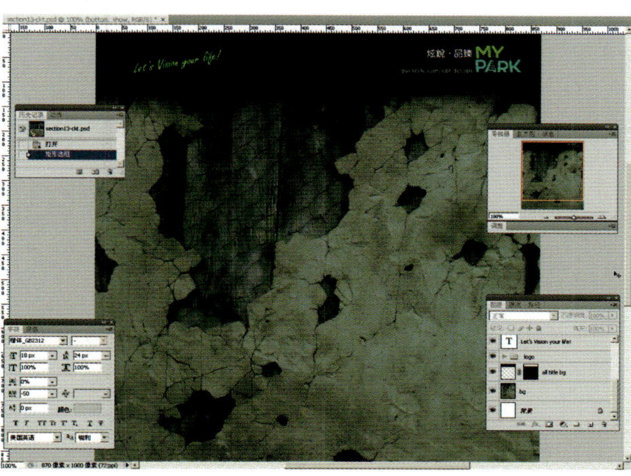

加入主题词后的界面

03 在中间位置添加界面演示的区域，由于我们只演示3个基本界面，所以区域的间距可以稍大。而在演示界面过多的时候，我们有可能需要用到标签的互动设计。

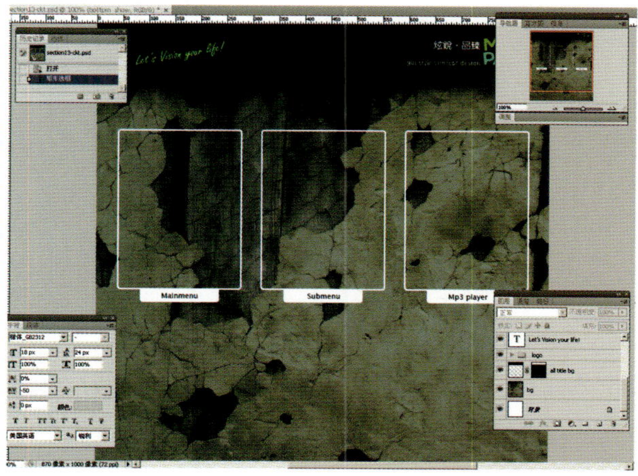

添加界面演示的区域

04 在制作界面的细节时，1像素高的高光是我们经常使用的，它的制作方法很简单，选择1像素高，任意宽度的矩形选区，然后使用渐变工具从中部进行填充即可。

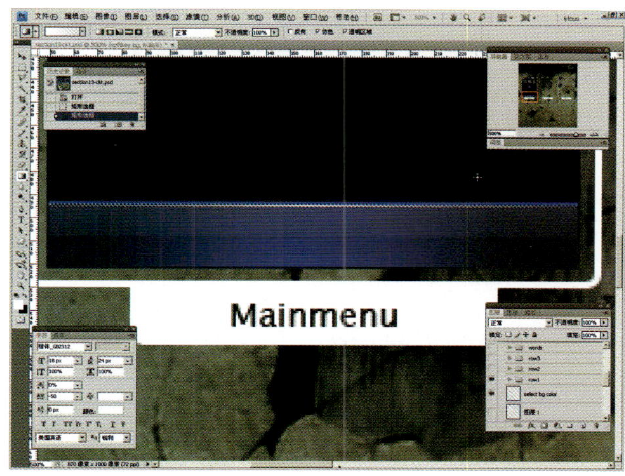

制作像素级别的高光效果

05 一般在手持设备中，顶部状态栏（status bar）都是放置即时状态提醒图标的。由于手机的即时状态很多，这里一般使用像素图标来表示当前新状态，比如有新短信、有未接电话等。

06 始终重要的是设备当前的信号强弱以及电池的剩余电量。而这里的设计，还加入了当前时间的显示。

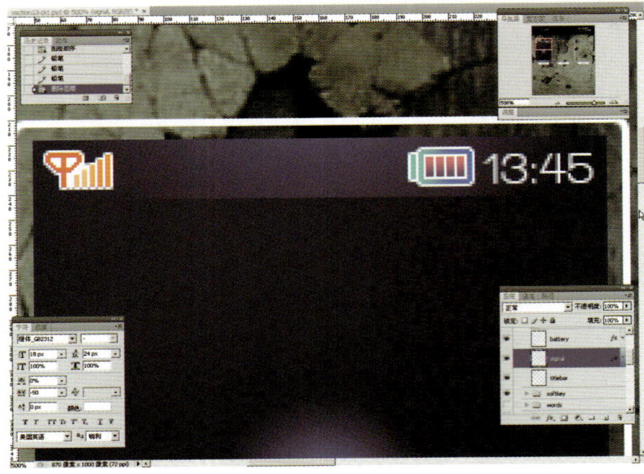

顶部状态栏

07 底部操作栏（softkey）一般都是当前界面的功能操作按钮，不同功能的界面，softkey的对应操作会有所不同。

【技巧】

我们使用的手持设备的LCD分为两种，普通型和触摸型(touch screen)，针对不支持触摸操作的屏幕，softkey的操作提示和入口显得尤其重要，而针对触摸型屏幕的时候，在只有确认(或者选择)操作的前提下，某些softkey是可以省略的，这取决于设计风格的需要。

底部操作栏

08 放入我们设计好的图标，主菜单的样式就完成了。这里我们使用的是常见的九宫格（matrix）的模式，专业的说法是"矩阵式"，因为这样的布局模式还存在12宫格，16宫格等不同结构的情况。

【要点】

作为软件平台的描述，我们常用的主菜单布局大致可分为：矩阵式（matrix）、环绕式（circular）、列表式（list）、单页式（page）、标签式（tab_degree）和循环式（rotate）。

09 不过随着现在平台技术的多样化，我们也会常常看到不规则的场景化的界面。某些主题式（游戏、电影）的界面等则不能用以上的名称来命名。

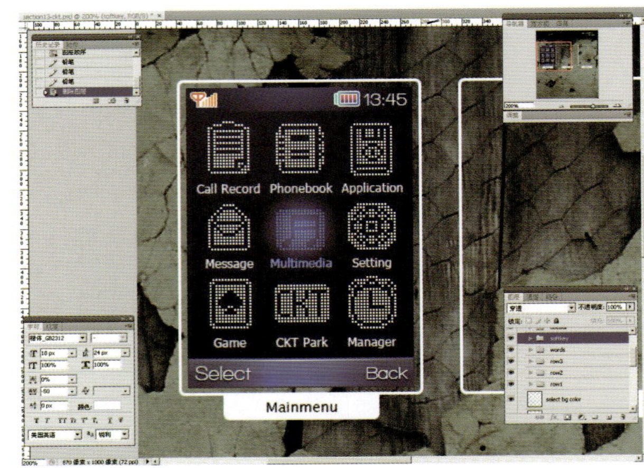

主菜单效果图

10 进入二级菜单的设计后，我们需要更改一下界面的细节，这时候标题栏（title bar）变成了当前界面提示的重要元素，通过左右切换，我们可以改变当前二级功能的位置。通用的做法是status bar要在title bar之上，不过这里使用了反传统的设计。

二级菜单标题栏

11 二级菜单由于是列表显示功能选项的，那么不可避免地会出现滚动条。滚动条的设计也是二级菜单中很重要的方面，你甚至可以在滚动条上制作动画。而设计滚动条的时候还有一个要点：当前显示的选项如果存在翻页情况，最后一行的文字最好只显示上半部分，以提醒用户下面还有内容。

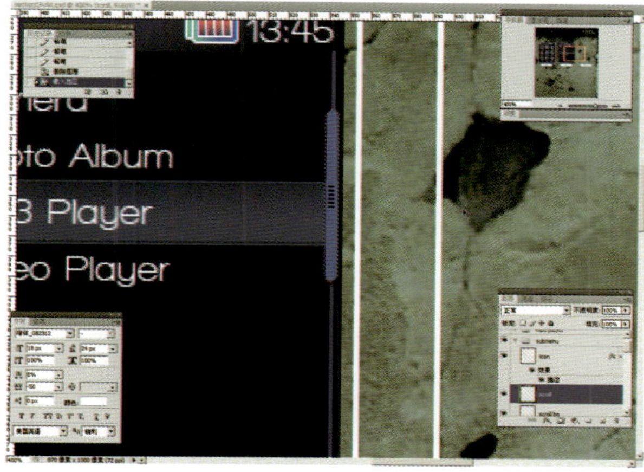

滚动条细节

12 选择某个功能项后，必须出现反馈，因此我们也需要为这个操作设计一个风格化的背景。很多界面的选中条也是一门艺术，大家可以拿起自己的手机互相对比研究一下。

选中条背景

13 接下来开始设计MP3播放器界面，我们首先绘制MP3播放器的均衡器动画背景，它看上去应该像一个电子显示屏。

14 绘制播放控制区域是播放器成功的关键，光影的明暗对比和质感是一个挑战。我们还是以像素级别的工具来绘制背景的反射光。

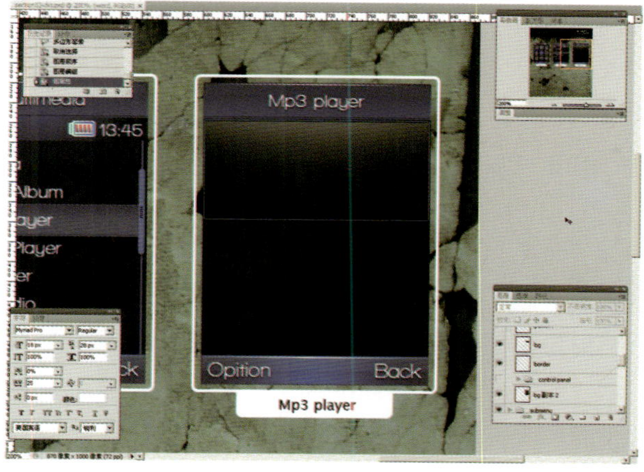

绘制MP3界面

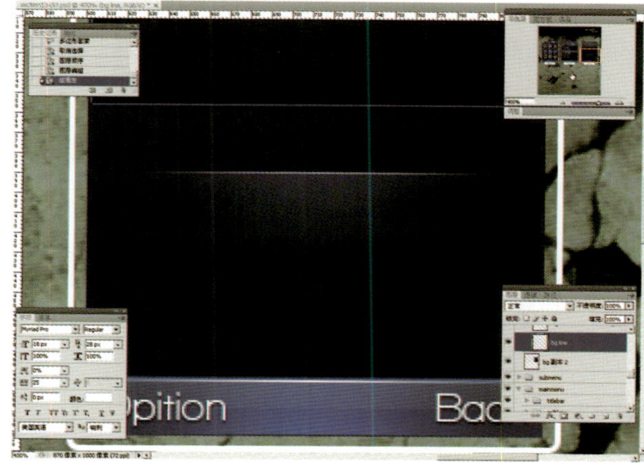

背景的光线决定了前景的面板亮度

15 绘制一个圆环来确定播放控制区的大小，这里的大小取决于是否需要触摸操作，以及按钮的数量。根据我们的经验，一个MP3播放器的常用按钮的数量有3～5个。

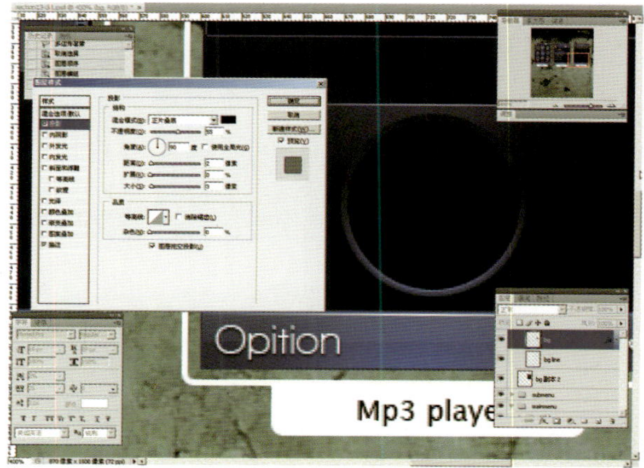

框架的大小决定控制面积

16 绘制主体背景的要点是一定要采用简单的线性渐变色，这样背景看上去会很干净。注意明亮程度要适中，否则会让用户感觉没有操作就有了反馈。

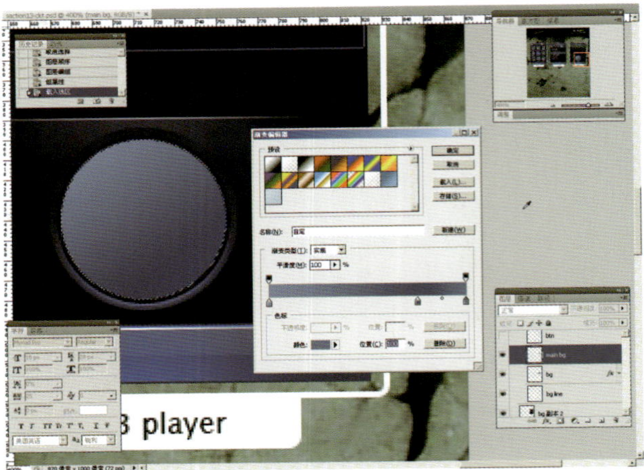

按钮的主体背景

17 绘制播放按钮时要强调质感的应用。这里的高光用了比较实体化的硬光线，以便获得较好的对比。

【提示】

在处理按钮背景的时候，最重要的就是明确反射区域，这可以通过生活中的观察来锻炼。

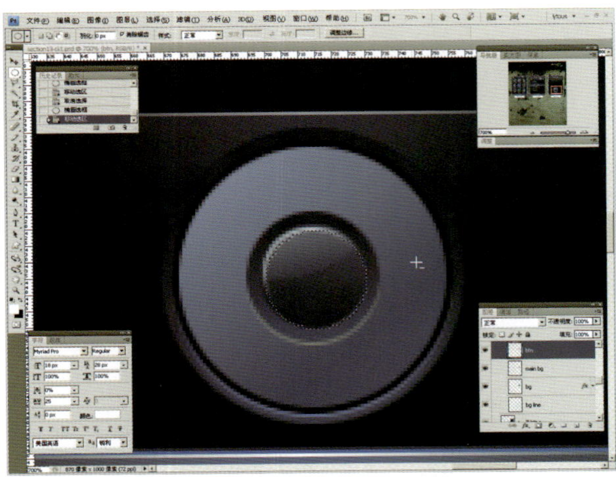

播放按钮的背景

18 在对应位置添加好我们绘制的播放操作按钮，这需要按设计好的交互原则来进行。

19 在播放控制区的周围添加音量增减、歌曲名称等信息，这样整个播放区就显得比较接近音乐播放的样式了。

添加控制区按钮

完整的控制区

20 在表明进度的状态条上采用比较夸张的高光显示时，一定要降低它的透明度，这样会显得更有真实感。

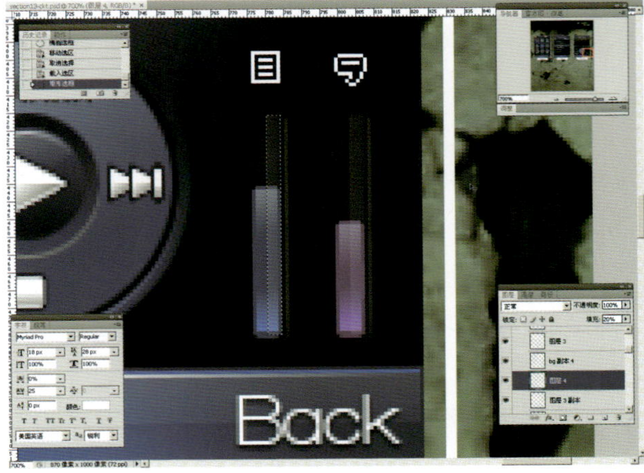

细节的高光运用

21 播放进度条是整个界面中用户最为关心的细节之一。这里需要精致的效果，注意这里使用的是渐变颜色，以及播放过程显示的渐变方向。

【注意】

在这种过程反馈的情况中，已播放和未播放之间的视觉差异要有足够的提示作用，否则就失去了进度显示的意义。

播放进度条

22 为了让播放器更有高科技的感觉，在均衡器的背景中，加入了一些网格平铺的线条，通过叠加显示后，就如同显示屏的像素发光点一样。这些细节的加入，会让界面的整体视觉感受得到提高。

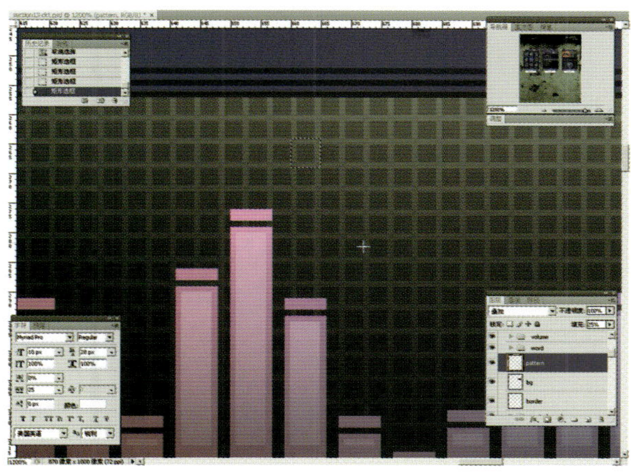

均衡器背景细节

23 到现在为止，我们进行得还不错，界面设计的基本演示已经完成了，但是我们还缺乏一些修饰。

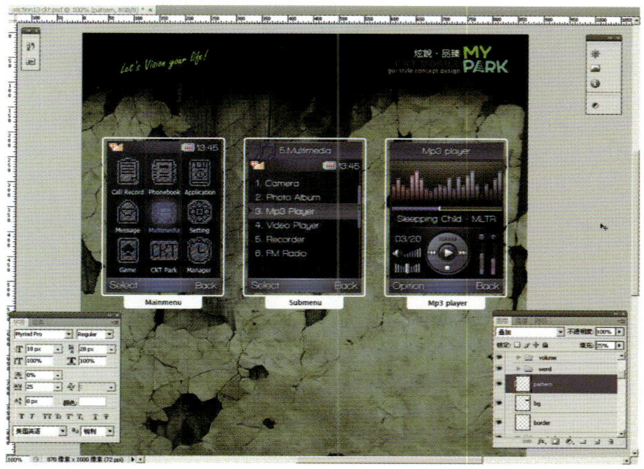

设计完成的界面

24 在界面设计中加入ID的展示，是一个有效的设计沟通方式，这不但直观地说明了界面最终被显示的载体，也可以使用ID设计的元素补充说明界面设计的想法。

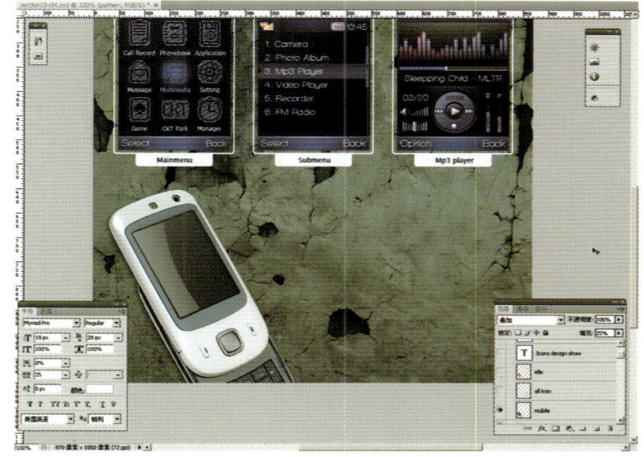

加入ID的展示

25 我们可以通过ID再多演示一个界面，待机状态也是非常重要的，而且可以看到不同的Wallpaper对于整体感受的影响。

待机界面的演示

26 把图标的设计进行反色处理，证明其在不同状态下的可识别性，因为界面设计是有可能采用另外的主题颜色的，而这个主题颜色可能导致我们的原始设计不可用。

27 最后，再加入一些版权信息和文字说明，我们的界面演示就完成了。这样的一个设计制作解析希望能帮助你有效地设计静态、单帧情况下的界面演示。

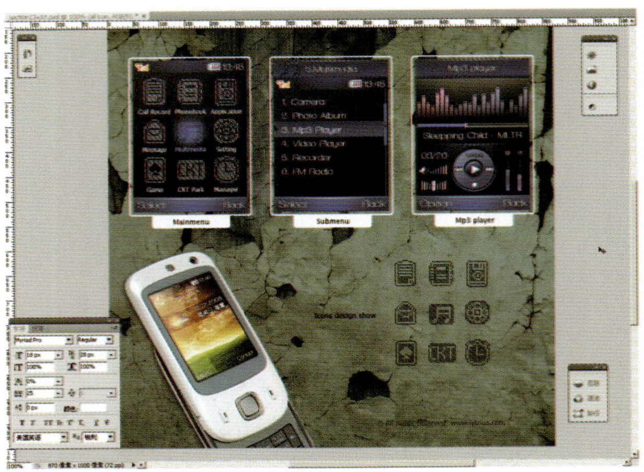

图标的反色显示

在第11章，我们将开始接触创意的风暴，了解GUI设计中非常特别的一个环节。

第11章　图形界面的创意升级

Start

在图标和界面设计完成以后，GUI视觉设计师的工作并没有就此结束，等待我们的还有更进一步的探索。本章将介绍图形界面的创意方法，以及如何从大量的资料当中获取对自己的设计有帮助的部分。

现代的消费电子产品已经和过去的大不相同，特别是在手持设备领域。我们在设计产品界面的时候必须带入国际眼光和新颖的实现方式，这样我们的产品才不至于在上市之初就陷入落后于时代的被动局面。而这些探索发现的历程，并非研究所得的基本数据，而是训练日常的思考习惯和对创意资料的收集、整理、分析和提炼。

本章介绍的大量优秀的设计实例，并非要读者向这些成功的设计致敬，而是希望读者从中发现自己能够掌握的新的设计视觉，用以指导自己的工作。

11

11.1 图形界面不只是画图

也许你不止一次想到人性化这个词，但更多的我们是停留在UE的层面，包括操作的便捷、语言的切换、界面的简洁等抽象的功能环节。

一个优秀的图形界面设计还需要什么？

 11.1.1 让手持设备变得人性化

在GUI视觉设计的时候，我们如何把"人性化"这个词图形化？变得让用户更容易接触？

体验设计主要关注用户使用产品的瞬间感受，以及这个瞬间感受能给用户带来什么样的回忆。GUI视觉设计师在设计的时候应持有这种观念："我的设计在视觉上是否能吸引人？是否有让人难以忘记的特征？是否让人感到愉快？"

日本设计师设计的"手机变形金刚"

变形金刚是一代人的记忆，特别对于男性用户来说。首先看到这个产品就进行了心理认同，而精细的结构和可玩性使得这个产品不仅仅是一个移动设备，它同时具备了玩具的功能，也唤起了童年的回忆。

同样的，作为设计的探索，Gaurabh Mathure设计了一段名为"Human Technology"的定格动画，描述了Nokia充电过程中的人性化细节。虽然这只是一个个人的设计实验，但是也体现了设计师在细节描述上是充满多种可能性的。

【要点】

相关视频文件请浏览本书优酷视频专区的Gaurabh Mathure - Human Technology。

Nokia Charging

 11.1.2 情感化因素不可忽视

在探索情感化因素的过程中，我们希望达到反思水平的设计高度，视觉设计应从美学本能和功能主义的瓶颈中跳脱出来，营造一种感觉，这种感觉会将用户和产品、品牌联系在一起。

【要点】 

完美的"以使用者为中心的设计"也令人烦恼，恰恰是因为它缺乏艺术修养。
——唐纳德·诺曼（《情感化设计》一书作者）

作为全球最大保险集团的法国安盛集团在传达品牌概念的时候，从不忘记从情感环节出发，用细腻的图形、惊叹的创意、简洁的动画将自己的服务范围链接在一起。

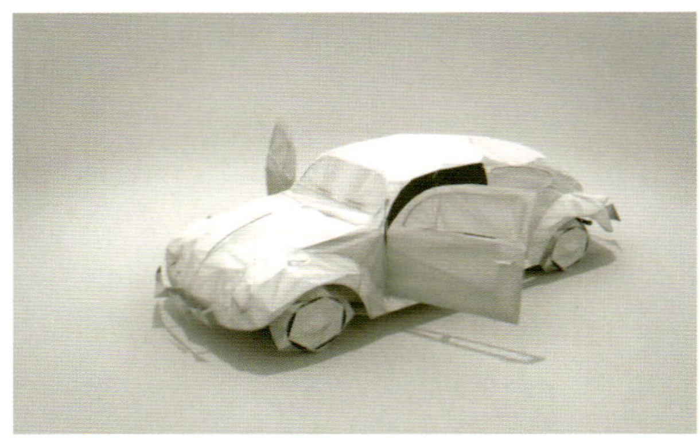

AXA evolution

【要点】

相关视频文件请浏览本书优酷视频专区的tronic_axa-evolution.flv。

情感化的设计要点还在于引入当前流行文化，结合多种跨媒体效果的展示。一个全方位的情感渗入会让你的产品显得与众不同，一个特别的实例来自于 boost mobile，它以完整定制的品牌歌曲征服了用户。

作为美国本土的移动服务品牌，boost mobile深刻了解美国时下的流行文化，采用Pop Rap的MTV形式来宣传自己的品牌是一举两得的做法，不但获得了年轻用户的认可，也同时增加了品牌的营销深度。

boost mobile MTV

【要点】

相关视频文件请浏览本书优酷视频专区的syndrome_boost90.flv。

同样的方式流传很快，国际厂家之间的触觉是非常灵敏的，我们熟悉的索尼爱立信也做了类似的设计宣传。

不过，索尼爱立信仅仅使用了概念动画的方式来表达产品，还是以突出产品为主，不过这样的尝试也算符合它的品牌特征。

索尼爱立信 Z610

另一种情感化设计的方式是引入联想的片段和我们熟知的社会情景，这种方式多用在产品的宣传广告中，传达产品的一个特征性的核心概念。

我们看看HTC是怎么做的。手指是操作手机的关键，一个简单易用的全触摸屏手机，流畅的机身，反馈迅速的屏幕，在手指舞蹈的编排中传达"解放手指"的概念。

【要点】

相关视频文件请浏览本书优酷视频专区的180_htc-free your fingers.flv。

HTC S1 advertisment

11.1.3 交互特效的引入

在界面设计过程中，视觉的呈现只是静态的，交互特效的引入，解决了动画方式和操作流程的问题，一些强交互方式的应用甚至带来了产品业界的革新，比如我们经常提到的iPhone。

如何进行交互特效的设计呢？有时候我们不需要依赖于公司内部的软件开发小组，我们可以看看很多设计学院以及计算机科学学系的教授们的研究成果。在国外也有很多专注于人机交互体验特效的工作室，每季度会发布一些新的研究成果，我们从中可以发现下一代人机交互的趋势。

Perceptive Pixel

第12章　手机交互界面设计始末

经过对前面基本知识的认知，我们对手持界面的设计应该有了一个明确、清晰的认识，但是其中我们仅仅接触了关于手持设备界面设计中有关"设计"的环节，而今天的市场、客户、产品研发各环节的综合执行，让我们已经不再满足于设计手段的本身，而需要提高到设计策略的层面。

对于完成一个界面设计作品并将它有效地导入到项目中，最终成为真实的产品，是一个非常复杂并且困难的过程。在本章中，我们就来试图揭示这其中的过程，某些过程为了便于理解，我们将其复杂程度简化，仅仅展示其中和我们设计师密切相关的部分。由于这是一个综合设计的过程，因此在阅读本章之前，你应该已经具备了一定的工作经验，并对公司体系的部门合作与运转有所了解。

我们在这个部分的两章中会采用一些虚拟案例来进行演示解说，请不要担心，这些设计过程除了最终成果的应用方向不同以外，其余的都是真实的设计环节，希望在这样的一个完整的项目解读中，能够梳理读者朋友们的设计思维，建立流程化的设计思想。

12

12.1 制定设计流程

在过去，手持设备界面设计领域刚刚开始的时候，我们强调的是个人的设计能力和作品品质（当然，在今天来说这仍然是设计项目成功的关键），一些有着跨行业设计经验的人通过自己的努力，建立了基本的设计标准与设计风格。

12.1.1 一个优秀的图形界面设计还需要什么

在今天这样的产业化输出需求的背景下，靠着单人的设计能力去拼市场的做法已经变得举步维艰，这不但牵涉到个人风格的局限性，也会影响着产品的交货周期、客户定制的多样化、界面设计的跨文化适应性等多种问题和矛盾。

那么建立一个设计团队，并通过这个设计团队来进行界面的整体开发就成为了当今的主流，一个积极高效的团队可以使公司和产品的整体设计水平提高档次，一个拖沓低效的团队也可能扼杀公司和产品的市场竞争力。

成功的设计团队有着类似的成功经验，我们来反思一下，看看一些不那么成功（甚至最后解散）的设计团队背后都有哪些相同的问题，我称之为"失败团队的七宗罪"。

- 没有根据团队实际情况确定设计流程。
- 企图使用一套设计流程面对所有的事情。
- 对设计流程缺乏升级，设计流程没有经过讨论。
- 在流程的管控，监督，实施，检查环节缺乏执行力。
- 根据CEO的建议制定设计流程。
- 没有对流程无法处理的情况制定补充方案。
- 设计流程没有反复地进行操作和培训，以为团队成员会自己遵守。

那么具体到一个产品，我们如何保证设计团队的每个成员的价值观一致？并有效地规范、监督，协调工作量与时间，以达到产品界面的设计要求？这就必须通过建立合理的设计流程来进行规范、疏导，并通过流程调动成员的积极性与参与度。

而在这个虚拟项目中，我们假设当前的设计团队是没有任何设计流程的，那么第一步，我们首先需要一个有效的定制流程会议，下面是这次会议的模板文件。

制定设计流程会议纪要

1. 产品原则

- 公司级别风格化的升级；
- 沿用到后续所有产品中，并可实现软件版本的迁移；
- 作为默认的设计产品；
- 在产品策划初期作为原始数据导入。

2. 设计原则

- 视觉化效果突出；
- 交互操作效果流畅、新颖；
- 100%原创；
- 界面之间的设计关系清晰、有联系；
- 成为一种普遍流行的视觉符号；
- 流程合理性；
- 无需要修改之处。

3. 项目时间

- 02.18 ~ 04.06；
- 共30个有效工作日。

4. 弹性情况处理

- 硬件，软件瓶颈（除cost down范围外，项目执行以设计原则为参考标准）；
- 项目冲突瓶颈（优先处理A级客户需求，该项目仅次于A级项目之后）；
- 时间瓶颈（节假日休息等，时间自动后延）。

=====================================

纪要人：

项目设计主管：

生效时间：

该步骤启动日：

【要点】

在这样的会议中，我们要建立的是关于这款产品的整体思路和设计流程，而不是整个设计部门甚至公司PI的设计流程，明确重点以后将有效地避免我们投入多余的精力。

【要点】

PI：Product Indenty。产品识别，是品牌建设中重要的一环，指通过产品本身的属性和消费属性与用户建立心理上的联系，从而强化公司品牌的影响力。PI包括产品的各种属性、产品的质量、产品的包装以及产品可能与消费者发生接触的每一个点。它通过与消费者的直接沟通率先实现消费者的心智占位，进而为品牌建设奠定良好的基础，逐渐使消费者能感受到的现实利益转化为心理利益。同时好的产品识别能为系统的品牌建设节约大量的传播成本，在激烈的市场竞争中产生有效的区隔和阻慑作用。

产品原则、设计原则、项目时间、弹性情况的处理是制定一个基于产品设计过程的设计流程必须考虑到的因素。

产品原则

一个产品是有原则的，这个原则体现了产品团队甚至公司对这次设计过程的期望，前期的充分沟通和调查是确保信息输入准确的前提，如果没有一个明确的可以衡量的产品原则，整个产品设计（在设计部门来说，就是这次界面设计的过程）的过程中会显得没有焦点，也就无从判断设计是否是正确的。

设计原则

在产品原则上提出的明确设计原则，会告诉团队内的设计师这次的设计重心在哪里，这有可能直接影响到每个设计师采用的方法与获取资源的途径。

项目时间

充分考虑到项目的时间配比，明确项目的最后期限，以及决策层对于项目可能出现的决策变化，考虑时间与设计品质的平衡，是所有的设计经理和总监第一步的功课，这取决于从业经验以及对产品的充分理解。

弹性情况

能够给出专门的时间来进行概念和创意的设计，这只有较大的集团和厂商才能做到，更多的中小型公司，面对项目压力和创新要求，几乎都是同步进行的，这当中就需要设计师更多的弹性思维，以及控制弹性时间的方法，类似的情况我们经常遇到：

你正在完成一个充满创意的想法，产品经理突然对你说，目前客户需要一套新的界面用在即将量产的机器中，3天内务必替换掉关键界面，这个时候你该如何取舍？如何安排时间？

这都需要在一次完整的设计过程开始之前考虑到。以免措手不及，使得设计过程陷入停顿。

【技巧】

针对这样的小型项目中，重点在于产品概念设计和界面设计的过程，而不是产品设计的全部组成部分，因此在设计流程的时候，有必要有所侧重，以部门为单位进行人力、资源，时间的划分通常是有效的。

在对项目和产品本身进行了概念的阐述后，我们很容易根据部门配置进行流程的细节规划，这里我们将流程划分为10个步骤。

1. 制定流程（Make it real）

- 讨论并确定合适的设计流程并在设计部内部讨论。
- 可邀请产品和决策人参加。
- 仅制定流程而不讨论设计。
- 精确的流程时间。
- 弹性情况的处理机制。

2. 确定工作内容（Item conference）

- 进行项目立项会议。
- 让所有设计师知晓流程。
- 修正流程的不足之处。
- 确认项目启动和结束时间。
- 分配平均工作量。

3. 图标风格（Icons style）

- 进行开放性的图标的设计。
- 设计师分别独立完成。
- 不限制设计方向。
- 图标设计将进行筛选。
- 必须考虑最终实现难度、概念、大小、通用性等。

4. 首次检查（1st Review）

- 第一次设计评审会议。
- 设计部内部完成。
- 可邀请产品和决策人参加。
- 展开讨论设计方向。
- 设计师阐述设计概念。

5. 界面风格（Define interface style）

- 定义界面设计风格。
- 界面设计将进行筛选，组合。
- 分析最终实现难度。
- 色彩定义、分辨率、关键界面数量、界面元素、通用性等。

6. 交互特效（Interactive effect）

- 定义合适的交互效果。
- 思考如何更好地表现交互模型。
- 视觉化界面风格。
- 需制作低保真演示。
- 必须考虑最终实现难度。

设计流程图，横向阅读版

Graphic user interface design workflow

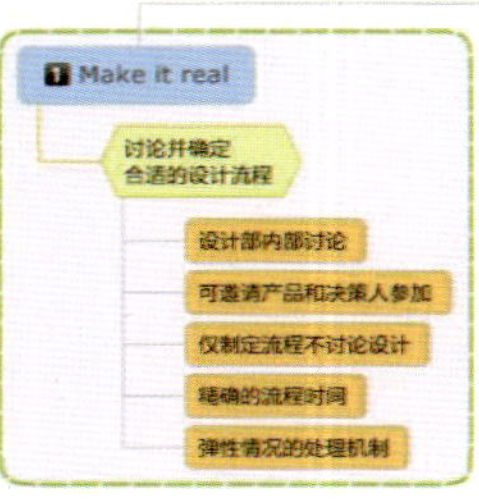

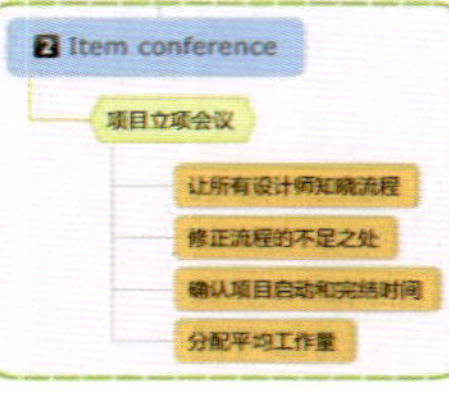

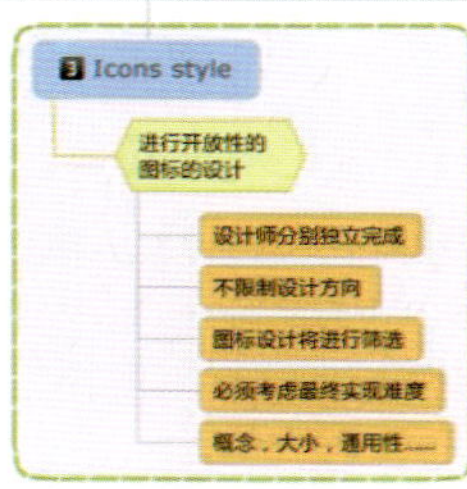

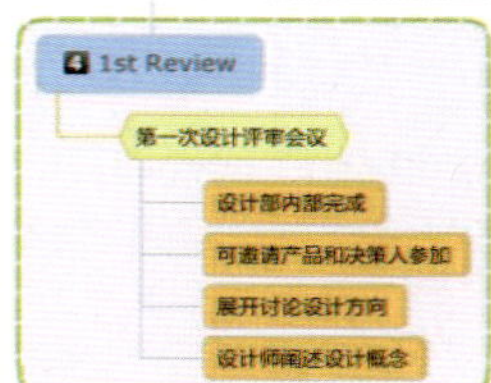

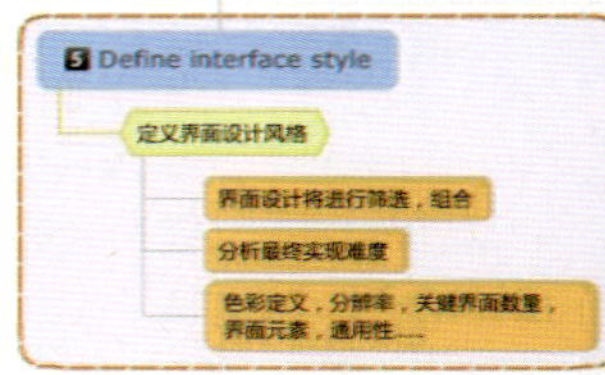

第一阶段：10个工作日　第二阶段：10个工作日　第三阶段：10个工作日

7. 界面设计（Interface design）

- 进行开放性的界面设计。
- 设计师分别独立完成。
- 不限制设计方向。
- 设计内容按照确定的关键界面的数量执行。
- 设计文档考虑交互效果的实现情况。

8. 准备演示（Get ready proposal）

- 进行提案的准备。
- 进行提案PPT的设计。
- 市场趋势，竞品分析。
- 风格说明，图标展示。
- 界面展示。
- 提案人和提案流程指定。

9. 交互模型（Flash Hi-Fi model）

- 制作Flash高保真模型。
- 设计师分别独立完成。
- 仅演示必要风格界面（待机、主菜单、图标、二级菜单）。
- Flash制作要包含机型必须结合交互效果的演示。

10. 最终提案（Final shot）

- 最终的评审会议。
- 图标设计文件。
- 界面设计文件。
- 提案PPT。
- Flash高保真模型。
- 设计、产品、市场、软件和决策人共同参加

流程进行图形化后，便于项目组成员（不仅仅是设计部成员）进行沟通和备忘，考虑到不同人的阅读习惯，流程图的编制需要有不同的版本以进行适应。

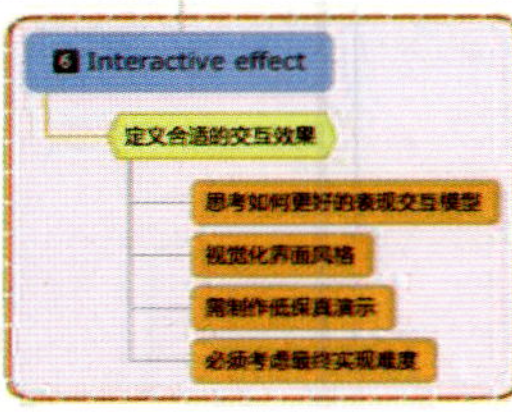

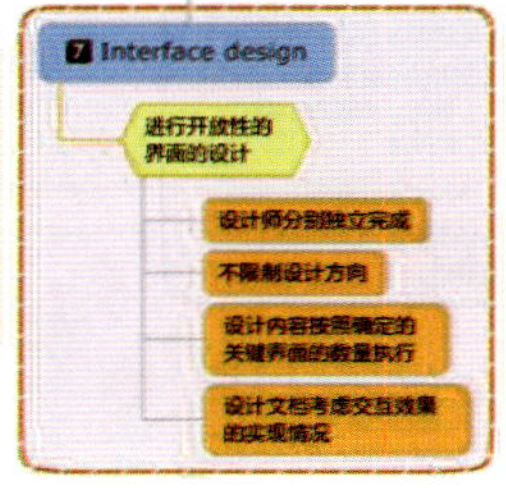

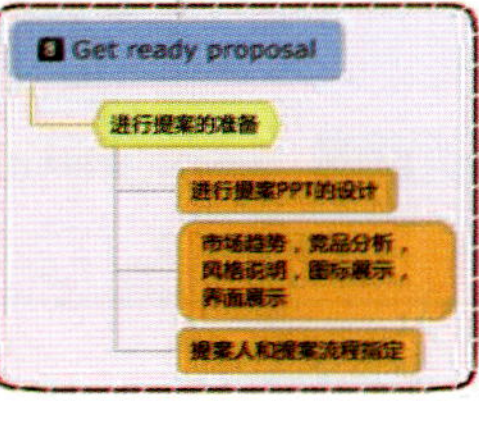

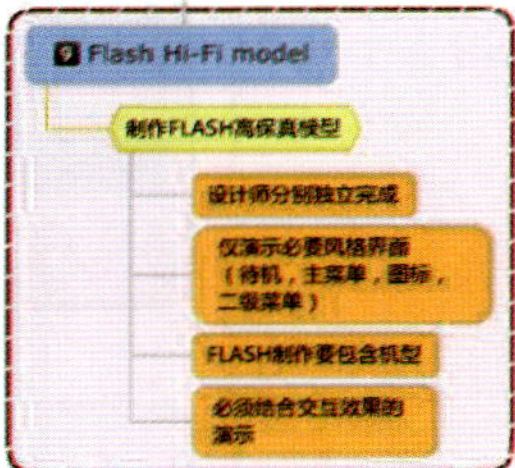

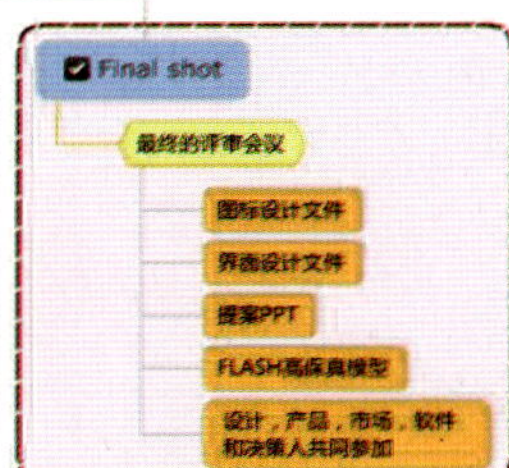

12.1.2 面向整个产品过程的设计流程

设计部或者一个设计项目的设计流程和整体产品的设计流程之间有何区别呢？实际上思维方法是一致的，只是存在更多的跨部门合作与协调沟通的环节。

仔细观察下面即将提到的案例，你会发现在不同设计流程的制定中，都有类似的架构，以工作流转、完成、检验、反馈、迭代为主要元素。作为设计部门来说，如果参与到整体产品的设计开发中，就不能只关心设计的问题，还要站在产品的高度，思考全局性的问题，以内部流程的极度优化，达到帮助产品和公司级别的流程整体优化作为方向。

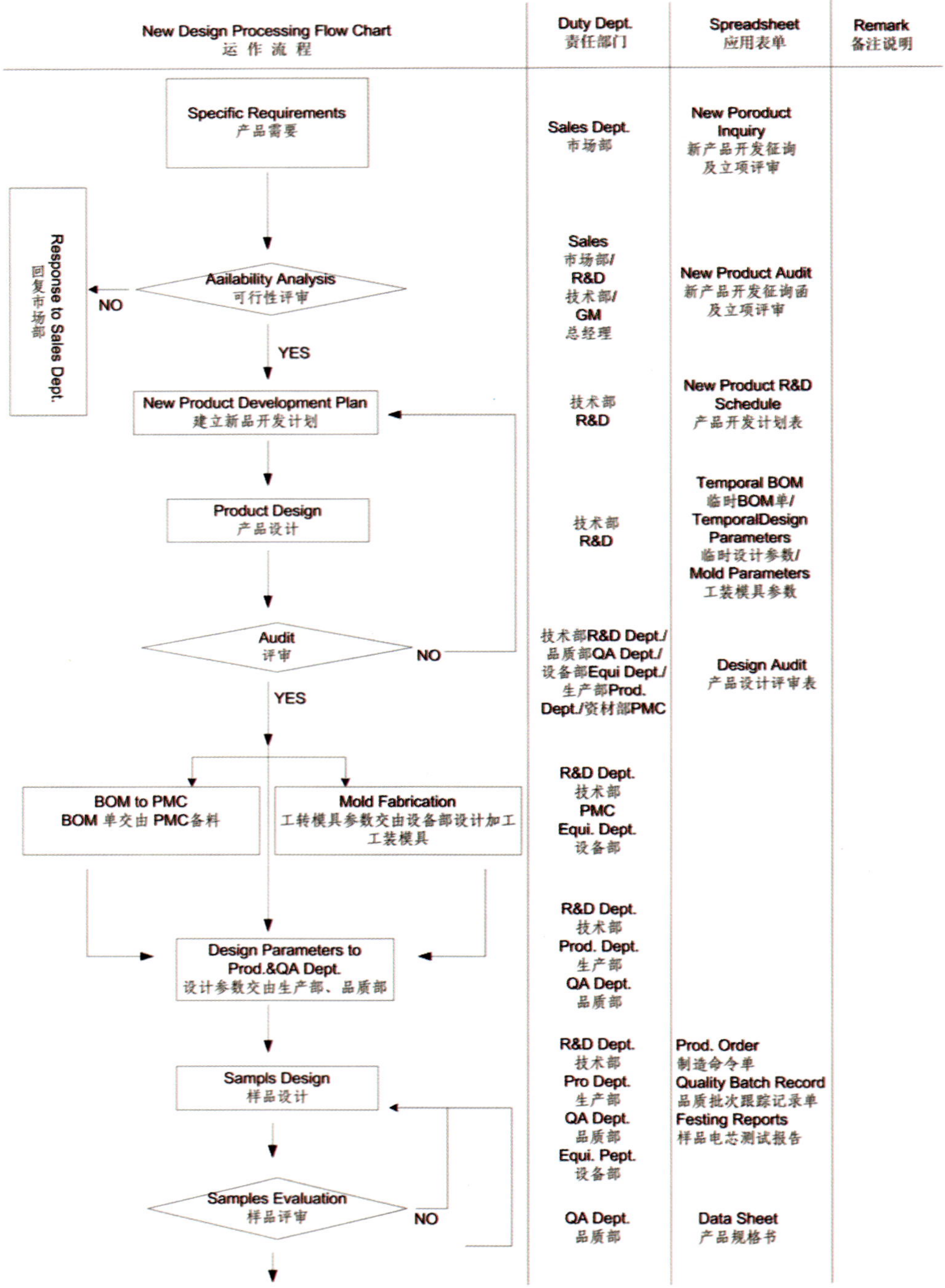

New Design Processing Flow Chart 运作流程	Duty Dept. 责任部门	Spreadsheet 应用表单	Remark 备注说明
Specific Requirements 产品需要	Sales Dept. 市场部	New Poroduct Inquiry 新产品开发征询及立项评审	
Aailability Analysis 可行性评审 (NO → Response to Sales Dept. 回复市场部; YES ↓)	Sales 市场部/ R&D 技术部/ GM 总经理	New Product Audit 新产品开发征询函及立项评审	
New Product Development Plan 建立新品开发计划	技术部 R&D	New Product R&D Schedule 产品开发计划表	
Product Design 产品设计	技术部 R&D	Temporal BOM 临时BOM单/ TemporalDesign Parameters 临时设计参数/ Mold Parameters 工装模具参数	
Audit 评审 (NO → New Product Development Plan; YES ↓)	技术部R&D Dept./ 品质部QA Dept./ 设备部Equi Dept./ 生产部Prod. Dept./资材部PMC	Design Audit 产品设计评审表	
BOM to PMC BOM单交由PMC备料 Mold Fabrication 工转模具参数交由设备部设计加工工装模具	R&D Dept. 技术部 PMC Equi. Dept. 设备部		
Design Parameters to Prod.&QA Dept. 设计参数交由生产部、品质部	R&D Dept. 技术部 Prod. Dept. 生产部 QA Dept. 品质部		
Sampls Design 样品设计	R&D Dept. 技术部 Pro Dept. 生产部 QA Dept. 品质部 Equi. Pept. 设备部	Prod. Order 制造命令单 Quality Batch Record 品质批次跟踪记录单 Festing Reports 样品电芯测试报告	
Samples Evaluation 样品评审 (NO → Sampls Design)	QA Dept. 品质部	Data Sheet 产品规格书	

手机电池设计流程图 (图片来自baidu.com)

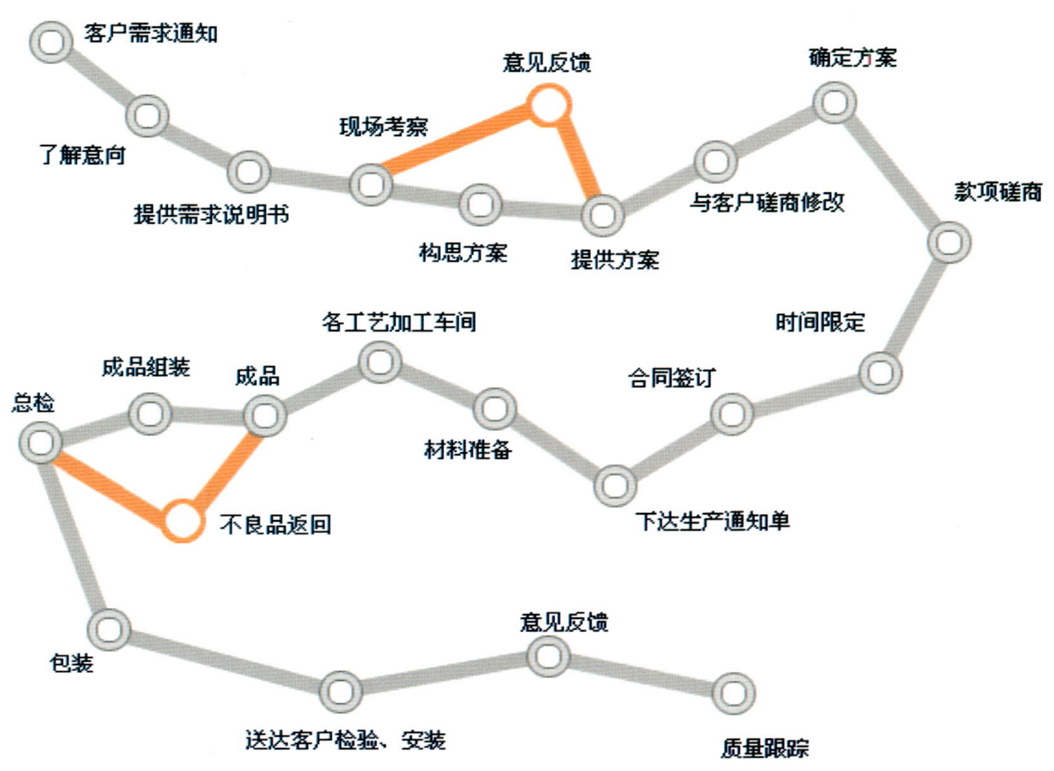

勘查工程的设计流程 (图片来自baidu.com)

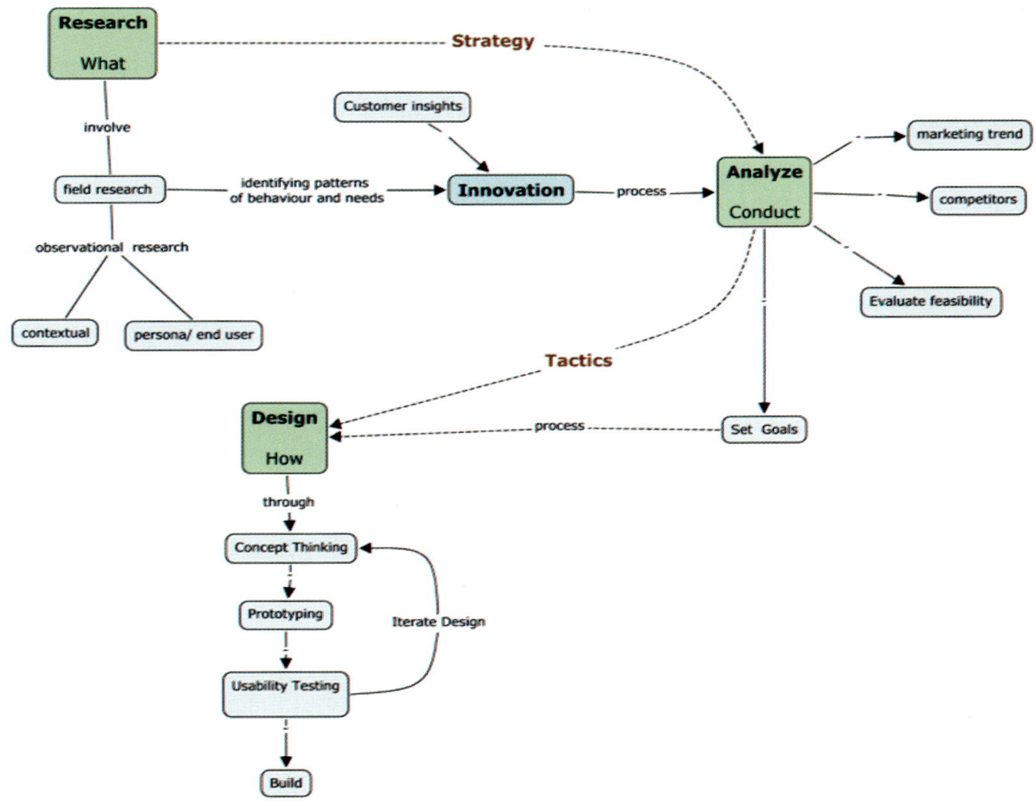

RAD设计流程 (图片来自flickr.com)

12.2　第一次项目会议

有不少设计师朋友（极端的情况，甚至他/她已经拥有设计经理的头衔）是不懂如何开会的，因为大多数的设计师朋友告诉我，会议对他们来说意味着无趣与低效率，在与市场、产品、软件的多次交锋后，没有结果的继续进行接下来的工作，并且这种情况在循环上演。

针对一个项目的启动会议，在大家走进会议室的那刻，我们要注意，我们的设计过程已经开始了，这是一个成熟的设计团队应该重视的环节。开好项目会议，以及后面将提到的评审、提案等会议，会极大地降低设计成果推行的难度，并在公司内部或者客户面前树立起专业的形象。

下面我们就来看看，一个成功的会议需要关注哪些部分。

会议的目的

没有会议目的的会都是茶话会，或者是领导的表演时间，明确会议的目的会让会议更有效率，组织会议的人或者部门，应该明确指出这次会议需要解决的问题，以及建议的方案，一些基本的文字和图片资料，并关注如果这次会议没有获得最终成果（场地限制、时间限制、重要与会人特殊情况未到等），接下来该如何继续推进工作。

会议人员与职责

类似这样一个项目的会议，不建议太多的人员参加，但是必须参加的人员应该有：

- 项目负责人（通常是设计经理）；
- 项目接口人（如果涉及跨地区合作的时候，不同设计部之间如何沟通？）；
- 最终用户代表 (如市场部的成员)；
- 项目经理（负责项目进度、项目周期、项目实施资源调配的那个人）；
- 项目设计师（谁来做这个项目？目前的这个项目是有5个设计师参与）；
- 其他项目相关人员（如行政、软件、产品部等）；
- 关键设备的供货商（设计过程中，不可避免地要讨论到硬件的部门，最重要的是我们使用哪种LCD？）。

会议前期准备

会议召开之前必须做好充足的准备，准备好以下资料。

- 会议召开的目的使用文字化的方式来通知（邮件或者会议公告栏）。
- 会议召开要讨论的问题(如项目的周期、项目人员的工作安排、项目人员协调关系等)。
- 会议召开要明确的内容(如设计实施的范围、软件的功能等)。
- 所有要讨论的问题和内容需要写成文档，在开会前半天，发送给所有要开会的人员，相关的文档如有必要也需要发送给开会人员。

会议内容

会议过程中，通常的步骤如下。

（1）请项目负责人说话，以层级开始，最高头衔的人首先发言。

（2）项目经理介绍人员组成和工作职责，确认设计的周期以及其中要关注到的难点。

（3）项目产品经理介绍整个项目的实施范围和内容。

（4）其他内容。

会议需要做好会议记录，如果有条件，会议记录应当当场整理好，打印出来，参加会议的人员（特别是项目中的关键负责人）签字保存。

这次会议的记录文档如下。

项目启动会议纪要

会议主题	会议时间	参与人员
GUI概念设计项目启动	02.19	UI部全体成员

问题点	解决结果	评估意见
项目流程设计 完整合理	100%	对"软件、硬件"的瓶颈问题需考虑兼容
参与人员已了解设计原则	100%	无
项目时间	30个工作日	考虑节假日延后时间
项目交付物	各阶段分析文件 各阶段会议存档 GUI设计展示 设计提案文件 Flash演示	无
交互设计师工作	交互设计效果的设计 界面整合的交互指导	无
GUI设计师工作	图标设计 界面设计 Flash高保真设计	无
项目主管工作	组织会议 确保项目时间进度 编写周期性文档 指导提案设计 指导Flash高保真设计 控制设计品质	无
项目质量评估	周期性项目总结 最终评审会议结果	无

问题点	解决结果	评估意见
需要完成的图标 （主菜单）	电话本 信息 通话记录	大图标尺寸： 128px X 128px 小图标尺寸： 32px X 32px 图标格式： BMP、JPG、PNG、ICO
	多媒体DIY 多媒体 CKT乐园	
	娱乐游戏 工具箱 网络	
	设置 文件管理 个性空间	
扩展需要完成的图标 （二级菜单）	短信 彩信	大图标尺寸： 128px X 128px 小图标尺寸： 32px X 32px 图标格式： BMP、JPG、PNG、ICO
	幻灯片 照片打印 照片艺术家 铃声DIY 音乐播放器 视频播放器 照相机 收音机 录音机 看电视	
	日历 计算器 秒表 闹钟 世界时间 换算	
	音乐文件夹 图片文件夹 视频文件夹 其他文件夹	

==

纪要人：

项目设计主管：

生效时间：

该步骤启动日：

在会议沟通后，就需要明确各设计师的职责以及项目时间的具体分配，毕竟设计师的工作是设计部门中对于该项目至关重要的部分。

按照项目的整体时间和人员数量，设计的过程被分为7个阶段，并且定义了详细的设计要求。

图标设计

人员：GUI设计师。

时间：2.19~3.05。

参数：

- 大图标：128px X 128px；
- 小图标：32px X 32px；
- 格式：BMP、JPG、GIF、PNG；
- 色深： 16bit；
- 分辨率： 96dpi。

含义：

- 电话本、信息、通话记录；
- 多媒体DIY、多媒体、CKT乐园；
- 娱乐游戏、工具箱、网络；
- 设置、文件管理、个性空间。

图标评审

人员：UI部成员。

时间：3.06。

原则：

- 图标色彩和外观一致性；
- 图标的可用性，识别性；
- 图标是否具备通用性；
- 图标美观程度和细节；
- 仅挑选三套图标。

输出评审报告，并提交产品组等相关人员。

界面设计

人员：GUI设计师。

时间：3.09~3.20。

原则：

- 定义界面色彩设定；
- 定义界面元素关系；
- 定义界面交互方式；
- 探索更新的界面展现；
- 保证界面的可用性。

关键界面：

- 待机界面（可有多种组合）；
- 主菜单界面；
- 二级菜单界面；
- 音乐播放器；
- 视频播放器；
- 日历界面；
- 拨号界面；
- 计算器界面；
- 照相机。

交互设计

人员：交互设计师。

时间：3.09~3.20。

原则：

- 定义界面交互方式合理性；
- 定义交互操作反馈；
- 保证界面的可用性；
- 保证界面的易用性；
- 必要时做出低保真原型。

以头脑风暴会议形式进行。

提案编写

人员：项目主管。

时间：3.23~3.27。

原则：

- 市场趋势分析；
- 竞品分析；
- 图标展示分析；
- 界面展示分析；
- 交互效果分析。

多次会议讨论。

Flash设计

人员：GUI设计师。

时间：3.23~4.3。

原则：

- 保证交互效果的展现；
- 着重在待机，主菜单的表现；
- 着重表现图标动画；
- 全面分解界面设计元素。

4.1号开始整合并进行修改。

最终评审

人员：全体成员。

时间：4.8~4.10。

原则：

- 产品、市场、软件、UI、何总等全体参与；
- 着重表述设计概念和意图；
- 着重分析交互设计和视觉设计的优势；
- 最终确定实现难度，并责任到人。

文件：

- 各阶段分析文件；
- 各阶段会议纪要文件；
- 图标、界面、提案、Flash展示文件；
- 各阶段设计过程文件。

同样，我们需要把具体的步骤和要求，以图形化的方式来展现，这样也利于打印张贴，并随时进行备忘。

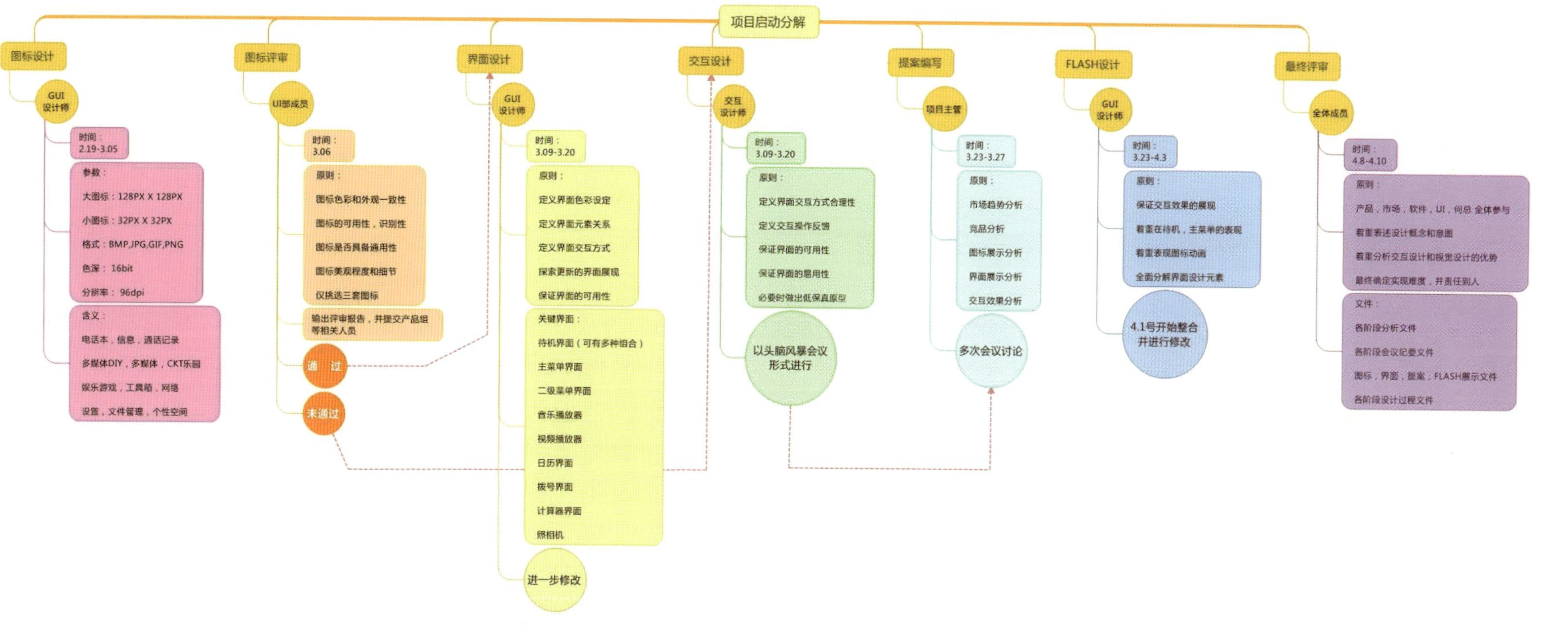

通过会议制定出的项目过程分解

12.3 图标设计

12.3.1 图标设计的思考方式

受限于篇幅的原因，这里仅展示一套图标的完整思考和设计过程，但是思考的方式是通用的，请不用担心。

图标设计的背景

无论你希望设计一款多么出色的图标，它都不是漫无目的的艺术创作。在图标设计开始之前，有一些背景资料是我们需要掌握并理解的，它未必是对设计的限制，而是一些设计的需求。

我们的这个项目是属于概念性的设计项目，也就是说允许主体化与个性化的设计出现，而在造型的要求上变得比较自由。团队设计的优点在于风格的多样化，这就避免了我们对于客户是否会接受该风格的疑问，因为毕竟有多种风格可供挑选。

图标设计由于是设计环节的第一步，所以我们要整体考虑到它的应用性。在不同的界面设计中，有可能你的图标的应用性是较差的，因为你设计出来的图标，最终有可能不是你来做相关的界面设计。

进行手绘草稿的创作

进行手绘的创作应该是最为自由、放松的一个步骤。在手绘阶段最为重要的是确定图标的造型和整体风格的关系，外形可以不用太精细，只要体现出主要的元素和外形结构即可，因为这个例子中不是直接使用手绘的图标来进行最终设计输出，仅作为设计的参照物。

使用工具：Faber-Castell(辉柏嘉) 1338铅笔、普通素描纸。

手绘创作中的要点：

- 明确图标的结构和含义；
- 确定图标的立体外形；
- 区分明暗区域；
- 形成统一的风格样式，以指导后续设计；
- 考虑图标可能呈现的角度和比例。

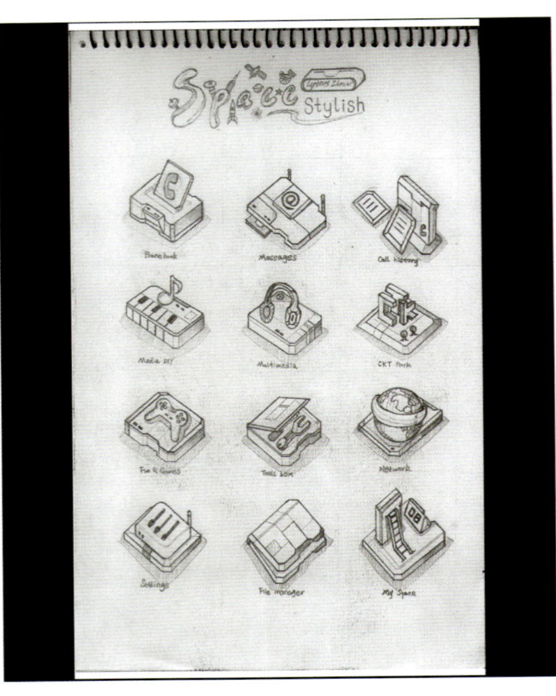

其中一套图标的手绘稿件扫描图

我们来看看图标设计师Mike Rohde的一些手绘草稿，从中你应该能发现一些奥妙。

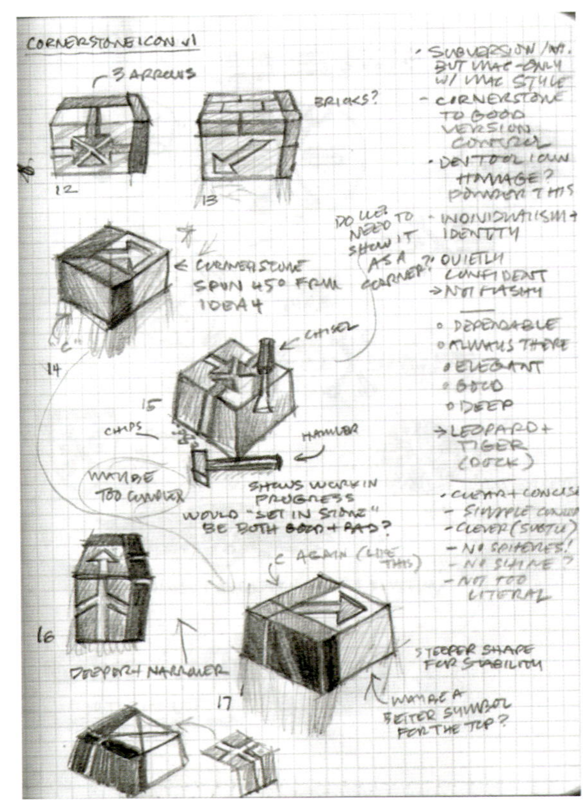

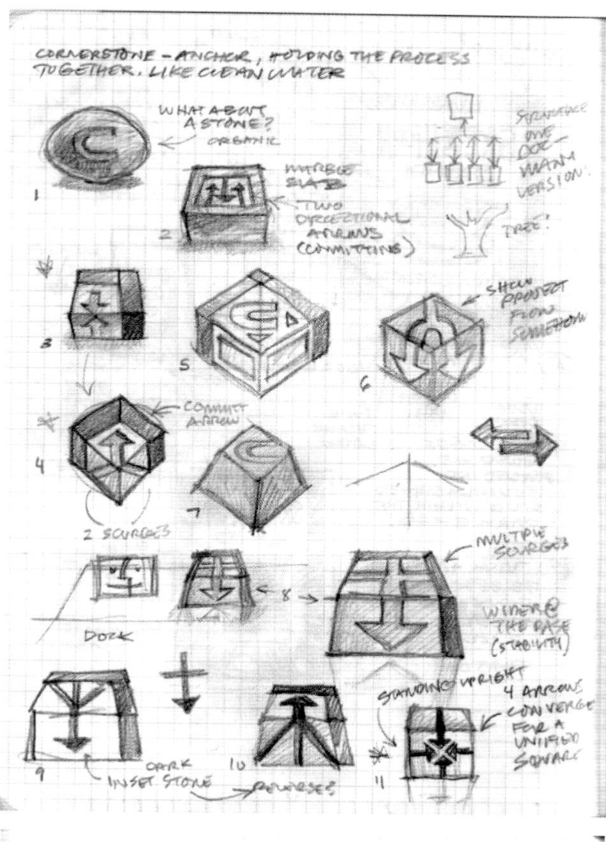
CORNERSTONE - ANCHOR, HOLDING THE PROCESS TOGETHER. LIKE CLEAN WATER
WHAT ABOUT A STONE?
ORGANIC
TWO DIRECTIONAL ARROWS (COMMITTING)
TREE?
COMMIT ARROW
2 SOURCES
MULTIPLE SOURCES
DOCK
WIDER @ THE BASE (STABILITY)
STANDING UPRIGHT
4 ARROWS CONVERGE FOR A UNIFIED SQUARE
DARK INSET STONE
REVERSES

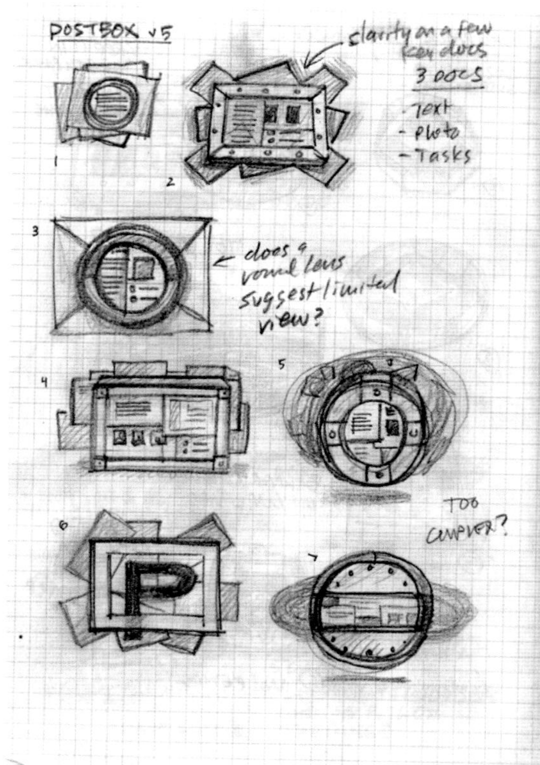
POSTBOX v5
clarity on a few key docs
3 DOCS
- Text
- Photo
- Tasks
does a round lens suggest limited view?
TOO COMPLEX?

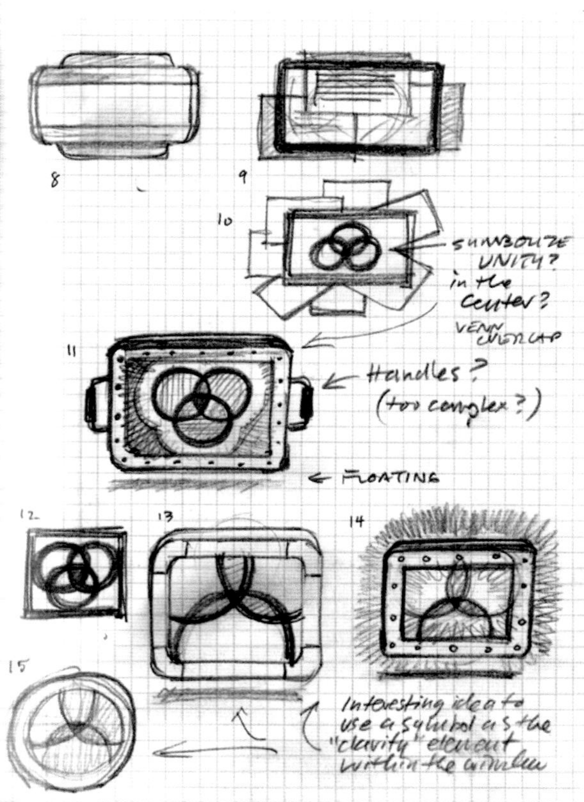
SYMBOLIZE UNITY? in the center?
VENN OVERLAP
Handles? (too complex?)
FLOATING
Interesting idea to use a symbol as the "clarity" element within the window

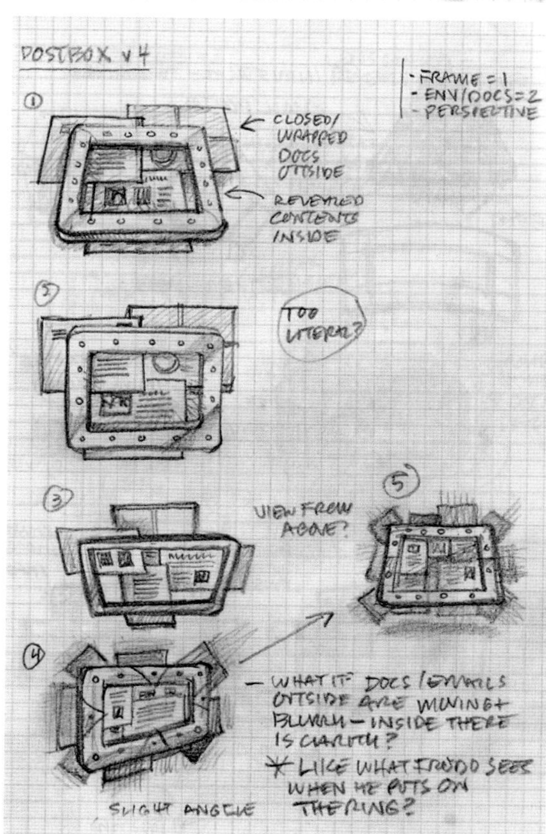
POSTBOX v4
- FRAME = 1
- ENV/DOCS = 2
- PERSPECTIVE
CLOSED/WRAPPED DOCS OUTSIDE
REVEALED CONTENTS INSIDE
TOO LITERAL?
VIEW FROM ABOVE?
- WHAT IF DOCS/EMAILS OUTSIDE ARE MOVING + BLURRY - INSIDE THERE IS CLARITY?
* LIKE WHAT FRODO SEES WHEN HE PUTS ON THE RING?
SLIGHT ANGLE

在外形设计的过程中，需要注意的地方有：

- 优化细节，呈现出图标的结构；
- 使整体图标显示出统一的风格；
- 不要对图标的色彩进行过多的渲染；
- 调整大小、比例、角度、元素的数量、明暗关系。

设计图标的演示

这个部分是整套图标设计的关键部分，图标实际的样子和你希望它呈现出来的样子是不同的。图标本身是孤立的元素，每个图标代表一个含义，难点在于你希望一套图标的设计是在为用户描述一种文化或者述说一个故事。

没有任何图标的设计规范会告诉你如何展现图标。我们过去曾经把图标的功能性作为图标设计的唯一原则，而现在来说，仅遵守这样的原则显然是不够的，你的图标设计如果看上去很乏味，那么即使它满足了应有的功能，也只能说是普通的设计而已。

优秀的图标设计在于全方位的展示，这种工作的意义也在于提供图标设计的整体品质，是设计师对于设计过程的细节化要求。

图标的演示设计目前也被全球的图标设计师作为一个课题来研究。根据行业内的经验，我们能够提供以下的重点供大家参考。

- 一套图标应该有一个主题（可以涉及人文、社会、科技、娱乐等各方面）；
- 一套图标应该有一个贴切主题的名字；
- 每个图标也应该有一个说明功能的名字（就算它能够一眼被识别出是什么功能）；
- 图标演示应该以图标本身为主，而不是变为一副插画；
- 图标的场景感需要一些背景设计来烘托；
- 如果需要兼容不同分辨率，应该设计对应的小尺寸图标作为对比。

设计完成的图标提案

12.3.2 【教程】图标设计

为了更清晰地解读图标设计的细节过程，这里挑选这套图标中的Phonbook（电话本）图标作为设计过程的讲解例子。

3D建模渲染

由于我们有图标手绘稿的参考，因此在设计过程中只要按部就班的建立模型即可，不过由于草稿不够精确的原因，我们在设计过程中仍然需要注意到细节和附件元素的再次设计，以便达到更好的立体效果。

01 我们使用Cube工具建立一个简单的矩形，矩形的大小不是很重要，只要角度和长宽比例正常就行。在我们的设计稿中展示的是正方形，但由于视角的关系，我们需要把长度设置得稍长一点。

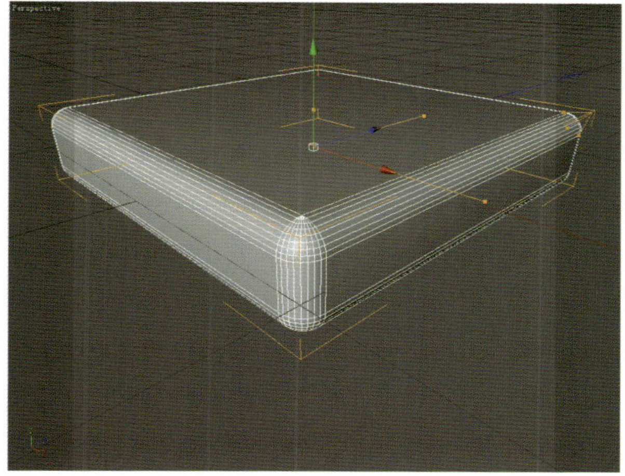

建立多边形

02 Cinema4D 11给我们提供了相当便捷的导角设计工具，我们只要在默认的多边形上选择Fillet 就可以设置导角的半径和细分次数。

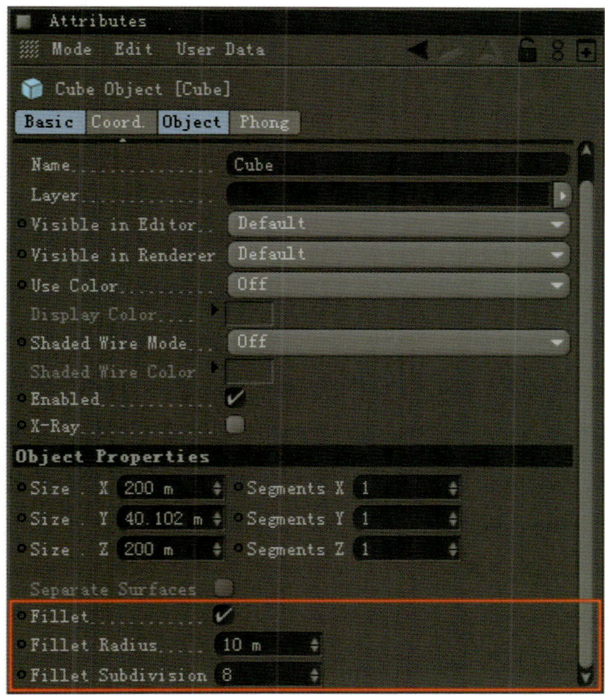

调节基本导角

03 然后使用Extrude工具对基本模型进行挤压和缩放，这是基于面的操作，我们需要切换到面的选择模式，而对于面进行环绕的选择，我们可以按下V键，调出快捷菜单，使用其中的Loop Selection 命令来进行选择。

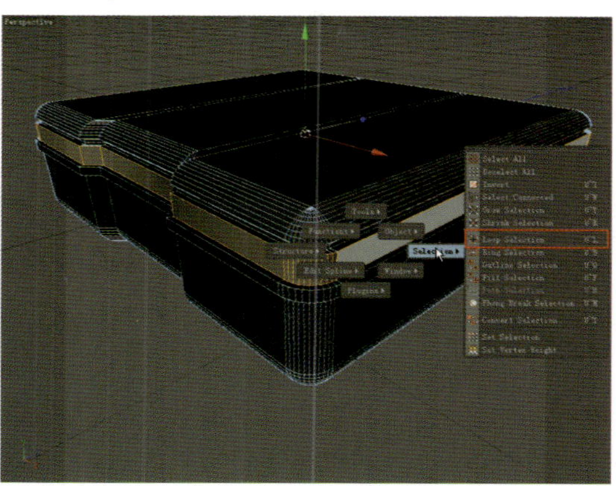

进行挤压建模

04 一般在多边形建模中，我们经常使用到的就是Bevel、Extrude和Extrude Inner工具，在点、线、面的不断切换选择中，挤压出我们需要的模型的形状。

常用的建模工具

05 我们给面板的前面添加一个附件，代表存储盒的概念，这里不但需要使用到Extrude工具，也需要配合旋转物体的边的操作来达到合适的角度。我们使用侧视图来观察模型的线条，而在使用选择工具的时候，也要记得把Only Select Visable Elements的勾选取消掉。

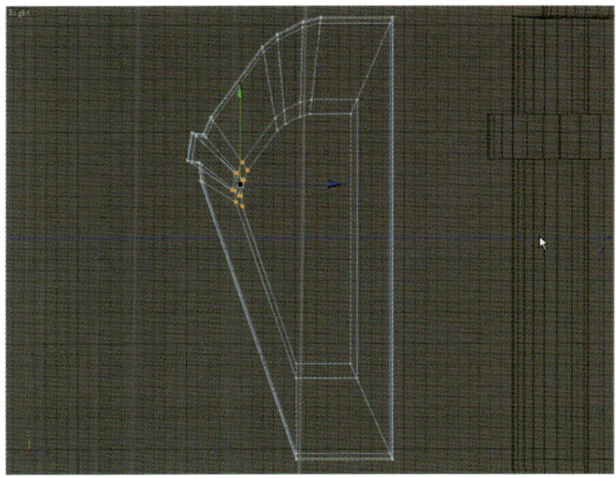

旋转边进行挤压

06 完成旋转挤压后的模型就像这个样子，大家可以看到侧面的面是以 No-Gons 方式显示的，这是Cinema 4D的一个模型特性，支持拥有不规则的边面进行编辑和显示。

完成附件的建模

07 我们再次建立一个Cube物体，这次需要使用Bevel命令来向内挤压表面，然后通过Extrude建立一个工业感很强的凹槽。

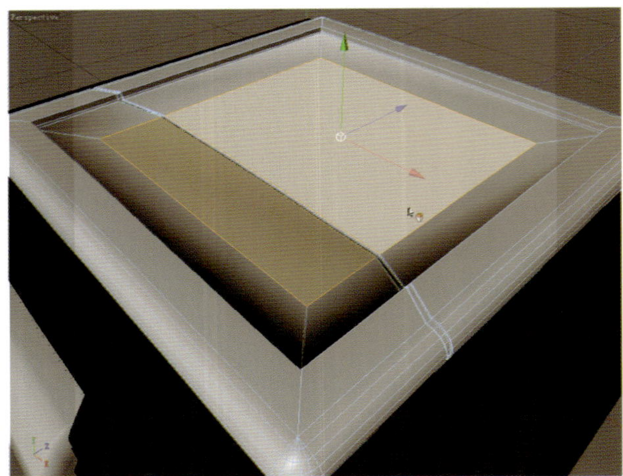

进行表面底座的设计

【提示】

在使用Bevel和Extrude命令的时候，要特别注意突出和凹陷部分的边，在这里进行多挤压一次边的操作，可以在最后模型统一细分（HyperNURBS）的时候（如果需要这样的话），得到更完美的边缘，而又不会影响到主要的造型和其他的面。

Bevel的细节

08 继续建立Cube物体。使用默认的导角得到三个一样的图形，然后旋转排列后得到我们需要的页面。

【提示】

在图标设计中，由于需要考虑到最后缩放的效果，因此在细节的处理上，应把关键物件部分尽量地放大，以形成突出的对比，让用户更容易知道这是什么。而且如果建立过于小的物件，无论是在材质的运用还是最后的显示上，那么它的意义就不大了。

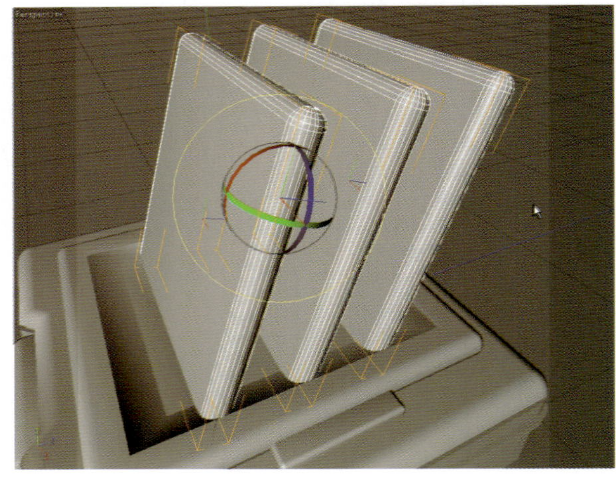

电话本的页面

09 使用默认的Capsule物体创建工具，建立几个基本的几何体，我们将使用这些胶囊状的物体作为我们的按钮，只要把模型显示为一半的效果，我们就获得了基本的按钮形状。

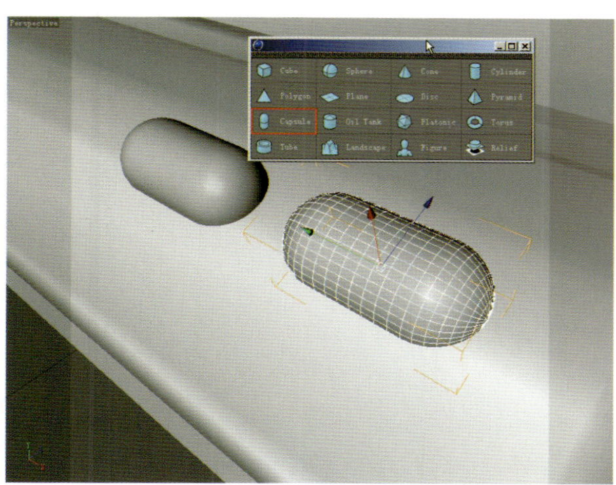

面板的按钮

10 打开Adobe Illustrator CS4，运用这个矢量工具绘制我们需要的轮廓，用作电话听筒的外观。当然，Cinema 4D中也是有线条工具的，只是那个工具不太好用，完全是个人习惯的原因。绘制好的线条，我们只要保存为AI文件，就可以直接导入到Cinema 4D中进行调用。

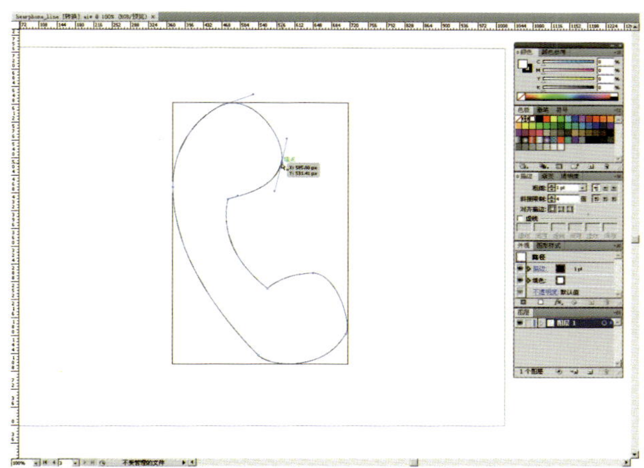

在Illustrator CS4中绘制曲线

11 导入后的线条仅仅是线条而已，我们用Extrude Nurbs命令为它增加体积，也就是通过挤压线条获得立体的面。这是一个非常有用的功能，特别是在我们制作3D文字的时候经常会用到它。

12 通过几次缩放和挤压后，我们的电话听筒的线条已经很立体了，制作立体效果的原因是在后面的渲染中，我们要获得它的反射和阴影，以增加图标的质感。

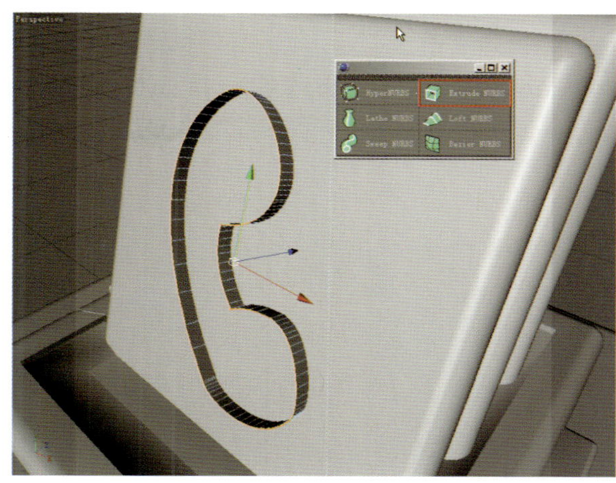

为线条增加体积感

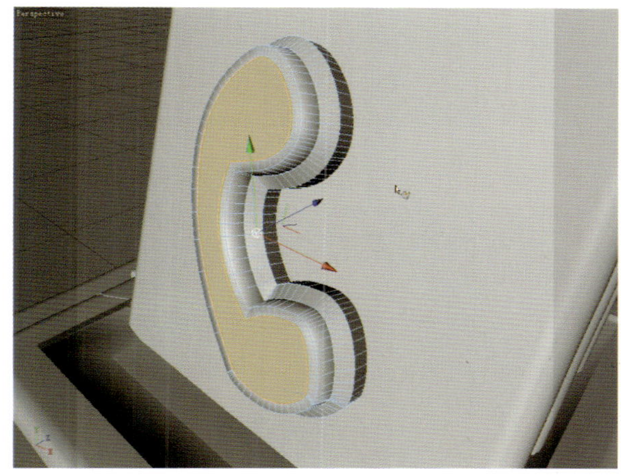

挤压后的线条

13 最后，把我们建立好的元素进行排布，调整好位置与比例关系，模型就完成了。

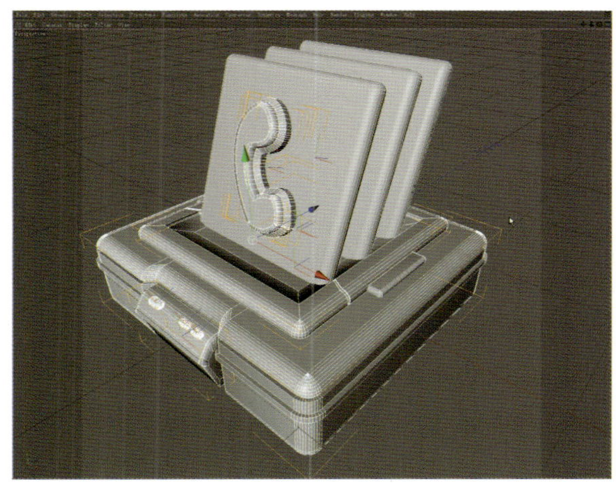

完整的模型

接下来，需要对物体的材质进行设置，这里我们需要参考前面提到的色彩和质感的部分，加以运用后，会获得想要的效果。

主材质部分

01 由于我们是以金属为主要材料的物体，因此在材质的建立中，有4个部分是需要关注的：Color(颜色)，Reflection（反射），Enviroment（环境）和Specular(高光)。

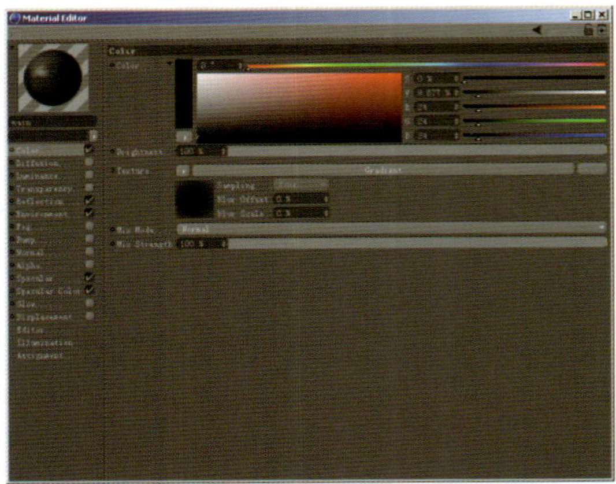

材质的Color部分

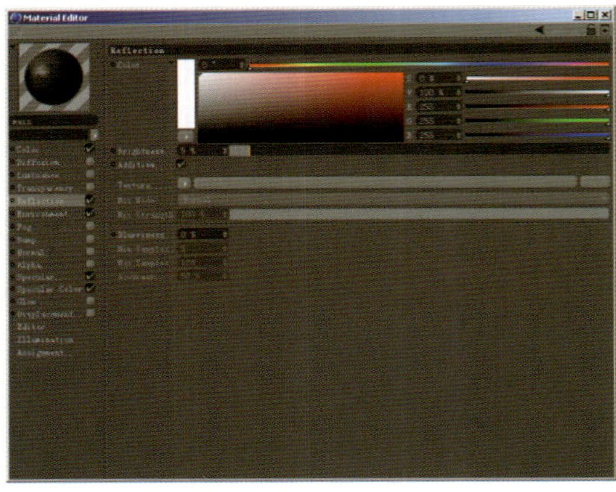

材质的Reflection部分

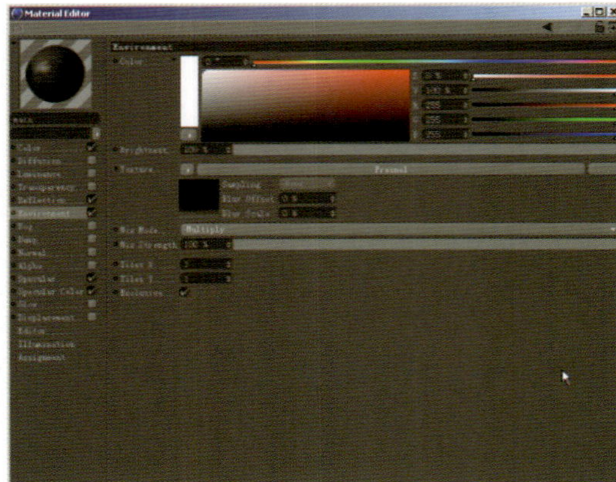

材质的Enviroment部分

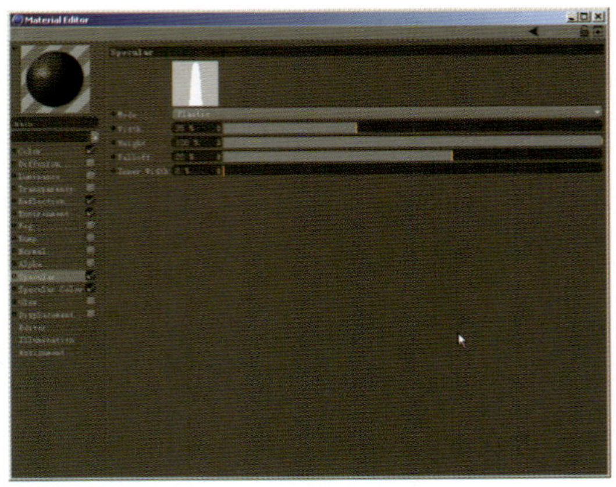

材质的Specular部分

02 当然，Cinema 4D中也为我们创建金属材质提供了很好的Shader（着色器），我们使用Danel Shader也能很方便地得到金属的材质效果。

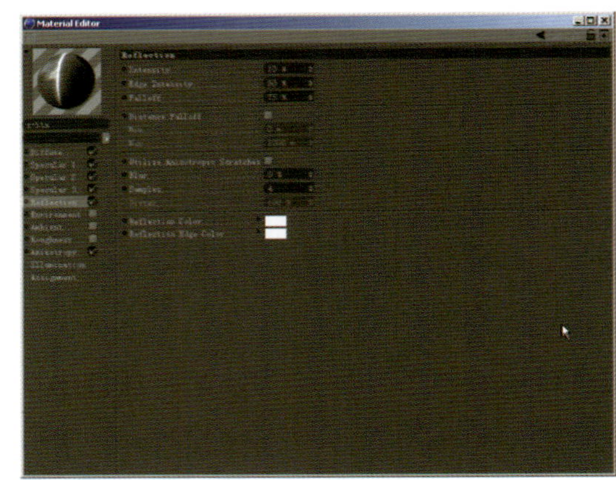

材质Danel Shader

简易贴图

01 有很多表面的细节，我们可以通过Photoshop 绘制后以贴图的方式来应用，这样既减少了模型的面数，提高了渲染效率，也使得细节上更为精细，因为绘制的贴图在控制质感方面非常自由。

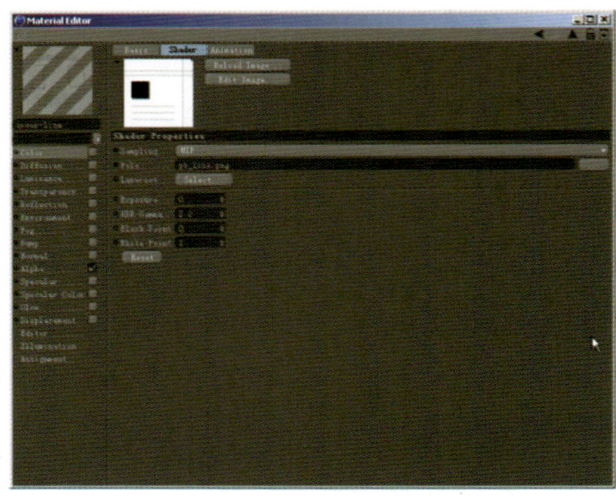

绘制的简易贴图

02 把在Materials窗口中建立好的材质球直接拖到物体元件的菜单中，即可加载我们需要的材质效果，而且材质的基本颜色效果也可以在窗口中实时显示。

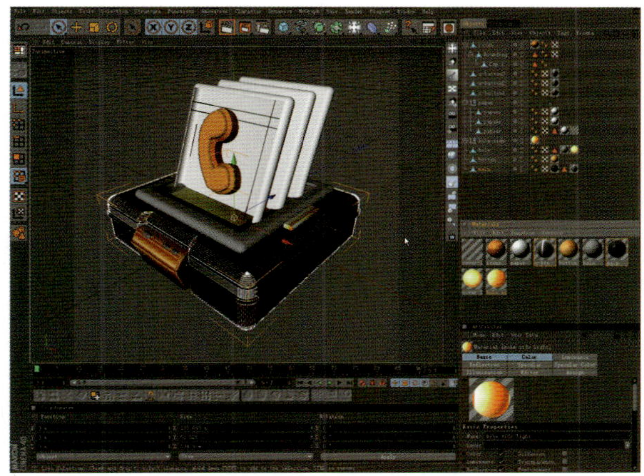

配置了材质的模型

03 对这个图标进行渲染。这里需要注意的是，我们的这次渲染完全没有使用额外的灯光和环境反射，因为Cinema 4D的默认场景中已经有一盏主灯光，我们只需要保证它能照亮物体就行，更多的细节和亮度，我们留在Photoshop中去处理，这也是提高设计效率的一个方式。

04 按下Ctrl+B组合键，打开渲染设置窗口，在Output选项中设置最后输出的尺寸，以及需要的当前帧或者是全部帧进行渲染（这在制作动画的时候很有用）。

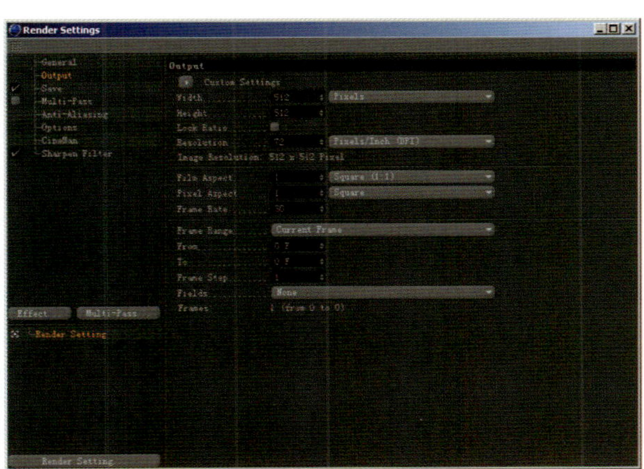

输出尺寸的设置

05 Save选项中可以选择多种保存格式以及保存的路径，还包括是否保留Alpha通道，由于我们后期需要到Photoshop 中再次处理，所以需要勾选Alpha Channel，以方便获得选区。

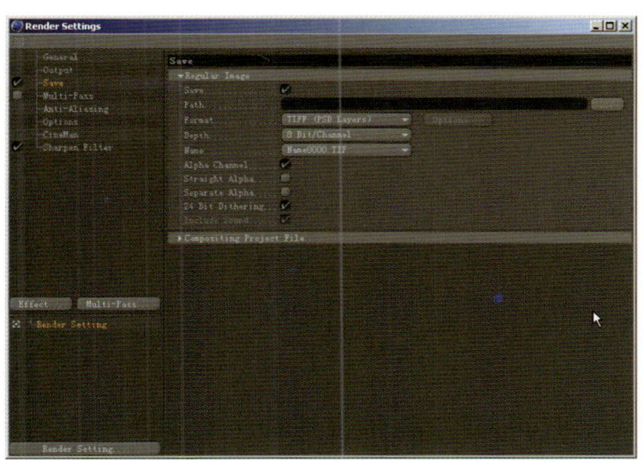

输出格式的选择

06 我们是单帧的静态图像，因此在Anti-Aliasing选项中，都要选择Best，以获得最佳的效果。

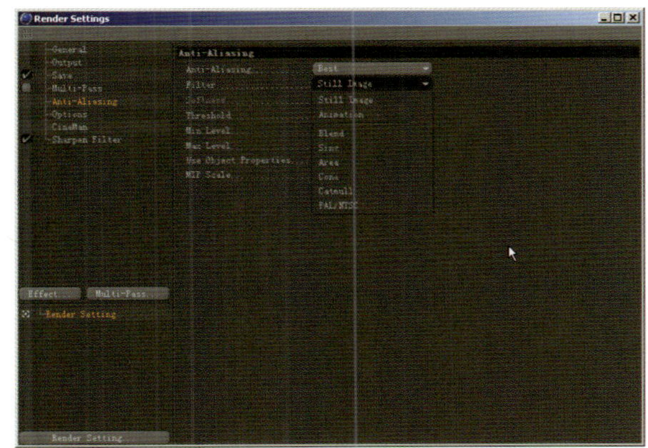

抗锯齿程度选择

07 在Options选项中有根据材质变化设置的全局渲染控制，由于我们的材质都很简单，场景也没有加载什么外部元素，因此这里只要注意Auto Light是否打开即可，否则你会看不见你的物体。

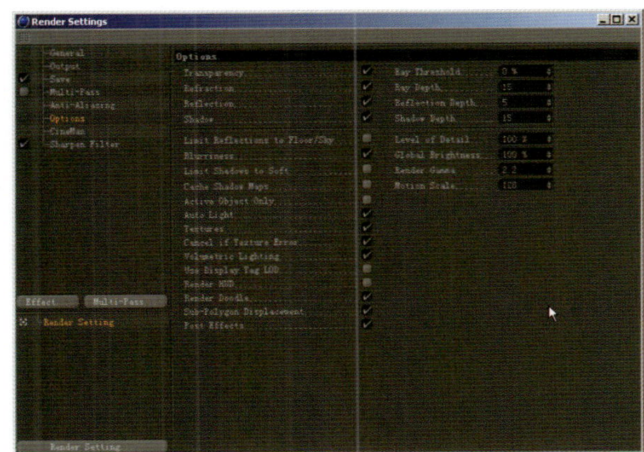

更多渲染细节

08 在设置完毕后，我们只要按下Shift+R组合键，就可以马上测试我们渲染的情况。这里的渲染时间会根据你的机器配置不同，有所不同，请耐心等待。

渲染后的效果

平面效果处理

01 在Adobe Photoshop CS4 中打开我们刚才渲染好的图片，调整大小，然后使用色阶调整它的曝光程度和对比。

调节色阶

02 使用曲线工具调节细节处和底座的明暗关系，可以适当地提亮底部的亮度，让颜色更鲜活。

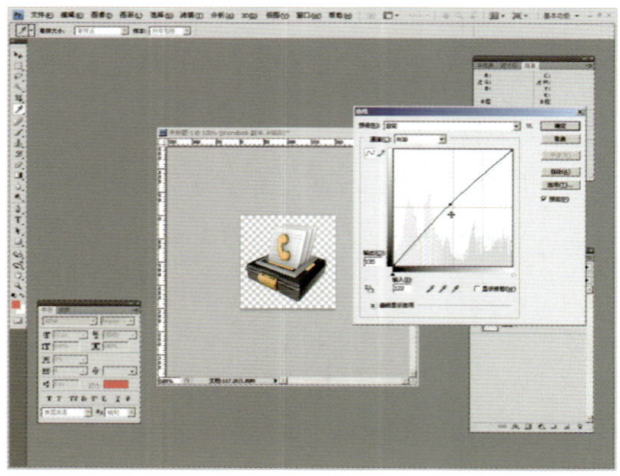

调节曲线

03 使用钢笔工具对图标的细节进行高光的绘制。这里需要我们把图像放大到至少400%，来观察细节的变化，获得微小的高光和细节的反射都是需要靠基于像素级别的绘制完成的，我们在这里经常使用径向渐变的白色，然后通过调节透明度得到不同的反射层次。

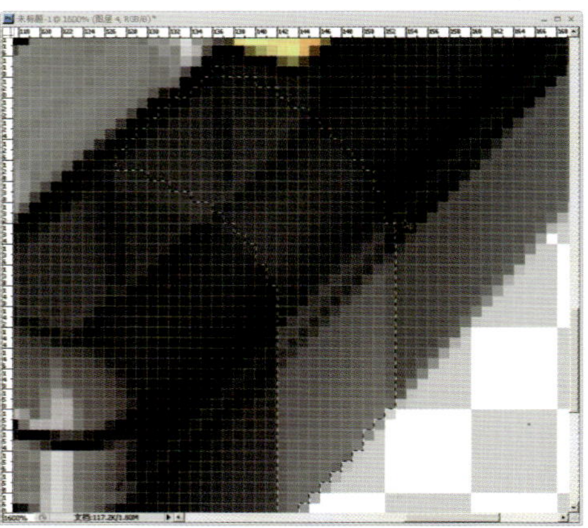

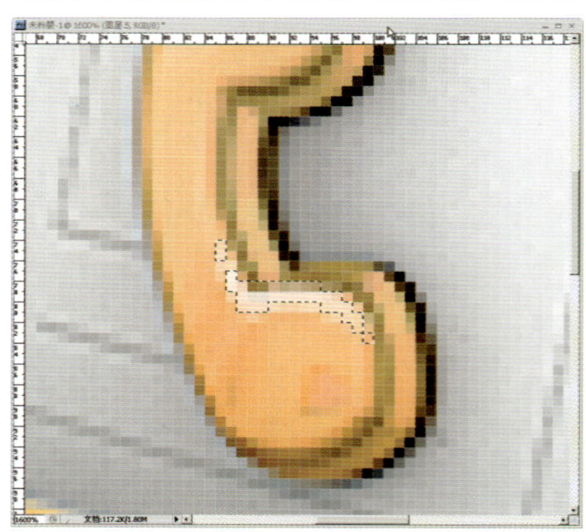

绘制细节

04 一些高亮度的反射中，我们还需要制作一些特别的图案来配合。比如这个基于一个像素宽度的星点，对于发光效果来说就非常有用，尽管它看上去特别不真实，但是在你缩小以后，它周围的像素就会自然和周围的颜色融合到一起。

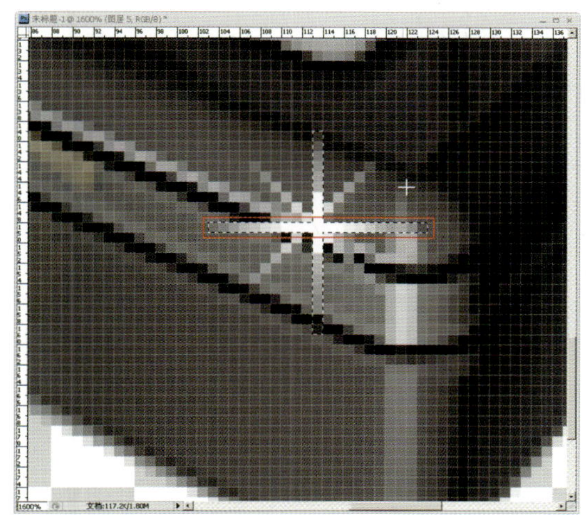

绘制高光闪烁

05 返回到100%的视图再看看我们的图标，是不是变得明亮了很多，而且高光的部分显得很迷人，图标的整体金属感强了很多。

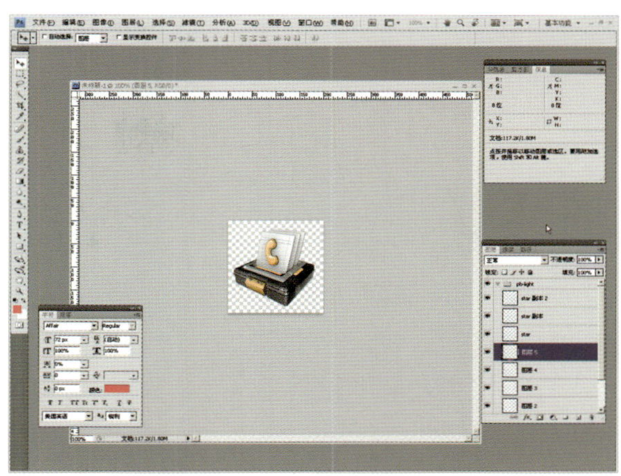

细节处理完成后的图标

现在我们已经了解了一个概念设计中的图标是如何完成的。我们使用相同的方法来完成整套作品中其余的图标，然后制作成图标的提案文件。接下来我们将迎来第一次的内部评审会议。

12.4 评审筛选会议

在内部进行图标设计的评审会议之前，需要先准备一份评分表，以不记名的方式统计对图标设计的第一感受。评分的标准与参考维度将依据之前确定的产品原则和设计原则。

图标设计评审打分表如下。

图标名称：________ 设计师：________ 提交时间：2010.03.05

基本原则：

1. 图标设计为本人原创设计，参考设计须提供原作品图片供评审对比；
2. 图标设计需要考虑以后项目的通用情况；
3. 图标在概念上应有新颖、独到的地方；
4. 图标设计分数从1~10分，1分为低分，10分为满分。

打分内容	按照1~10分选择	修改建议
设计是否原创性较强？		
设计的流程是否清晰、有逻辑？		
色彩方面是否符合用户心理？		
质感的表现是否贴近主题？		

续表

尺寸是否兼容各种分辨率？		
概念是否新颖、独到？		
元素间关系是否可重用？		
是否使用了较为先进的技术？		
图标的风格整体性如何？		
总分		

由于是交叉打分，并且在团队内采用轮转方式评分，因此最终的评分报告会比较多。这里列举其中一份的评分样式供参考：

图标设计评审打分表

图标名称：Space Stylish　　设计师：周 骏　　提交时间：2009.03.05

基本原则：

1. 图标设计为本人原创设计，参考设计须提供原作品图片供评审对比；
2. 图标设计需要考虑以后项目的通用情况；
3. 图标在概念上应有新颖，独到的地方；
4. 图标设计分数从 1 到 10 分，1 分为低分，10 分为满分

打分内容	按照 1-10 分选择	修改建议
设计是否原创性较强?	10	
设计的流程是否清晰，有逻辑?	10	
色彩方面是否符合用户心理?	10	
质感的表现是否贴近主题?	10	
尺寸是否兼容各种分辨率?	9	要考虑小尺寸的图标的细节处理.
概念是否新颖，独到?	10	
元素间关系是否可重用?	10	
是否使用了较为先进的技术?	10	
图标的风格整体性如何?	10	

【要点】

设计评审（Design Review）是对一项设计进行正式的、按文件规定的、系统的评估活动。设计评审可采用向设计师提建议或帮助的形式，或就设计是否满足客户所有要求进行评估。在产品开发阶段通常进行不只一次的设计评审。最终的设计评审（即设计终止之前），其性质是建议性的。这些评审的结果采用推荐和建设性建议的形式。对设计评审中发现问题进行更改和对结论进行选择的权力在设计部门。其目的是尽可能早地在开发阶段确认这些设计会不会造成最终产品质量偏差。

设计组其他成员的图标设计作品展示：

Emily 的作品 Simple title

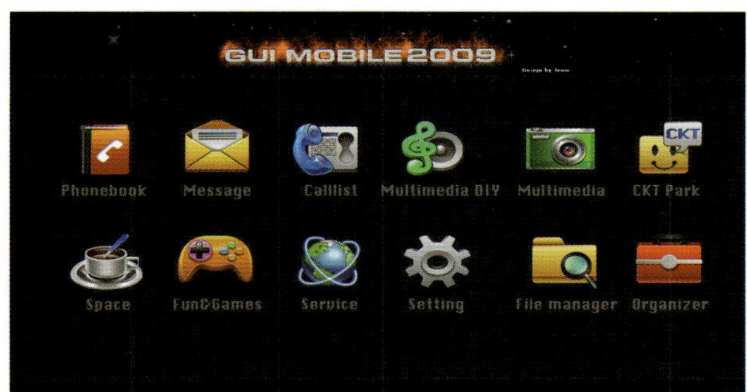

Jeme 的作品 Immaculacy of heart

Noryes 的作品 Function icons

Shanshan 的作品 Black metal

关于图标的具体提案部分，将在后面的界面提案环节中统一展示说明。

12.5 设计方向

在界面设计开始之前，我们通过图标设计已经完成了一次初步的团队沟通与项目的协调步伐，未做之前先想，是设计师的好习惯。

对于设计方向的把握，是每个设计项目具体到实施环节之前都必须经历的阶段，在某些团队中，有可能是设计总监提出的，也有可能是客户的要求，也许是市场的趋势的反映，甚至是集体讨论的结果，无论哪种情况，设计的方向必然是一个有迹可循的环节。

我们先看看Frog Design在2008年发布的一份设计趋势的报告。其中详细地展示分析了社会化活动和材料的最新应用。

Frog Design-2008 trends

【要点】

此PDF文档请见光盘中相关章节文件夹中Frog Design-2008 trends.pdf。

青蛙设计公司（Frog Design）是在国际设计界最负盛名的欧洲设计公司之一。作为一家大型的综合性国际设计公司，青蛙设计以其前卫，甚至未来派的风格不断创造出新颖、奇特，充满情趣的产品。公司的业务遍及世界各地，包括AEG、苹果、柯达、索尼、奥林巴斯、AT&T等跨国公司。青蛙公司的设计范围非常广泛，包括家具、交通工具、玩具、家用电器、展览、广告等，但20世纪90年代以来该公司最重要的领域是计算机及相关的电子产品，并取得了极大的成功，特别是青蛙的美国事务所成了美国高技术产品的设计最有影响的设计机构。

明确一个设计方向，往往并不是确定某种颜色，或者使用哪套图标这么简单。一个设计方向的确立，是基于产品或公司的品牌出发，是整体设计战略研究的结果。

公司内部的设计部门、独立的设计公司、合伙性质的设计团队，甚至SOHO方式的个人设计师，在面对相同的产品的时候，其设计方向的确立也是完全不同的。

牵涉到设计方向的限制因素如下。

该项目允许的设计时间

一个为期一周的设计项目和一个长达两年的设计工程，在设计手段上就是不同的，时间不允许的情况下，设计的方向应转变为“敏捷设计”。

产品的生命周期

如果这是一个快速消费品，它在市场上的存在价值只有1年左右，那么在制定方向的时候，时间预算是不应该超过3个月的。

公司领导层对于该项目的重视程度

公司领导层对于项目的重视程度决定了这个设计项目可以取得的资源，无论这个设计是否真正出色，一定要在展示环节考虑到领导层的建议，并留出适度妥协的空间。

用户、客户、产品、软件的观点

当所有的用户都认为你应该加入影片预览功能的时候，你不应该因为软件无法实现而丢掉这个功能。作为设计师（设计经理尤为如此），需要在这当中起到催化和平衡的作用。

硬件或软件条件的限制

如果你的产品只是一款带有基本键盘的非触摸LCD设备，那么你的设计方向中就不要把iPhone作为一个参考坐标，那样会显得很业余。

设计师团队的实际设计能力

做即时策略的游戏不要和暴雪比，做TV游戏不要和任天堂比，有时候设计师贵在有自知之明，有些东西是无法超越的，要善于调整心态。

该项目的预期价值（或者对客户的报价）

一个正确的报价值得你做出100分的设计，也能够支撑你的设计概念走向实际的产品；而一个预算不够，或者报价错误的项目，甚至会让你的设计失败在摇篮中。设计师必须有经济头脑和市场意识。

产品希望表达出的差异性

一个优秀的产品有希望变得卓越，而一个已经失败的产品，建议还是另起炉灶吧。

目前社会的流行趋势与媒体焦点

你的产品和设计关注着用户，用户才会关注你的产品和设计。设计的方向在很大程度上是代表着社会的现状。

【故事】《设计的小事——报价的指导原则》

近期虽然说金融危机，大家都说生意不好做，但是我发现近期找人做设计，做网站，做推广的企业还增多了。仔细考虑也是，经济好的时候不用包装、不用广告、不用设计，东西还是卖得好；经济不好的时候，企业和产品更需要包装和宣传，更需要通过在视觉上吸引消费者。现在大家花钱都很小心谨慎，恨不得一分钱掰成两分花，自然对于产品各方面的品质要求都提高了——这还得有个前提，你的产品不能涨价。

自然，有些同行朋友最近和我沟通起了该如何报价的问题，这里面有自己做设计公司的朋友，也有做SOHO的朋友，我大致思考了一下，写了这篇文章，给大家做个参考。

当然，根据不同地区的经济水平和实际的行业状况，这些通用性的准则不一定都能发挥效用，但是仍然可以使我们保持清晰的头脑，在价格因素日趋透明的情况下保证自己的利益。

1. 可提供的服务层次

无论你是公司还是个人，请清晰地分析你自己能够提供的服务，公司和个人之间的报价并不是绝对的，没人规定公司的价格就一定要比个人SOHO高，也没人说个人SOHO一定要委曲求全降低价格来争夺订单。比如某个公司只能提供网站视觉设计服务，而你一个人可以提供网站的视觉设计、交互设计、HTML制作、Flash动画等服务，自然你的报价会随着服务内容的增加而增加。

而由于现在滥竽充数的公司太多，导致客户对公司的体系显得难以信任，面对个人的时候，客户仍然觉得自己是更有话语权的，当然，我们会发现部分的个人SOHO无论在单项服务还是整体设计上都比公司报价要高，我们后面会谈到这个现象是什么原因造成的。

2. 客户需要区别对待

作为设计师，你当然希望价格是完全根据你的设计的价值来确定的，但是市场的杠杆在我们设计行业中总是偏向资本的一方，而这种情况短期不会改变。这就出现了我们认为的“大客户”和“小客户”，目前流行的做法是以项目前期的预算来区别，比如我们设计一个网站，设计预算在10万元左右的，称为大客户，低于5万元的称为小客户。

但是这样的区别是不够的，我们还应该加入一个维度，就是客户对于设计的认识与价值评判。如果一个客户在设计预算方面初步给了很高的价格，但是最终实行的时候将项目时间拉长，对设计的评判不客观，甚至出现“长尾跟踪”的修改情况，那么折算了时间和人力成本后，我们的项目其实也就是两个小项目而已。

我们在报价的时候要注意对比了解设计的客户，应该从阶段性工作入手，分析每个模块的价格，而对不了解设计的客户来说，最好做一个总价然后再打个九折，因为他们对设计并不看重，而是看重你在相同的时间提供类似的服务所花的费用。

3. 知道你的成本在哪里

有客户（甚至有不少设计师）认为个人SOHO设计师是几乎没有成本的职业，只要动动鼠标就能够赚钱，所以在极大的不平衡和不了解的情况中，对于SOHO设计师残酷地压价，导致最后设计师提供模板性的作品，客户感觉遭受欺骗，那么如何跳出这个恶性循环呢？

告诉你的客户，他的钱都花在哪儿了，并且你为这个设计项目付出了多少时间、顾问费用、咨询费用甚至是设备等费用，你的报价最好是以时间和项目内容为主的，而不是一个简单的我要多少钱，因为设计行业没有一个沃尔玛，缺乏一个标准的客观值。

4. 知道你的利润在哪里

不少刚开始自己做SOHO，或者自己开设计公司的朋友，总觉得客户源还不错，价格也不菲，但是到月底盘点的时候居然发现自己的钱没有多少，他们会非常疑惑，究竟钱花到哪里去了。

很多设计师认为只要是客户打到账号上的钱都是利润，错了，你每天的开销还有设备的更新，参考资料和版权支付的费用，聘请其他专业人员做项目配合的费用都是在无形中花掉的，而你没有记账的习惯，导致自己的利润在不断流失还不自知。

一个成功的做法是，你在报价的前期就应该全面地考虑你的成本和利润之间的比例，如果你这个项目还不能维持你的平均设计品质，我觉得就没有意义继续谈下去了。

5. 知名度的价值

设计是一个属于文化范畴的东西，它和时尚一样，品牌的价值是非常关键的，这牵涉到你的个人的知名度还有你的作品的知名度，甚至是你的公司的知名度。要知道，任何环境中的用户总是相信大品牌的，这意味着你要花费更多的时间和金钱去营造你的品牌价值，而这个有形的付出会在日后无形地影响着你的每个客户。

在你的报价中，首先要突出的是前期的沟通，千万不要一开始就说明最终价格，那是很冲动而且幼稚的，只有白菜才会标价出售。设计师是一只股票，股票的价值在于人们对它的预期，而这个预期相当合理的话（通过你的作品表现），人们会愿意付出更多的钱来拥有，这就是追涨。

6. 影响报价的附加因素

报价本身是一门学问，而创造报价合理的环境更是一门学问。什么是环境？就是任何支持你的报价的元素，我认为有以下几点是你必须重视的：一个展示你自己作品的优秀的网站、一个不错的行业的口碑（你要知道客户是会使用Google的）、整洁有一些创意的办公环境（无论是在家里还是有一个租用的写字楼，你会不定期地接待客户的来访）、谈判时的穿着和谈吐（这个部分大概会影响你的报价的50%以上）。

在谈到报价的时候，我们就不单纯是一个设计师了。你的作品好不好你自己说了不算，你那几个臭味相投的朋友说了也不算，你要给人值得信赖甚至依赖的印象，这就是我们说的视觉营销。

7. 合同的整理

一个设计师是否优秀，看看他发给客户的合同是不是专业就知道了，一个设计师的思维细腻和友善可以通过一份合同准确地描述出来，你的客户也许对设计不太了解，但是谈到合同，他们了解的程度就像你打开Photoshop 的次数一样。

合同中不但要包括详细的服务内容、详细的价格、双方的责任和免责条款，还有出现问题时的建议解决方案。你要知道，主观的东西（通常是对于设计作品质量的认同）太复杂、太啰唆，不拿白纸黑字写清楚，你的客户会认为你在默认他们的无知与蛮横。

8. 好好处理财务

你知道设计网站和提供海报印刷的税率不同吗？你知道如何避税吗？你了解财务周转的时候，银行之间的手续费吗？你知道美国客户打款给你时的周期还有汇率吗？如果你不清楚这些，那么请马上开始补课，因为他们非常重要。

明确你的设计报价是税前还是税后是最重要的，而对于设计内容的后期维护也需要一个妥善的财务计划，这不但是降低自己的损失，也让客户没有后顾之忧，我了解的客户中，最害怕的事情就是和某个设计师合作后，发现无法获得发票，也不知道如何处理周期性的费用。

你可以选择一个能信任的公司，作为他们的独立设计师出现，让他们来走发票的流程，也可以自己注册一个小公司，而之间的利益分配，又是二级客户的问题了。

9. 报价的铁律

（1）必须收30%预付款，无数次的事实证明，没有付预付款的客户大多数都是套着羊皮的狼，甚至他们会让公司最漂亮的市场MM和你套近乎，等到方案到手一般都是肉包子打狗；

（2）发票或收据的事情必须先有准备，别等到客户问起再说，收了钱要负责，要认账；

（3）必须有浮动的空间，考虑到客户的成本和设计需求，合理地计算利润，并帮助客户在不必要的环节省钱（软件、硬件、维护、推广……大家都要混饭吃，为了咱设计行业的顺利发展，就对不住各行业的兄弟了），别做出一副要把客户生吞活剥的气势；

（4）别随意打折降价，无论是大客户还是小客户，做多少服务给多少钱，你的第一次报价决定了你在客户心目中的层次，很多客户会告诉你："这次合作有三个设计团队参与了，其实我们挺看好你的方案，只要你再便宜3000块钱，合同我们马上签。"，这样的基本都是奸诈的市场人员的说词，你可以直接告诉他："爷从来不比稿！"

（5）不要相信所谓的长期合作，如果你签的不是统一的框架协议，那么所谓"长期合作"基本都是在为讨价还价做铺垫，无数设计师都因为这样被忽悠了，然而又成了不能说的秘密。我的做法是："咱还不够了解，这次合作好了再说，长期合作我也是阶段性打折。"

（6）报价协议要搭配着服务协议，明确设计周期、修改次数、确认方式和沟通方式、责任人等一系列问题，要不每个环节都有可能被客户抓住把柄，你要知道客户都是沾上毛比猴还精的，我们这些纯洁的设计师怎么能和他们一般见识呢？还是丑话说在前头吧，对大家都有好处。

12.6 交互设计效果

现今手持设备的界面设计已经由过去单一的主题设计，变为了交互与界面共同升级、共同发展的形态。当我们进行这个虚拟项目的时候，界面设计的重要性和交互特效的重要性就同时呈现出来，因此，我们需要在界面设计之初对界面的交互特效进行一些设计论证。

【技巧】

交互式全息影像：在很多科幻电影里，都有类似的场景，戏中的人物可以对着真实人类的虚拟影像说话，而不是拿着电话和对方通话。又或者屋里可以有虚拟的管家，它们同样也有很逼真的影像。这样的科幻场景其实并不遥远，在不远的将来，我们就可以在现实中看到它们。AirStrike的全息影像技术让我们看到了这种希望及趋势。这种技术不仅可以显示与真人大小相似的全息影像，还允许你与它们进行互动。比如你可以移动手指或双手，令影像发生变化，就像魔法电影里的特效那样。你还可以想象一下，把电话功能加上这种影像技术里，再完善一下影像的嘴部动作，那么我们就可拥有更未来化的视像通话了。我们经常可以从科幻电影等情节当中找到下一代的界面技术的端倪，这也许是一种提示，如果我们经常关注人机界面、人工智能等高科技领域的东西，我们也很容易发现一些新颖交互的方式。

- dialing（拨号）
- music player（音乐播放器）
- photo album（相册）
- videoplayer（视频播放器）
- world time（世界时间）

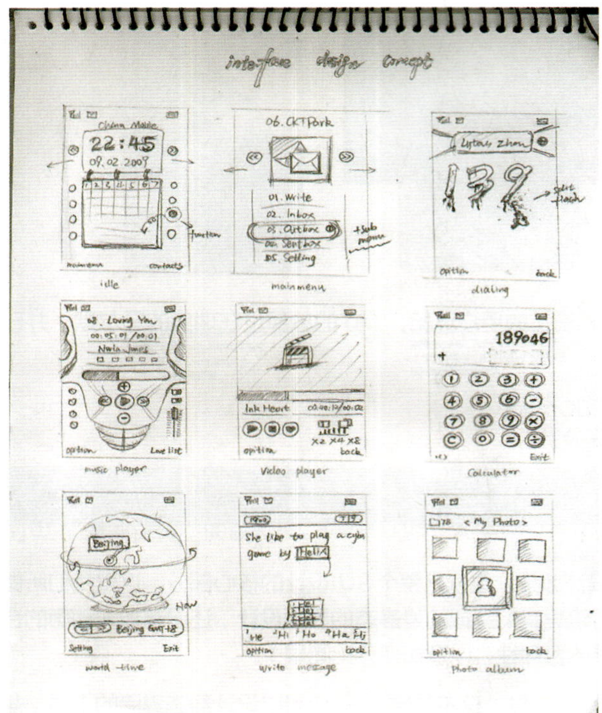

界面设计手绘草稿

我们先浏览一下最终所有界面的设计效果：

待机界面

主菜单界面

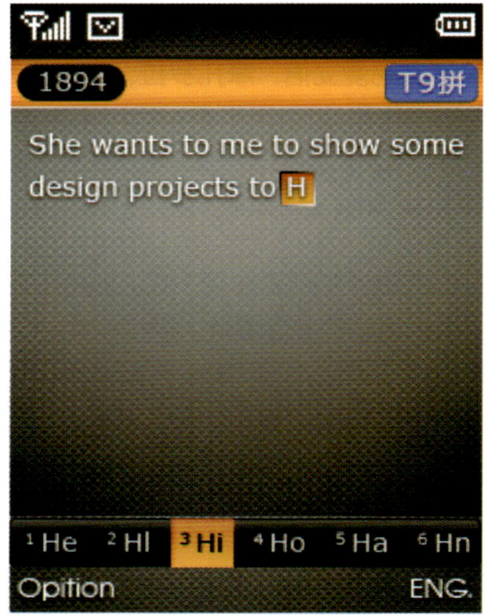

写短信界面

计算器界面

拨号界面

视频播放器界面

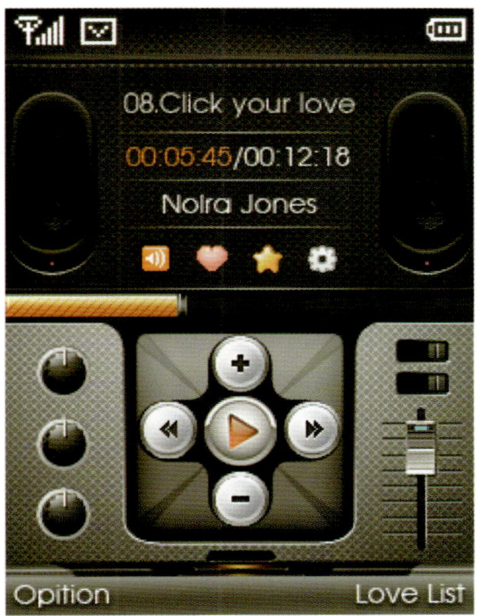

音乐播放器界面

世界时间界面

相册界面

下面我们挑选其中的关键界面，main menu（主菜单）和world time（世界时间）的设计制作过程向大家演示如何思考并设计手持设备的菜单界面。

12.7.1 【教程】main menu（主菜单）设计

01 首先要为界面建立背景。由于概念设计中明确了质感的体现，因此我们要绘制一个适于金属质感表现的界面，背景中使用一个径向渐变。颜色值为#3333 → #c5c5c5 → #3333。

背景渐变色

02 金属一般都是带有纹理的，所以我们建立一个网状的金属纹理，让反射看上去更有质感。我们新建一个5px正方形的透明文件，然后使用铅笔工具绘制以下图案。

【注意】

使用铅笔的颜色一般为黑色，或者白色，这样有助于我们后期应用图层效果。

绘制背景填充图案

03 使用"编辑"菜单下的"定义图案"命令，我们就可以把自己绘制的像素图或位图定义为可以反复调用的图案文件。

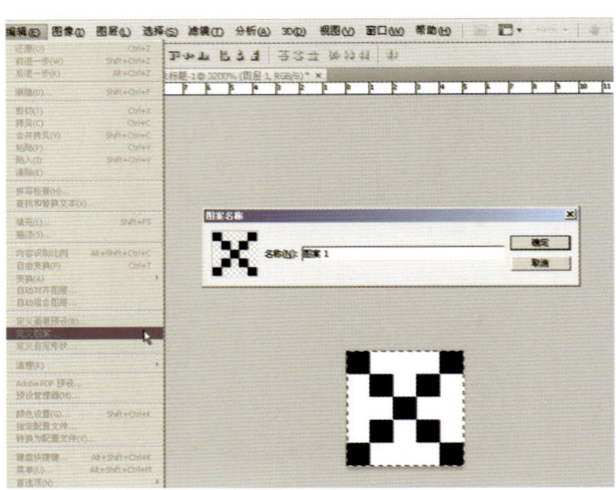

定义填充图案

04 使用填充命令，我们就可以得到如下的效果，然后把图案做一个反色处理（按Ctrl+I组合键），把填充层的图层改为叠加模式，透明度设置为40%，这样图案就能很好地与背景融合到一起。

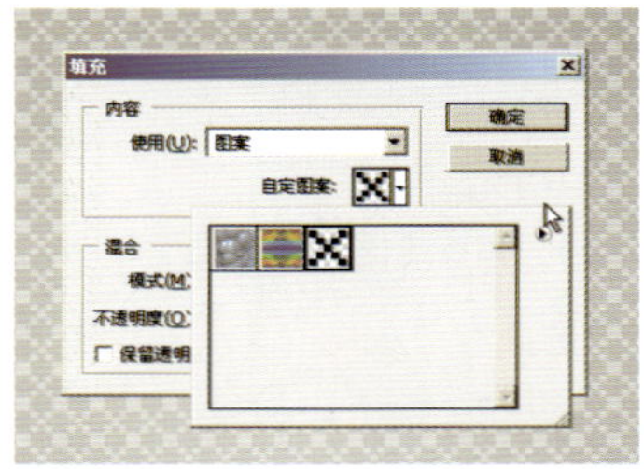

填充图案的效果

05 现在开始绘制我们的分割线条。使用一个像素的矩形选择工具，得到适当长度的选区，然后使用白色进行径向渐变的填充，透明度改为50%。再复制一次该线条，做反色处理，放到后面成为线条的阴影部分。

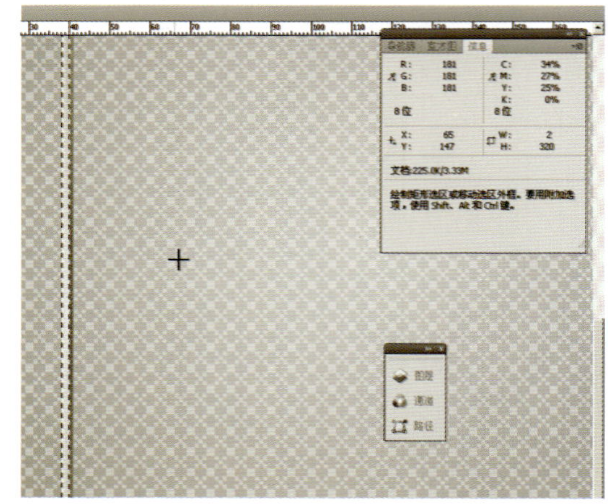

像素线条

06 复制好线条后，我们的主菜单图标的大致位置就确定好了。现在拖入之前设计的图标文件，调整大小和比例，放在界面的中间区域。这里使用到的设计样式，是我们在手机界面中经常使用到的Page模式，不过我们在这里有了一些创新，使用二级界面和主菜单合并的方式来进行操作。

放置主菜单图标

07 为主菜单的每个图标进行标题命名，这里使用的是Avian字体，字体的编号和描述文字做了颜色的区分，不仅仅是区分编号的问题，也可以美化视觉，并提示用户，如果在屏幕上手写“6”也可以马上切换到这个界面。

主菜单标题

下面我们开始制作按钮背景。由于我们有很多主功能，在全触摸的键盘上，明显的导航切换按钮就变得非常必要。

08 按钮的设计不但要符合视觉设计的需要，也要考虑到人手点击和操作的方便，以及准确的提示含义。一般人会使用拇指或食指来操作触控界面，人的手指在物理尺寸上根据我们的屏幕分辨率的不同，会占用屏幕15~35px左右，因此重要按钮的可点击区域，应该不小于这个数值35px X 35px。

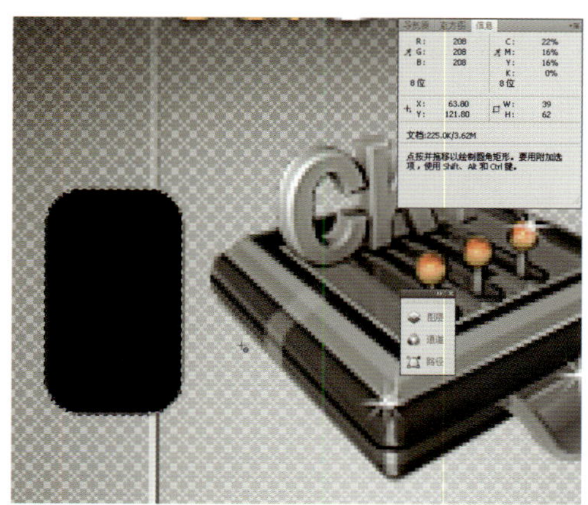

制作按钮背景

09 我们在按钮的设计上经常采用像素级的绘制和白色模拟高光渐变的方式来获得质感。这里我们使用了10px大小圆角的矩形，然后在其内部绘制高光。需要注意的是光源的方向应该和整体界面呈现出来的光源保持一致。

制作按钮背景

10 Photoshop中自带了很多默认的常用符号，它们在“自定形状工具”中，我们调用其中的箭头类图形，来帮助我们设计按钮。

使用默认形状

11 最后我们降低按钮的整体透明度，在图层样式中加入一个叠加的阴影，让它有突出的立体外观，我们的按钮就设计完毕了。

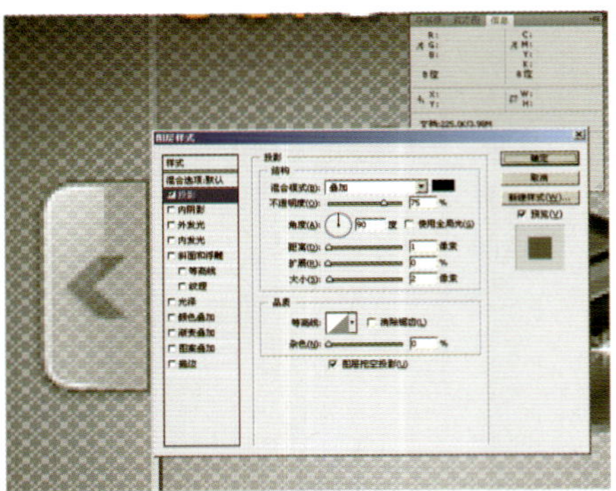

最终的按钮样式

这是目前为止我们设计完成的样子，还不错吧？我们需要检查一下整体的文字图标箭头的间距和行距，以控制它们在视觉上的表现。这样的检查在我们的界面设计中会占用很多的时间。

目前为止的效果

12 为了增加二级菜单的对比度，我们需要加入一个背景。由于二级菜单大多为功能选择项，因此背景和文字的对比显得非常重要。无论设计风格如何，我们都要保证文字清晰可读。

二级菜单背景

13 使用和标题一致的文字能增加界面的一致性，在行距的处理上，为了保证触摸操作的有效进行，我们应该设定较大的行距。

二级菜单文字

14 界面的操作应该有及时的反馈，因此在操作二级菜单的时候，每一行文字都应该对应一个提示选中的状态条，这个状态条我们使用了一个大圆角矩形来创建。颜色为 # cb4804 → # ef994f 的线性渐变。

选择状态条

15 为了提示二级菜单有触摸拉动后整体滚动的效果，我们在状态条上应该有所表现。这里使用一个更为细节的圆形按钮来处理。

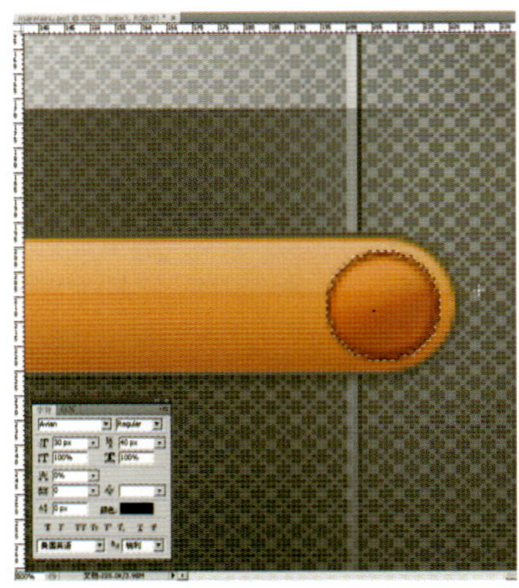

选择状态条细节

16 小按钮中的箭头样式应保持与界面中出现的其他箭头样式类似，但受限于尺寸的关系。这里的箭头需要使用铅笔工具来按照像素绘制。

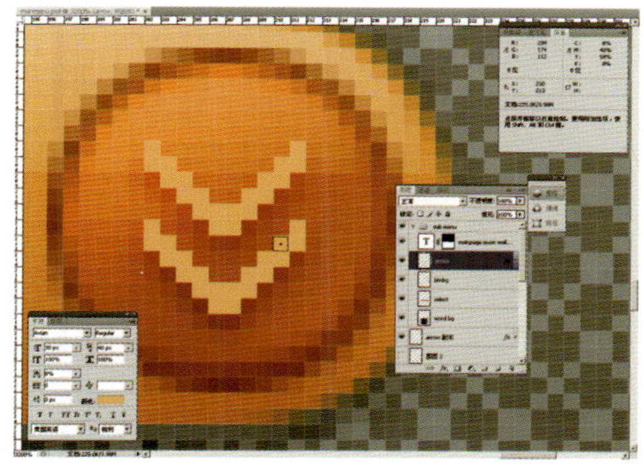

像素箭头

17 最后我们需要给文字部分进行遮罩的处理，以提示用户，二级菜单可见区域的上面和下面还有内容，促使用户使用触摸拉动整体菜单，达到设计的目的。

遮罩运用

这样我们就完成了一个主菜单的设计制作过程。通过分解演示，我们发现界面设计的两个重要部分，首先对于界面的功能思考，操作流程的规划，然后才是为完成这个界面的功能目标，使用到的视觉设计和细节美化。

12.7.2 【教程】world time（世界时间）设计

从主菜单的样式出发，我们继续来完成世界时间界面的设计，世界时间是一个手机端特有的功能，以方便商务用户（或者其他经常处在不同时区的用户）在不同的地点能够准确、快速地调校本地时间。它的功能单一，但是重要，这就需要我们的界面十分开放，而且便于操作。

一个好消息是，我们不需要再为这个界面绘制新的背景，出于界面视觉效果统一的目的，我们可以反复使用一样的背景来配合我们的设计，当然这对设计师的能力有一定的要求。

01 使用相同的背景不但能够节省制作时间，也是非常有效的统一界面风格的手段，某些用户更关注于前景的功能和操作，但是背景一样会在使用过程中影响到用户对于界面整体的感受。

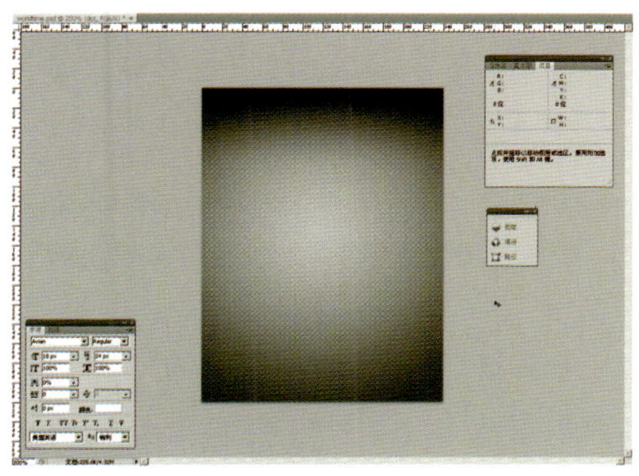

统一的背景

02 为界面增加软键操作区（Softkey），是目前所有手机的必备操作入口，这也是一个广泛的用户习惯问题。Softkey作为界面的操作入口，无论是否使用可触摸的屏幕，它们的作用还是显而易见的。

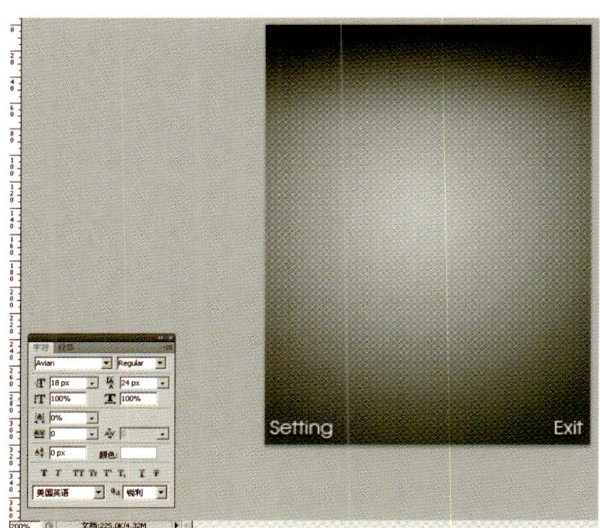

增加Softkey

03 同样，为功能界面增加Status Bar也是很重要的，因为用户在操作当前界面的时候，也仍然需要知道手机目前的信号状态、电池剩余电量，以及是否有新短信息等，而弹出框提示是不太友好的。

增加Status Bar

下面我们根据概念设计的草稿，把世界时间投射到一个我们创作的地球上，对于地球的样子用户都是非常熟悉的，而改变它的式样完全是为了配合视觉设计的风格出发，只要识别没有困难，定制化的地球样式反而会带来新鲜感。

04 这里我们使用了反复的径向渐变来操作，由于需要留出中间的透明区域，所以在填充的时候，要设置一定的透明度。

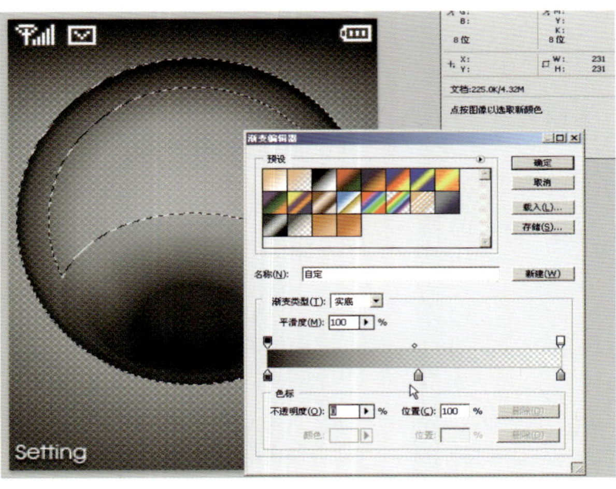

绘制地球主体

05 给地球图形描绘阴影，会暗示用户它的3D特性，以刺激用户进行操作。阴影的绘制不建议使用图层样式中的投影效果，那样很难得到真实的3D投影，我们使用选区工具填充黑色后，再加入高斯模糊滤镜来柔化它。

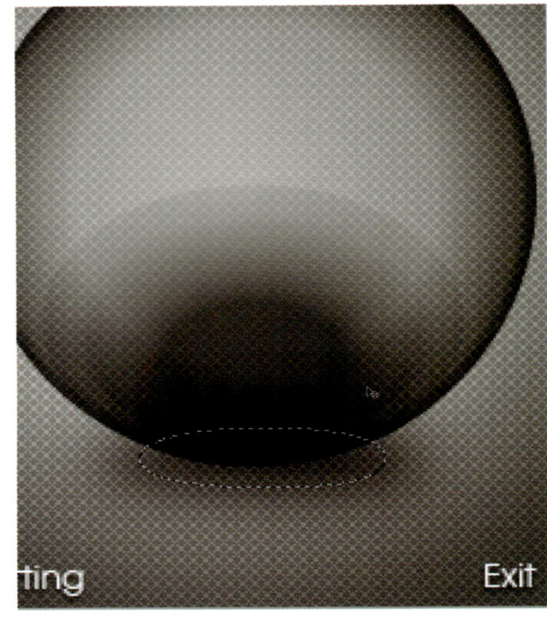

地球的阴影

06 接下来是最重要的地球板块的部分。我们可以从很多网站上找到板块的分布图，加以描绘后匹配到我们的地球主体上。这是一张展开的平面图，因为最后软件实现时会贴到X坐标轴上。

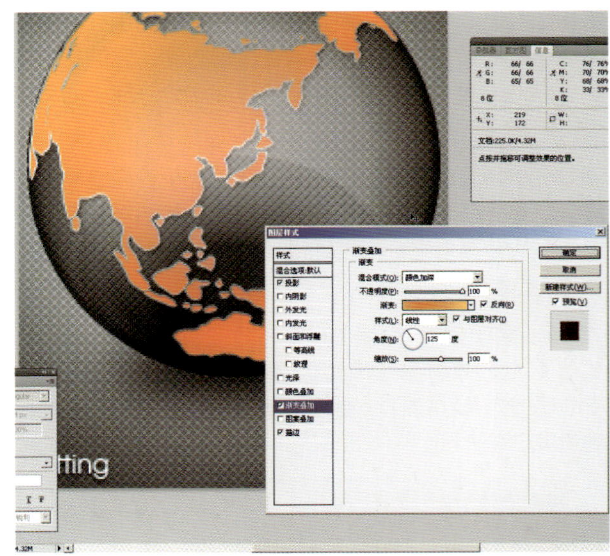

地球的板块

07 为板块添加图层样式和高光的细节，会让地球也产生金属的质感效果，这也是视觉风格统一的细节。

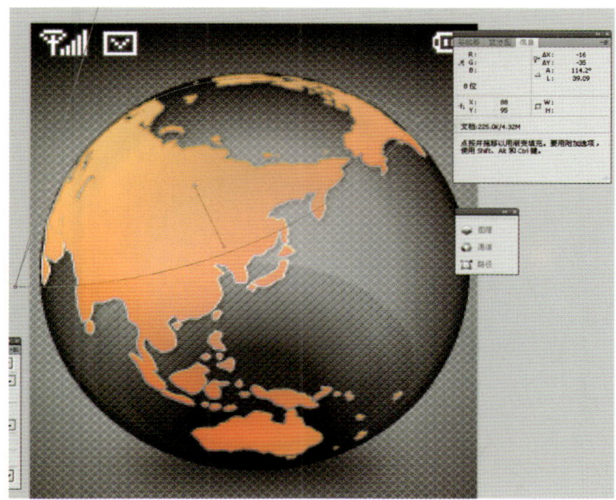

加入高光

08绘制当前区域的时区信息。注意这里的样式我们也和之前界面的二级菜单选择条的样式进行了统一。

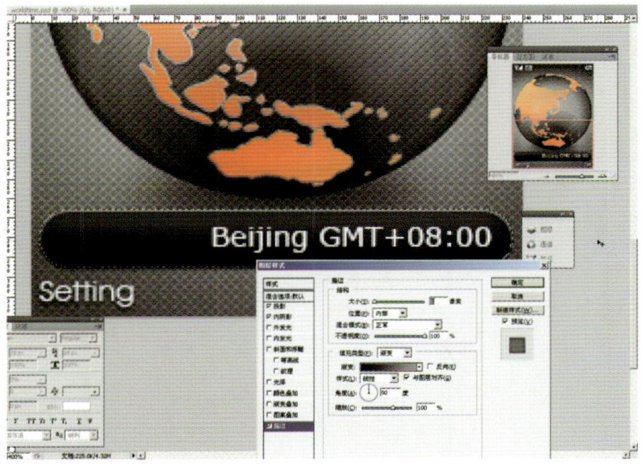

当前区域信息

09这里是点击操作部分，暗示左右拖动和点击。这里的每次点击会激活上面地球的3D旋转动画，箭头的样式仍然需要保持一致。在中间分隔线的部分，采用和背景色较为融合的颜色，会显得更加自然，而不是我们常用的单调的黑白。

操作部分

10当前定位点，指示了目前时区的位置。由于时区对于地图位置的要求不是非常的严格，它的比例尺也有限，所以我们在设计时可以考虑加入一些细节效果。

定位点

11这是一个参考的效果，来源于科幻电影中的雷达等。定位点的文字提示能及时表明当前的时区。

地点文字背景

12现在恢复到全视角看看我们的界面，是否和主菜单的视觉风格保持得很好？在操作上也一目了然，用户不但可以直接拉动地球进行选择，也可以通过底部的点击快速切换。基本的信息都可以在屏幕中一次操作完毕，更高级的设置则放入Setting中。

完整的界面

【故事】《苹果的设计细节披露》

苹果公司的高级工程经理Michael Lopp 透露的一些苹果设计流程的细节：

- 像素完美模拟（Pixel Perfect Mockups）

  Lopp承认，这个过程需要花费大量的工作和极其长的时间。他说："这个过程就是要去除所有的瑕疵和含糊不定的地方。"这个过程在开始时可能会耗费大量的时间，但是它减少了在后期纠正错误和修改的时间。

- 10 到 3 到 1（10 to 3 to 1）

  对于任何一项新的设计，苹果的设计师们首先要拿出10种完全不同的模拟方案。Lopp 说，这并非让"其中有7个显得剩下的3个看起来不错"。 他们首先要求10个方案，是希望设计师们有足够的空间，在没有限制的情况下放开了想。然后他们会从中挑出3个，再花几个月的时间仔细研究这三个方案，最终决定得出（不一定是选出）一个最优秀的设计方案。

- 两次设计会议（Paired Design Meetings）

  非常有趣的是，设计团队每周会有两次会议。一次是头脑风暴会议，完全忘记任何的条件限制，自由地思考，就如 Lopp 所说的，这次会议是"go crazy"。第二次是成果会议，这个会议与前一次会议正好相反，设计师和工程师必须明确每一件事情，前面疯狂的想法是否可能在实际中应用。尽管在这个过程中，重心已经转移到一些应用的开发和进展，但团队还是要尽量多地考虑到其他各个应用的潜在的发展可能。即使到了最后阶段，保持一些创造性的想法做后备选项也是非常重要和明智的。

- 小马驹会议（Pony Meeting）

  Lopp提到，当一名高管提出自己对新产品的需求时，他会说："我们想要所见即所得……我想要它能支持主流的浏览器……我们想要它能够表现出公司的灵魂。"但问题是，这些人只是在提出他们认为自己需要的东西（也就是说，未必是真的需要的）。但即使他们错了，他们仍是批预算的人，你也没法不理他们。

  解决办法就是，将设计团队每周两次会议上最好的几个想法交给领导层，他们只是决定，哪一个想法是他们渴望已久的小马驹。这样，一个变种的小马驹就可以交付使用了。C-Suite（CEO、CIO 等以C开头的主管）领导层对哪一个设计方案能够胜任，心里很明白，对下一步的工作也有绝对的话语权。这就确保了苹果的产品线不会出现低级的错误。

12.8 界面设计提案

界面设计提案是在界面设计完成后的重要的内部沟通，这次沟通会基于统一团队设计方向、设计手段与设计阐述的方面进行。在这个部分强调每个设计师对自己作品的解说与推荐，可以看成一次头脑风暴，也可以看成是阶段性的总结。

在提案过程中会演示大量的收集资料与分析

这些资料将会作为风格的原始输入，也是概念形成的重要依据，对于提案中的说明环节有非常重要的意义。

收集的创意资料

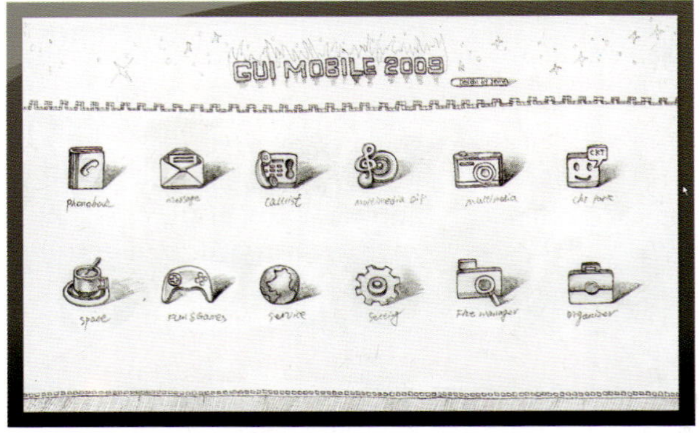

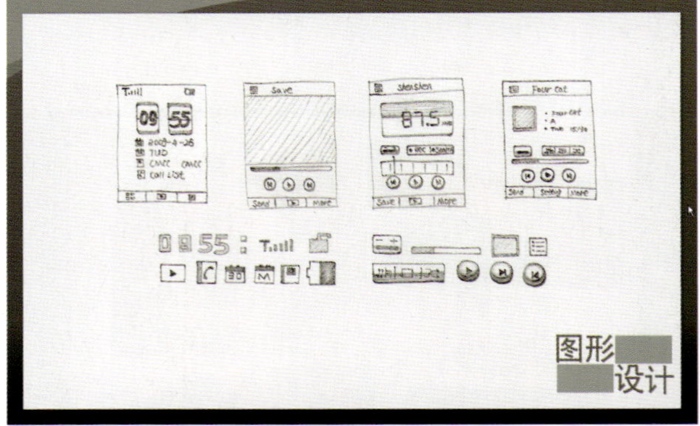

概念草图

设计过程中的概念草图和构想

草图不仅是一个创意过程中的临时产物，也是一个记录的工具，它为我们检验设计成果和概念创意阶段的差距提供了很好的依据。

从草图中很容易发现每个设计师的个性特征与擅长手段，也能理解设计师在视觉设计过程中考虑问题的方式，从而达到团队和项目组视觉化沟通的作用。

同时，手绘图的情感化影响是很强的，便于设计团队在推广设计成果的过程中更容易获得项目组与产品、市场方面的认同。

最终，将出现界面设计的整体演示文档

界面演示按照幻灯片的方式编排后，会议中由各设计师采用演讲的方式进行设计过程描述，主要围绕以下几点进行：

- 界面设计的过程，以及过程中的难点和经验；
- 每个关键界面的交互方式与使用过程；
- 如何进行界面的风格设计的；
- 目前界面还能否进一步提升。

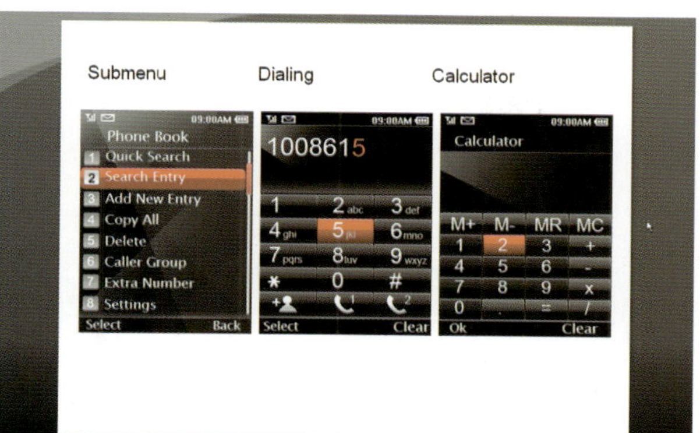

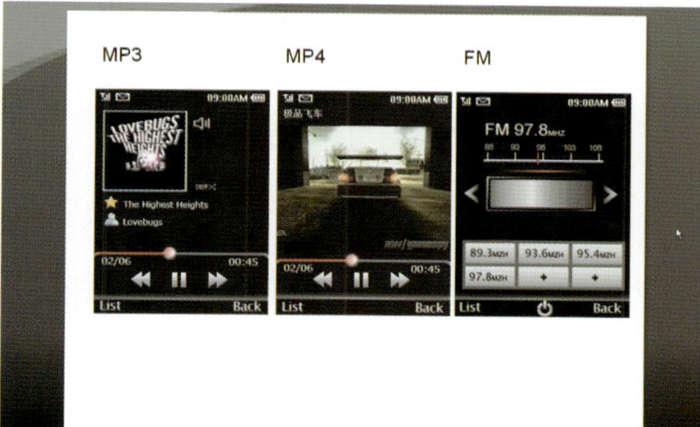

界面演示

【要点】

微软的界面设计提案演示图（来源于chinaui.com）。

从微软团队分享的界面提案演示图，向我们展示了有时候界面的设计解说过程也能成为产品或者团队绝佳的宣传手段。

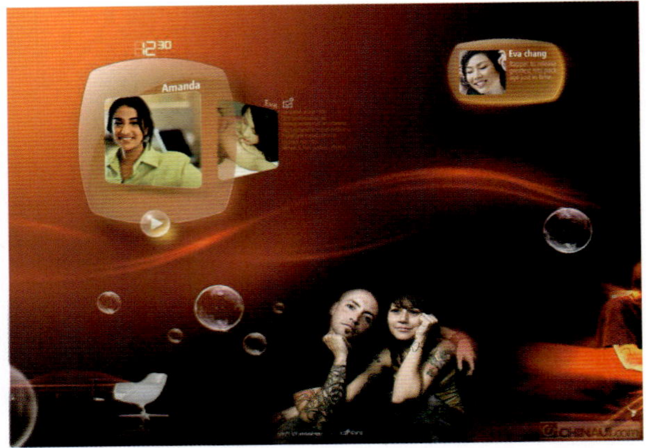

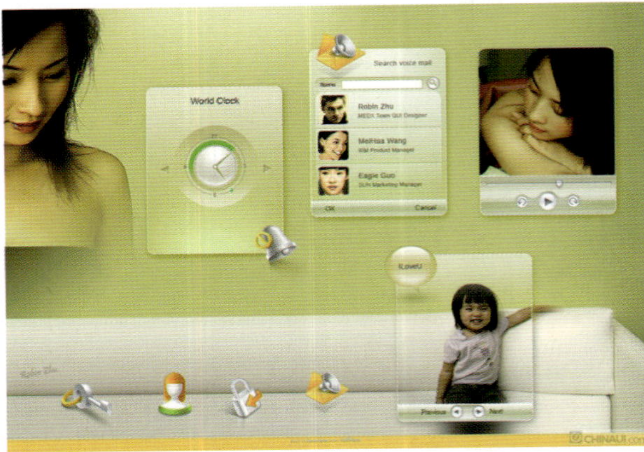

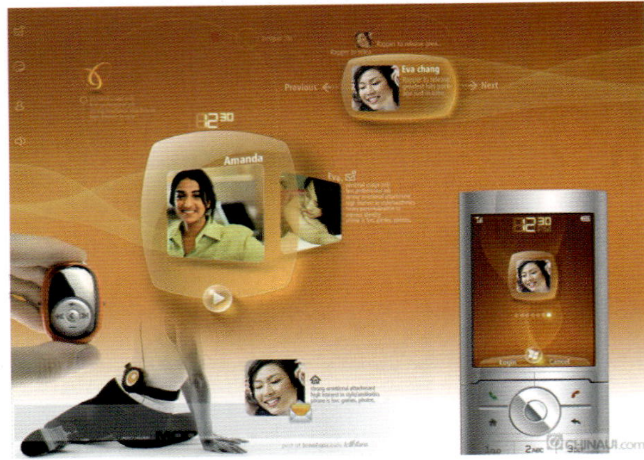

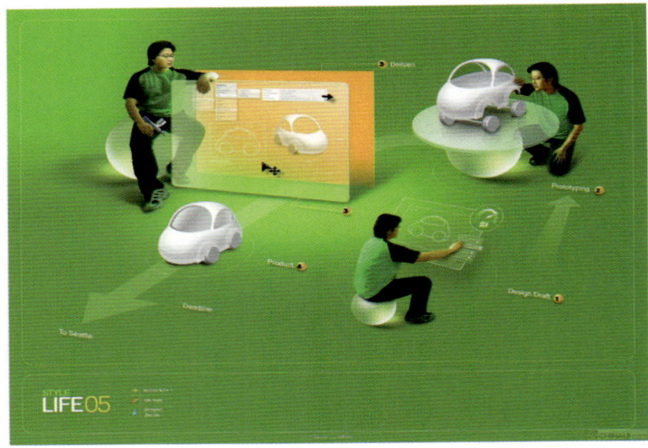

Microsoft Windows Mobile界面演示

12.9 制作Flash演示

在设计好所有的静态界面（Still Interface）后，目前流行的做法是把静态界面转变为动态的演示界面，也有很多设计团队把界面直接转换为源程序的代码来演示，比如使用Adobe Air技术或者AJAX技术等，但最为广泛使用的技术还是Flash演示手段。

制作Flash演示有两种不同的类型：一种是纯粹的方案界面演示，以视觉呈现和包装为主，称为Flash提案（Flash Proposal）；另一种是通过Flash和AS代码开发完整的界面交互模型，制作为可以模拟真实手机环境的操作程序，称为Flash模型（Flash Interactive Model）。

在本节中，我们将制作的是Flash提案，以揭示我们如何让界面在视觉展示环节更为精美。具体的Flash模型将在下一章中为大家解说。

12.9.1 制作平面演示框架

在进行Flash的设计之前，我们首先要为这个Flash演示设计一个框架，也就是我们的界面该如何组织，这是一个展览栏性质的设计过程。有三个部分需要我们注意。

演示界面的数量，它们如何被点击操作

演示多少界面决定了我们将采用什么结构来展现。如果界面较少，我们可以使用页面平移的方式来展现：

如果界面在10个以内，可以使用列表标题的方式来点选操作：

如果演示的界面超过10个了，则需要考虑按照功能模块区分，使用标签的方式进行演示：

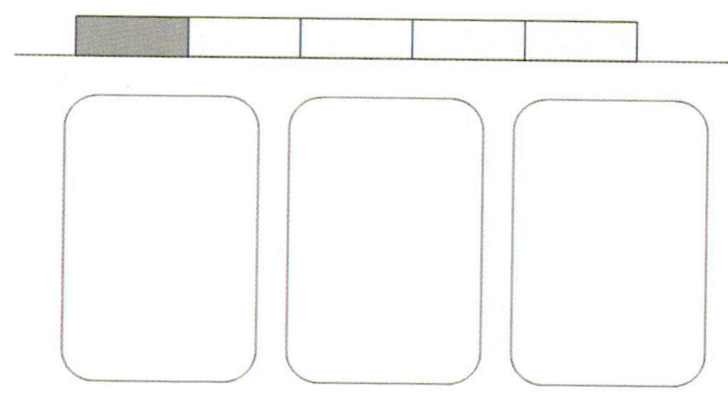

由于我们制作的是演示Flash提案，所以需要考虑到演示设备的分辨率问题。多数情况下，我们的投影和笔记本都是在1024x768的分辨率下进行演示的，这也限制了我们设计提案使用的尺寸。

产品的ID外观

为你的界面选择一个匹配的ID外观作为演示，会让项目组的成员有更为直观的认识，人机界面的设计宗旨就是硬件与软件的和谐。因此演示界面与ID外观的关系，不但说明了界面操作的对应，也可以更好地表达设计概念。

产品的ID外观

> 【技巧】
>
> 在概念设计阶段，有时候ID设计还没有完全确定，这个时候，我们选择的ID背景可以根据我们的界面设计风格来挑选，以更好地配合我们的界面设计呈现。

在选择ID外观作为演示提案的背景时，要注意以下几点。

- ID设计中是否能对应界面的操作方式；
- ID外观的质感与色彩是否和UI界面的风格保持

相近；

- ID中涉及的字体、符号、比例与外置功能按钮是否和界面一致。

静态部分与动态部分的区分

我们应该充分考虑到静态界面在转化为动态演示的时候，哪些部分是操作区，哪些部分是信息展示区，这样有助于我们在导入文件时控制文件的大小，以及对应的图层关系。我们看看这个界面是如何做的：

首先在Photoshop CS4中确定好操作区与界面演示的版面关系。

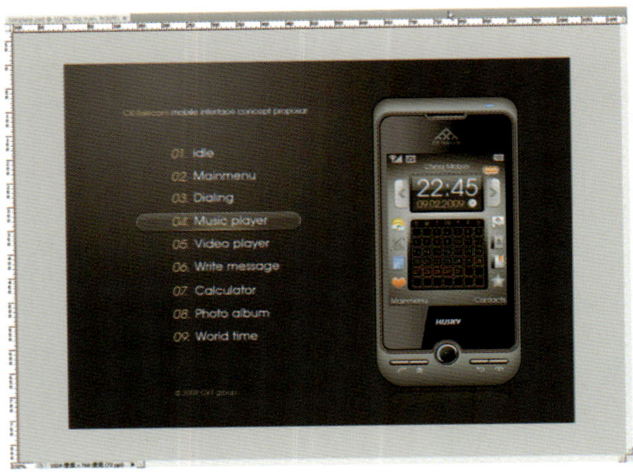

Flash提案版面设计

对应的界面切换部分以图层文件夹的形式组合到一起。

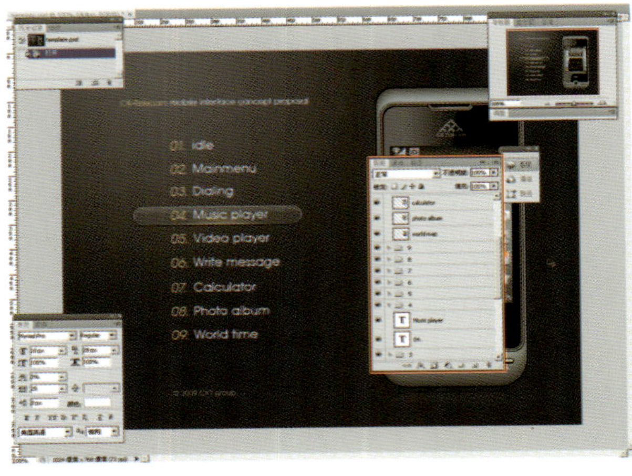

界面和文字部分都独立出来，方便制作展示区和按钮

将制作成按钮的部分独立出来。

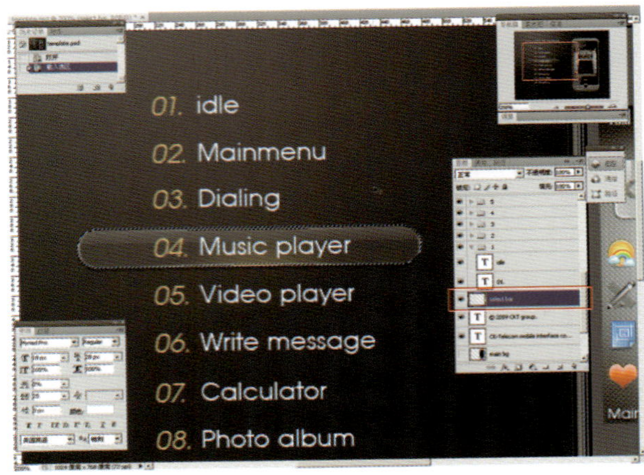

按钮等元素是交互性的，因此各状态都必须独立制作

12.9.2 制作Flash演示

01 我们直接将设计完毕的PSD文件拖入Flash CS4的窗口中，程序会为我们自动打开导入设置窗口。在这里，我们需要勾选"将舞台大小设置为与Photoshop 画布大小相同"，导入为Flash图层，这样Flash会为我们自动生成每个图层。

> 【注意】
>
> 有一些在Photoshop 中设置为隐藏的图层，在Flash导入阶段有可能被忽略掉，请确认你不需要它们再设置为隐藏，如果是一些必须的控件（比如按钮、动画帧等），你应该在Photoshop 中先打开它的显示，然后再导入。

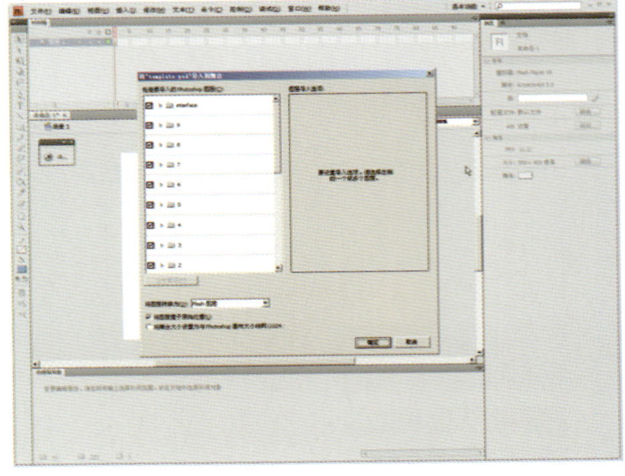

导入Flash CS4

02 然后根据设置的帧频，我们要给每个图层增加一定数量的空白关键帧，以保证我们动画播放的长度。

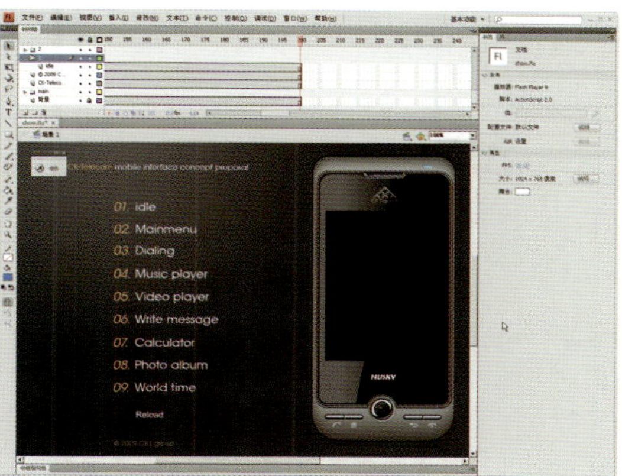

增加空白关键帧

03 Flash CS4中的补间动画采用了全新的方式，可以直接使用Beizer曲线调节动画轨迹，不用生成大量的关键帧，但是为了读者们更容易地理解教程，在这里仍然使用了传统的补间动画方式。

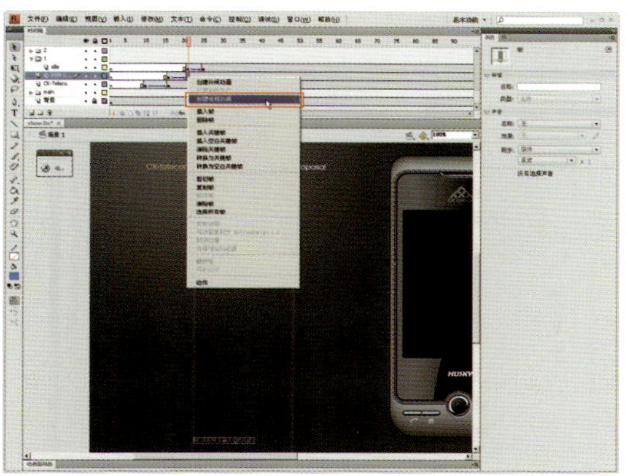

学习设置补间动画

04 然后我们需要把文字的导航操作部分，按每个功能的不同，全部转换为按钮元件，以方便我们添加操作代码，按下F8键就可以方便地转换。注意元件名称的识别性。我们一般使用"元件属性_元件名称"的方式来命名元件。

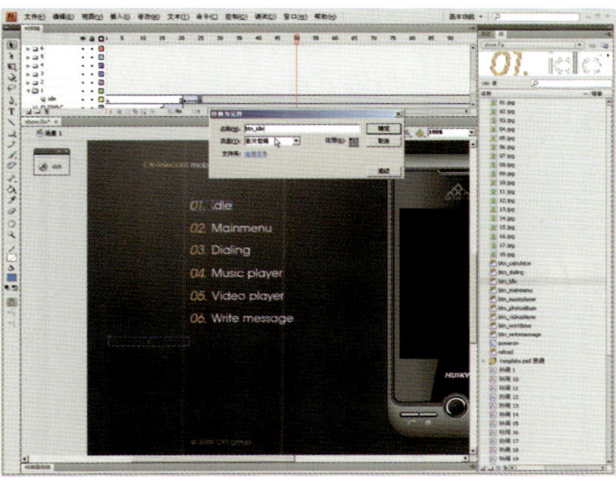

制作按钮

05 当我们把所有的文字转化为按钮元件后，我们可以打开库面板看到前面显示的小图标已经不同了，而且在点击后可以进入详细的编辑状态。

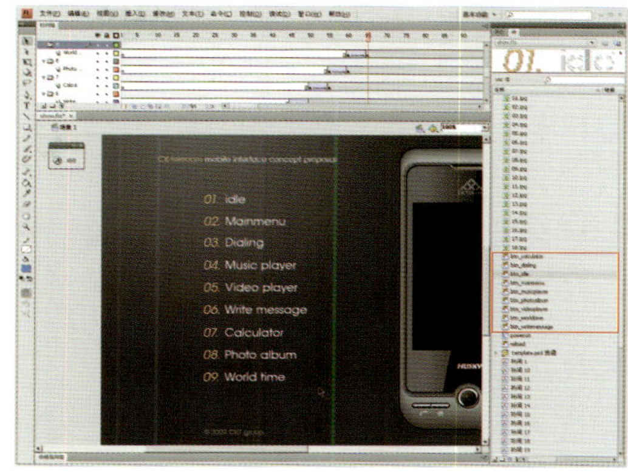

制作好的全部按钮

06 我们双击任何一个制作好的按钮，可以看到按钮的结构分为弹起、指针经过、按下，点击四种状态。

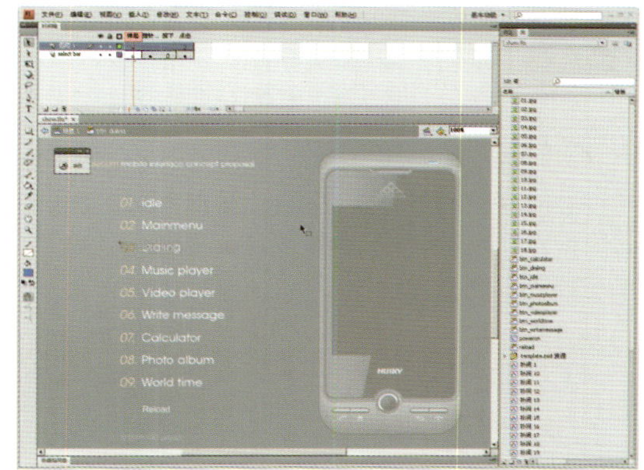

按钮的结构

07 由于我们需要一个Mouseover的操作提示，所以在除了弹起以外的其他状态中，我们都要加入之前设计好的按钮背景。新建一个图层，然后把按钮背景拖入场景中。

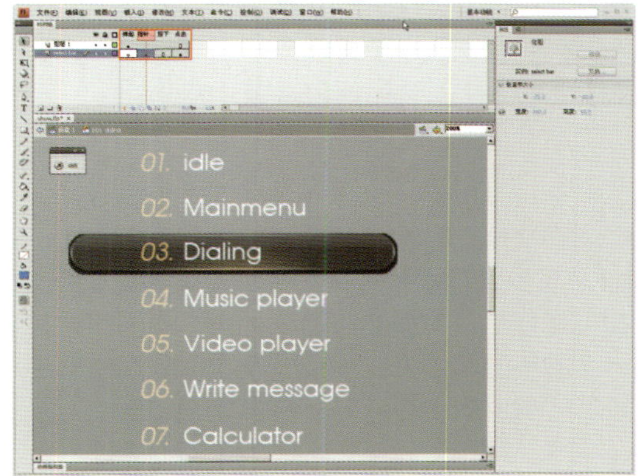

按钮的指针经过状态

按钮的点击是针对切换界面的需要进行的，每个界面都处于不同帧的位置，而定位这些帧的最好的方法就是设定帧标签。帧标签能够唯一地标识每个帧的不同位置，之所以采用帧标签是因为其灵活性。我们可以继续对帧进行动画处理，而不会出现定位错误的情况。

08 直接在属性面板中，就可以设置帧标签，在此之前，你需要确定已经选中了当前帧。

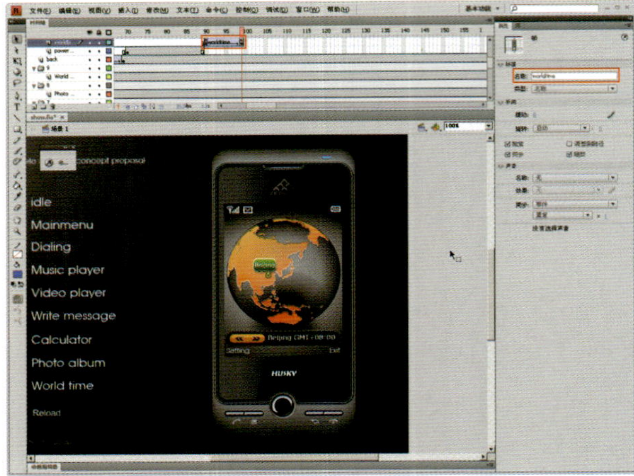

设置帧标签

09 将所有的9个界面所在的帧设置不同的帧标签，并在每个界面的帧中加入补间动画，这样可以让界面的切换显得更为自然。

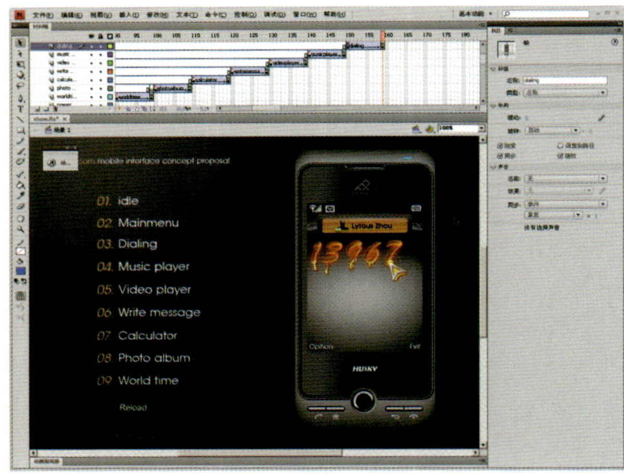

设置所有界面的帧标签

10 由于Flash的播放原则是按帧顺序播放的，所以当没有激活操作或按钮的时候，我们不希望看到界面自己轮播，这时就要在每个界面的动画帧的结尾处设置一个简单的AS代码，这个代码是我们常用的停止代码，按下F9键激活代码窗口，便可以进行书写。

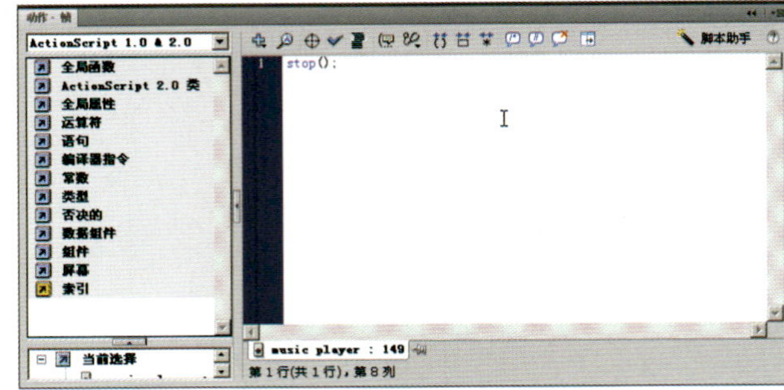

设置停止播放的AS代码

11 在界面的所有帧编辑好后，我们把按钮和界面操作之间的关系建立起来。同样打开AS代码面板，选中每个按钮，然后在按钮上写入代码：

```
on(release){
gotoAndPlay("dialing");
}
```

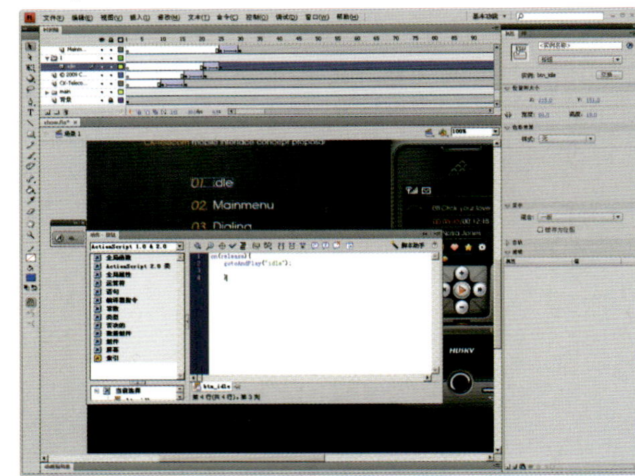

设置按钮的AS代码

12 这里就是使用帧标签的意义，我们可以很准确地定位到被命名的帧上。

13 在界面开始的时候，为了模拟开机的效果，我们加入一个已经制作好的开机动画，而对于嵌套动画的播放，一般采用建立影片剪辑（Movie Clip）的方式进行。新建一个影片剪辑元件，然后把制作好的序列帧图片导入到其中，即是我们的开机小动画。

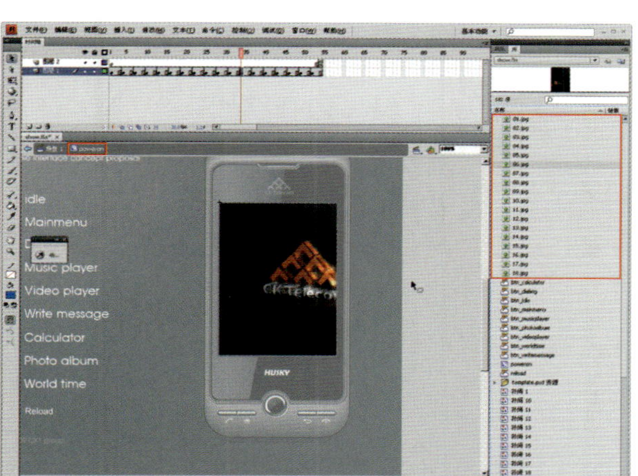

加入开机动画

到这里，演示界面的Flash文件就制作完毕了，最后我们需要针对发布做一下设置。

【建议】

使用Flash Player 9作为播放的目标承载，因为它仍然是目前最稳定和最流行的播放器；在AS代码的运用上，使用AS2是完全足够的，如果你的编码经验不是很丰富，使用AS2也会兼容一些旧的语法和宽松的代码模式，而AS3对于代码的极其严格的要求，甚至会让你的编码过程难以持续下去。

保证JPEG品质为100%是很重要的。我们这个提案只用于单机演示，而不是网络传播，所以可以尽可能地保证文件的品质。

如果是基于公司内部的一个工作文件，那么采用"防止导入"的技术是很必要的，虽然它在一些Flash反编译高手眼里不算什么，但也能起到一定的保护作用。

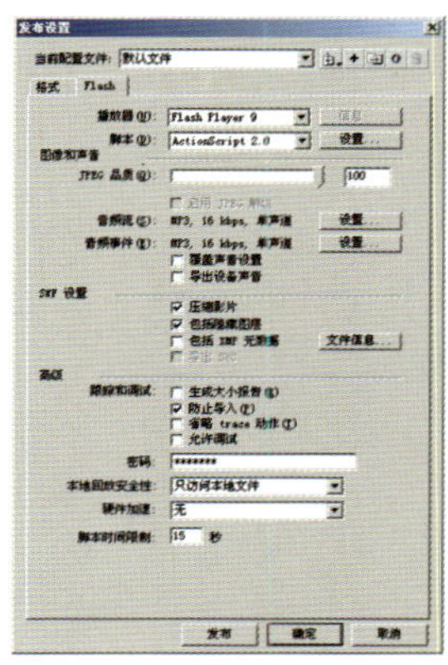

发布设置

到这里为止，我们界面的视觉设计部分已经完成了，应该很有成就感吧？但是离最后的胜利还有一步之遥，为了最后精彩的提案会议，我们还需要一些辅助性的工作。

【要点】

制作好的Flash演示文件请浏览光盘中本章文件夹下Space Stylish_show.swf文件。

12.10 提案会议

12.10.1 准备演示的资料

在准备我们的正式演讲PPT之前，我们需要搜集一些业界的新方案和新的应用，用以补充我们的设计思路，并进行设计成功宣讲的热身。

通常一个已经有实例样式的概念设计可以符合我们的需要。下面我们来看看Mac Funamizu设计的概念方案，针对实物进行搜索的手持搜索引擎：

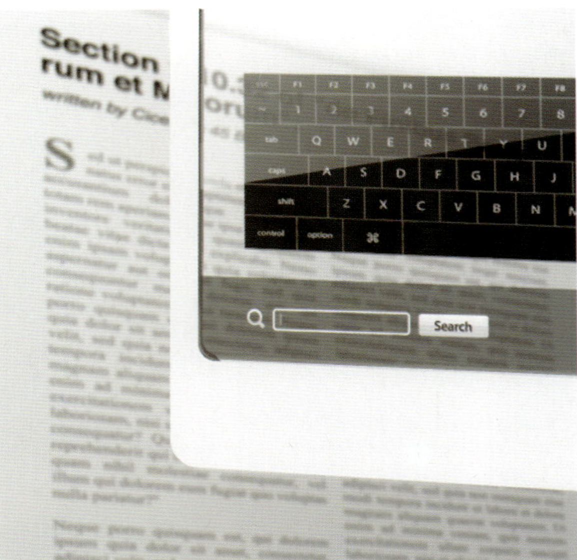
Search

Meeting Room #12 - 3F
031112

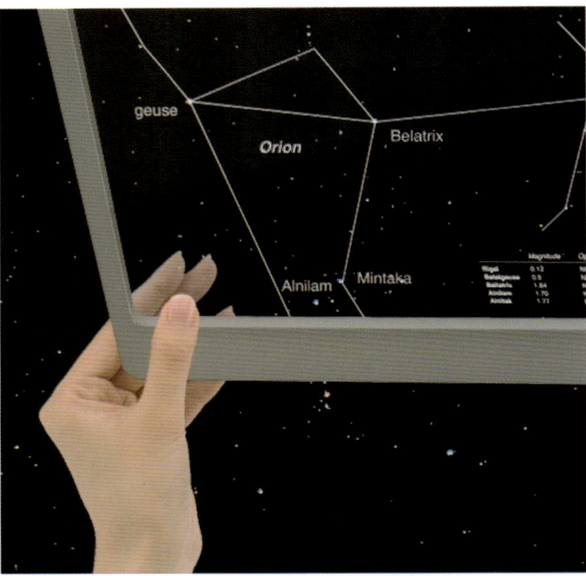
geuse
Orion
Belatrix
Alnilam
Mintaka

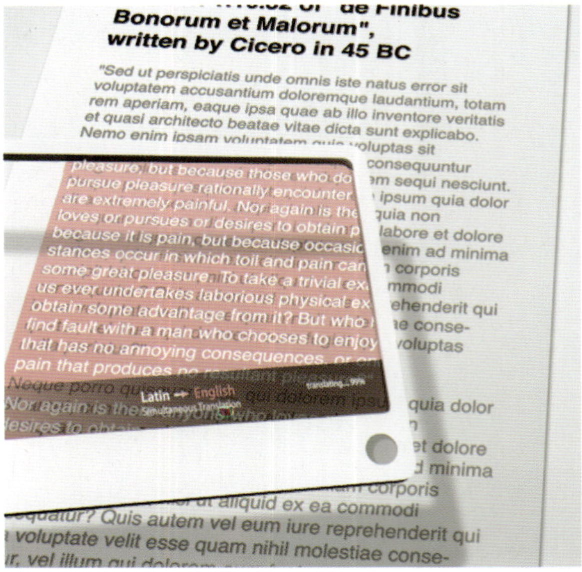

Sakura
Cherry blossom
The most popular variety of sakura in Japan is the Somei Yoshino. Its flowe
are nearly pure white, tinged with the palest pink, especially near the stem.
They bloom and usually fall (or "scatter," chiru) within a week, before the
leaves come out. Therefore, the trees look nearly white from top to bottom.

Mac Funamizu作品社会化实物搜索引擎

 12.10.2 确定必要的参会人员

根据会议室的大小与决策的能力，挑选核心部门中比较重要的角色来参加会议。这不但要根据他们的时间和对这次设计的重视程度来定，也需要结合日常工作中观察到的个人性格来挑选。如果是一位极具攻击力，或者墨守成规的领导，而且预计在此次会议中他既无法起到决策作用，又只会提出没有目的的修改意见的话，最好还是不要邀请他。

以正式项目邮件的方式通知进行最终的提案会议

这是非常重要的职场礼仪。在较重要的产品设计决策中，每一次成果的提交和确认，包括交流沟通，都应该以书面的方式进行确认和备份，以形成里程碑的作用。

有研究显示，大概35%的项目最终没有得到很好的执行，其原因在于没有准确的书面备忘和提醒，也没有沟通结果的确认与存档。

详细整理会议使用到的提案文件

提案文件其实我们已经准备就绪，还记得之前每次的文档记录与设计输出吗？我们只要合理地组织一下它们，即能形成我们的最佳原始提案文件，需不需要再对这份PPT做包装呢？一般情况下是不必的。当然，如果你面对的是国际级的客户（这里说的是，你的团队是作为支持设计团队出现），从色彩心理等因素出发，应该考虑整体的PPT风格设计，以适应不同的场合。

而在这份提案的PPT文件中，确保能够准确地把文字信息和设计过程以图形化的方式来展示是很必要的。我们要考虑到参与会议的人员没有过多的时间，有其他的工作安排，对于设计的不同的理解能力；以及会场大小的原因，导致后排的人员无法看清过小的文字。使用图形化的方式来展现提案过程是较为常用的做法。

下面是一份Xtend手机端社区的演示文档，我们来看看它是如何展现复杂的设计流程以及社区的价值的：

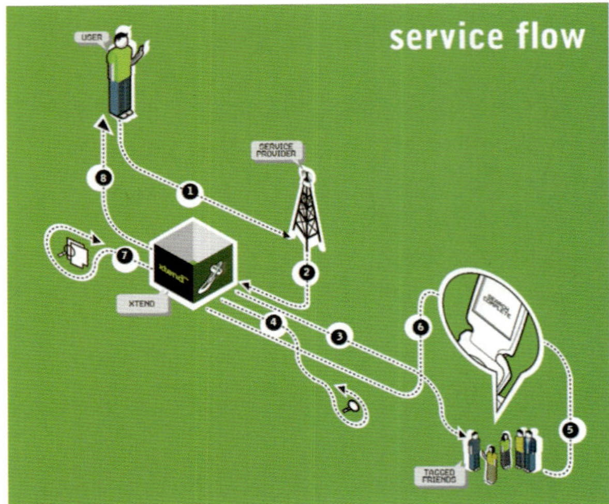

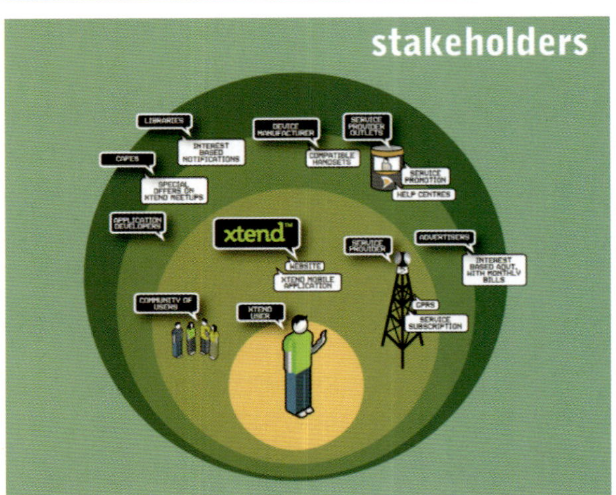

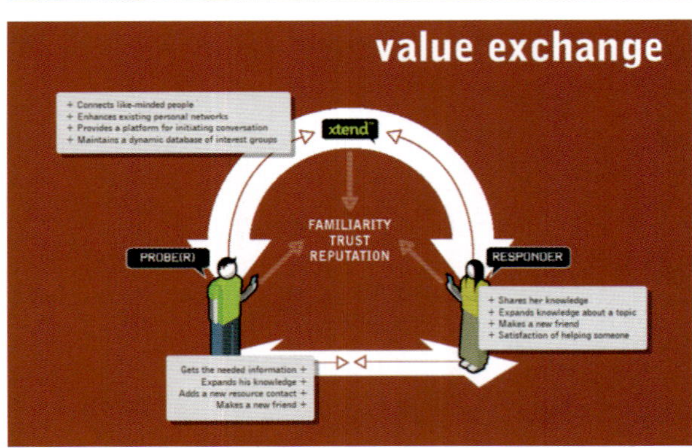

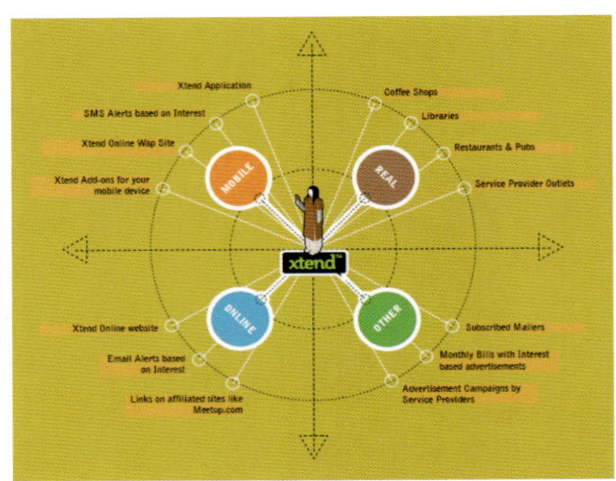

Xtend Skill Seeking Mobile Social Network

演练会议的发言内容和顺序，以及提问与回答

如果你的设计团队中确实存在着非常内向和言辞表达不够精练的伙伴，我们应该扬长避短，在没有足够的把握前，应该挑选团队中最具发言权和演讲能力的人进行提案会议的全程解说演示，这是一个提案环节的核心步骤，大部分的提案会议是否成功，取决于最初的3分钟内演讲人能否控制场面，引导气氛，这需要长期的训练和培养。

当这位代言人被挑选出来后，如果时间允许，最好也要进行一次内部的演练，以确定语言组织，提案重心，提案流程的正确，包括互动环节的临场反应等。

【技巧】

可以使用录音笔记录一个临场问答的对话，并在团队内反复演练和纠正语言的细节错误，以形成统一的对外发言口径。

【故事】《设计的小事——新邮件时代》

前两天书友会的时候聊邮件和邮箱来着，无论是不是使用了客户端，我认为写、发、读、收邮件的事情都算"服务"，Outlook和Foxmail这样的软件我暂时不研究，随着社会化软件的进步，Web应用的增强以及企业类用户的互联网应用升级，软件本身的价值会越来越小（当然，这里特指的是邮件客户端，其他的行业性软件还是有很大的价值空间可以挖掘）。

这次书友会的讨论中，大家的共鸣主要聚焦在如何提高邮件服务的增强性应用和批判当前邮件服务的可用性、易用性问题上，我个人对增强性的应用更感兴趣，下面做个思考总结。

1. 电子邮件最大的功能更新在于采用了一对多的方式，一封邮件可以抄送，群发给很多朋友，不过随着垃圾邮件软件的盛行，多对一的问题就产生了，无数的垃圾邮件来势汹汹，我们呼唤的是一个更为智能的屏蔽方式，这是一个邮件服务组织和垃圾邮件组织的斗智斗勇的长期过程。

2. 邮箱中的联系人列表是个好玩意，不但省了打开软件登录的时间，也让我更快地进行多种联系处理（比如在聊天的同时马上发送邮件等）。此外，公司里面屏蔽IM工具的事情，我们是跟老外学来的，这个全球性的问题可以通过联系人列表的即时消息来曲线救国。

3. 对了，我的意思是能不能让我拥有自己特殊名字的邮箱后缀呢？如果按照现在的互联网规则来说，貌似Http://中后面的"//"是多余的，那么以后@符号会不会也是多余的？用户名经过认证成为直接的邮件接收地址（我们现在已有站内短信），当然个人手机号作为邮箱地址已经出现了。

4. 邮件服务能不能不用总是登录？在桌面Widget大行其道的今天，也该整整基于AIR等的桌面邮件产品了，如果不能完全达到Outlook的水平，也不要让我一天都开着浏览器和软件吧。

5. 我们发现虽然电子邮件发送量已经有完全超过传统邮件的趋势，但是我们的情感交流在变少了。有朋友提出，能不能把电子邮件发送到邮政部门，然后通过在线定制的方式，邮政部门给制作成传统的纸质信件（当然会更精美），再寄我亲友那里。这里有两个需求：①收信方的网络不通畅，或者计算机等接收设备使用有障碍；②纸质的传统信件作为一种心理期望更容易打动人心，获得情感的抒发。

6. 邮件服务做好邮件本身就好，沟通方式是邮件要处理的唯一的事情，我不会开着邮箱听歌看电影的，不会，永远不会……

7. 邮件的Web平台虽然比软件简单一些，但仍然太复杂了。如果我是新手，我需要一些直接的指导，界面能够自定义的话当然是最棒的，专家用户我会自己打开完整面板的。

8. 邮件Web服务为何没有字符自动翻译？放大镜功能？朗读邮件信息的功能？色弱和色盲使用者不看邮件中的图片了？邮箱的功能栏为什么都是在左边的？

9. 邮件中出现的广告能不能更委婉一些？比如我设置邮件的星标，可以定义为广告商的LOGO？温馨又深刻，你不要给我Float一个Banner了，老子最烦这个……

问题已提出，需求也存在，那么在新邮件时代，用户需要的是：

1. 更快、更大的附件，更安全的保密机制，更好的垃圾邮件屏蔽；
2. 个性化的邮件自定义服务，包括外观、发送方式、内容编辑；
3. 增强线下的增值服务，采用多渠道传递信息，提升信息的价值；
4. 多平台的无缝接入，手机，电视，互联网，咖啡吧，地铁站，只要我想，邮件就能读取收发；
5. 邮件服务的可及性方面要提高，无论在何种设备、环境、生理状态下都能够自然地完成操作；
6. 邮件不但是一个服务，还是一个漂流瓶、一个中转站、一个工具箱、一个便利店……我都说到这地步了，你还不知道应该提升哪块么？

笔　记

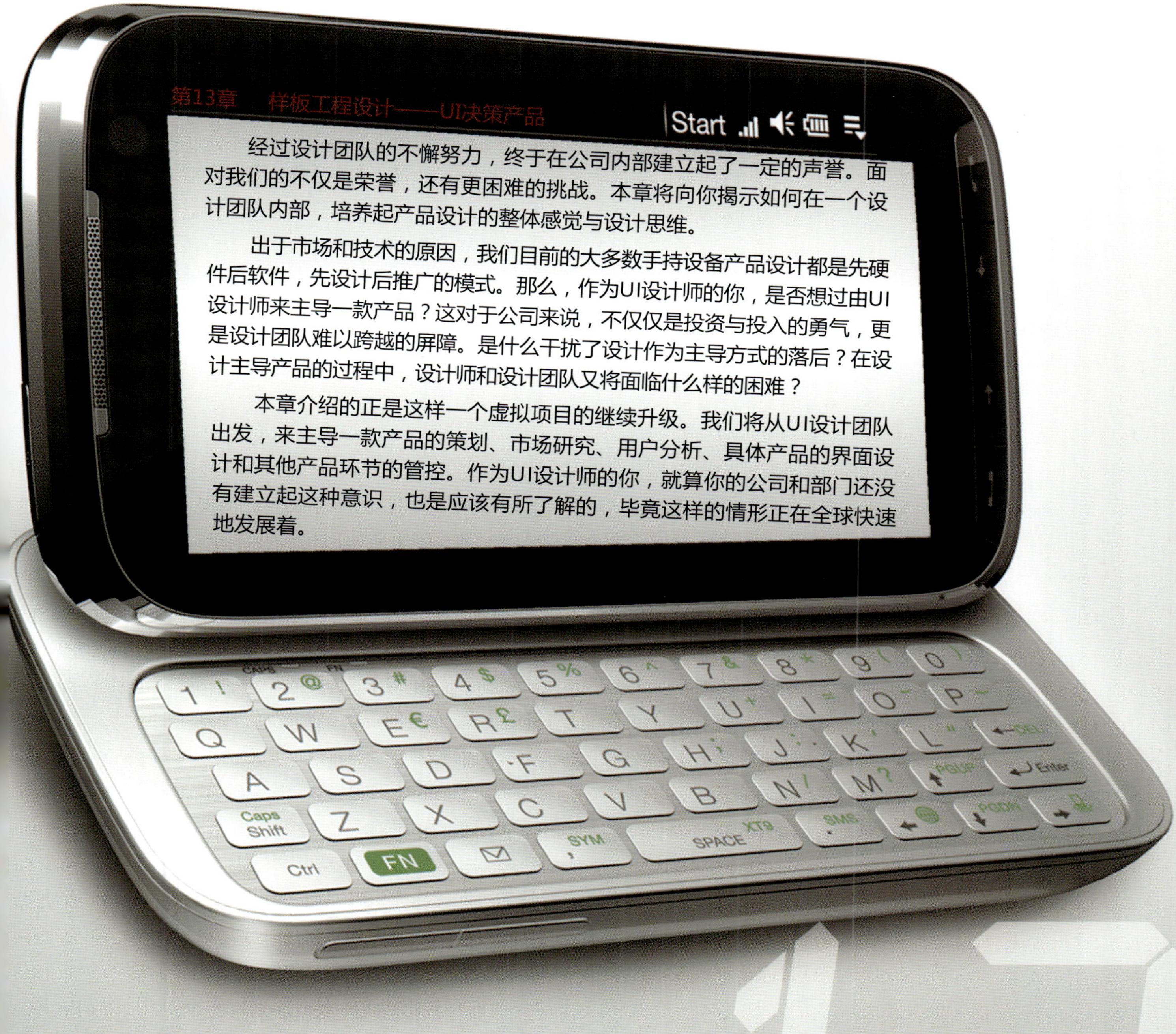

Start

经过设计团队的不懈努力，终于在公司内部建立起了一定的声誉。面对我们的不仅是荣誉，还有更困难的挑战。本章将向你揭示如何在一个设计团队内部，培养起产品设计的整体感觉与设计思维。

出于市场和技术的原因，我们目前的大多数手持设备产品设计都是先硬件后软件，先设计后推广的模式。那么，作为UI设计师的你，是否想过由UI设计师来主导一款产品？这对于公司来说，不仅仅是投资与投入的勇气，更是设计团队难以跨越的屏障。是什么干扰了设计作为主导方式的落后？在设计主导产品的过程中，设计师和设计团队又将面临什么样的困难？

本章介绍的正是这样一个虚拟项目的继续升级。我们将从UI设计团队出发，来主导一款产品的策划、市场研究、用户分析、具体产品的界面设计和其他产品环节的管控。作为UI设计师的你，就算你的公司和部门还没有建立起这种意识，也是应该有所了解的，毕竟这样的情形正在全球快速地发展着。

13

13.1 产品策划

过去的经验是，当我们谈到产品策划的时候，会由专业的策划人员跟随策划部经理，与市场共同讨论目前的流行趋势、客户反映、观察到的现象以及调查公司的数据。然后根据成本、风险、供应链、目标市场等因素，规划一个产品的初级模型概念，再根据这个概念输出策划文档，然后由老板签字通过，进入正式的开发流程。

现在我们仍然可以使用这样的流程，但是绝对会失败！为什么呢？因为我们是以设计团队出发的，无论设计师觉得自己是如何的伟大和高尚，但在大多数中国的企业中，设计师总是和艺术家、技术白痴等词语联系到一起的。

为了获得统一的价值观，使得产品的策划推行更为成熟和顺畅，我们需要改变角度和方式。在产品策划开始之前，我们要对所有项目组成员进行一次设计方面的培训，以让大家明了设计团队在做什么样的事情，并推动我们的设计理念。

或许你觉得这样的事情难以想象，但是只要你细心观察便会发现，所有由设计团队主导的产品设计过程都显得非常困难，这其中有设计团队不够成熟的原因，更多的情况是设计团队不知道如何控制整个产品的设计—产出的过程。

13.1.1 PPT演示文档的作用

解决流程中的不顺畅最有效的办法是通过有效的沟通，第一步，我们需要一个基础的，但是能够完整传达设计概念和设计工作过程的培训，我们来看看这份培训文档：

一份PPT演示文档最重要的就是简洁、清晰，主题突出，首先给人专业和主题鲜明的印象会让与会者感觉他们没有在浪费时间。我们进行的是一次基础知识和设计理念的培训，因此标题可以定义得比较窄一些。

有结构层次的目录会让参与培训的人更快地理解这次培训的中心任务，比如我们这次的结构采用了渐进性的结构。

首先告诉大家用户体验设计有何价值。（我们为何要以UCD设计思想为这次项目的核心？）

用户体验要重视哪些方面。（一些关键性的特征）

如何进行设计？（这样的设计理念各位需要带入到自己的工作中）

手机产品的用户体验。（具体到手机产品的关键因素）。

用户体验的现状。（行业中，其他对手，全球文化背景下，用户体验的设计思想在如何发展?）

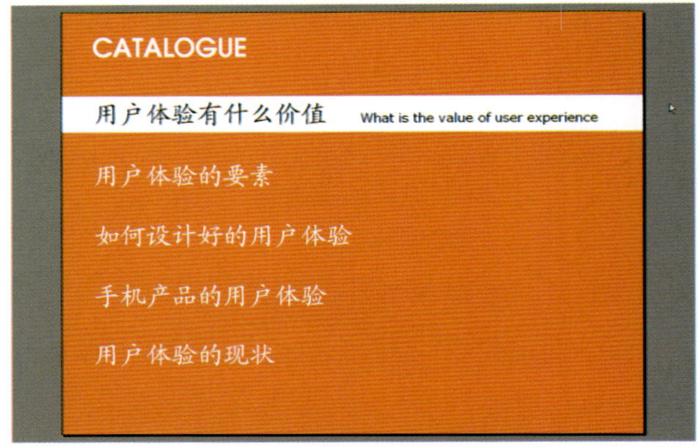

首先让被培训者建立完整而正确的概念，这些概念可以通过日常的疑问来解释。

让所有人都知道一个产品的体验意味着什么。当你说到一个设计思想的好处时，大多数人会嗤之以鼻，但当你说到如果不这么做会带来的后果时，大多数人会显得比较关注。

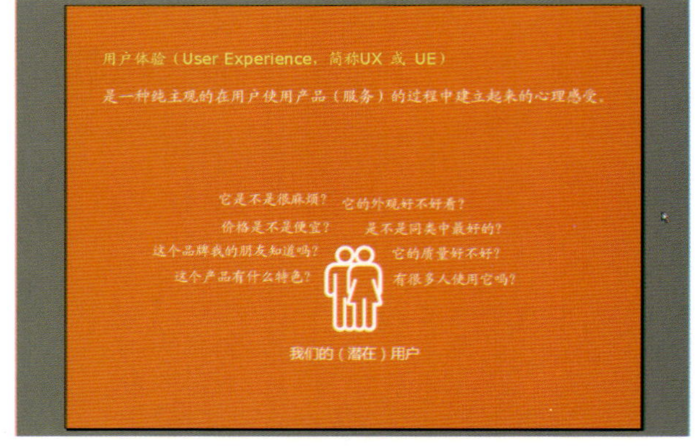

举例说明积极的和消极的体验是如何影响用户的。

虽然你是一名手机UI设计师，但是用户体验的概念在生活中无处不在，列举生活中的常见现象和实例，被培训者会更容易理解。

生活中的案例

每个阶段性的章节，都应该有一个过渡页面，以让被培训者消化刚才的知识，这里也可以进行一些即时的现场提问。

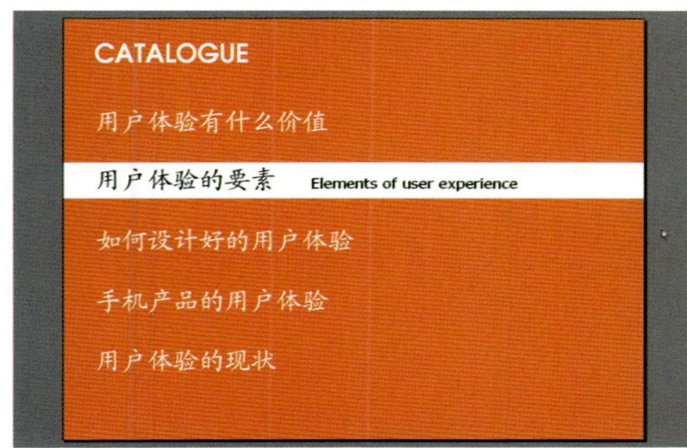

进入第二部分

解释用户体验中的关键要素。从设计战略的高度来谈这个问题，以引出产品设计的核心思想，而不仅仅是设计过程本身。

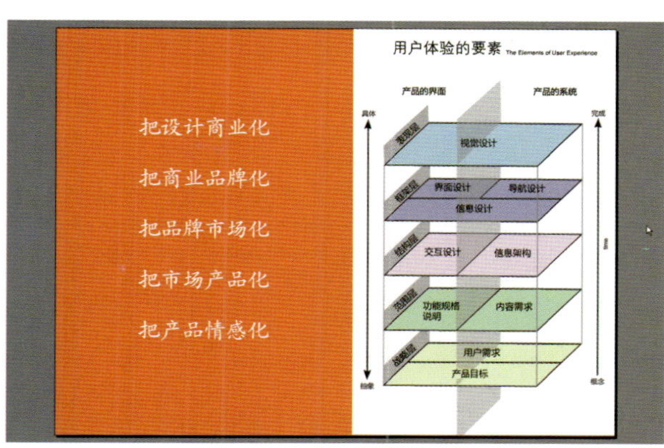

用户体验要素

总结你对于用户体验中重要概念的看法，这些原则或者已被大多数公司所采用的设计思维，或许之前被培训者没有形成过统一的认识。

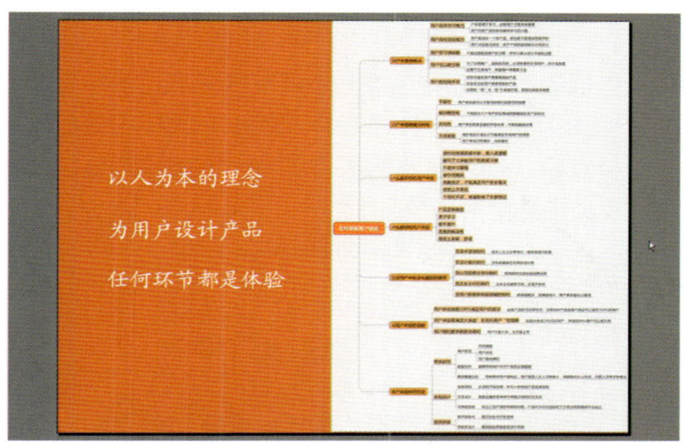

重要概念

iPhone对于手机设计行业来说是一次伟大的革命，无论什么样的公司都会以它作为学习对象，那么它是如何成功的？它在设计中如何带入UCD的设计思想？对这个部分的解释，可以有效地证明“设计主导产品设计是成功的途径之一”。

成功的榜样

【要点】

在这一部分的讨论中，可以让被培训者拿出纸笔，描绘出自己希望使用到的手机，它的外观、功能、界面操作方式都可以进行考虑。

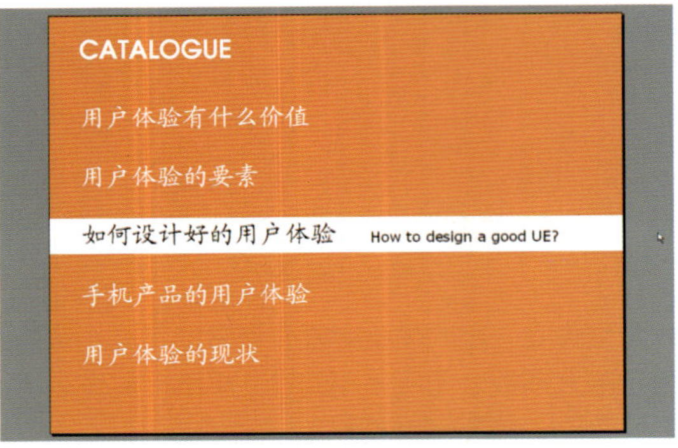

第三部分

告诉项目组的所有成员，真正基于产品的研发和设计，导入用户体验设计模式并不简单，而相关的配合工作同样复杂，描述基本的工作内容，并提醒项目组的成员注意其中的配合环节。

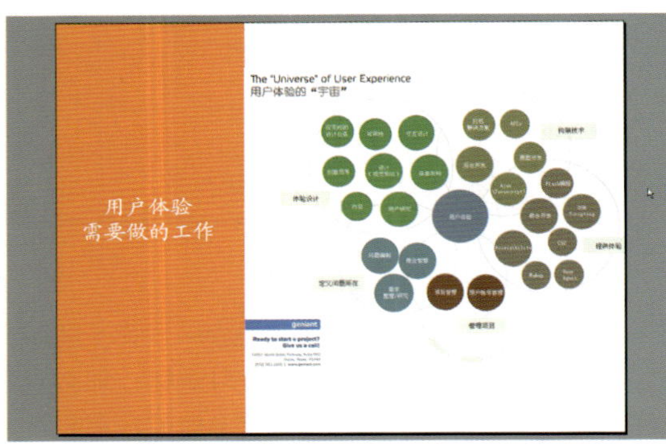

用户体验并不简单

为了更简单地解释用户体验设计过程中，项目组每个成员不同的角色和职责，这里挑选一个建立咖啡馆的过程，详细描述如何把UCD设计思想带入到整个产品的策划与实际执行当中。

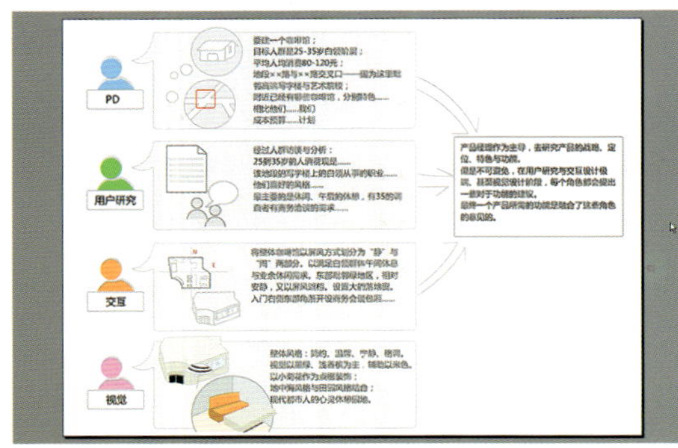

用户体验的应用

一定有同事知道用户体验的，哪怕他不能完整地说出这个词的含义，但是也有可能某些认识是不正确的，极端的情况是，这些不正确的认识甚至成为了公司产品开发的原则。我们有必要纠正这些错误认识。

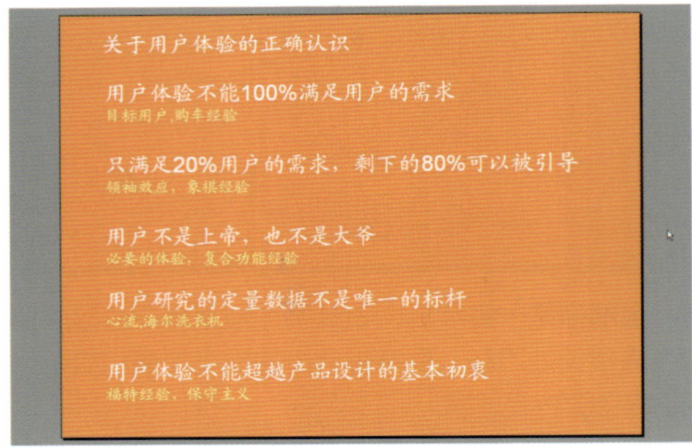

通过一个小便斗的设计，公共厕所的洁净程度提高了近70%，用户体验的设计输出有时候看起来很简单，但是我们为什么一直都在使用落后的口号宣传呢？

小便斗设计

让参与培训的人员各自列举自己生活中遇到的关于用户体验的故事和经验，你会发现在这些事例当中蕴藏着大量设计的可能。

第四部分

手机发展到今天，已经不是一个单纯的通话工具，它扮演着多重的角色，影响着我们的社会生活，成为我们热衷谈论的话题，也成为我们消费的重要一环。当认识到这一点后，我们发现再也不能把手机当做简单的科技产品来开发。

手机是一个个人终端

手机特别的一点就是不间断、无差别环境的使用，这种大面积的深度使用使得对于娱乐性、可及性、可用性、易用性、情感化设计的要求越来越高。这也同样增加了设计的深度，我们要考虑的范围已经不是让它正常工作而已。

24小时随时随地使用

公布最新的调查数据。最后我们发现，这些表面的对于机器品质的否定，实际上正是用户体验的设计环节出了问题，而这些问题并不是UI设计师造成的。

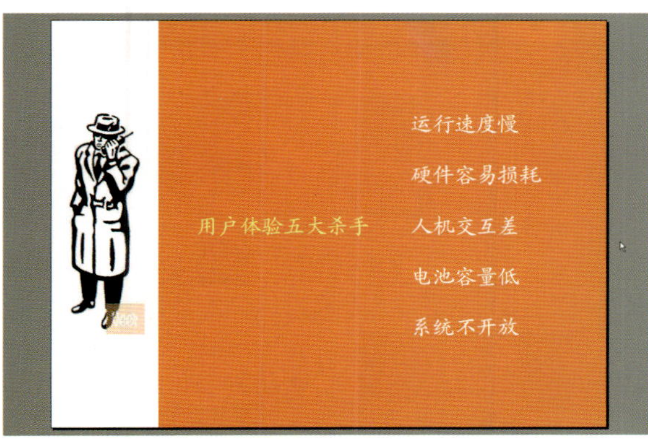

调查数据

培训到这里，也许会有人提出成本等问题，不用担心，我们提供多种解决方案，有些侧重于研究，有些侧重于数据使用，有些更可能成为设计成果和人才的储备。

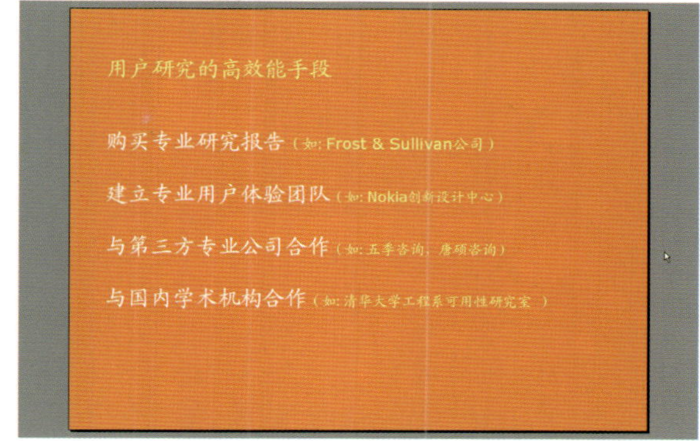

研究和设计储备

我们可以开始讨论如何在这个虚拟项目上应用UCD的设计方法来完成项目了。这时的讨论很激烈。关于设计过程的意见我们尽量收集，而关于执行方法的制定权，设计团队必须牢牢地抓在手里，这是我们的出发点。

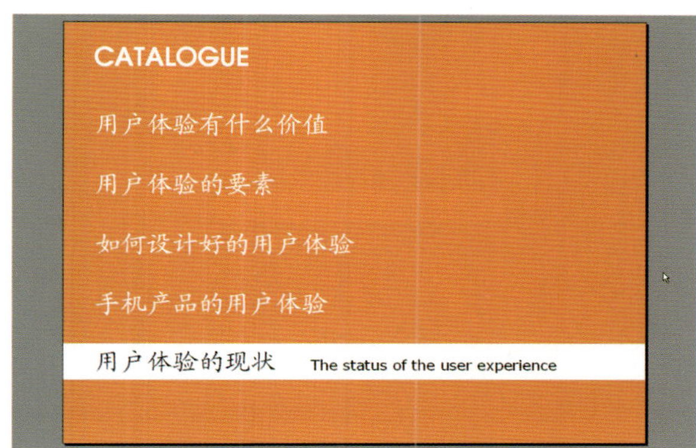

最后的介绍

数据是更有真实性的，而知名的数据是有权威暗示效应的，我们公布数据让它帮我们解释用户体验的重要性。

当然，最重要的是，你必须保证这些数据是可以被查找，并且它们是真实的。

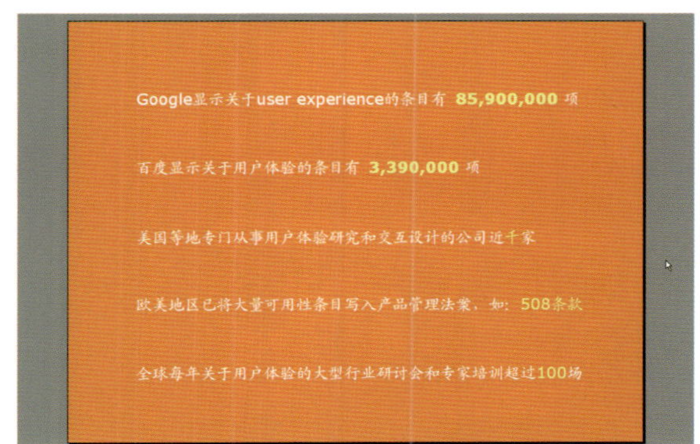

数据的真实性

有的被培训者会非常感兴趣这些话题，他们希望有更专业的培训空间和机会，把这些机会介绍出来，通过建立共同的愿景达到设计思想传播的目的。

各种更专业的培训

看看别人是怎么做的，我们可以借鉴很多优秀的经验，在项目中我们需要很多外来的知识以帮助我们减少错误。

学习别人的做法

对了，我们可以考虑建立一个实验室，对于我们这样一个技术导向的公司来说，正规的实验室是代表你的专业的有效证明，而且在公司级别考虑，一个实验室不仅可以节约大量的协同研发经费，减少验证时间，同时也是一个公司的对外形象。

Oracle 公司的实验室

也许会有人看不起用户体验的设计价值，不用担心，看看成功的企业、成功的产品，他们背后都有怎样的专家和多年从业经验的人员在支撑着，相比起来，我们真的是刚刚起步。

全球知名的专家

如果你说你可以不重视用户也能把产品做得很好，某些情况下，我认同，但是我们看看那些卓越的公司和产品，他们是如何发展用户体验的设计过程的，你就应该知道为什么你的公司会有那么大的差距。

全球知名的品牌

好了，在培训的最后，推荐一些合适的入门读物吧，让有兴趣的朋友尽量保持他们的兴趣，并从这些优秀的文字中逐步更新自己的思维，我们需要做的只是一个引导。

推荐读物

【要点】

该份PPT请浏览光盘中第13章文件夹中“用户体验浅析.ppt”。

在经过培训以后，相信该项目组的成员已经对用户体验的设计思维有了一定的认识，但是你别指望他们会马上以身作则地投入到工作中。事实上，大部分的课程培训最后的结果都不是令人满意的。

如果你希望这些知识真地被记忆和应用，你应该保证培训的有效性。因此我们需要制定一份针对培训的试卷，一方面巩固培训的知识点，一方面让被培训者真正地参与到这部分的工作交流中。

下面是我们针对这次培训制定的试卷样本，仅作参考。

13.1.2 《用户体验浅析》培训课程试卷

一、选择题（可单选或多选，请在选项上打“√”）

1. 用户体验的全称是？

(A) user exercise (B) user experience

(C) user expert (D) user education

2. 用户体验是一种纯主观的在使用产品（服务）的过程中建立起来的？

(A) 心理感受 (B) 物理感受

(C) 消费感受 (D) 意识形态

3. 对于一个产品来说，常见的用户有哪些？

(A) 消费者 (B) 职员 (C) 访问者 (D) 竞争对手

4. 建立积极的用户体验，有利于什么？

(A) 信誉 (B) 盈利能力 (C) 购买意愿

(D) 满意度 (E) 口碑 (F) 回访意愿

5. 用户体验最重要的三个因素是？

(A) 以人为本 (B) 用户至上

(C) 为用户设计 (D) 任何环节都是体验

6. 用户体验的工作包括？

(A) 体验设计 (B) 定义问题 (C) 项目管理

(D) 架构技术 (E) 产品策划

7. 以下关于用户体验的描述哪些是错误的？

(A) 用户体验不能100%满足用户的需求

(B) 我们需要满足至少50%的用户的需求

(C) 以用户为中心的设计就是对待用户像上帝一样

(D) 用户研究的定量数据不是唯一的衡量标准

8. 以下哪些现象是手机产品中用户体验的杀手？

(A) 运行速度慢

(B) 硬件容易损耗

(C) 人机交互差

(D) 电池容量低

(E) 系统开放

二、创意题

建议在公司内部可以开展的用户体验的工作方法和活动可以有哪些？

三、思考题

1. 请和大家分享一个自己的关于用户体验的小故事

2. 你理想中的手机是什么样的？（可以描述或者画图说明）

在培训完成，休息10分钟后，你可以对试卷进行分发，并要求参与培训者闭卷回答所有的问题，也可以在培训后，一定的工作时间内完成。当然，我们并不是在真的考试，而是希望参与该产品设计各环节的同事了解到设计的方法和应该具备的思维。另外，作为设计团队，也需要收集一些用户的意见。试卷中最为重要的部分是后面的创意题和思考题。

部分试卷回答的展示：

二、创意题

你建议在公司内部可以开展的用户体验的工作方法和活动可以有哪些？

① 内部手机试用，体验反馈，好与不好的地方。

② 部门间进行互动交流，以不同专业角度了解用户需求。

③建立一种公司内部问题（或建议）反馈机制，以便完善手机产品的人机交互。

④ 编写一些人机体验方面的宣传，增加大家对人机/用户体验的理解。

三、思考题

1. 请和大家分享一个自己的关于用户体验的小故事

我前阵装了一台DIY电脑，本来对攒机的JS一直不报好感，但是他们的装机过程流水化，装机软件标准化的专业作为还是给我带来不小的触动。一张光盘，包括操作系统、装机必备软件、专业工具、网络软件、ghost备份、一键式系统还原全包括在内，而随着硬件功能的越来越强大，[illegible]网卡自适应、USB2.0等等，给顾客省去了不少的麻烦。这些不仅方便了客户，还提高了工作效率的工作方法，值得借鉴。

2. 你理想中的手机是什么样的？（可以描述或者画图说明）

手机的发展趋势已经越来越演化为[illegible]，早早有人提出，[illegible]将会是一种个人信息终端。所以将来的手机我设想应该是像[illegible]终端一样，你只需要一个你的帐号和密码或者指纹密码，通过手机进入中移动或电信的中央信息中心（我们的个人信息都存储在那里）就可以像现在的手机一样打电话发短信，而你并不用担心手机丢了会泄露个人信息，因为只有你自己知道你的帐号和密码。除了通信之外还可以在上面看书看电影、查信息，web2.0互动，交友网络等等，一切在互联网上进行的东西，刷卡、买单等等。那么我们需要的终端手机就要满足大屏、[illegible]、个性化外观和人性化人机界面交互系统。

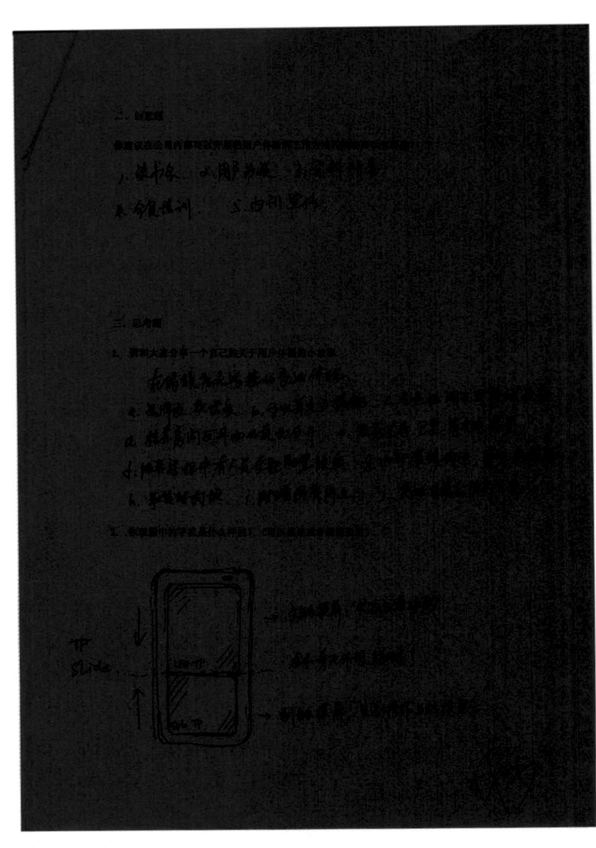

二、创意题

你建议在公司内部可以开展的用户体验的工作方法和活动可以有哪些？

三、思考题

1. 请和大家分享一个自己的关于用户体验的小故事

2. 你理想中的手机是什么样的？（可以描述或者画图说明）

二、创意题

你建议在公司内部可以开展的用户体验的工作方法和活动可以有哪些？

三、思考题

1. 请和大家分享一个自己的关于用户体验的小故事

2. 你理想中的手机是什么样的？（可以描述或者画图说明）

试卷样例

在试卷收集完毕后，设计团队的培训负责人需要对这些试卷进行分析总结，并将总结结果告知所有参与培训的人员，增加项目组成员的参与感。

13.1.3 《用户体验浅析》部门培训试卷反馈分析

培训答卷回收情况

《用户体验浅析》培训课程参与培训人员：15人；回收答卷：14份；有效答卷：14份。

该次培训采用主题演讲方式，受限于时间因素，未进行深入的讨论。

该次问卷采用开放式的回答与反馈方式，在基本知识的考核方面需要进一步提高。

答卷反映情况

答卷参与者回答正确率高，目前有效答卷选择题正确率为98.52%。

该次培训效果较好，从答卷的正确程度、深入程度、思考范围广度上有所体现，展现了许多真实、可信的生活案例与优秀的工作流程改进建议。

此次答卷由于是初次培训，并且在之前部分人员对相关知识没有接触，因此在细节的回答上有所疏漏。

试卷在创意题与思考题的部分，语言组织可更有逻辑，回答可更有针对性。

收集优秀工作方法的建议

建议公司内部开展手机体验活动，在各部门之间进行使用交流和互动活动，以共同提升对优秀产品的把握能力。

- 举行全员培训，在内刊中长期专栏宣传，举办行业内读书会；

- 和公司的客户进行面对面项目外的交流；
- 动员全体职员进行自发式的用户体验研究；
- 进行演讲工作坊，让员工主动分享知识和经验；
- 建立公司内部的问题反馈机制，组织定期的人机体验等方面的活动；
- 建立专业的用户体验团队，建立品牌意识，开展与国际上的用户体验交流活动；
- 与别的企业的专业团队进行交流互动，真机体验活动；
- 针对新发布的热门产品进行用户体验调查，问卷访谈，定期开展相关培训学习；
- 对公司的产品进行用户体验调查，进行网络或纸质的使用数据收集分析，进行用户体验的专业实验，考察手机使用过程中的效率、效果、易用性等；
- 收集各年龄段用户体验数据，开展跨部门的研讨会，吸收分析其他产品的用户体验资料；
- 建立交互实验室，培养专业的用户体验人才，购买第三方报告；
- 进行真机体验，从手机以外的产品分析中获得经验：PC、 3C、 ATM等市场调查，进行相关问卷调查。

大家心目中理想的手机

- 采用模糊应用软件技术。（ 2人 ）
- 外形轻便可作为一个饰物。（ 4人 ）
- 强大的语音识别。（ 2人 ）
- 拥有扩展功能的开放平台。（ 5人 ）
- 屏幕清晰。（ 5人 ）
- 自动识别手机机主。（ 1人 ）
- 感应气温变化。（ 1人 ）
- 感应紫外线强弱。（ 1人 ）
- 防骗号码功能。（ 1人 ）
- 增加手机模拟地址。（ 2人 ）
- 可以刷公交费和便利店购买产品。（ 1人 ）
- 太阳能充电。（ 1人 ）
- 成为跨平台的信息中心。（ 2人 ）
- 电池续航能力强。（ 6人 ）
- 蓝牙开锁。（ 1人 ）
- 红外线投影键盘。（ 1人 ）
- 近距离投影功能。（ 1人 ）
- 极简/极繁。（ 1人 ）

备注数据

所有答卷原始手写文档，由设计部备份，参与培训人员可借阅。

所有数据扫描版文件在文件服务器中有文档，如果编写文件需要可调用。

在做了这么多“设计”以外的工作后，我们得到了什么？请仔细观察我们的试卷分析，你可以很轻易地发现项目组成员对于该虚拟项目的产品“最终的样子”有着什么样的预期。我们可以假设这也是内部用户的意见，由此具体提出我们在产品设计初期的概念。

在没有进行具体的原型设计之前，我们可以借用其他产品的图片来描述我们的概念想法，并通过树形结构的方式展现我们的概念要点。

在概念设计的阐述中，我们可以详细到人机界面的接口方式、界面设计要点、交互设计操作的优先级、对外观的要求、对市场推广方面产品卖点的描述、是否有系列化的考虑、功能设计中保留/删减哪些功能等。

用户体验设计
交流环节
人机接口
全屏touch lens，并有触摸效果
全键盘，touchlens，更多的功能，更智能的平台
功能设计
基本功能
电话簿
通话记录
信息
多媒体DIY
多媒体
照相机/摄像机
音乐播放器
视频播放器
录音机
收音机
设置
文件管理
按文件类型结构分
娱乐游戏
工具箱
网络服务
个性空间
CKT乐园
SPH-W6000
Anycall
功能优化
来电/短信黑名单
游戏可通过蓝牙联机对战
照片通过蓝牙打印
电子书兼容
音乐等可设置为各种状态铃声
照片效果编辑
电话薄无缝导入/导出
音乐播放特效
照片浏览特效
多媒体主要交互界面优化
系列化
需要系列化
考虑平台的兼容性
考虑ID的系列化
考虑外包装的系列化
考虑界面的标准化
不需要系列化
有差异化的外观设计
有差异化的界面设计
支持待机界面的widget应用
桌面拖放化操作
touch flow的交互效果
界面设计
待机菜单
图标可实现PNG透明效果
主菜单
二级菜单title
HAPTIC!
界面切换特效更流畅，动感
进入待机
待机-主菜单
主菜单-二级菜单
二级菜单之间
拨号等操作界面
卖点设计
影音设备
MP3播放绚丽，简单，音质好
视频播放流畅，支持上传多方文件
收音机收听清晰，操作简单
高效娱乐设备
支持多人游戏
蓝牙传输稳定
拍照效果多样
高效沟通设备
电话薄拷贝，转移，备份方便
通话质量与速度提升
情景模式简单，可个性化设置
短信彩信可自定义
高档独特的外观
良好的手感
环保健康的材料
SPH-W6000 DESIGN
重量，整体性，按键大小都显示出品质
多种色彩搭配
交互优先级
以主菜单功能为主
完善多媒体和娱乐部分的功能
解决数据安全与备份的问题

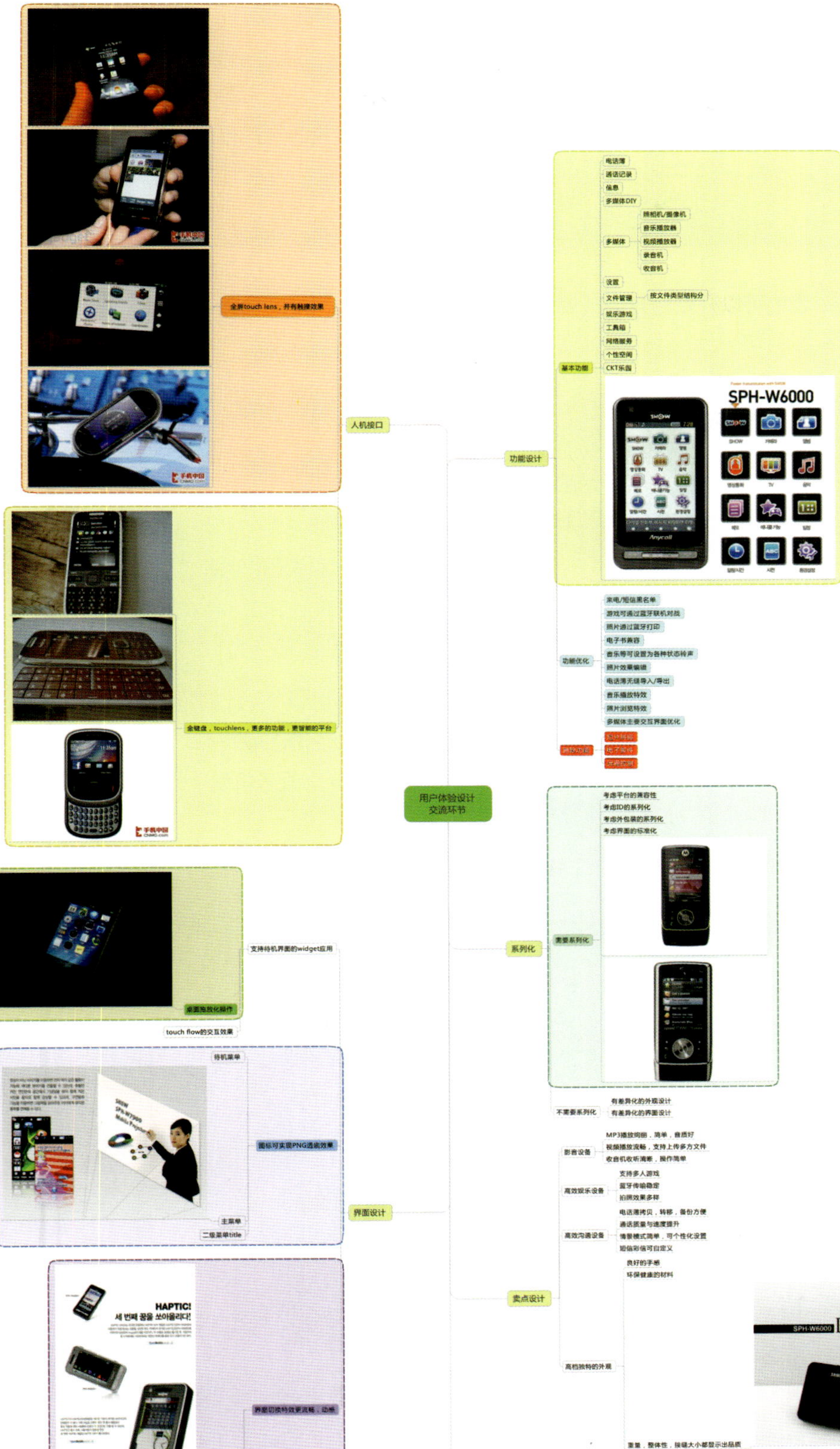

产品概念规划

那么，回头来看看，我们在产品策划阶段进行这样的工作流的经验是：

- 通过培训建立统一的项目团队价值观（有时候这种培训不只一次，而且是长期的）。
- 树立一个准确的设计思维（UCD设计思想走在技术的前面）。
- 确立相同的知识背景和设计角度（通过沟通、交流、会议使项目各环节信息流通顺畅）。
- 提出细致的产品概念，而不是一些定性的描述（某些专业术语和细节要求能够被理解）。

13.2 项目会议

在产品概念提出以后，我们可以开始召开项目会议了。这次会议我们需要解决三个问题。

这是一款大概什么配置的手机？（请注意，我们并没有开始定义产品的配置）

在一个产品的初期，它的硬件环境是我们首先要考虑的，基于ID和结构部成员的意见，我们提出了以下的设想方案。

- 芯片：MTK智能芯片6238
- 硬件
  - 3.0 -3.2 16:9 宽屏LCD
  - PDA直板机 11mm左右
  - 3.0Mega Camera
  - 特效IC(YAMAHA)
  - 容量40M UI 20M+铃声20M
  - CAT02(M21)内的喇叭 Φ15两个
  - 轨迹球（UI配合时需软件可设置快慢调节）
  - G-sensor
  - 手电筒与闪光灯共用
  - 震动喇叭Φ18 4mm
- 功能
  - 按键 ←→ 触控板
  - 全触控屏
  - 按键方式通过背灯进行变换
  - 按键时震动
  - 灯光的运用（手电筒、跑马灯、激光笔功能）
  - 滚筒（轨迹球）
  - 喇叭震动有轻重的配合（软件控制）
  - 用户可自主转换主题
  - 提供用户方便共享的功能
- 形态
  - 整体电池盖
  - 金属元素
- 材料
  - 橡胶漆
  - 闪粉漆
- 外设：迷你音箱外挂
- 全套主题： 铃声
  - 高科技
  - 迷幻风格
  - 中性（清脆唯美）
- UI+GUI： 娱乐机型， 3D图标， 交互参考(LG风格)

它的交互和界面应该达到哪种水平

为了更好地解释我们需要的界面技术，这里演示了一套Flash UI 界面作为交互特效与界面效果的演示。

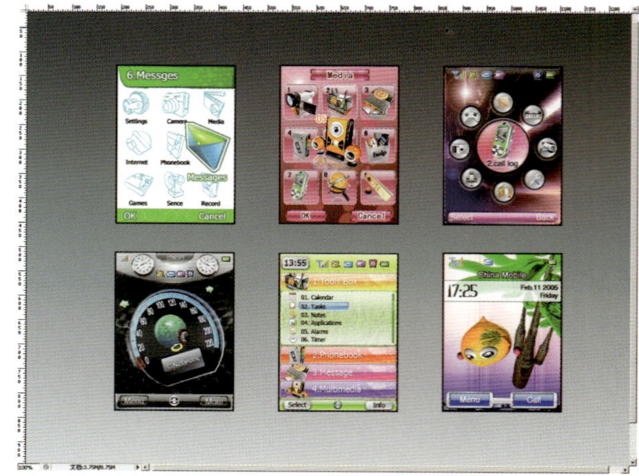

Flash UI演示文件

【要点】

所有Flash UI文件演示请浏览光盘中相关章节下Flash UI文件夹。

当我们以UI作为产品的主导方向时，我们需要同时考虑ID、软件能力和最后的交互特效部分，由于这些是最直接面对客户的产品部分，我们需要更多的关注设计。

这款产品应该解决哪些问题

作为设计团队从设计角度出发来规划产品，第一步的工作是保证这次的设计不会再出现之前产品犯下的错误，从经验来看至少有30%的UI设计错误（或者说是不引起重视的交互缺陷）是不会得到重视的，我们的机会来了，就从现在开始改变这种局面。

而在动手之前，我们需要一份详细的整理文档，以总结问题并提出对应办法，然后将这些UI设计的要求总结为软件实施的基本规范，导入到现在的项目中。

产品定义	输入文档	《项目定义书》	
		《UI设计数据输入表》	
		《菜单树》/《UI交互设计》	参照文档完成具体功能设计。
功能要求	指令	统一手机查询版本号：*#18375# 测试模式：*#166*# 工程模式：*#13646633# 自动音频测试模式： *#458#	
	开关机	软件需集成UI提供的开机默认LOGO及开关机动画及铃声	有客户文件则集成客户提供文件
	界面	在拨号界面左软键定义为选项，包括保存号码和发送短信功能；待机界面中时间与日期的背景为半透明纯色处理，待机元素排列顺序为：主卡运营商名称 – 主卡本机号码 – 副卡运营商名称 – 副卡本机号码 – 时间 – 日期 – 星期	
		在信号强度小图标的左下角显示SIM1和SIM2，方便客户看对应SIM卡的网络信号	
		OPPO 界面快捷菜单/电话本 界面菜单/电话本——但单卡项目左软键进去是菜单，OK键进入还是菜单，双卡项目左软键对应菜单但实际是通话记录。建议修改成OPPO形式还能解决双卡项目的误区问题	
	电话本	手机端存储容量为500条；SIM卡容量最大支持300条	
		手机端存储容量为1000条；SIM卡容量最大支持300条	市场部新提出，待评估是否修改数量
		电话薄记录中可直接发送短信/彩信	
		双卡双待机型需支持主卡、副卡、本机电话号码的混合列表	

功能要求	电话本	需同时支持全拼和简拼查找	
		支持智能查找(first name和last name都能被搜索到。如客户储存 "henry simoga"，那搜索"henry"或"simoga"都可以搜索到这个姓名"henry simoga"。Quick search--Provide as per First character of the name.)	有部分客户提出并非惯用习惯，待评估是否增加
		根据系统使用语言，默认电话本查找首选输入法	
		在电话本中增加"move all"	
	短信息	短信息手机端存储容量设置为200条	
		短信息手机端+SIM卡总存储容量设置为1000条	市场部新提出，待评估是否修改数量
		增加一个短信定时发送的功能。(比如下个月15号是谁的生日， 你怕忘记了， 就现在写一条短信存起来，时间到了自动发送以前写好的祝福短信过去。)	是否增加待评估
		在新客户插入SIM卡到手机中，手机软件读SIM ICCID，手机开机一段时间后发送短信到服务器，发送内容：IMEI、手机型号、SIM ICCID ，服务器对每台手机发送的短信唯一性判断并计数统计。	是否增加待评估
		【问题概述】阅读短信时操作不便，不能在阅读完一条之后按左右方向键直接进入下一条阅读	
		短信息容量查询不建议使用百分比的表示形式，短信息容量查询是使用具体条数来显示	
		在短信息中提取号码后选项中增加IP拨号功能	
		多方发送增加勾选收件人(如APOLLO项目已完成)	
		在短信VIEW界面按拨号键呼出电话	
		来短信，或者来电界面在触摸屏上按x删除该条记录	
	通话	一键通话录音（通话中长按VOL_UP键）	
		一键静音功能（非静音模式RSK键为静音；静音模式下为拒接）	

功能要求	通话	通话界面，左软键选项，右软键免提开启/关闭	
		通话记录选项菜单增加发送短信、发送彩信的功能	
		来电拒听并回复内置短信	
		耳机模式下关闭自动接听功能	
	多媒体	耳机按钮切换FM频道	
		照相机设置中避免闪烁，中文版为50Hz，台湾版为60Hz	
		增加软MP4功能（针对MT6223/6225平台）	无T卡项目不用增加
		蓝牙设备初版软件时就设置为客户机型名称	如无客户机型项目默认MTK
		MP3播放器界面： 中间导航键盘为上下键控制音量，左右键切换上一首下一首歌曲；右边的icon1-icon3为状态设置图标位置，包括循环，随机等；长按中间键停止	
	设置	增加通话魔音功能	
		触摸屏手机需增加滑屏解锁功能	
		默认点屏时间10s，10s内如无用户操作，半亮5s，然后背光全灭；	
		来电接听后界面出现;联系人/录音/静音/键盘/免提/静音选项	
		增加 3D菜单切换 功能	切换效果增加Normal选项
		触摸屏手机恢复出厂设置时需做屏幕校准	
		时间设置中默认年份为项目开发年份	
		推广样机采用公司统一的开关机动画	
	闹钟	在闹钟中也加入记事提醒功能	是否增加待评估
		需求闹钟设置的时间格式可以是24小时和12小时选择。	是否增加待评估
	照相机	【问题概述】相机模块中，机册中的图片打开后不能上下翻动，要求修改成能上下翻动	

功能要求	G-SENSOR	来电翻转静音，(目前已在JIN及HUSCKY01A项目上实现)	
		甩动切换墙纸加音效及震动(已在HUSCKY01A项目上实现)	
		甩歌功能及震动提示(已在HUSCKY01A项目上实现)	
		播放MP4的时候，图象可以自动翻转	
	增值服务	集成第三方增值业务	含简体中文添加此功能
		集成MSN；默认加在"娱乐"菜单下	A类客户经市场部审批后可添加
	情景模式	耳机模式下关闭自动接听功能	
		增加省电模式(6223不需要增加)	
	日历	日历下面，显示备忘录中最近日期的备忘内容	是否增加待评估
	时间格式	设置12小时时间格式时，不仅在待机时间那里有AM/PM，在所有与时间有关的信息如短信、来电、去电时间中都应该带有AM/PM（同NOKIA）——HUAWEI项目中也提出过	
	音量调节	硬件配置没有VOL_UP、VOL_DOWN的情况 1 一般界面，音量调节统一采用"*/#"键 2 通话界面，音量调节暂不作强制规定 ——•<MMI规范要求中提出> B. 不带音量键机型，统一使用上下导航键调节音量	
	解锁	直板机型:上锁状态下按任意键，屏幕半亮并提示解锁；右软键+"#"键解锁 滑盖机型;合盖状态下开盖自动解锁 合盖状态下按左软键+拨号键解锁 触摸屏机型;全部统一增加滑动解锁功能 同时也需要右软键+"#"键解锁	自动锁键盘时间默认为10S，锁键盘时需支持紧急呼叫

功能要求	上锁	直板机型:建议统一待机界面右软键+"#"键解锁 滑盖机型;合盖状态下开盖自动解锁；合盖状态下按左软键+拨号键解锁 触摸屏机型;有软键机型待机界面按右软键+拨号键上锁	
	其他	拨号字体大小应参考UI交互设计	
		集成默认铃声（开关机，来电，来短信）	
		集成PicBridge功能	软件工程支持，则集成
		所有情景模式下网络连接音关闭	
		跑马灯比较耗电，可以考虑在有跑马灯或者其他功能的机型上，设置开关，能让客户自行选择试用	
		电池电量显示做归一处理，统一做4格电量显示（按电池电量显示规范执行）	
		待机模式下，长按#号键开启/关闭静音模式；在静音模式与当前模式间进行切换	
工厂要求	多媒体	FM默认频率设置为98.7MHz	
	多媒体	模拟TV默认区域应为中国；固定测试3、9、28频道；按*、0、#自动切换频道	测试模式始终是默认中国区域
	多媒体	音频通道应为立体声左右声道	驱动部分
	工程模式	增加自动音频测试功能	待机模式按*#458#进入
	工程模式	进入测试模式时，提示主板是否校准	
	工程模式	测试模式排序：Keypad->Vibrator->ECHO LOOP->Headset ->Loud Speaker->Charger	
	快捷设置	待机模式下导航键默认定义为：MP3、MP4、录像、BT	该点需要确认
	其他	双卡项目SIM卡位置标示： 1) 左右SIM卡形式的：左为SIM1，右为SIM2 2) 上下SIM卡形式的：下为SIM1，上为SIM2 3) G+C项目;：左为G网，右为C网	

工厂要求	其他	使用测试卡（白卡），呼入电话应自动接听	
		自动设置T卡作为存储路径	
		从按开机键到找到网络的时间要求小于15秒	缩短开关及动画
研发要求	基带	启动软件ESD保护 —— LCD	因项目而定
		音频参数应与基带工程师进行调节	
		统一电池电压默认参数值	低电关机电压 = 3400000 删除低电禁止发射电压 低电告警电压 = 3450000 BATTERY_LEVEL_0 = 3500000 BATTERY_LEVEL_1 = 3670000 BATTERY_LEVEL_2 = 3750000 BATTERY_LEVEL_3 = 3850000
	射频	软件尽量默认支持四频	BAND_SUPPORT = QUAD
		AT命令要能正常使用	
		META能正常连接使用	
		波特率统一设置应为115200bps	
		软件应集成射频部提供的默认射频参数	
	测试部	低温工作温度检测要求 - 20°，高温工作温度检测要求55度	驱动部分

13.3 概念设计

从这个阶段开始，我们可以对产品进行准确并达到试产要求的定义了，这份定义文档将作为后期界面设计的重要依据，而ID、结构等设计部分也将以此作为输入文档。

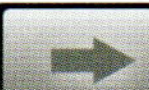

13.3.1 “影视手机”概念机型定义

功能特色

- 科技化：3.2英寸240X430，16：9分辨率屏幕，重力感应芯片，多点触摸touch lens。
- 视频体验：多格式视频播放支持，支持达8GB扩展内存，可作为专业MP4播放器。
- 扩展软件：支持PC平台的视频软件扩展，使您获得更为优秀的视频体验。

硬件参数

屏幕显示	3.2英寸 全视角LCD 240X430，16：9分辨率屏幕 多点触摸touch lens	
重量	120～130克	
颜色	黑、白、金	ID评估
内存容量	内存：256MB 扩展存储：最大支持8GB	
耳机	内置麦克风的立体声线控耳机 频率响应: 50Hz ～ 20 000Hz 阻抗: 32Ω	
相机和照片	320万像素CMOS：自定义6种不同的摄影和摄像解析模式 图片浏览支持BMP、PNG、GIF、JPG、TIF格式 录制支持AVI、MP4、3GP、MOV格式	需评估
网络	GSM (900， 1800 MHz) ， GPRS	
传感器	重力传感器	视频，音乐播放时
电池	2000mAh， 3.8V，锂聚合物电池 通话时间：380分钟 待机时间：带SIM卡180小时，不带SIM卡385小时 视频播放时间：8小时 音乐播放时间：24小时	需测试评估

视频播放	支持AVI、MP4、3GP、MOV、ASF、WMV、MPEG、MKV、FLV等文件格式 H.264 Baseline Profile :2.5Mbps码率，720×480，30帧/秒； MPEG-4 Simple Profile :2Mbps码率，720×480，30帧/秒； WMV 3 :3.2Mbps码率，720×480，30帧/秒； H.263 :1.5Mbps码率，720×480，30帧/秒； DIVX :5Mbps码率，720×480，30帧/秒； XVID :4Mbps码率，720×480，30帧/秒； DX50 :6Mbps码率，720×480，30帧/秒； MPEG-1 :1.5 Mbps码率，720×480，30帧/秒； FLV :500kbps码率，720×480，30帧/秒。 支持采用TV-OUT方式播放	
音频播放	频率响应: 20Hz ~ 20kHz，支持音频格式: WAV: PCM， MS-ADPCM MP3(VBR): 8~320kbps AMR: AMR-NB 用户可自定义的最大音量限制	
销售包装	CKT概念手机 带有麦克风的立体声耳机 连接到PC的 USB 线缆 USB 电源充电器 TV-OUT输出线缆 产品手册 清洁布 CKT手机保修证书	

软件参数

操作系统	MTK 6238	ARM主频208Mb
字体显示	矢量字体	
语言支持	英文、 简体中文 国际键盘支持: 英文、简体中文	支持其他语言需评估

必备功能	短信息 电话本 通话记录 日历 蓝牙 互联网 音乐播放 视频播放 摄像 拍照 照片浏览	以CKT默认菜单树功能为参考
	文档管理 计算器 电子书 便签 闹钟 世界时间 视频输出	以CKT默认菜单树功能为参考
增强功能	天气预报 CKT影视下载门户 电话本备份 电子邮件 视频剪切/合并 视频分享(蓝牙)	

设计方向

- 简洁外观，兼容大容量扩展内存，高品质多点触摸touch lens屏幕。
- 人性化UI，保留常用功能，去掉繁琐操作。
- 强化影视与音乐播放，较快运算速度，兼容多种格式。
- 机器包装，售后的网络在线服务平台建立。

在定义好准确的功能后，我们可以安排ID设计师，帮助设计一款符合功能与用户体验分析成果的ID概念 外观。

在设计这个ID外观的时候，我们确定的标准如下：

- 当前主流的16：9的3寸或以上的LCD（最大支持480px X 272px）；
- 全屏touch lens触控操作方式；
- 更少的机身按键；
- 提供影片播放的侧按键；
- 提供更大的内置Flash空间；
- 强大的电池续航能力；
- 深沉、冷静的外观颜色；
- 充满质感的外部材质和手感；
- 影片播放时用于固定的交流电充电支架；

- 支持TV-OUT功能的接口；

概念中的ID外观

13.3.2 测试LCD

由于我们采用了一块非常高端的触控型touch lens作为显示的机制，那么我们就需要对这块LCD屏的显示效果做一个测试，这个测试不是基于工程技术的，LCD提供商一般会为我们提供这套LCD的详细规格参数和工程数据，我们这里测试的是真实的图形设计效果和人眼感受。

在我们制作测试图片的时候，直方图部分是我们需要关注的。

在一张图片的直方图中，横轴代表的是图像中的亮度，由左向右，从全黑逐渐过渡到全白；纵轴代表的则是图像中处于这个亮度范围的像素的相对数量。在这样一张二维的坐标系上，我们便可以对一张图片的明暗程度有一个准确的了解。在Photoshop中，依次单击“图像→调整→色阶(快捷键:Ctrl+L)”即可打开色阶调整框，对图像的直方图进行调整，以此控制图像的明暗变化。

对比度的提高可以使图像细节清晰，相反，对比度的减小可以隐藏图像的细节，在一定程度上使图像柔和。我们观察和调节直方图的目的是保证图片对比度是符合人眼感受的，在工程数据上是准确的，这样的测试图片才有意义。

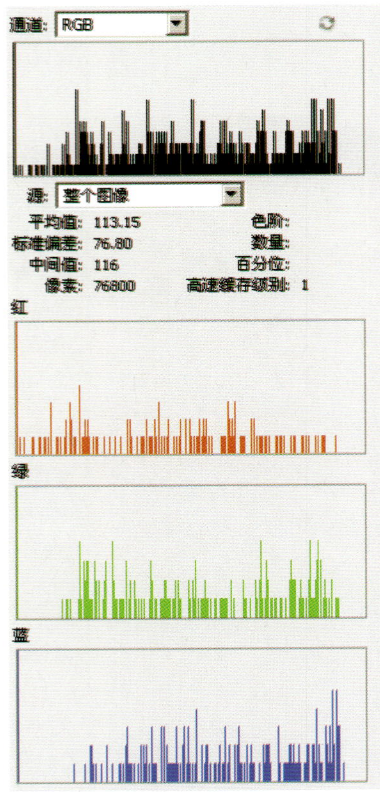

直方图

首先需要制作一套基本色彩的测试图片，然后再制作设计原型的测试图片（这个部分的图片请直接浏览光盘中的文件）。

下面是使用Patone基于电子出版的标准色板来做的颜色测试图片。

Patone标准色测试

这里说到的黑场概念，不是曲线调节中的黑场背景设置，而是一张完全黑色的BMP无损测试图片，这张图片主要用于测试LCD的显示坏点和闪烁情况。

黑场测试

相反，我们也需要一张白场测试的图片。

我们经常会使用到GIF图片作为我们的输出图片格式。这里测试的就是LCD对于256色GIF图片的渐变显示效果，我们通过这个测试可以找到最适合该LCD的GIF文件图片编码方式。

如果你是有一定从业经验的手机UI设计师，你会发现GIF图片适应屏幕的情况会经常发生，我们使用这样的测试图片，可以在设计的初期，检验出这种问题。

渐变波纹测试

类似的，我们也需要一张图片来测试灰度的阶梯显示，这可以验证LCD的亮度是否正常。

黑白渐变测试

【要点】

完整的LCD检测图片包请浏览光盘中本章文件夹下test picture pack 文件夹。为了满足大家常用的测试要求，这里全部修改为240px×320px大小。

13.3.3 界面概念设计

与之前的做法一样，在实际的界面设计之前（我指的是在Photoshop等软件中设计制作），我们会构思界面的大致结构与元素，包括一些假想的交互效果。

在这套UI界面中，我们将制作4个关键界面来解释设计风格与需要到的交互特效。最重要的界面中很多元素与色彩可以在大量的次级界面中复用，这是一个界面设计师常用的设计手段。一套界面从一开始的出发点、待机界面（idle）、主菜单界面（main menu）、音乐播放器(music player)、二级菜单(sub menu)等是非常重要的。

在这个项目中的界面设计，我们采用了很多流行的交互元素和设计方式，包括界面的整体版面、架构设计、语言提示、相关音乐等。

界面草稿

13.4 界面设计

【注意】

我们的界面设计最终都是要进行交互特效设计的，而关于交互特效实现的部分，让我们的界面设计应该保留更多的图层细节，因此，你最好不要经常合并图层。

较大的分辨率让我们有更多的空间放置功能按钮和设计一些特别的效果，不过不要因为有了更多的屏幕空间，而增加更多的无关紧要的“快捷操作”，无论你的屏幕有多大，用户仍然希望使用到简单、有效的界面。

作为一个概念界面设计的静态稿件，有一些交互的细节是会在最终制作Flash原型的时候改变的，这个问题需要我们沟通解决，特别是在完成界面静态稿设计和交互原型开发的设计师不是同一人的时候。

我们先来看一下4个关键界面的最终视觉效果：

待机界面

主菜单界面

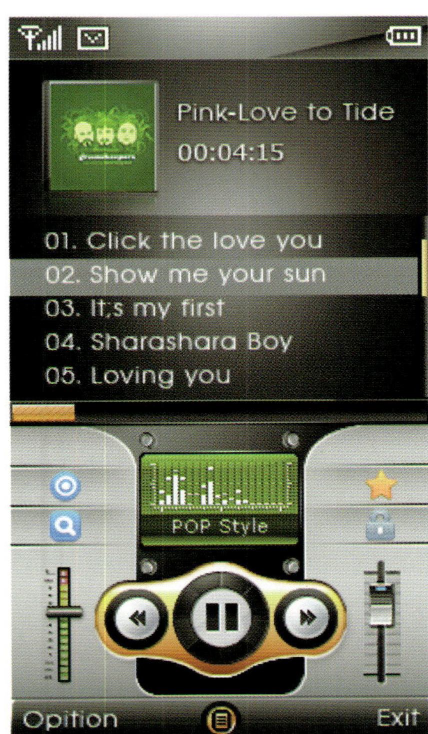

音乐播放器界面

相册界面

下面我们从待机界面的设计过程出发，详细解析一下概念项目中界面设计的要点。

01 首先在Photoshop CS4中建立我们需要的背景，这里使用的是选区+渐变填充的方式来绘制，使用低透明和低流量的笔刷也可以绘制细腻的阴影。

绘制背景

02 我们要为阴影部分增加一些材质，这样看上去会更具备金属的感觉，新建一个相同的图层后，在这个图层上使用滤镜→杂色→添加杂色命令。

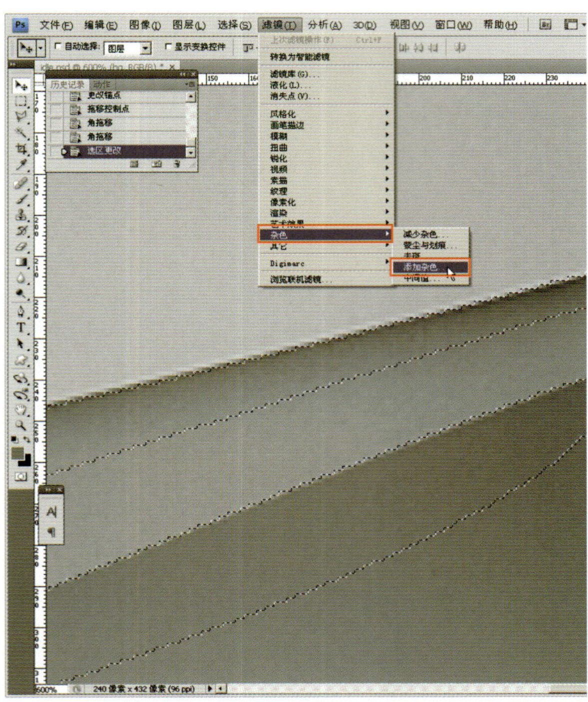

细节处的质感

03 添加的杂色不可过多，记住勾选"单色"复选框，使用高斯分布的方式，这样在图层叠加后会融合得比较自然。

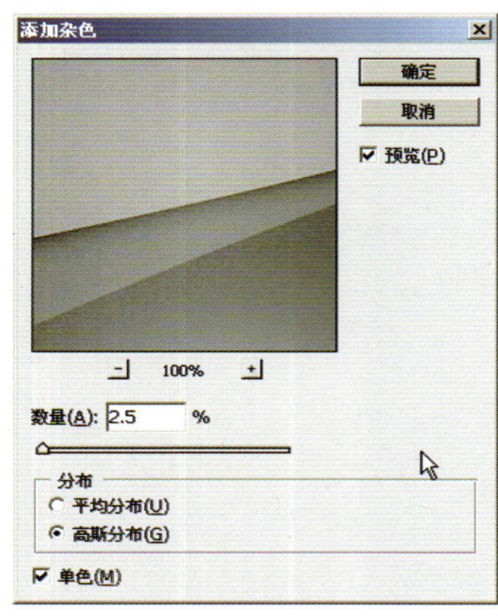

杂色数值

04 为背景的顶部和顶部添加面积高光，使用圆形选区工具，然后用白色—透明的渐变色做径向渐变，这个设计的目的是为我们的Softkey和Status Bar提供对比比较强的背景色。

面积高光

05 使用渐变色制作Softkey的背景和高光部分，注意这里使用了1px高度的硬渐变色，并降低了透明度，在四个端点的部分还是用铅笔工具绘制了高光点，加入我们需要的文字。

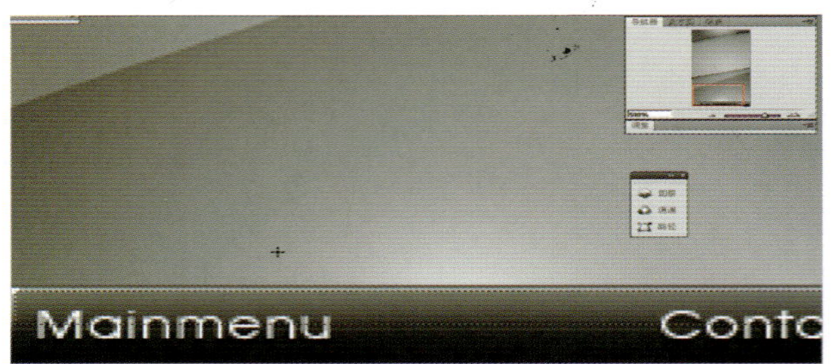

绘制Softkey

06 在中间绘制一个提示键，表明可以拖动释放，由于我们采用的是全触摸的LCD，提示导航中键的设计主要是为了兼容非触摸LCD的时候使用，这里的设计仅作为演示，具体到不同的LCD配置，需要增加或删减。

绘制附件

07 中间的提示符号，需要使用像素铅笔来绘制。我们注意淡淡的高光的绘制方法。在像素图标的绘制过程中，点的分配和平衡是很重要的。

像素图案

08 Status Bar中的图标仍然使用像素绘制。我在这里增加了宽度，这样在高分辨率的屏幕上，看上去会比较饱满，颜色不一定都使用单色，在有新的状态的时候，加入色彩也是一个重要的提示方法。

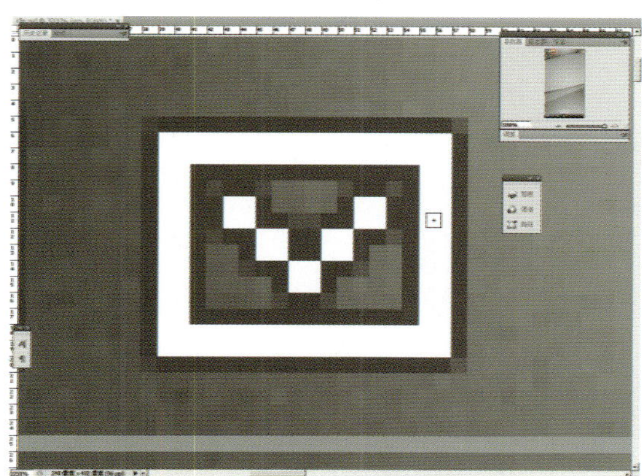

Status Bar图标

09 这里开始绘制时间和运营商显示的状态栏。中间进行剪切，空出时间栏的部分，是为了突出当前时间的显示。研究数据表明，待机界面中用户最关心的往往是快捷按钮和时间。

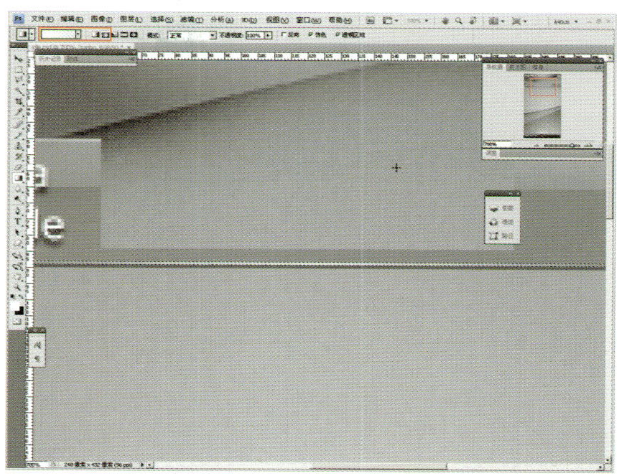

运营商栏背景

10 使用4px圆角的矩形绘制背景，高光的线条绘制方法是先获得矩形的选区，然后进行白色的渐变填充，再缩小1px选区后进行裁剪。

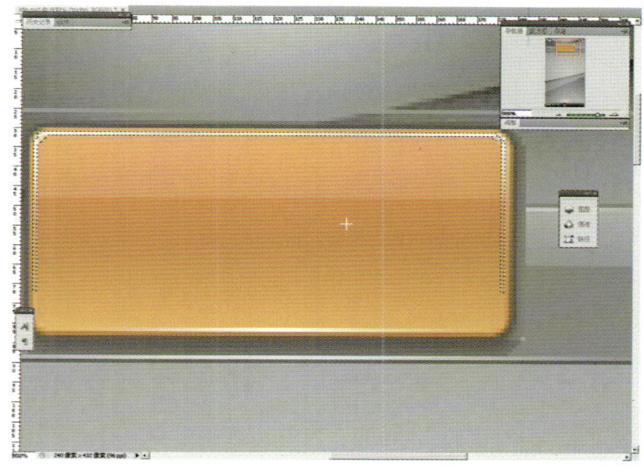

当前时间背景

11 这也是一个常用的界面设计手法，将时间的数字复制一层，通过遮罩建立透明的渐变，可以获得类似倒影的效果，增加数字的立体感。

数字的倒影

12 为个人定制化较强的界面，提供一个刷新按钮，它的作用是在用户进行大量的操作后，即时地恢复到最初的桌面排布状态，因为我们的快捷功能采用了Widget的方式。

刷新按钮

【故事】 Widget的这个创意来自一个叫做Rose的苹果电脑工程师。1998年的一天，Rose在自己的苹果操作系统桌面玩一个可以更换皮肤的MP3播放器时忽发奇想：如果在我桌面上运行的所有工具都能够更换皮肤或外观，那将是一件很酷的事情，Rose的兴奋之情溢于言表，它给这个酷酷的玩意儿起了个名字叫“Konfabulator”。

13 然后我们开始增加快捷功能按钮，一般的选择是一排5个按钮的方式，根据7±2原则，我们使用更少的，但是满足快捷操作需求的最常用功能。

排布快捷功能按钮

【要点】

7±2原则：可用性设计中提到的7±2原则的主要意思是，人可以短暂记忆的数据一般在5～9之间。但要注意，这个原则说的是短暂记忆，并不是说人同一时间只能分辨5～9个数据，或者5～9个导航。这个原则只是说的短暂记忆，而能够同时被分类识别的短期识别则不包括在其中。

14 我们放入的功能依次是：音乐播放器，日历，电话本，视频播放器，信息。

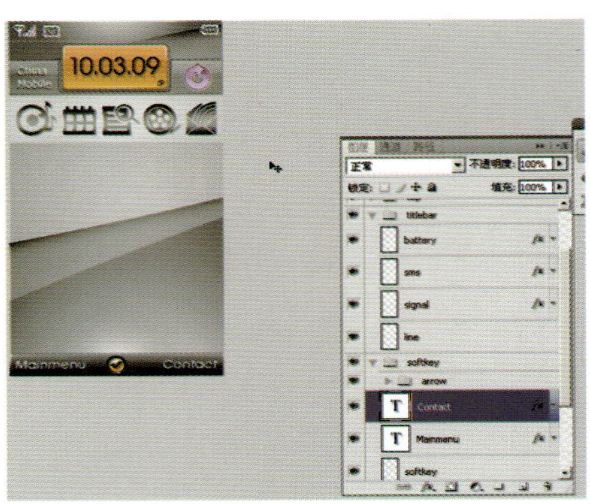

目前界面的样子

15 我们开始绘制第一个Widget模拟时钟，首先绘制一个表盘背景，设定它的整体阴影。

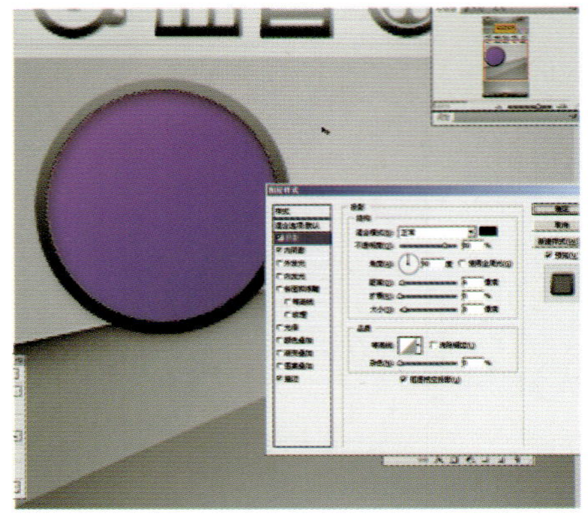

绘制时钟背景

16 设定内阴影是为了增加时钟表面的体积感，让高光的反射强度更好，至少视觉上是这样。

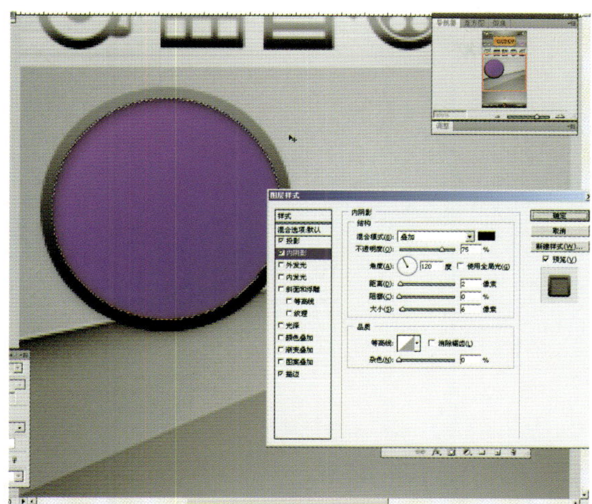

设定内阴影

17 使用一个线性渐变来作为描边的颜色，设定为5px，这样，时钟的边看上去就像一个表框。

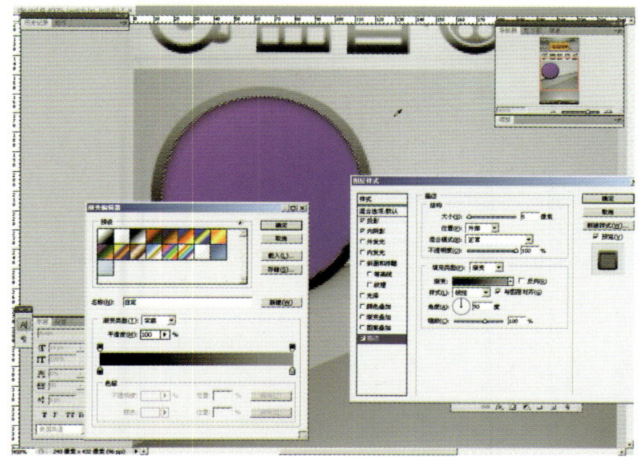

设定描边

18 通过钢笔工具先得到选区，然后用径向渐变绘制高光。

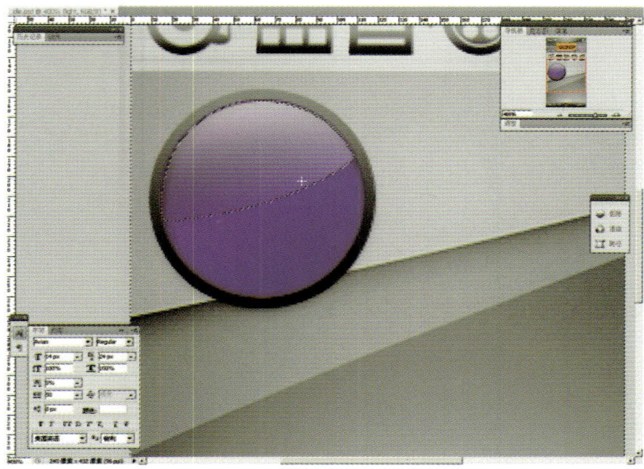

绘制高光

19 要让表面获得更好的立体感，一个1px的边缘高光是不可少的。同样采用之前的方法，先绘制渐变，然后裁剪掉不需要的部分。

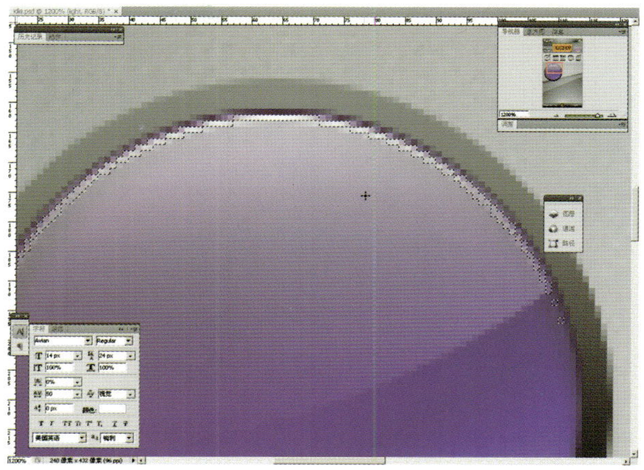

绘制边缘高光

20 你可以自己绘制一个需要的表盘数字，也可以让程序员去生成。当然，一般的做法是采用数字素材，改变图层模式为线性减淡，让它们融合到一起。然后指针的运动部分再由程序员去生成。

指针图案

21 第二个Widget是事件备忘录，桌面提供备忘的快捷提醒，右下角的页脚可以直接翻页打开阅读。这里可以进行手绘，也可以找平面素材稍加处理获得，但要保证素材本身是合法的，不侵权的。

22 第三个Widget是桌面化的简易音乐播放器，这个播放器只提供播放的功能，属于后台播放的一个部分。我们先建立它的背景，注意描边和投影效果的使用，会获得基本的立体感。

事件备忘

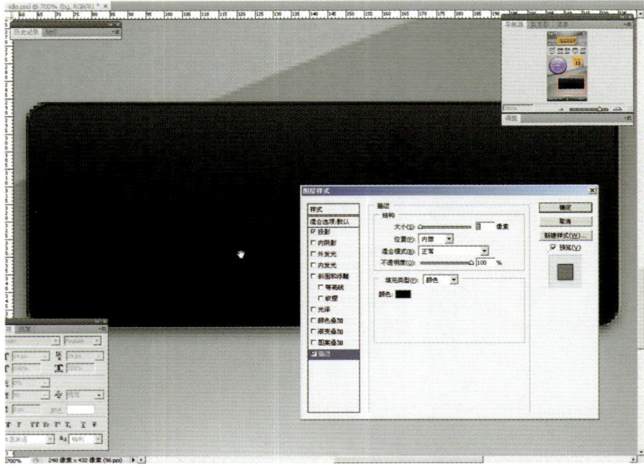

简易音乐播放背景

23 由于我们希望这个界面显示出陶瓷的感觉，我们要在底部加入一个反射的光照效果。在获得圆角矩形的选区后，我们缩小选择1px，就得到了高光的区域。

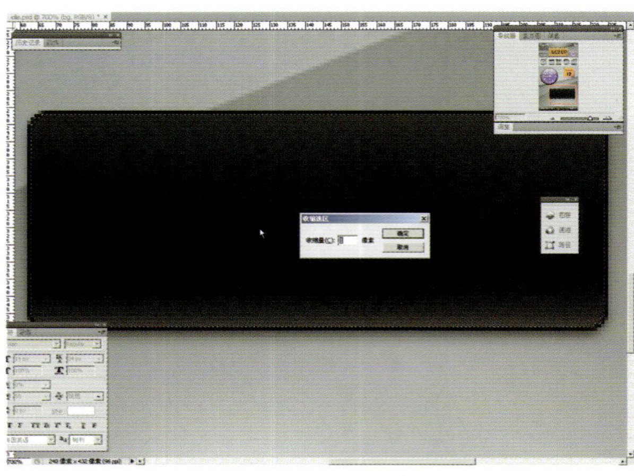

底部反射

24 与之前的方法类似，你应该很熟练了，仍然建立边缘高光，让界面的一致性始终得到保持。

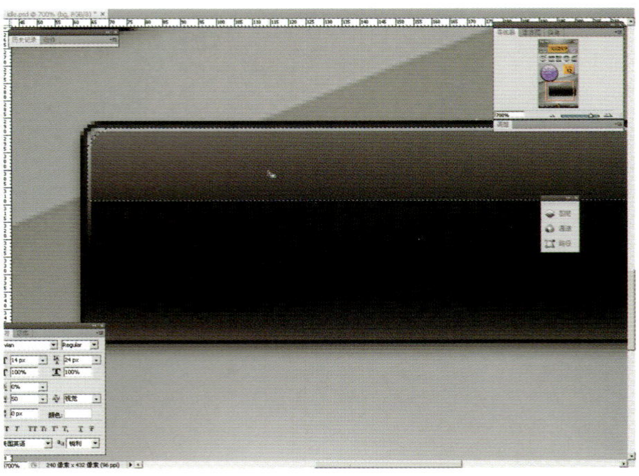

边缘高光

25 为音乐播放器建立一个显示歌名的显示框，看上去要像屏幕一般。我们使用一个对比强烈的绿色的渐变色作为背景色。

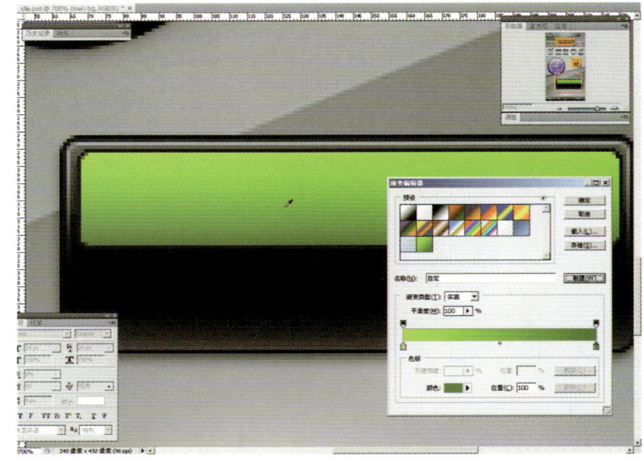

屏幕背景

26 尽量简化这里的操作部分，这里是一个快捷的功能区，而不是完整的播放器，我们只提供播放、暂停、上一首、下一首、增加歌曲的按钮。

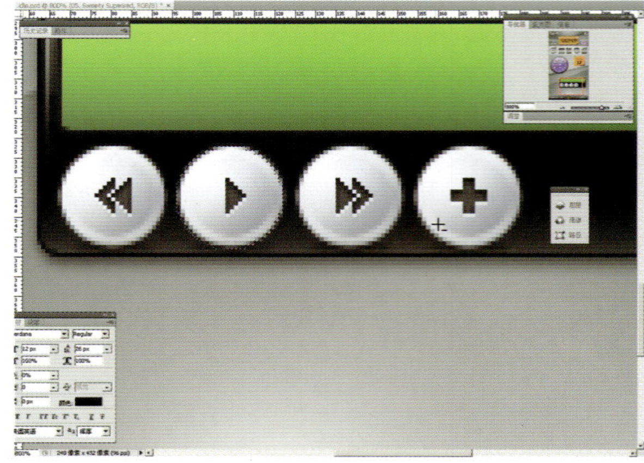

操作按钮

27 一个星状图案一般代表了喜爱列表或者评分比较高的歌曲，这里是调出快捷菜单的按钮，上面的显示框中只滚动显示歌名即可。

增加细节

28 为了界面更有质感，我们再次使用边缘高光，1px的高度，从中间开始的径向渐变，使用了白色，如果对比太强，可以考虑适当降低填充的透明度。

边缘高光

到这里，我们的待机界面设计就完成了。目前它包含了丰富的信息和操作，并且在界面的元素控制上也疏密得当。放置过多的功能会浪费屏幕空间，在手持设备的界面设计中是不可取的。我们要学习如何平衡功能与界面外观的协调。

在这个界面中还考虑到了交互效果的实现，比如所有的Widget元素都是可以拖放操作的，可以从快捷功能栏上拖曳释放桌面的Widget功能界面，左右滑动可以选择不同的快捷功能菜单顺序。

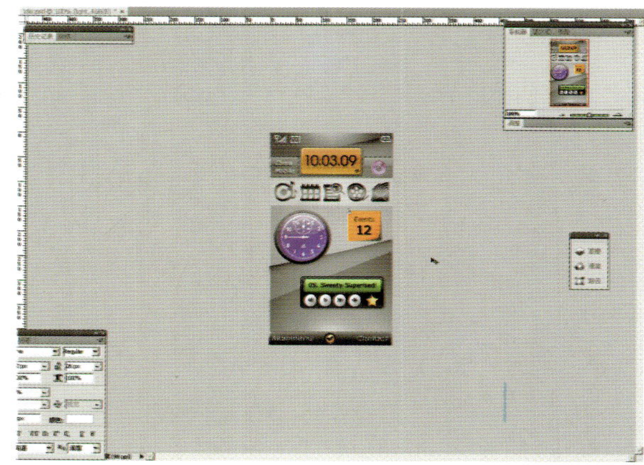

完整的界面

13.5 交互实现

在设计好静态界面后，我们需要一份详细的演示文档告诉软件工程师，UI交互设计中的细节问题。当然，这不是一份模拟真实程序的高保真文档（如果有必要，也是需要这么做的），我在这里向大家介绍其中音乐播放器的界面制作过程，以阐明如何使用Flash技术把静态界面转化为可操作的交互性界面，用于指导软件进行编码工作。

我们会在界面当中设计其中关键的交互操作，有一些细节的特效可以和软件工程师当面沟通，当然，把每个细节都设计进去是可以的，只是是否有这样的必要？而面对不确定性修改的时候，这样的工作成本也是需要考虑的。

01 打开Flash CS4，我们将音乐播放器的PSD文件导入，仍然选择Flash背景尺寸和PSD画布尺寸保持一致。

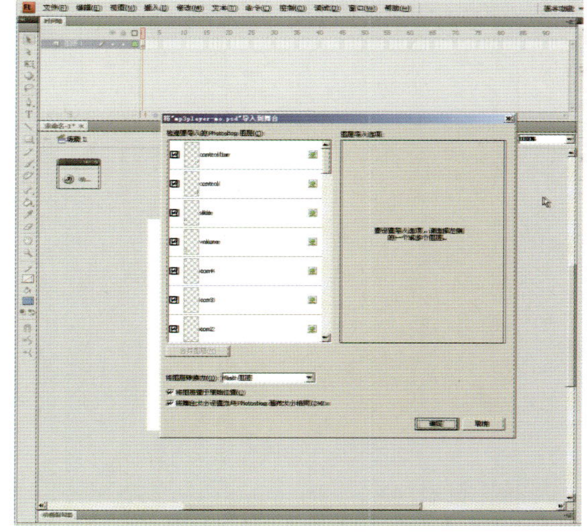

导入PSD

02 把我们分开的各个元素，Status Bar 和 Softkey背景元素等，按照自己的喜好制作为传统补间。不过由于Flash CS4提供了更为先进的动画制作方式，建议大家也可以尝试一下新的补间动画方式。至于各元素的补间方式，可以根据界面的要求与帧频的不同来调节，没有一个所谓的绝对正确的方法。

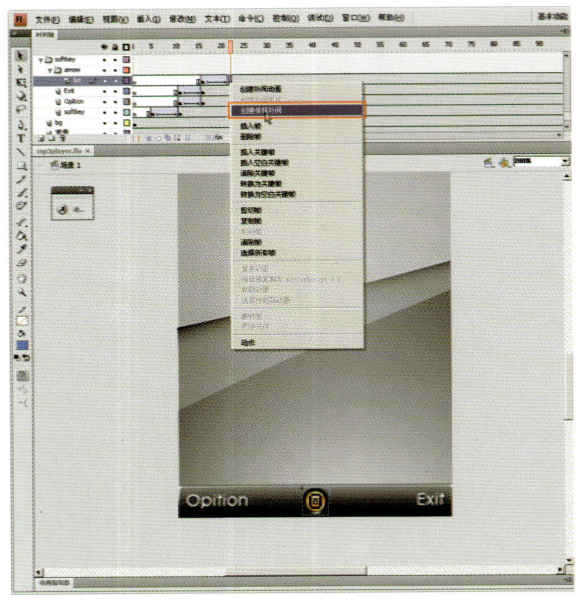

制作传统补间动画

【提示】

值得一提的是，在补间动画中，并非只有位移一项简单的设置，你可以设置动画元素的透明度、位置、旋转次数、颜色模式等高级属性。

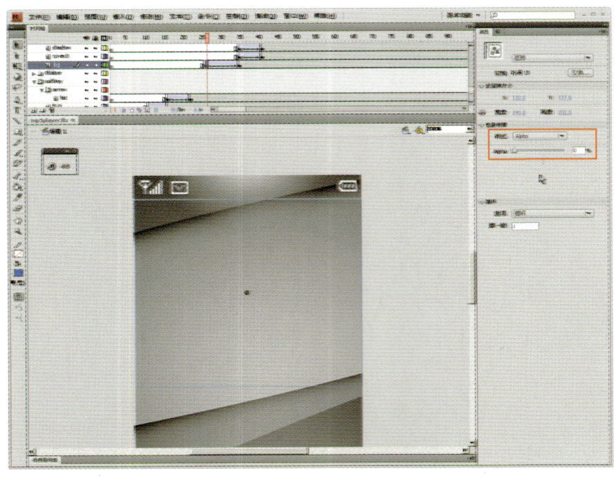

制作Alpha补间

03 通过按下Q键，激活元件的大小改变方式，通过大小改变方式的补间动画，在高帧频下有比较强烈的视觉冲击效果。

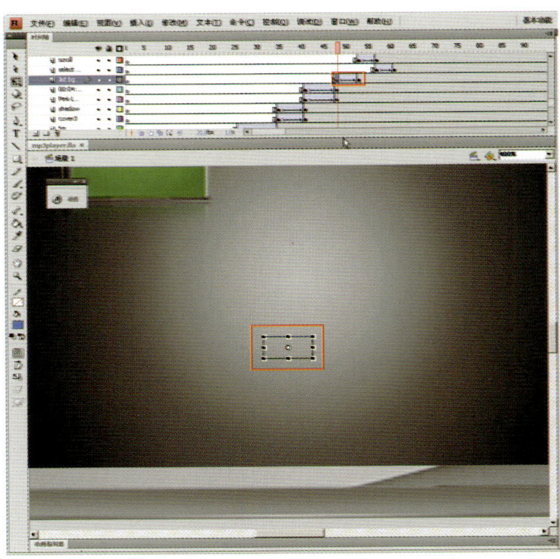

制作形变补间

04 继续制作其他元素的补间动画。考虑到每个不同元素的前后出场关系，然后合理地安排它们的时间，另外对于界面来说，切换一个功能界面的时候，往往时间是很短的，所有动画应该在1秒钟内播放完毕。

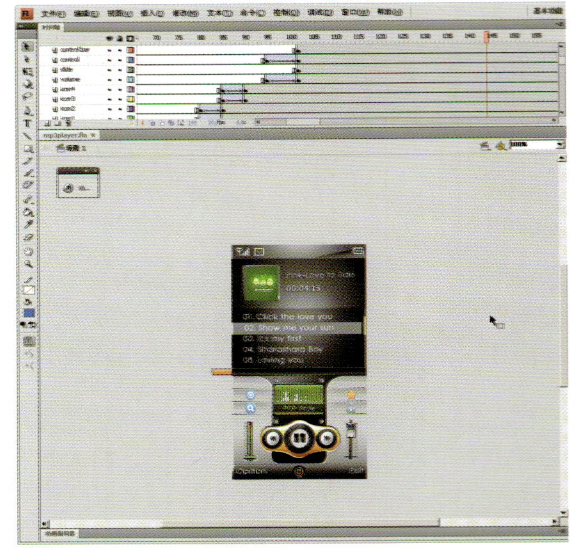

继续制作补间

【要点】

所有界面的交互Flash文件请见光盘中本章节下interactive model文件夹。

05 为歌曲名称列表的选中条制作一个闪烁的提醒动画。首先要把选中条由图形方式转变为影片剪辑，然后在这个元件中制作闪烁的动画。在动画时间线的50%处使元件的透明度降低，就可方便地获得这样的动画效果。

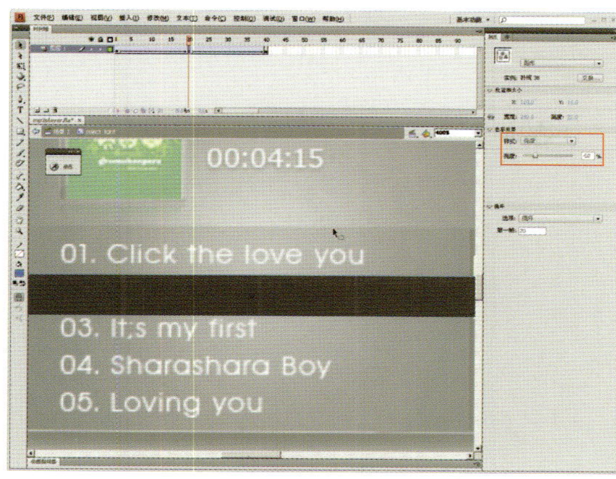

选中条动画

06 接下来我们制作可操作的音量控制按钮。首先将音量按钮转化为影片剪辑元件。这是因为我们需要在上面编写区域控制的代码。

音量控制按钮

07 在获得音量控制按钮的有效操作区域之前，我们要观察记录一下其按钮背景的长宽比和具体数值，这样我们才能在活动区域中赋值。

活动区域大小

08 在按钮的影片剪辑上编写下列代码，用于控制按下并拖放的固定区域：

```
on(press){
startDrag(this,true,205,326,205,368);
}
on(release){
stopDrag();
}
```

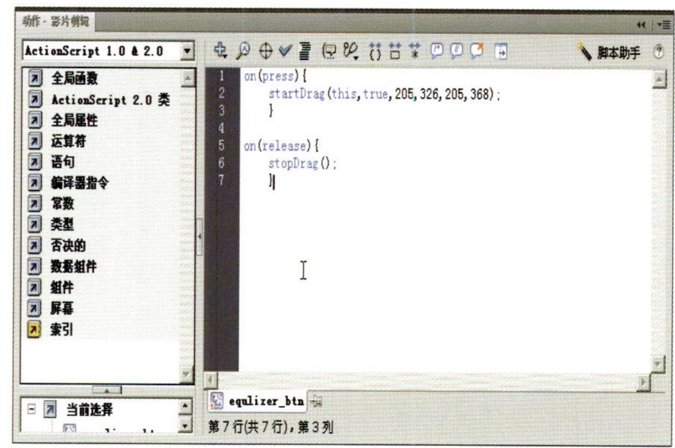

区域代码

09 同样的方式用于控制均衡器特效的操作按钮，我们也需要先获得按钮背景的具体数值，然后在按钮的影片剪辑上写入以下代码：

```
on(press){
startDrag(this,true,18,326,18,387);
}
on(release){
stopDrag();
}
```

区域代码

我们需要给播放按钮设计一点效果，在播放的时候，希望它的背景能够呈现黑胶碟旋转的效果，让界面有更多的情感因素。

10 新建一个影片剪辑，并在其中放入黑胶碟的图片，然后在设置补间动画中，进行缓慢的循环旋转动画，这些设置都很简单，大家可以轻易地完成，如果用更高级的声音类来控制的话，甚至可以加入缓动的节奏，这里暂时没有做。

播放按钮背景

下面进入关键的播放操作部分，播放操作的对象是音乐，所以我们需要先导入一首MP3歌曲，作为控制的音乐源。

11 直接将MP3歌曲文件拖入场景中合适的帧即可完成导入。但是有个问题要注意，由于歌曲是跟随帧来播放的，所以当你的帧运行到这里的时候，音乐是会自动播放的，那就失去了播放按钮的意义。因此我们在音乐层的帧上加入下列代码，让音乐在默认状态下停止：

```
stopAllSounds();
```

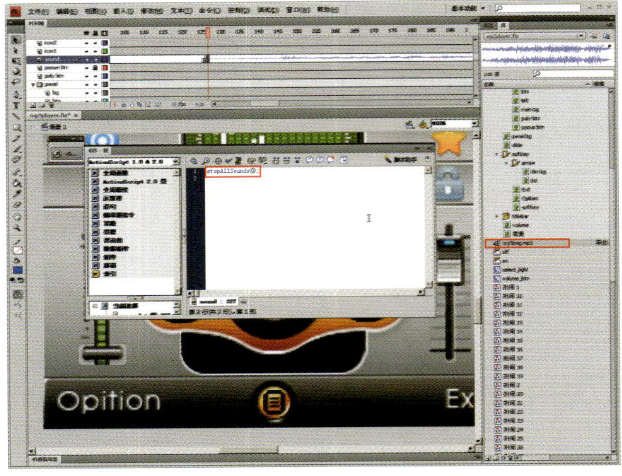

导入并停止音乐

12 确保"暂停"和"播放"图片已经被转化成了按钮元件，然后选中播放按钮，在按钮上面加入代码：

```
on (press) {
var my_sound:Sound = new Sound();
my_sound.attachSound("mySong");
my_sound.start();
disk.play();
loader.play();
setProperty("stoper", _visible,
"100");
}
```

这段代码用于控制三个部分，音乐播放的开始、按钮的显示和隐藏，以及按钮背景动画的播放。

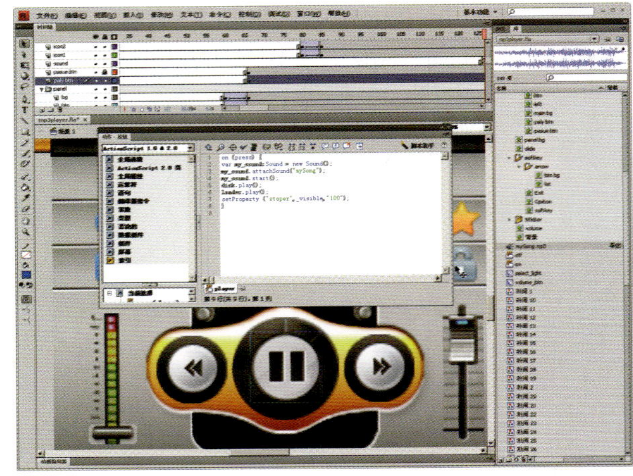

播放按钮代码

13 同样，针对暂停按钮的代码结构也类似于它，但是要注意，这里的属性中Play 都需要改为Stop，而按钮的可见性也要更改为0：

```
on (press) {
var my_sound:Sound = new Sound();
my_sound.attachSound("mySong");
my_sound.stop();
disk.stop();
loader.stop();
setProperty("stoper", _visible, "0");
}
```

暂停按钮代码

14 给播放设置一个进度条，这是所有播放器常做的事情，我们这里只是做一个演示。真正的进度条，需要判断音乐文件的长短，用时间来进行长度的识别，然后跟随到动画的播放中。这里使用的是根据帧频计算后，得到的补间动画，可以达到同样的效果。

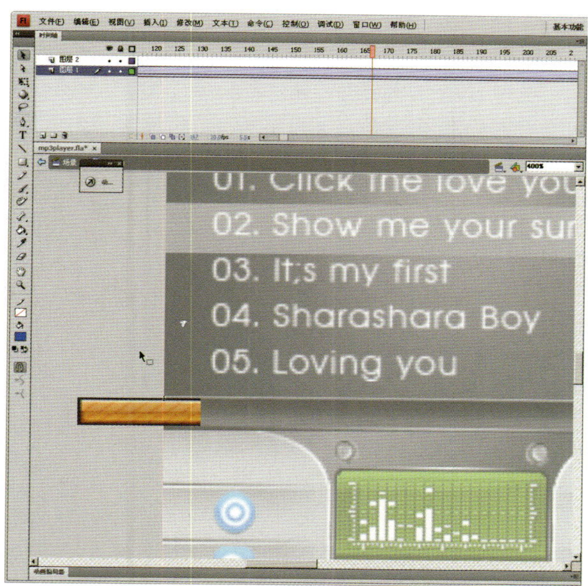

播放进度

15 我们不希望歌曲在没有播放的时候，进度条就开始运动了，所以要给这个影片剪辑一个属性，当被载入的时候，是停止的，写入以下代码：

```
onClipEvent (load) {
    this.stop();
}
```

16 在我们的设计中，歌词显示采用了Softkey 上一个按钮来进入，方便的切换和不占用有效空间的做法让我们提高了界面设计的自由程度。我们把这个按钮图片转化为按钮元件，然后基于它来作为歌词显示的入口。

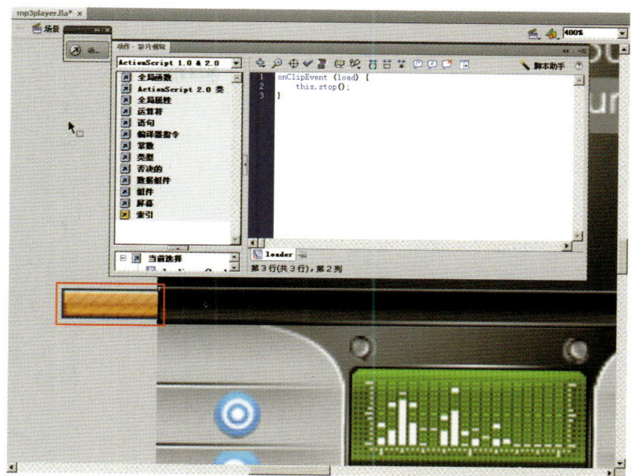

控制播放进度

歌词显示按钮

17 还记得我们之前学过的帧标签制作方式吗？我们的歌词也是基于帧显示的，不同的是它出现在不同的位置，我们将歌词的帧部分标记为“Mask”，然后把按钮的点击操作指向那里。

```
on(release){
    gotoAndPlay("mask");
}
```

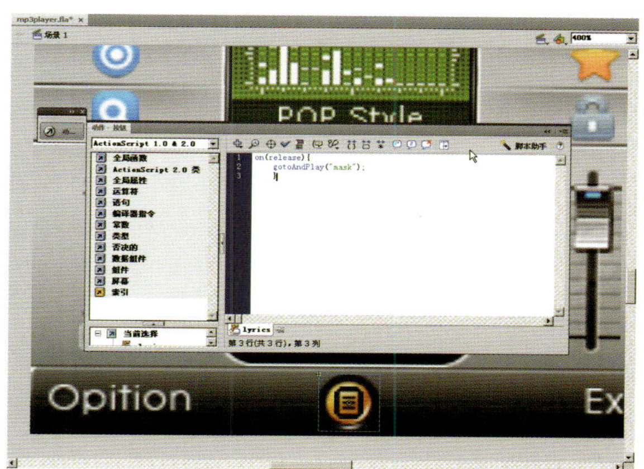

歌词显示按钮

18 在歌词出现的帧上设置帧标签，这样我们可以唯一地指定一个长期有效的位置，让按钮不会迷失方向。

设置帧标签

19 歌词本身需要运动特效，因此设置它为一个影片剪辑，并将自身做一个由下而上弹出的补间动画。我们使用了灰化背景的方式，而且歌词的显示并不是全屏的，我们需要制作遮罩层。

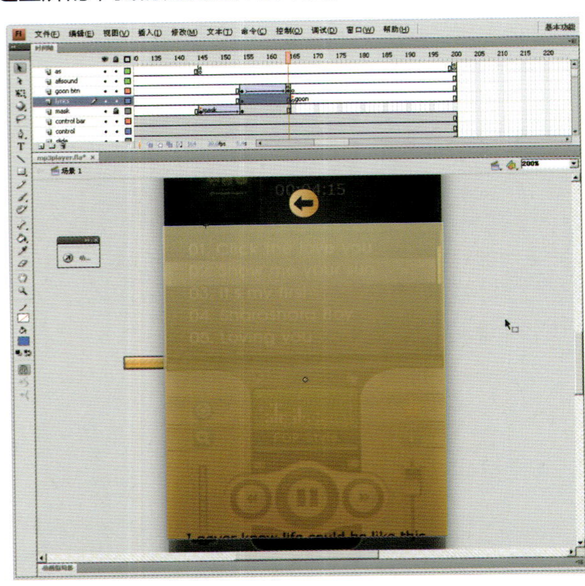

歌词影片剪辑

20 先把歌词本身制作为一个补间动画，补间的节奏应该和歌曲的节奏保持统一，具体的可以根据帧频来换算。

21 在歌词层上绘制一个任意颜色和形状的图形，只要保证能够完全覆盖歌词并且满足我们希望显示的区域即可，这个图形的大小形状决定了歌词显示呈现的大小和形状。

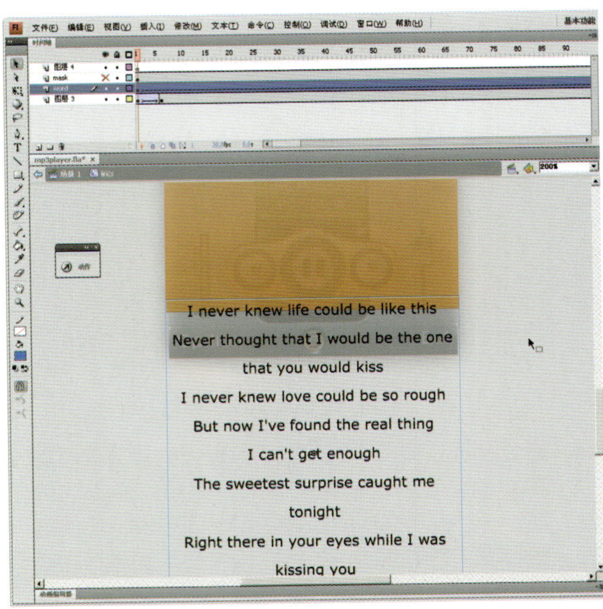

歌词动画

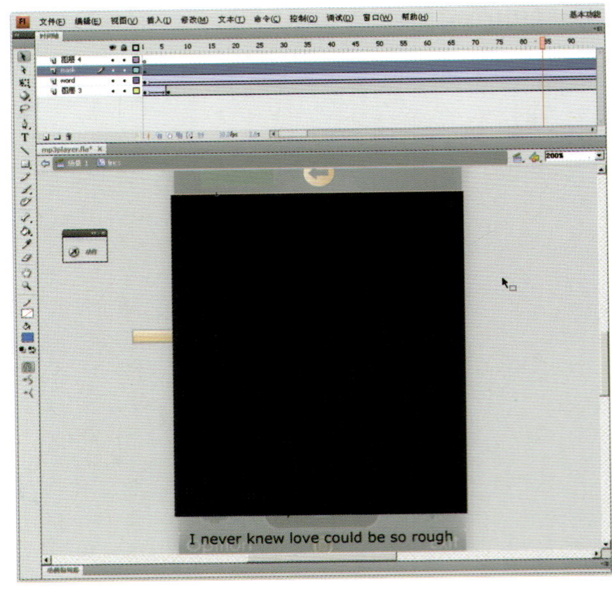

遮罩图形

22 然后在绘制的图形层上点击右键，选择“遮罩层”命令，我们就使用了这个图形作为遮罩层的显示区域，而属于遮罩层的两个图层都被锁定了。

23 遮罩层的结构是，位于父层的元素覆盖子层的内容，并以父层的外观作为显示的边框。

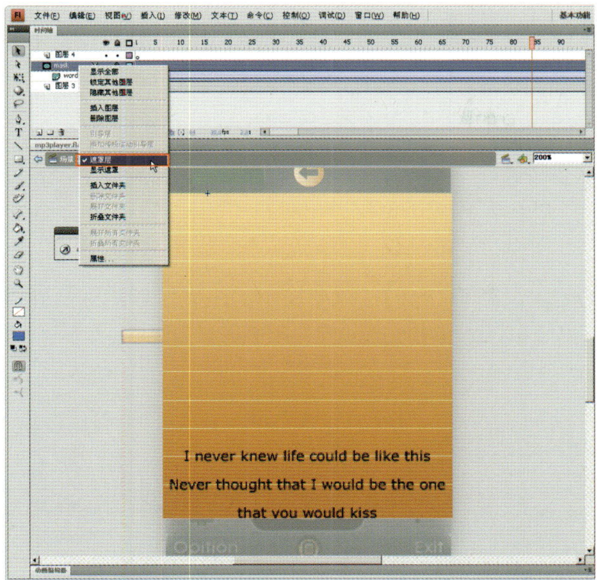

制作遮罩

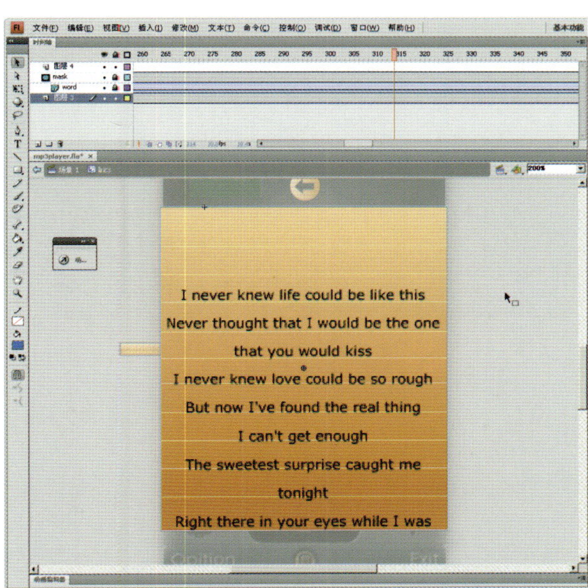

遮罩层结构

24 进入歌词显示界面后，我们必须要有一个入口返回之前的播放界面，我们绘制一个按钮元件后，在这个按钮上加入以下代码：

```
on(release){
    gotoAndPlay("goon");
    }
```

25 细心的朋友已经注意到了，Goon就是我们进行播放界面显示的帧标签位置。

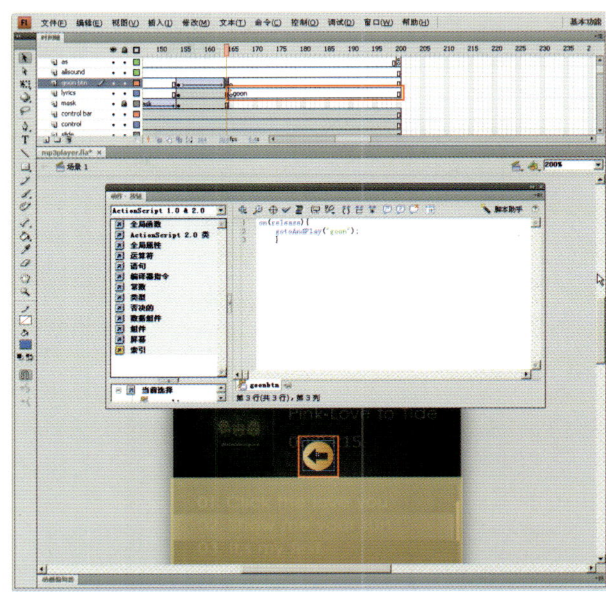

返回播放界面按钮

26 最后，我们在整个场景的第一帧加入一段菜单打开的效果音，以配合我们之前的补间动画的设计，形成更有统一性的界面视听效果。

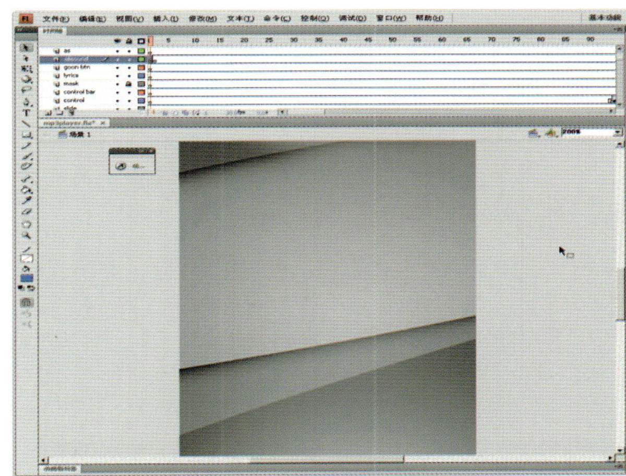

加入初始音乐

到这里，我们就完成了一个界面的交互特效的实现。这样的交互演示可以很好地指导软件工程师进行细节的开发，也可以方便地根据需求改变与设计效果进行迭代修改，反复使用，直到产品的第一版Demo软件完成。

13.6　音效整合

对于移动设备开发，音效也是非常重要的点睛之笔，好的音效配合操作可以让用户觉得操作更加流畅。

13.6.1　音源芯片测试

对于音频的测试由于界面视听设计要求的统一，而变得越来越重要，我们在这里使用的是俄罗斯的测试软件RMAA，分别使用了校准信号.mp3文件来校准电平，以及测试信号 (44kHz 16-bit).mp3文件来进行音效测试。

下面是得到的测试报告。

频率响应

频率范围	响 应
从 20Hz ~ 20kHz， dB	-26.31， +48.92
从 40Hz ~ 15kHz， dB	-26.31， +48.92

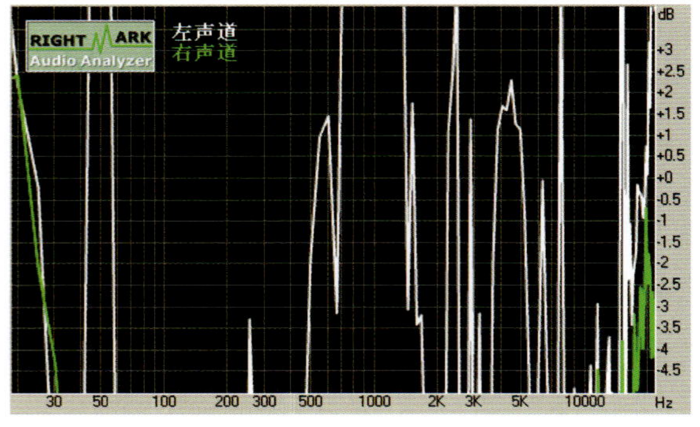

频率响应

动态范围

参 数	左	右
动态范围， dB	+41.1	+78.2
动态范围 (A-加权)， dB	+44.5	+81.4
直流偏移， %	1.39	0.98

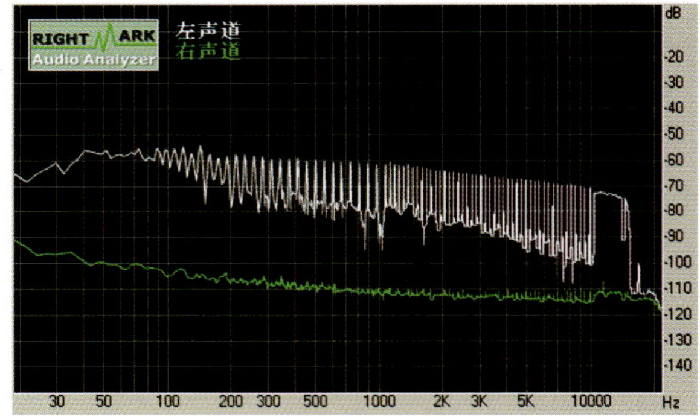

动态范围

平底噪声

参 数	左	右
RMS 功率， dB	-13.6	-74.8
RMS 功率 (A-加权)， dB	-12.7	-76.3
峰值电平， dB FS	-6.2	-61.7
直流偏移， %	1.40	0.99

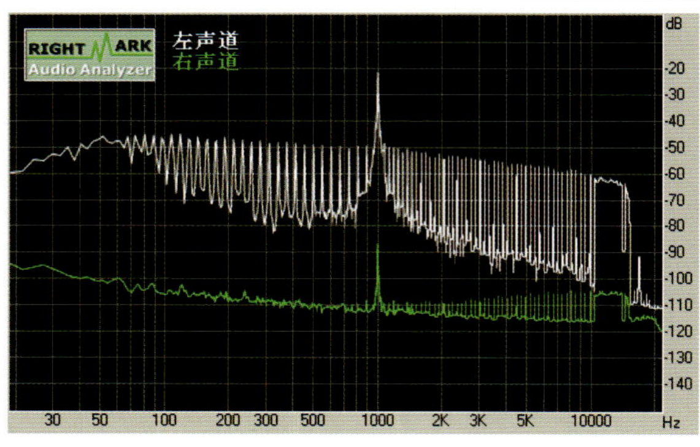

平底噪声

THD + 噪声 (在 –3 dB FS)

参 数	左	右
THD， %	6.9498	9.0649
THD + 噪声， %	99.9623	99.9253
THD + 噪声(A-加权)， %	55.9445	72.6222

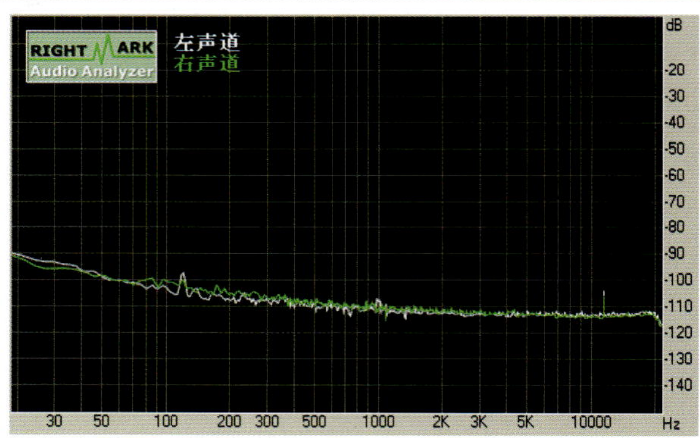

THD

互调失真

参数	左	右
IMD + 噪声， %	99.6350	80.3005
IMD + 噪声(A-加权)， %	110.0793	66.4047

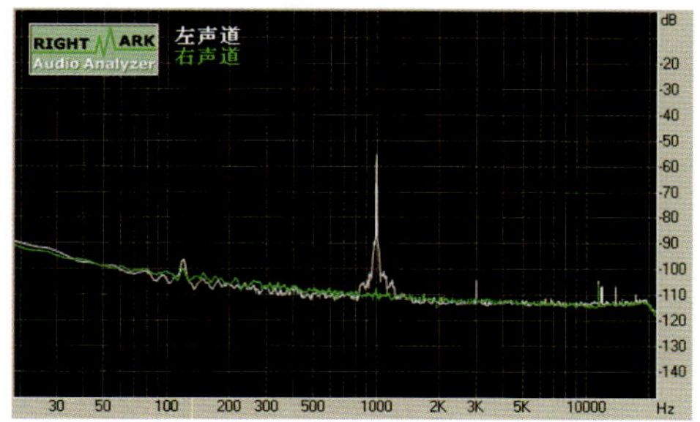

互调失真

声道分离度

参数	L <- R	L -> R
分离度(100 Hz)， dB	-74	-57
分离度(1 kHz)， dB	-80	-80
分离度(10 kHz)， dB	-80	-79

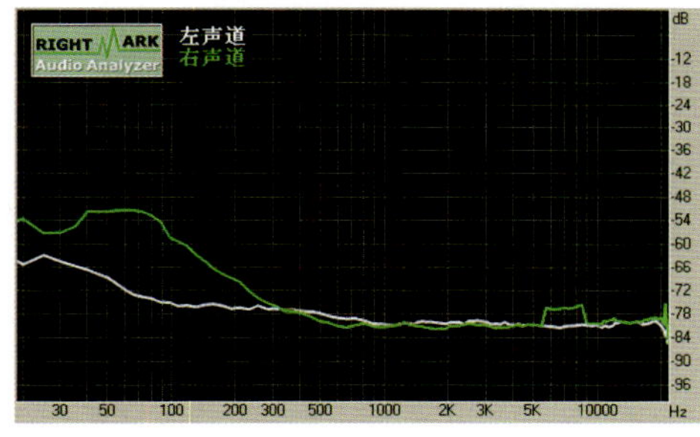

声道分离度

IMD (扫描音调)

参数	左	右
IMD + 噪声(5kHz)， %	232.4148	1.#QNB
IMD + 噪声(10kHz)， %	226.3297	1.#QNB
IMD + 噪声(15kHz)， %	234.5199	1.#QNB

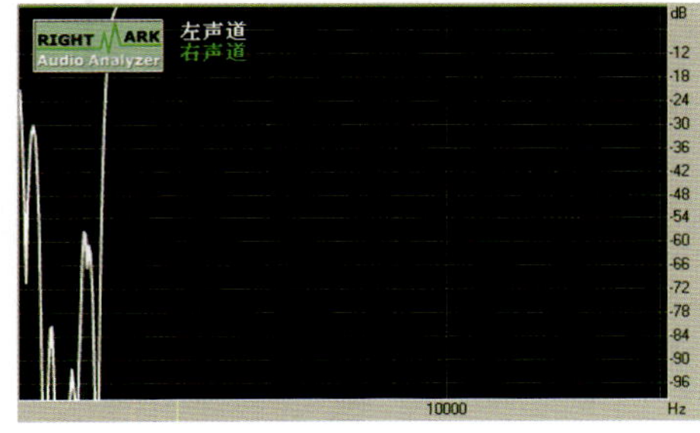

IMD (扫描音调)

显然，从测试报告上看，我们目前使用的这个音源芯片的质量并非出色，那么我们需要通过哪些方面来提高音乐的品质呢？或者说人耳感受更为确切。

- 采用更好的音腔结构设计。
- 针对音源芯片和音腔的设计调制铃音。
- 控制铃音的表现和乐器选择。
- 在铃音格式方面尽量使用较高采样率的MP3。

【要点】

音源芯片的测试信号文件与校准信号文件放入光盘中本章节文件夹下，为校准信号.mp3和测试信号 (44 kHz 16-bit).mp3，使用时需要把音乐文件输入承载了音乐芯片的播放器才可。

13.6.2 铃音制作示例

下面我们以音乐工程师完成一首铃音的创作过程作为入口，让大家了解到铃音的设计过程，以及它是如何与UI界面设计配合的。我们使用nuendo来完成这个任务。

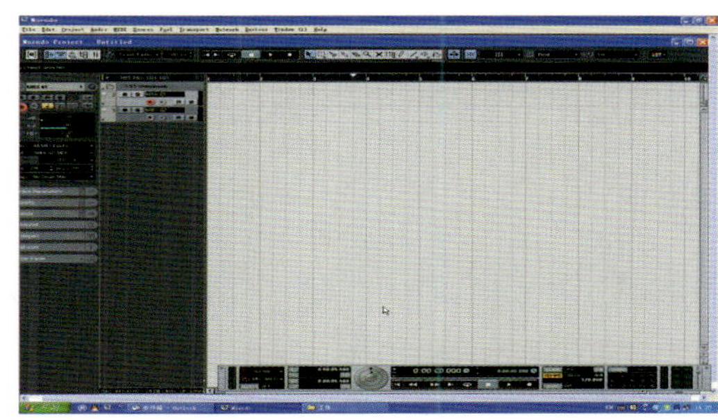

nuendo界面

在根据手机风格（外观风格与UI界面）确定好音乐的风格后，构思好大概的音乐织体，建立一个工程文件。这次音乐工程师准备做一首迷幻电子乐风格的音乐铃声——黑客之舞。用以配合整体上较为冷酷、科技感非常高的界面设计。

01 调用一个古典乐器的Kompakt音色插件，选用音色。

Kompakt插件

02 音乐的主题和声用键盘直接输入录制，我们可以在乐器城直接买到用于电子合成音乐创作的Midi键盘。

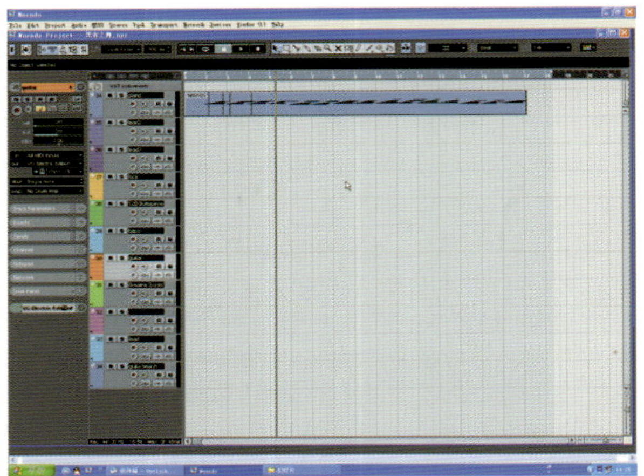

键盘输入音乐

03 进入钢琴卷帘界面对每个音符做细致的修改。这里涉及个人的音乐创作能力和编曲能力，对音乐的把握控制，不仅要能正常的播放，还需要和UI界面的交互特效进行配合，在声音的相应方面一定要让用户觉得自然可信。

【提示】

作为一首乐曲，最佳的状态是用户脱离界面本身，仍然可以通过音乐感受到它的风格。

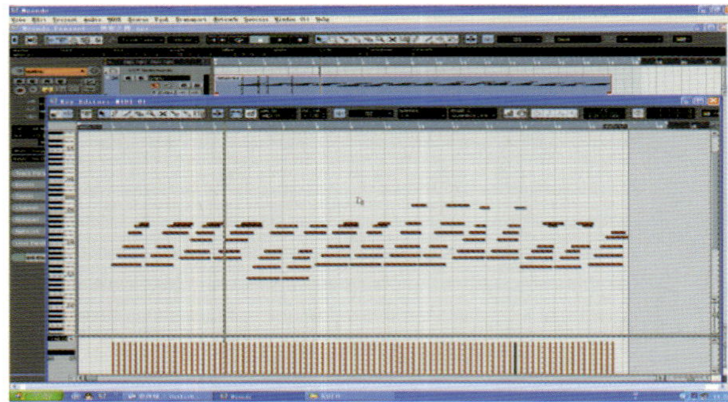

钢琴调音界面

04 接着调用各种音色插件。为了使声音在手机中响应好，选用干净，硬朗或温暖，清楚的音色。

05 音乐创作完成后，要确保音色的层次分明，织体要清楚，才能在手机中清楚听到，这就是我们通常所说的音乐的层次感。

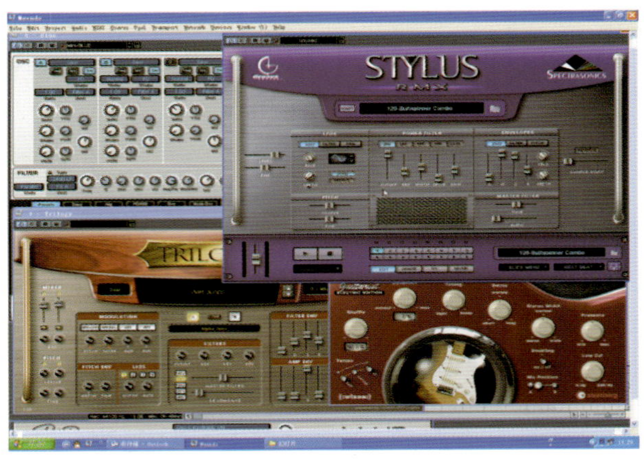

各种音色插件

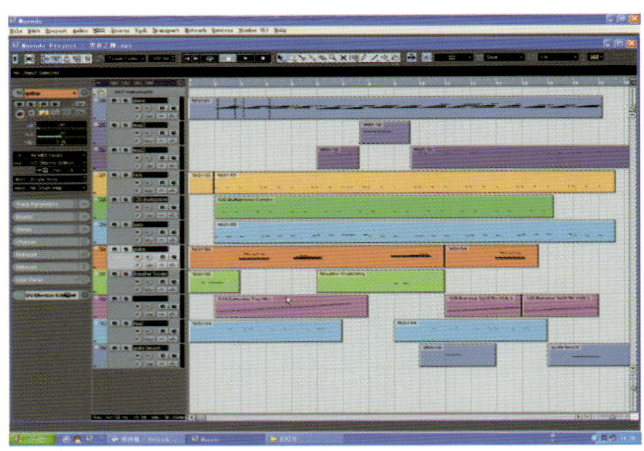

编辑音乐主体的逻辑性

06 用频谱仪来分析音乐的动态、音量、均衡，结合之前我们测试的音源芯片的数据，衡量目前音乐是否能够很好地支持播放。

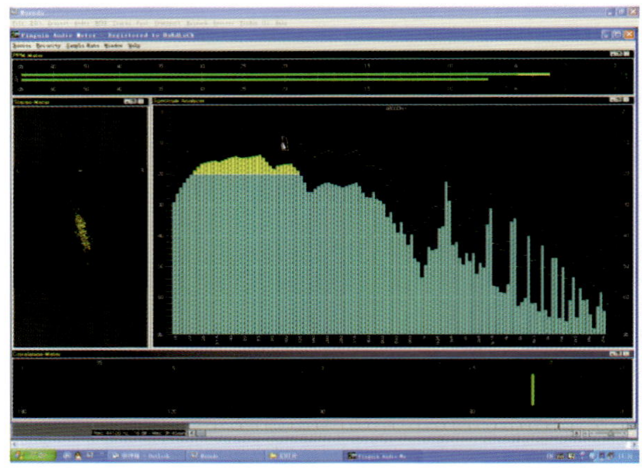

频谱仪

07 用软件效果器对音乐进行调试缩混，使频率不冲突，音量主次分明，有宽广的声场和优良的动态。

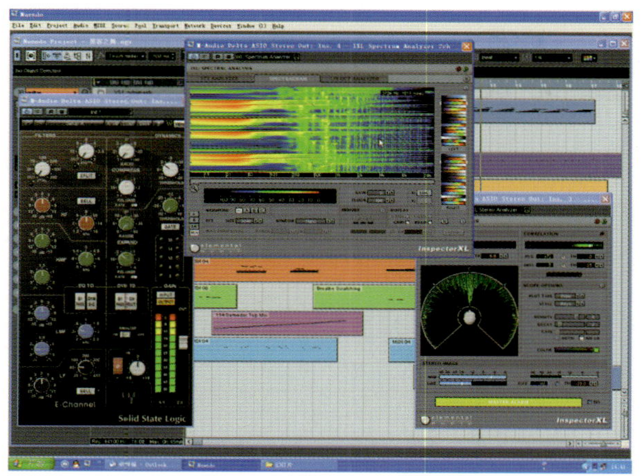

增加效果，进行缩混处理

08 进行文件的导出工作。这里根据不同的机器配置，需要花费一定的时间。

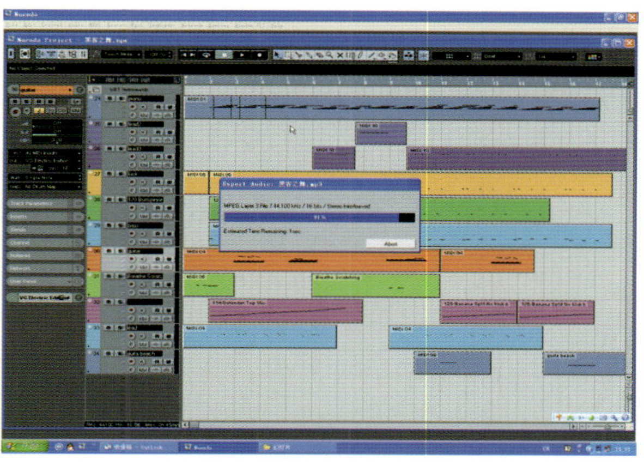

导出文件

09 图中波形部分就是成品文件，然后再依据需要和不同手机（有可能产品是系列化的）进行音量、均衡、动态、容量的调试。

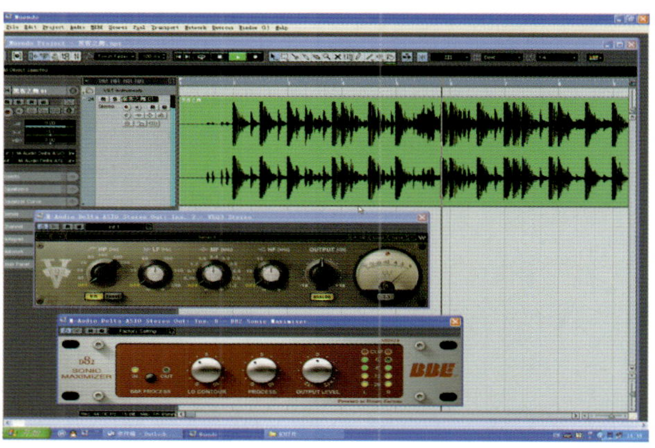

在手机上的调试

10 最后我们把文件保存为需要的MP3格式文件即可，MP3文件的编码方式也是多种多样的，如果在容量允许的情况下，我们尽量不要对MP3进行再次压缩。

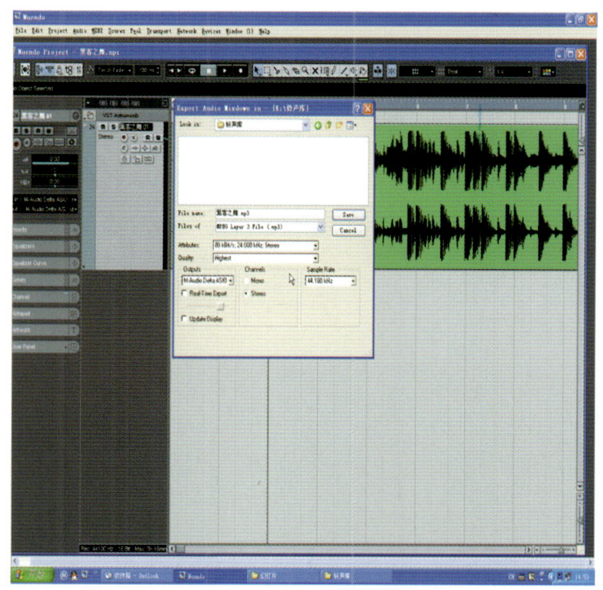

最后的成品

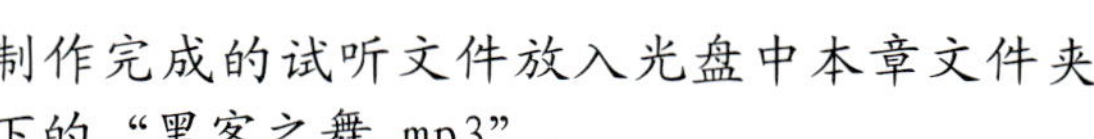

【要点】

制作完成的试听文件放入光盘中本章文件夹下的“黑客之舞.mp3”。

13.7 制作开关机动画

终于进入到最后的部分了，这里需要为我们的概念手机设计一款开关机动画，其实这个动画在前面的章节中已经展示过，这里将说明它是如何设计制作的。

在开始具体的设计制作前，关于开关机动画有一些设计原则要和大家分享：

- 开关机动画应出现公司或品牌的LOGO；
- 开关机动画应该在风格上统一一致；
- 动画必须让用户准确地区分出开机和关机的不同状态；
- 动画不可过长，应在完成开机必要的启动动作时间内播放完毕；
- 动画应考虑多个兼容风格，以和不同的UI界面设计搭配；
- 动画不可太复杂，动画应简洁、美观，以适应不同分辨率LCD的要求。

下面我们开始制作这个开关机动画。

01 打开Cinema 4D 11，进行初步的建模操作，由于这是一个以LOGO为中心的动画，因此，我们可以导入之前设计好的LOGO的矢量线条文件，还记得我们之前做过吧！

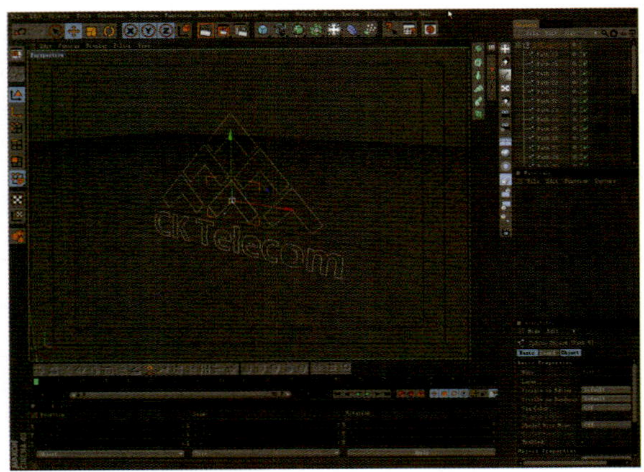

导入AI路径

02 导入进来的AI线条有可能会有多余的画板线条，删除它们，然后把线条进行组合，成为一个独立的线条物体，方便我们之后的整体编辑。

【提示】

由于AI文件的版本兼容问题，我们尽量在AI文件中使用较大的尺寸作为单位，以免出现线条丢失的情况。

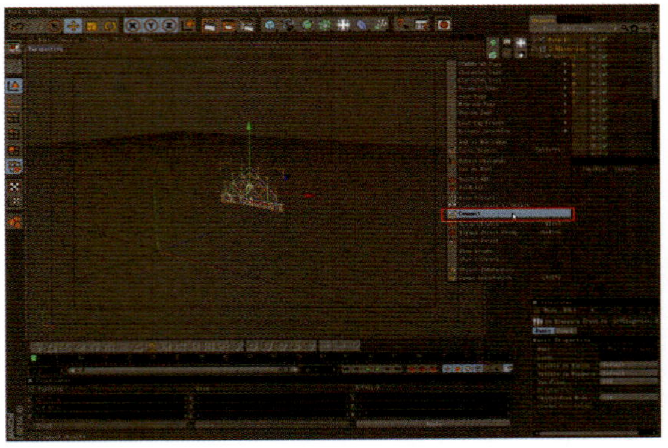

编辑样条曲线

03 使用编辑器中的挤出模型，这也是属于Nurbs建模的工具之一，我们在制作3D LOGO的时候会经常使用到它。调节LOGO的厚度，达到需要的样子，由于是体积感较强的动画，可以设置LOGO的厚度稍高一点。

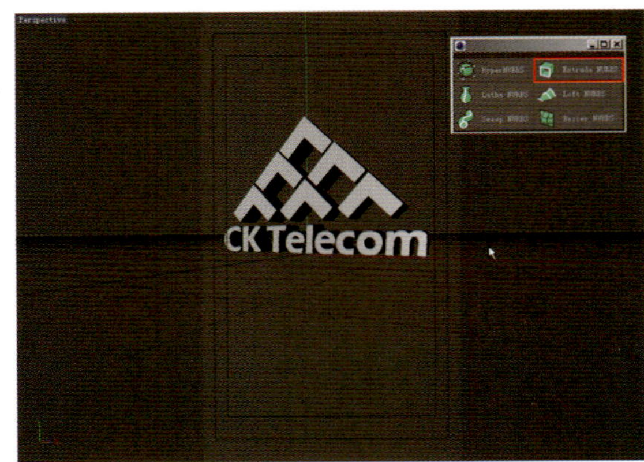

使用挤出工具

04 我们的基本模型就建立完毕了，下面开始配置动画需要的环境，我们这里使用三点打光获得场景的基本环境，这样物体就有了明暗对比关系。

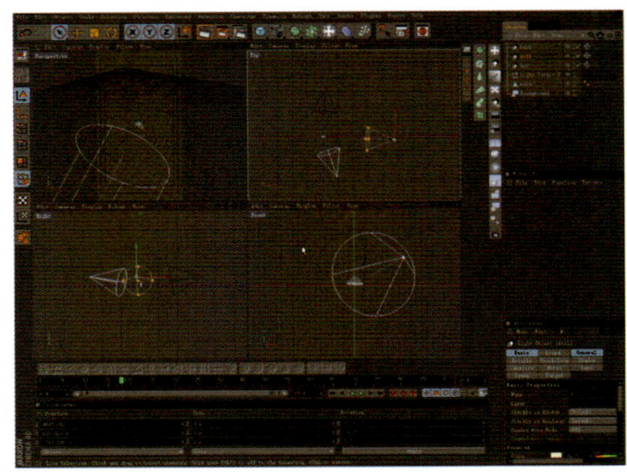

使用三点打光法

05 真实的物体，特别是一个金属质感的物体和空间性的环境有一些物体本身的反射光源，将会提高细节的表现力。

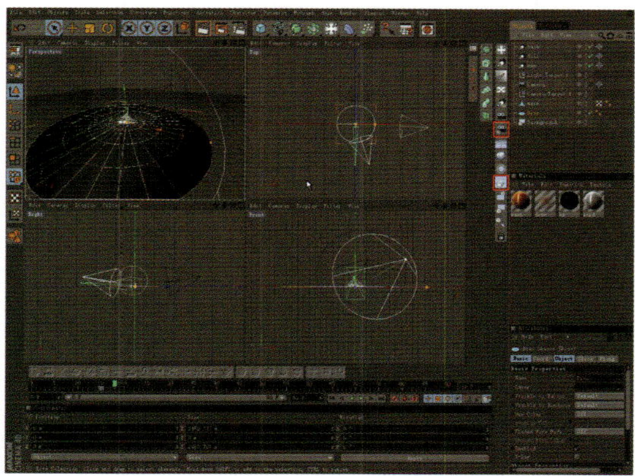

增加地面反射

06 在场景中加入一个目标摄影机物体，为我们后面的动画取景提供一个途径，摄影机的参数见图片中的示意。

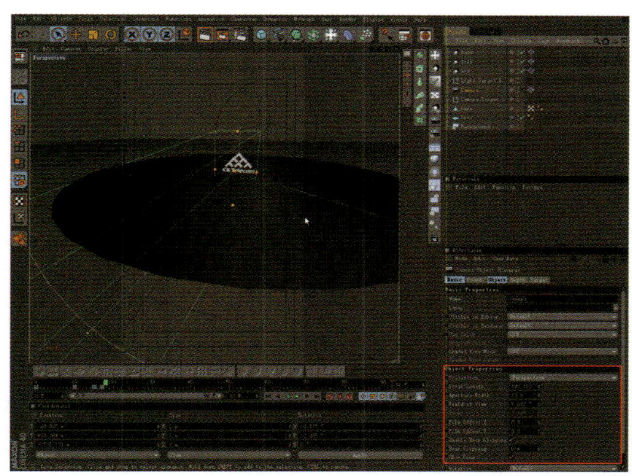

增加摄影机物体

07 场景中的基本环境元素设置好以后，我们开始为主要的物体制作材质。建立一个新的Danel Shader，调节它的颜色和高光参数，这是我们LOGO中的图形元素的主要材质。

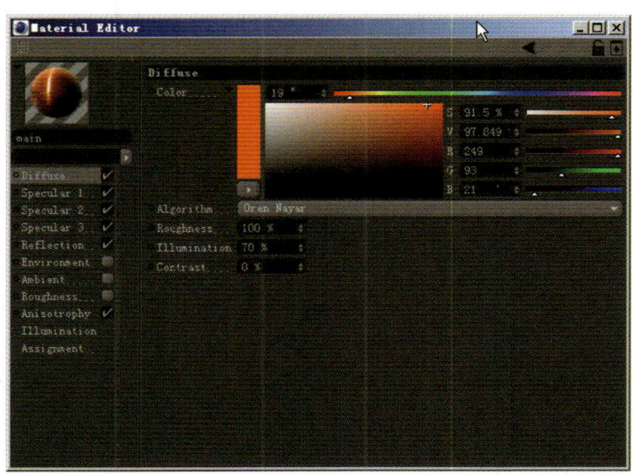

设置物体材质

08 制作地面反射的材质。地面由于是反映了物体本身的光照效果，因此需要一种朦胧的阴影的感觉。我们这里设计一个圆形的渐变过渡色，并在Alpha通道中使用，使得整个材质在边缘部分透明化，更好地融合到背景里面去。

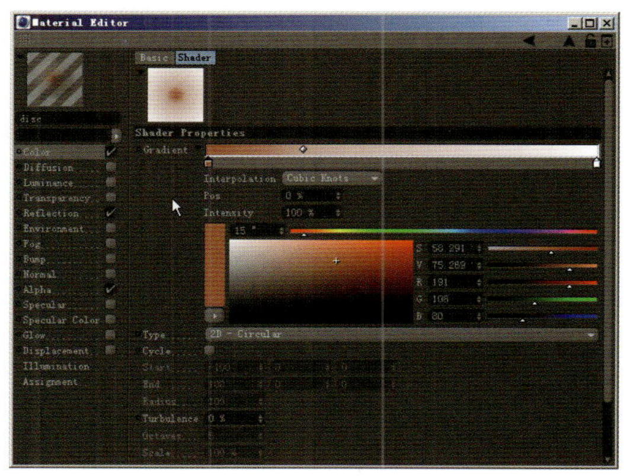

设置物体材质

09 在通道中应用黑白渐变的材质，使边缘出现透明的效果。

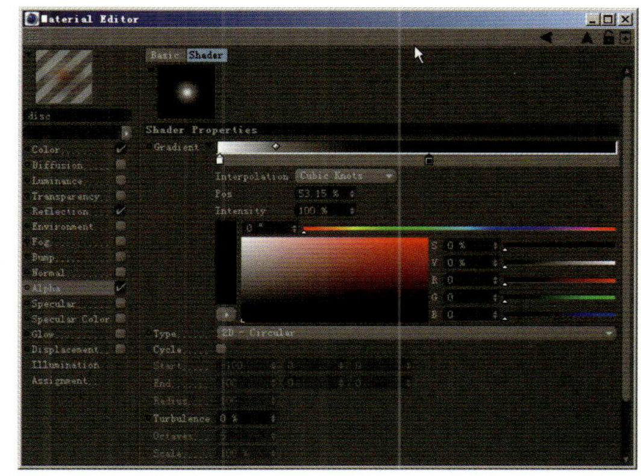

在Alpha通道应用材质

10 我们的动画是一个简单的空间动画，背景需要简单过渡的黑色即可，使用光源比较模糊的渐变色模拟一种通透的感觉。

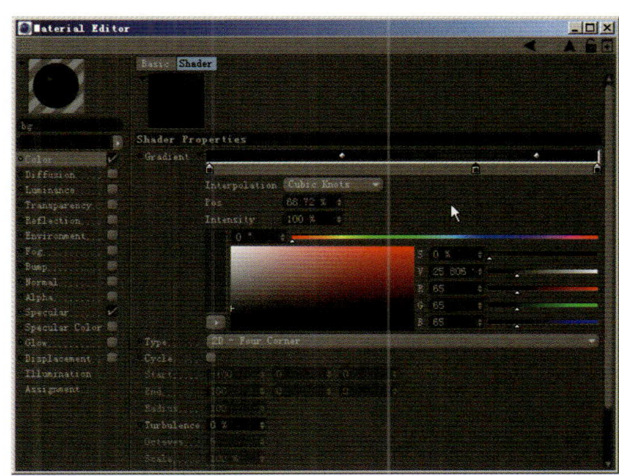

背景材质

11 同样使用Danel Shader，制作文字的材质，钢质的感觉会给人值得信赖，专业的暗示。

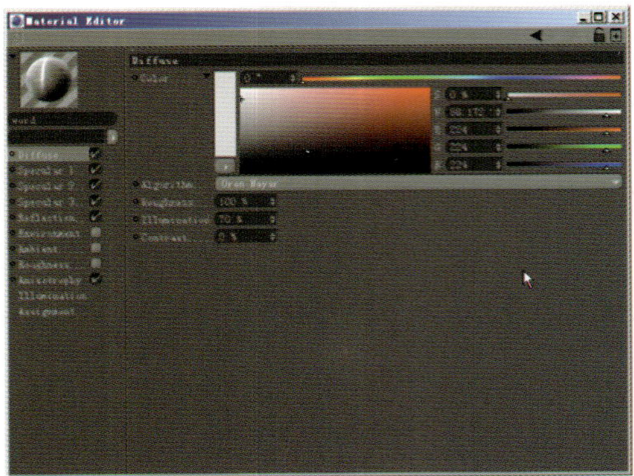

文字的材质

12 下面开始设置LOGO的形变部分，这是我们动画的关键组成部分，我们选择粉碎（Shatter）工具，为LOGO制作出一种物质聚合/分散的特殊效果。当然，大家如果有兴趣的话，也可以尝试一下其他的变形工具，可能会给你带来意想不到的效果。

使用变形器工具

13 下面根据设置参数的不同，我们开始设计动画。激活动画编辑栏，开始设定关键帧，Cinema 4D的强大之处就是可以方便地在每个不同的参数上进行细节的动画设定，并且在多个物体之间同步进行。我们在第一帧中设置粉碎的强度为40%。

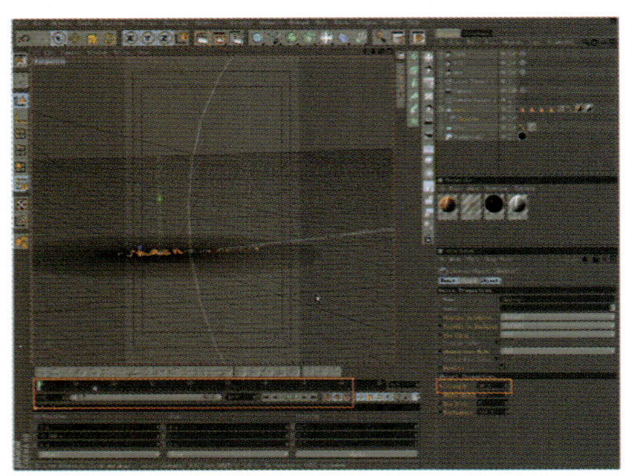

设置变形动画

14 然后在17帧处设置强度为0%，这样就得到了我们需要的主体动画，一个粉碎的物质重新组合的过程。

设置变形动画结束部分

15 为了让动画有更多的空间感，我们需要在镜头上下一点功夫。打开Timeline窗口（Shift+F3组合键），我们在Camera物体的部分编辑它的X、Y、Z轴的位置，这里可以使用曲线进行编辑，使得动画更为流畅。

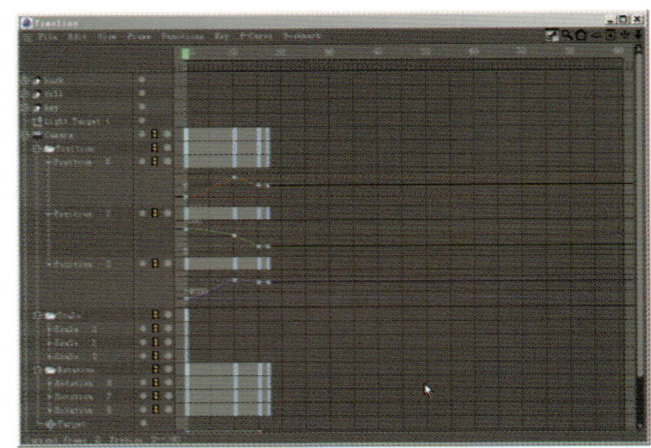

设置摄影机动画

16 做完这些后，我们的动画基本完成了，剩下的就是渲染输出部分。我们首先选择输出的大小和帧数，动画的输出是按照最终控制的帧来进行的，这样可以有效地避免不好的动画帧出现在最终的动画里，也有助于我们的剪接（如果是直接渲染分段的动画片段的话）。

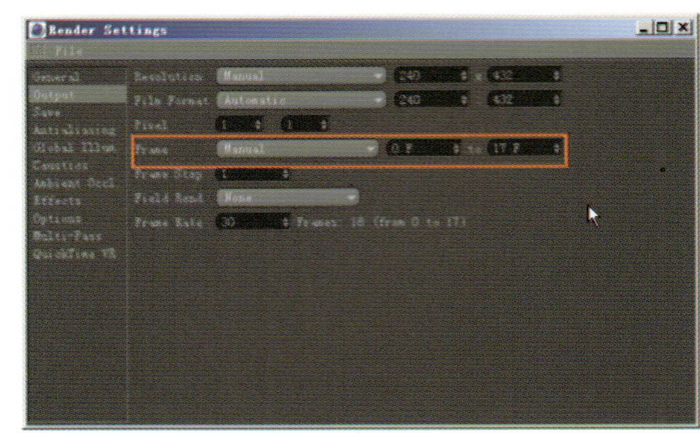

设置输出帧数

17 由于我们制作的是一个逐帧动画（大部分的开关机动画都是先制作为逐帧动画，然后再进行统一的处理），因此我们选择了保留Alpha通道的TIFF格式文件。

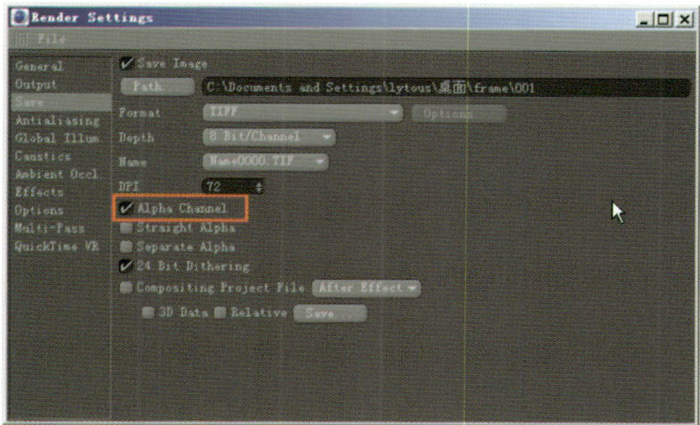

设置输出格式

18 打开真实的环境反射渲染，我们会得到更自然的反射和阴影细节。

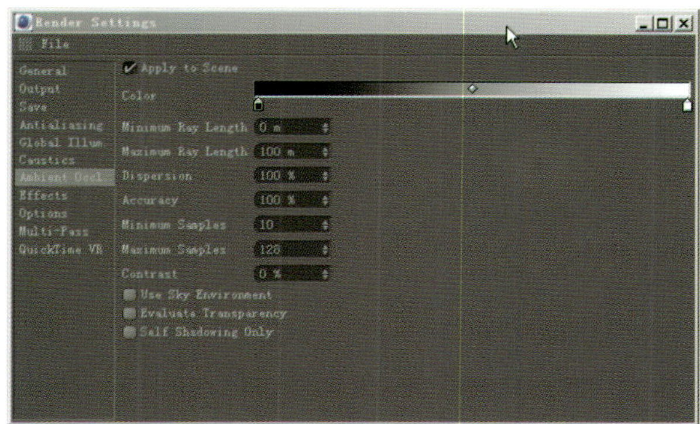

设置环境反射

19 在效果插件中，Cinema 4D为我们提供了一个非常好的高光细节表现工具，我们使用Highlight来完成，设置参数见图：

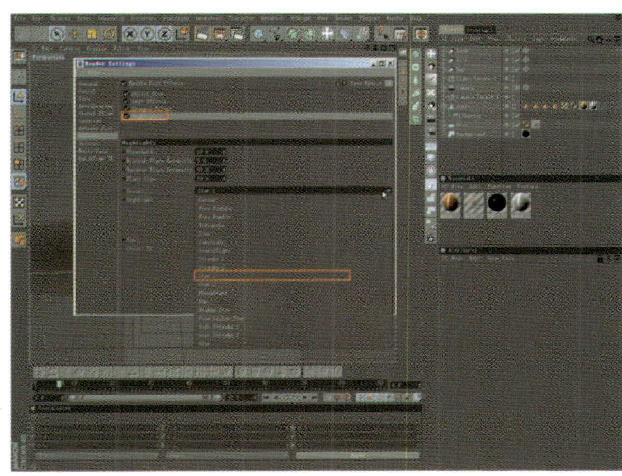

设置局部高光细节

20 按下渲染按钮后，我们就等待所有分帧图片的渲染吧，最后我们得到了17张高品质的TIFF图片，可以使用Photoshop CS4把它们连接起来，就得到了一张GIF图像，也可以输出为17张独立的BMP图片，由软件来进行调用播放。

渲染分帧图片

在开关机动画设计完成后，我们交付给软件工程师，然后UI界面的整体概念设计工作到此就告一段落，后面接着进行的会是图片输出与坐标定位的问题，这些由不同的平台和软件工程的版本来决定。

通过这个部分，我们已经大致了解到UI设计作为整体产品设计的出发点，需要考虑到的实际的推行问题，这会是一个好的开始。至于结构，硬件供应商选择，ID外观等各环节的问题我们需要与每个部门的专家们协同完成工作，这些工作经验在本书的篇幅内无法详尽说明，需要大家在实际工作中根据公司的性质具体分析。

读者回执卡

您好！感谢您购买本书，请您抽出宝贵的时间填写这份回执卡，并将此页剪下寄回我公司读者服务部。我们会在以后的工作中充分考虑您的意见和建议，并将您的信息加入公司的客户档案中，以便向您提供全程的一体化服务。您享有的权益：

★ 免费获得我公司的新书资料；
★ 寻求解答阅读中遇到的问题；
★ 免费参加我公司组织的技术交流会及讲座；
★ 可参加不定期的促销活动，免费获取赠品；

读者基本资料

姓　　名＿＿＿＿＿＿　性　　别 □男　　□女　年　　龄＿＿＿＿＿＿

电　　话＿＿＿＿＿＿　职　　业＿＿＿＿＿＿　文化程度＿＿＿＿＿＿

E-mail＿＿＿＿＿＿　邮　　编＿＿＿＿＿＿

通讯地址＿＿＿＿＿＿＿＿＿＿＿＿＿＿＿＿

请在您认可处打✓（6 至 10 题可多选）

1、您购买的图书名称是什么：＿＿＿＿＿＿＿＿＿＿＿＿

2、您在何处购买的此书：＿＿＿＿＿＿＿＿＿＿＿＿

3、您对电脑的掌握程度：	□不懂	□基本掌握	□熟练应用	□精通某一领域
4、您学习此书的主要目的是：	□工作需要	□个人爱好	□获得证书	
5、您希望通过学习达到何种程度：	□基本掌握	□熟练应用	□专业水平	
6、您想学习的其他电脑知识有：	□电脑入门	□操作系统	□办公软件	□多媒体设计
	□编程知识	□图像设计	□网页设计	□互联网知识
7、影响您购买图书的因素：	□书名	□作者	□出版机构	□印刷、装帧质量
	□内容简介	□网络宣传	□图书定价	□书店宣传
	□封面，插图及版式	□知名作家（学者）的推荐或书评		□其他
8、您比较喜欢哪些形式的学习方式：	□看图书	□上网学习	□用教学光盘	□参加培训班
9、您可以接受的图书的价格是：	□ 20 元以内	□ 30 元以内	□ 50 元以内	□ 100 元以内
10、您从何处获知本公司产品信息：	□报纸、杂志	□广播、电视	□同事或朋友推荐	□网站
11、您对本书的满意度：	□很满意	□较满意	□一般	□不满意

12、您对我们的建议：＿＿＿＿＿＿＿＿＿＿＿＿

请剪下本页填写清楚，放入信封寄回，谢谢！

1 0 0 0 8 4

贴邮票处

北京100084—157信箱

读者服务部　　　　收

邮政编码：□□□□□□

技术支持与课件下载：http://www.tup.com.cn　http://www.wenyuan.com.cn

读者服务邮箱：service@wenyuan.com.cn

邮购电话：(010)62791865　(010)62791863　(010)62792097-220

组稿编辑：栾大成

投稿电话：(010)62788562-339

投稿邮箱：downchance@126.com